JN313753

数理論理学

mathematical logic

●

daisuke bekki

戸次大介

東京大学出版会

Mathematical Logic
Daisuke BEKKI
University of Tokyo Press, 2012
ISBN978-4-13-062915-7

はじめに

　本書で解説するのは，**数理論理学** (mathematical logic) の初歩の内容である．日本の大学では，数理論理学は主に哲学科，数学科，情報科学科，言語学科において教えられているが，学科によって科目としての呼び名が以下のように異なる場合がある．

1. **記号論理学** (symbolic logic)
2. **数学基礎論** (mathematical foundation)
3. **ブール代数と論理回路** (Boolean algebra and logic gates)
4. **形式意味論** (formal semantics)

これらはいずれも，アリストテレスの論理学に遡るルーツを共有し，また少なくとも初歩の段階で学ぶ内容は共通しているのであるが，その段階を過ぎたあとの目的や展開が異なる．

1. 「記号論理学」という呼び名は，哲学の伝統に則っており，主に十九世紀中盤までの，記号的ではない論理学との対比上，そう呼ばれている．
2. 「数学基礎論」という呼び名は「大学数学を学ぶ前に，集合や論理の記法を学んでおく」という意味合いの場合と，「公理的集合論」「ゲーデルの不完全性定理」などの内容を含む，数学の根本に関わる分野を指す場合がある．前者は**集合と論理** (set theory and logic) などの名称で呼ばれることもあり，本書では第 1 章に簡単にまとめてある．
3. 「ブール代数と論理回路」という呼び名は工学系の色合いが強く，論理学を応用した回路設計の技法であり，計算機（コンピュータ）のハードウェアデザインの基礎ともなっている．論理学は，数学の基礎と哲学が合流するところにある抽象的な学問であると同時に，きわめて実際的な工学的応用と結びついているのである．
4. 「形式意味論」とは，**理論言語学** (theoretical linguistics) の一部門であ

り，自然言語の文の意味を論理学の手法によって分析する学問分野である．自然言語の文と論理式との対応，論理式間の演繹関係の計算，そして自然言語を扱うための論理体系の拡張などを行う．

　高校数学では「論理と証明」という過程で，「または」「かつ」「すべての」「存在する」といった基本的な論理概念を学んでいるはずである．しかし，「論理と証明」の学習目的は，数学的証明を書くうえでの作法を身につける，というものであり，証明そのものの本質に迫るという態度は醸し出されていない．したがって，高校の段階では，証明という過程そのものを取り出して考えたり，疑ってみたりする機会はあまりないかもしれない．

　しかし，少し大局的な見地から（あるいは西欧においては往々にして宗教的な見地から）人類の歴史というものを顧みたとき，果たして我々はこれまでに何を知り得たのか，知の進歩といえるものは何か，という問いに対して，我々はもっとも控え目には「数学的に証明できたこと」と答えざるを得ないとする．それではなぜ「数学的な証明」というものが他の知の形式（たとえば自然科学における発見）よりも優位性を持って受け止められているのか，あるいはより批判的には「数学的な証明」というものがどのような根拠において「正しい」と保証されうるのだろうか，という疑問が生じるのは自然な流れであろう．

　本書では，哲学系・数学系・情報系・言語系のいずれかに偏らず，その共通部分たる数理論理学の初歩の部分を読者がしっかりと身につけることを目指すものである．哲学系の学生でも，記号論理学が工学的な応用を持つことを知っておくことは有用であるし，工学系の学生でも，論理回路の持つ哲学的な含みを知ることで，またこの分野の見方が変わってくるであろう．また数学系の学生においては，数学の根本が哲学と工学の両方向に根を張ってることを認識しておくことは大切であるように思われる．さらに言語系の学生にとっては，これらの隣接分野全体を俯瞰することができなければ，言語の意味の深淵などとうてい捉えようもない．

　本書が，数理論理学の学際的な普及と，関連諸科学の有機的な連動・発展の一助となれば幸いである．

目次

はじめに ... iii

第 I 部　一階論理の統語論と意味論　　1

第 1 章　予備知識　　2
- 1.1　ギリシャ文字 ... 2
- 1.2　集合 ... 3
- 1.3　部分集合 ... 5
- 1.4　集合の演算 ... 7
- 1.5　冪集合 ... 8
- 1.6　組 ... 8
- 1.7　直積 ... 9
- 1.8　関係 ... 10
- 1.9　写像 ... 11

第 2 章　論理学とは何か　　13
- 2.1　数学における証明 ... 13
- 2.2　証明の妥当性とは何か ... 14
- 2.3　論理学の目的と方法 ... 14
- 2.4　命題と真偽 ... 15
- 2.5　推論と妥当性 ... 18
- 2.6　統語論と意味論 ... 19

第 3 章　一階命題論理：統語論と意味論　　21
- 3.1　統語論 ... 21
- 3.2　意味論 ... 26

3.3	推論	40
3.4	標準形	56
3.5	表現的適格性	59

第4章　二進法とデジタル回路　65
4.1	十進法	65
4.2	二進法	67
4.3	半加算機	68
4.4	論理回路	70
4.5	全加算機	73

第5章　一階述語論理：統語論と意味論　76
5.1	一階述語論理とは	76
5.2	統語論	80
5.3	意味論	94
5.4	推論	106
5.5	標準形	116

第6章　タブロー　129
6.1	背理法からタブローへ	129
6.2	複合論理式のタブロー規則	132
6.3	推論の証明	134
6.4	量化論理式のタブロー規則	137
6.5	タブローの簡略化	142

第II部　一階論理の証明論　147

第7章　ヒルベルト流証明論　148
7.1	証明体系と証明論	149
7.2	一階命題論理の体系 SK	150
7.3	演繹定理	154
7.4	否定	157
7.5	最小論理の体系 HM	159
7.6	演繹定理再考	161

7.7	直観主義論理の体系 **HJ**	164
7.8	古典論理の体系 **HK**	165

第 8 章　自然演繹　174

8.1	自然演繹とは	176
8.2	最小論理の体系 **NM**	180
8.3	直観主義論理と古典論理の体系 **NJ**・**NK**	186
8.4	量化	190

第 9 章　シーケント計算序論　194

9.1	自然演繹式シーケント計算	196
9.2	証明図と推論図	200
9.3	ヒルベルト流シーケント計算	206
9.4	**HM** と **NM** の等価性	210
9.5	**HJ** と **NJ**，**HK** と **NK** の等価性	213

第 10 章　ゲンツェン流シーケント計算　214

10.1	古典論理の体系 **LK**	215
10.2	直観主義論理の体系 **LJ**	221
10.3	最小論理の体系 **LM**	224
10.4	**LM** と **NM** の等価性	225
10.5	**LJ** と **NJ** の等価性	228
10.6	グリベンコの定理	229
10.7	**LK** と **NK** の等価性	234
10.8	代入補題	235

第 11 章　カット除去定理　247

11.1	カット除去定理の応用	248
11.2	証明の準備	250
11.3	**LM** のカット除去定理の証明	257
11.4	**LJ** のカット除去定理の証明	265
11.5	**LK** のカット除去定理の証明	266

第 12 章　タブロー式シーケント計算　268

12.1	タブローからシーケント計算へ	268

	12.2	公理と推論規則	271
	12.3	**TAB** における弱化と縮約	274
	12.4	**TAB** と **LK–CUT** の等価性	278

第 13 章　健全性と完全性　281

	13.1	**TAB** の健全性	283
	13.2	**TAB** の完全性	284
	13.3	ヘンキンの定理の証明	286
	13.4	レーベンハイム・スコーレムの定理	291
	13.5	コンパクト定理	291
	13.6	カット除去の意味論的証明	292
	13.7	証明論的意味論	293

おわりに　295

参考文献　300

索引　303

第I部

一階論理の統語論と意味論

第1章

予備知識

本章では，数理論理学を学ぶうえで必要となる予備知識・基礎事項を整理する．

1.1 ギリシャ文字

数理論理学ではギリシャ文字を多用する．今後表記に気を取られることのないよう，あらかじめギリシャ文字の形と読みに慣れておこう．

表 1.1　ギリシャ文字

大文字	小文字	日本語表記	英語表記
A	α	アルファ	alpha
B	β	ベータ	beta
Γ	γ	ガンマ	gamma
Δ	δ	デルタ	delta
E	ϵ/ε	イプシロン	epsilon
Z	ζ	ゼータ	zeta
H	η	エータ	eta
Θ	θ	シータ	theta
I	ι	イオタ	iota
K	κ	カッパ	kappa
Λ	λ	ラムダ	lambda
M	μ	ミュー	mu
N	ν	ニュー	nu
Ξ	ξ	クシー/グザイ	xi
O	o	オミクロン	omicron
Π	π	パイ	pi

大文字	小文字	日本語表記	英語表記
P	ρ	ロー	rho
Σ	σ	シグマ	sigma
T	τ	タウ	tau
Υ	υ	ウプシロン	upsilon
Φ	ϕ/φ	ファイ	phi
X	χ	カイ	chi
Ψ	ψ	プサイ	psi
Ω	ω	オメガ	omega

ちなみに「アルファベット」の語源は $\alpha\beta$ である．表をよく見ると，英語のアルファベットとの部分的な対応が見て取れるであろう[*1]．

1.2 集合

定義 1.1（集合と要素） **集合** (set) とは**要素** (element) の集まりである．

集合を表すには，括弧 { } 内に要素を並べる[*2]．

例 1.2 要素 a, b, c からなる集合は $\{a, b, c\}$ と書く．

定義 1.3 a が集合 X の要素であることを，$a \in X$ と書く[*3]．逆に，a が集合 X の要素ではないことを，$a \notin X$ と書く．

例 1.4 $2 \in \{1, 2\}$，$b \notin \{a, c\}$

解説 1.5 要素のことは，**元** (member) ということもある．また，a が X の

[*1] 英語の G は元々 C の異字体である．英語の J は中世に I から分岐したものである．英語の W は二つ並べた V として 7 世紀に生まれた．また，古い時代のギリシャ文字には英語の F の元になったディガンマ，英語の Q に対応するコッパなどがあったが，古典期以降は使われていない．

[*2] 正確には，要素を並べることが可能なのは，集合が有限個の要素からなる場合のみである．有限個の要素からなる集合を**有限集合** (finite set) という．それに対して，無限個の要素からなる集合を**無限集合** (infinite set) という．

[*3] 「$a \in X$」という記法は「$a\ \varepsilon\sigma\tau\iota\ X$」の「$\varepsilon$」に由来する．"$\varepsilon\sigma\tau\iota$" は be 動詞であり「$a$ は X である」の意．

要素であることを a **が X に属す**(a belongs to X),または **X が a を含む**(X contains a) ということもある.

解説 1.6 以下の略記法も用いられる.

$$a_1, a_2, \ldots, a_n \in X \quad \overset{def}{\equiv} \quad a_1 \in X \text{ かつ } a_2 \in X \text{ かつ } \ldots \text{ かつ } a_n \in X$$
$$a_1, a_2, \ldots, a_n \notin X \quad \overset{def}{\equiv} \quad a_1 \notin X \text{ かつ } a_2 \notin X \text{ かつ } \ldots \text{ かつ } a_n \notin X$$

後者は「$a_1, a_2, \ldots, a_n \in X$,というわけではない」という意味ではないことに注意する.

解説 1.7 記号 $\overset{def}{\equiv}$ は,左辺の記法を,右辺の内容を表すものとして定義するときに用いる.

解説 1.8 自然数,整数,有理数,実数,複素数全体の集合は,それぞれ $\mathbb{N}$,$\mathbb{Z}$,$\mathbb{Q}$,$\mathbb{R}$,$\mathbb{C}$ という記号で表される.代わりに $\underline{N}, \underline{Z}, \underline{Q}, \underline{R}, \underline{C}$ という記号が用いられる場合もある.

練習問題 1.9 集合という概念の特徴は,ある要素がその集合に属しているかどうかが明確に決まっていることである.次のうち,集合と集合ではないものを区別せよ.

1. すべての奇数
2. ある一年生にとって必修の授業
3. 自分と仲の良い友達
4. 今後の人生で出会うすべての人

> **定義 1.10** (空集合) 要素を一つも持たない集合を**空集合**(empty set) と呼び,記号 { } で表す.

解説 1.11 記号 { } の代わりに,記号 $\varnothing$ や $\emptyset$ で表す場合や,ϕ で代用する場合もあるので注意する.

> **定義 1.12** (単一集合) $\{a\}$ のように,要素一つからなる集合を**単一集合**(singleton set/unit set) と呼ぶ.

> **定義 1.13**（要素数） 集合 X の要素数を $|X|$ と書く[*4].

例 1.14 $|\{1, 2\}| = 2$

解説 1.15 集合自体も，他の集合の要素となることがある．

$$\text{例：} \{2, 4\} \in \{\{1, 3\}, \{2, 4\}, \{5, 6\}\}$$

ただし，左辺は二つの要素を持つ集合であり，右辺は三つの要素を持つ集合である．特に，右辺の要素数が六つではないことに注意する．

練習問題 1.16 次の各集合の要素数を答えよ．

$$\{\,\}$$
$$\{\{\,\}\}$$
$$\{\{1, 2\}\}$$
$$\{\{1, 2\}, 3\}$$
$$\{\{\,\}, \{\{\,\}\}, \{\{\,\}, \{\{\,\}\}\}\}$$

1.3 部分集合

> **定義 1.17**（部分集合） 集合 X のすべての要素が集合 Y にも含まれるとき，X は Y の**部分集合** (subset) であるといい，$X \subseteq Y$ と書く．集合 X が集合 Y の部分集合ではないときは，$X \not\subseteq Y$ と書く．

例 1.18 $\{a, c\} \subseteq \{a, b, c\}, \{1, 2\} \not\subseteq \{2, 3\}$

解説 1.19 $1 \subseteq \{1\}$ であるか否か，というような問題は初学者を惑わせることがある．たとえば，以下のように考えたとしよう．

[*4] ただし，要素数を自然数で表すことができるのは有限集合の場合のみである．無限集合の場合は，自然数の代わりに**基数** (cardinality, cardinal number) と呼ばれる別の集合との一対一対応を考える．この概念は集合の**濃度** (potency) と呼ばれ，要素数の概念の拡張となっている．なお，自然数の集合 $\mathbb{N}$ との一対一対応が存在する無限集合のことを**可算無限** (countably infinite) 集合といい，有限集合と可算無限集合を合わせて**高々可算** (at most countable) の集合という．

「1 は集合ではないので，要素は持たない．したがって，1 のすべての要素について，$\{1\}$ の要素であるというのは真である．したがって，$1 \subseteq \{1\}$ である」

これは誤りで，$X \subseteq Y$ という概念は，X と Y がともに集合である場合にのみ定義されているのであり，いま 1 は集合ではないので $1 \subseteq \{1\}$ は未定義である．

ただし，$1 \not\subseteq \{1\}$ というわけでもないことに注意しなければならない．$X \not\subseteq Y$ という概念もまた，X と Y がともに集合である場合にのみ定義されているからである．

定義 1.20（集合の等価性） 集合 X と集合 Y について，$X \subseteq Y$ かつ $Y \subseteq X$ であるとき，またそのときのみ，$X = Y$ である．

例 1.21 $\{3, 4\} = \{4, 3, 4\}$

定義 1.22（真部分集合） 集合 Y とその部分集合 X について，$X \neq Y$ のとき，X は Y の**真部分集合** (proper subset) であるといい，$X \subset Y$ と書く*5．集合 X が集合 Y の真部分集合でないときは，$X \not\subset Y$ と書く．

例 1.23 $\{1\} \subset \{1, 2\}, \{1, 2\} \subset \{1, 2, 3\}, \{1, 2\} \not\subset \{1, 2\}$

練習問題 1.24 次の言明を，正しいものと誤っているものに分けよ．

$$\{1\} \subseteq \{\{1\}\}$$
$$\{1\} \subset \{1, 1\}$$
$$\{\} \subseteq \{1\}$$
$$\{1, 2\} \subseteq \{\{1\}, \{2\}\}$$
$$\{1, 2\} = \{2, 1\}$$
$$\{\} = \{0\}$$
$$\{\} = \{\{\}\}$$

---

*5 $X \subsetneq Y$ と記す場合もある．

1.4 集合の演算

定義 1.25 （共通集合） 集合 X と集合 Y の**共通集合** (intersection) とは，X と Y の両方の要素であるものを要素とする集合であり $X \cap Y$ と記す．

定義 1.26 （和集合） 集合 X と集合 Y の**和集合** (union) とは，X か Y のいずれかの要素であるものを要素とする集合であり $X \cup Y$ と記す．

例 1.27
$$\{a,b,d\} \cap \{b,c,d,e\} = \{b,d\}$$
$$\{c,e\} \cup \{a,c,d\} = \{a,c,d,e\}$$

定義 1.28 （補集合） 集合 X の**補集合** (complement set) とは，X の要素ではないものを要素とする集合であり $\bar{X}$ と記す．

解説 1.29 X の補集合は X^c と記すこともある．

定義 1.30 （差集合） 集合 X と集合 Y の**差集合** (set difference) とは，X の要素であり，かつ Y の要素ではないものを要素とする集合であり $X - Y$ と記す．

解説 1.31 X と Y の差集合は $X \backslash Y$ と記すこともある．また，X における Y の**相対補集合** (relative complement) とも呼ばれる．

例 1.32
$$\{a,b,d\} - \{b,c,d\} = \{a\}$$
$$\{a,b,c\} - \{e,f\} = \{a,b,c\}$$
$$\{a,b\} - \{a,b,c,d\} = \{\,\}$$

1.5 冪集合

> **定義 1.33** （冪集合） 集合 X のすべての部分集合からなる集合を，X の**冪集合**(power set)といい $\mathcal{Pow}(X)$ と書く．

例 1.34 集合 $\{a,b,c\}$ の冪集合は，
$\{\{\,\},\{a\},\{b\},\{c\},\{a,b\},\{b,c\},\{a,c\},\{a,b,c\}\}$ である．

例 1.35 集合 $\{a,b\}$ の冪集合は $\{\{\,\},\{a\},\{b\},\{a,b\}\}$ である．

例 1.36 集合 $\{a\}$ の冪集合は $\{\{\,\},\{a\}\}$ である．

例 1.37 集合 $\{\,\}$ の冪集合は $\{\{\,\}\}$ である．

解説 1.38 $|X|=n$ のとき，$|\mathcal{Pow}(X)|=2^n$ である．すなわち，$|\mathcal{Pow}(X)|=2^{|X|}$ である．

練習問題 1.39 集合 $\{p,q,r,s\}$ の冪集合を書け．またその要素数を求めよ．

練習問題 1.40 集合 $\{\{\,\}\}$ の冪集合を書け．またその要素数を求めよ．

1.6 組

> **定義 1.41** （組） **組**(tuple)とは，要素の列である．n 個の要素の列からなる組を n **個組**(n-tuple)という（要素に重複があってもかまわない）．要素 $a_1,\ldots,a_n$ からなる組を $(a_1,\ldots,a_n)$ と記す．

例 1.42 (a,b,a,a) は四つ組である（$1\leq n\leq 9$ のときは，通例「-個組」とはいわない）．

解説 1.43 組 $(a_1,\ldots,a_n)$ は，$\langle a_1,\ldots,a_n\rangle$ と書くこともある．また，$(a_1,\ldots,a_n)$ という記法が示唆するように，$1\times n$ 行列とみなしてもかまわない．二つ組 (a,b) を開区間 (a,b) と混同しないよう注意する．

定義 1.44 一つ組 (1-tuple) は，その要素と同一である．すなわち，$(a) \stackrel{def}{\equiv} a$ である．

解説 1.45 特殊な場合として，0 個の要素を持つ組 ( ) がある．

定義 1.46 （射影） n 個の要素を持つ組 $\vec{a}$ から，i 番目（ただし $1 \leq i \leq n$）の要素を取り出す操作を**射影** (projection) といい，$\pi_i \vec{a}$ と書く．

例 1.47 $\pi_2(3, 6, 9, 12) = 6$

解説 1.48 $\pi_i \vec{a}$ の代わりに $p_i \vec{a}$ と書く場合もある．π や p は projection の頭文字 p を表している．

1.7 直積

定義 1.49 （集合の直積） 集合 $X_1, \ldots, X_n$ の**直積** (Cartesian product) とは，$X_1, \ldots, X_n$ の要素からなるすべての n 個組を要素とする集合であり $X_1 \times \cdots \times X_n$ と記す．

例 1.50 $X = \{a, b\}$，$Y = \{c, d\}$ ならば，
$X \times Y = \{(a, c), (a, d), (b, c), (b, d)\}$ である．

解説 1.51 $|X_1 \times \cdots \times X_n| = |X_1| \times \cdots \times |X_n|$ である．

解説 1.52 $X \times \cdots \times X$ を X^n と書くことがある．たとえば，$X \times X$ を X^2 と書く．

例 1.53 実数の集合 $\mathbb{R}$ に対して，ユークリッド平面は $\mathbb{R}^2$，ユークリッド空間は $\mathbb{R}^3$ と書くが，これらはそれぞれ $\mathbb{R} \times \mathbb{R}$，$\mathbb{R} \times \mathbb{R} \times \mathbb{R}$ である．

> **定義 1.54** 集合 0 個の直積を $*$ と記す．$*$ の唯一の要素は $()$ である．すなわち，$* = \{()\}$ である．

練習問題 1.55 集合 $X = \{1, 2, 3\}$ のとき，$\mathcal{P}ow(X) \times X$ および $|\mathcal{P}ow(X) \times X|$ を求めよ．

1.8 関係

n 項関係 (n-place relation) とは，n 個の集合の要素間で成立する関係であり，組を用いて定義することができる．

> **定義 1.56**（n 項関係） 集合 $X_1, \ldots, X_n$ 間の n 項関係とは，$X_1, \ldots, X_n$ の要素からなる n 個組を要素とする集合のことである．

解説 1.57 $X_1, \ldots, X_n$ 間の n 項関係は，$X_1 \times \cdots \times X_n$ の部分集合である．

練習問題 1.58 $X_1, \ldots, X_n$ 間の n 項関係はいくつ存在するか．$|X_1|, \ldots, |X_n|$ を用いて表せ．

解説 1.59 集合 X について，$\overbrace{X, \ldots, X}^{n}$ 間の n 項関係を，単に X における n 項関係，という．

> **定義 1.60**（同値関係） X を集合とする．任意の $x, y, z \in X$ について以下の三つの性質を満たす X における二項関係 $=$ を，X 上の**同値関係** (equivalence relation) という．
>
> | | | |
> |---|---|---|
> | 反射律 | | $x = x$ |
> | 対称律 | $x = y$ | $\implies y = x$ |
> | 推移律 | $x = y,\ y = z$ | $\implies x = z$ |

解説 1.61 記号 $\equiv$ は，**構文的同値関係** (syntactic equivalence) を表すために用いる．$X \equiv Y$ は「X と Y が構文として同一である」ことを意味する同値関係である．また，$X \not\equiv Y$ は $X \equiv Y$ ではないことを表すものとする．$X \stackrel{def}{\equiv} Y$

ならば $X \equiv Y$ である．

> **定義 1.62**（半順序関係） X を同値関係 $=$ が定義された集合とする．任意の $x, y, z \in X$ について以下の三つの性質を満たす X における二項関係 $\leq$ を，X 上の**半順序関係**(partial-order relation) という．
>
> | | | |
> |---|---|---|
> | 反射律 | | $x \leq x$ |
> | 反対称律 | $x \leq y,\ y \leq x$ | $\implies x = y$ |
> | 推移律 | $x \leq y,\ y \leq z$ | $\implies x \leq z$ |

解説 1.63 以下の記法も用いる．
$$x \geq y \stackrel{def}{\equiv} y \leq x$$
$$x < y \stackrel{def}{\equiv} x \leq y \text{ かつ } x \neq y$$
$$x > y \stackrel{def}{\equiv} y < x$$

1.9 写像

写像 (map) は，**定義域** (domain) と呼ばれる集合と，**値域** (codomain) と呼ばれる集合の対応を表す概念である．

> **定義 1.64**（写像） 定義域 X から値域 Y への写像とは，X, Y 間の二項関係 f のうち，以下の二つの性質を満たすものである．
>
> **全域性** すべての X の要素 x について，$(x, y) \in f$ を満たす Y の要素 y が存在する．
>
> **一意性** すべての X の要素 x と Y の要素 y, z について，$(x, y), (x, z) \in f$ ならば $y = z$ である．
>
> 定義域 X から値域 Y への写像 f を，$f: X \to Y$ と書く．

解説 1.65 写像 $f: X \to Y$ は，X のすべての（全域性による）要素に，Y の要素一つ（一意性による）を対応付けている，とみなすことができる．つまり，$(a, b) \in f$ であるとき，定義域の要素 a に対して，値域の要素 b が対応付けられている．このとき，$b = f(a)$ と記す．

例 1.66 $X = \{a, b, c\}, Y = \{a', b', c'\}$ とすると，$\{(a, a'), (b, b'), (c, c')\}$ は X から Y への写像の例である．しかしこの記法では，要素数が多くなると，どの要素がどの要素に対応付けられているのかが見づらくなるため，本書では以下のような記法を用いる．

$$\begin{bmatrix} a & \mapsto & a' \\ b & \mapsto & b' \\ c & \mapsto & c' \\ & \vdots & \end{bmatrix} \stackrel{def}{\equiv} \{(a, a'), (b, b'), (c, c'), \ldots\}$$

練習問題 1.67 以下の写像を，集合として表せ．

$$\begin{bmatrix} (1,1) & \mapsto & \{2,1\} \\ (2,3) & \mapsto & \{5,2\} \\ (4,3) & \mapsto & \{7,3\} \end{bmatrix}$$

解説 1.68 関数 (function) という用語は，定義域と値域が「数」の集合であるような写像を指すが，分野によっては写像と変わらない意味で用いられており，本書でも区別しない．また，定義域/値域は domain/range または source/target と呼ばれることもある．

定義 1.69（写像の集合） 定義域が X，値域が Y である写像全体からなる集合を Y^X と記す．

解説 1.70 Y^X という記法は，$|Y^X| = |Y|^{|X|}$ であることに由来する．

練習問題 1.71 $X = \{1, 0\}$ とする．$|X^{X^n}|$ を n によって表せ．

練習問題 1.72 定義域が空集合 $\{\}$ である写像は存在するか．存在するとすれば，それはどのような写像か．

練習問題 1.73 値域が空集合 $\{\}$ である写像は存在するか．存在するとすれば，それはどのような写像か．

第 2 章

論理学とは何か

2.1 数学における証明

以下は，初歩的な算術の問題である．

練習問題 2.1 $a^2 + b^2 = c^2$ を満たす奇数 a, b, c を探せ．

この問題に接するのが初めてならば，最初に試みることは，いくつかの奇数を上式に当てはめてみることであろう．しかし，しばらく計算を続けるうちに「ひょっとして，上式を満たす奇数の組み合わせは存在しないのではないか」と思うようになり，やがて以下の定理に到達する．

定理 2.2 任意の自然数 a, b, c について，$a^2 + b^2 = c^2$ ならば a, b, c のうち少なくとも一つは偶数である．

この定理は以下のように証明される．

証明．a, b, c がいずれも奇数であると仮定する．奇数の二乗は奇数であるから，a^2, b^2, c^2 はいずれも奇数である．一方，$a^2 + b^2$ は奇数と奇数の和であるから，偶数である．これは $a^2 + b^2 = c^2$ と矛盾する．したがって，a, b, c のうち少なくとも一つは偶数である． □

このように，一度数学的な**証明** (proof) が与えられると，もはや $a^2 + b^2 = c^2$ を満たす奇数 a, b, c をいくら探しても，見つからないことが保証される．

2.2 証明の妥当性とは何か

　しかし，考えてみればこれは不思議なことである．奇数は無限に存在するにもかかわらず，その無限に存在する奇数のすべてについて，ある関係が成り立つことを我々は「知っている」のである．

　この点において，数学の定理は，物理学などの自然科学の法則とは一線を画する．たとえば，特定の力学の理論が「正しい」ということを証明することはできない．それに従わない現象が一度でも観測されれば反証されるからである[*1]

　つまり，数学の証明というものは，我々の知の体系において特権的な地位を占めている．言い換えれば，我々が確実に「知っている」といえる数少ない知識であると考えられている．

　証明が**妥当** (valid) か否かは，数学的な訓練を受けていれば，直観的に判断することができる．そして，数学的な訓練を受けた者同士では，多くの場合その判断は一致する[*2]．もっとも，この判断が一致するのは不思議なことであり，それゆえに西欧においては，我々には**理性** (reason) というものが存在して，この判断をなさしめている，と主張されてきたのである．

　しかし理性という概念を持ちだし，それが存在すると主張したところで，証明の妥当性に関する我々の判断の一致の説明にはなっていない．なぜなら「理性とは何か」という次なる疑問が生じるからである．

2.3 論理学の目的と方法

　したがって，証明の妥当性に関する判断が理性の働きによるものだとしても，その判断の担い手たる理性そのものの性質を明らかにするためには，「証明を説明対象とした理論」を作り，現実の数学的証明と照らし合わせて検証する必要があるのである．そのような理論が「論理学」であり，その検証には，今日まで自然科学が採用してきた一般的な方法論を用いることができる．こ

[*1] しかし，少なくとも日常的な状況では，力学の法則に従わない現象は起こっていないように見える．もちろんこれは別の意味で不思議なことである．

[*2] これが一致しない例として，**公理的集合論** (axiomatic set theory) における**選択公理** (axiom of choice) の妥当性にまつわる議論が知られているが，これは哲学的に興味深い問題といえる．詳しくは田中 (1987) などを参照のこと．

こでいう検証とは，我々が数学的直観（または理性）において妥当であると判断している証明と，論理学が妥当であると予測している証明が，一致するかどうか確かめる，ということである．

この作業の重要な点の一つは，現実そのものの観察を一度離れ，「論理学」という純粋に理論的な構築物を据えたのちに，両者を比較する，という態度である．論理学のなかでも，特に記号論理学という名称の由来は，証明とその構成要素を「記号化」する，という方法論にある．この「記号化」という過程が，記号論理学をそれ以前の論理学と区別するものであり，この方法論によって，我々は直観のレベルを越えて，「証明の妥当性」という概念をより根本的な原理から導出することを試みるのである[*3]．

では，証明の「記号化」とはどのようにして可能となるのであろうか．一度，先の数学の証明に戻ることにしよう．

2.4 命題と真偽

先の証明は，そのままでは分析の対象としての厳密さを欠いている．まず，多少冗長になることを厭わず，できるだけ厳密に書き直してみよう．

証明．

(1) $(a \times a) + (b \times b) = (c \times c)$ であると仮定する．
(2) a) a が奇数であると仮定する．
　 b) b が奇数であると仮定する．
　 c) c が奇数であると仮定する．
(3) すべての自然数 x, y について，x が奇数であり，かつ y が奇数であるならば，$x \times y$ は奇数である．
(4) (2) と (3) より，
　 a) $a \times a$ は奇数である．

[*3] この試みがどのような場合に失敗しているのか，どのような場合に改善されたといえるのか，といった基準もまた自然科学のやり方で規定することができる．すなわち，現実には妥当な証明を論理学が妥当ではないと予測したり，逆に現実には妥当ではない証明を論理学が妥当であると予測したときに，論理学の理論は経験的に反証されることになる．

とはいえ，証明に対する我々の直観を必ずしも正しく捉えていなくても，工学的な応用が発見されたり，証明とは別の数学的構造をうまく捉えていたりすることで，それ自体が理論的な価値を持つことも多い．今日においては，論理学の説明対象は必ずしも我々の証明の妥当性に限られていない．

  b) $b \times b$ は奇数である.
  c) $c \times c$ は奇数である.
(5) すべての自然数 x, y について, x が奇数であり, かつ y が奇数であるならば, $x + y$ は偶数である.
(6) (4a) と (4b) と (5) より, $(a \times a) + (b \times b)$ は偶数である.
(7) (1) と (4c) と (6) は矛盾する.
(8) (2) と (7) より,「a が奇数であり, かつ b が奇数であり, かつ c が奇数である」ということはない.
(9) (8) より「a が奇数ではないか, または b が奇数ではないか, または c が奇数ではないか」である.
(10) (1) と (9) より, $(a \times a) + (b \times b) = (c \times c)$ ならば a が奇数ではないか, b が奇数ではないか, または c が奇数ではないかのいずれかである. □

 これより, 証明には, 繰り返し現れるいくつかの「構文」があること, そして証明は, それらのいくつかの「構文」の組み合わせで書かれていることが分かる. たとえば, 以下のような構文である.

1) φ ではない／φ ということはない
2) φ であり, かつ ψ である
3) φ であるか, または ψ である
4) φ ならば ψ である
5) すべての x について φ である
6) （したがって）$\varphi_1, \ldots, \varphi_n$ より, ψ である

 また, それ以外の構文には, これらの構文, もしくはこれらの構文の組み合わせによって表現することができるものがある.

  φ であると仮定すると ψ である $\Longleftrightarrow$ φ ならば ψ
  任意の x について φ である $\Longleftrightarrow$ すべての x について φ である
  φ と ψ は矛盾する $\Longleftrightarrow$ φ かつ ψ, ということはない

 さて, これらの構文の φ, ψ の位置に現れうる形式には, どのようなものがあるだろうか. 上の例では「a が奇数である」「$(a \times a) + (b \times b) = (c \times c)$」などの形式が挙げられるが, 数学の証明一般ではどうだろうか.
 特徴としては, 表している内容が**真偽** (truth) を問うことのできる形式である, ということがいえる. 真偽を問うことのできる形式を**命題** (proposition)

と呼ぶ．たとえば「自然数 a が奇数である」という形式が表している内容については，真か偽かのいずれかであるので，この形式は命題である．一方，真偽を問うことのできない形式は φ, ψ の位置には現れない．数学の証明において，以下のような文を見ることはないはずである．

1) 3 は奇数であり，かつ，こんにちは！
2) 3 は奇数であり，かつ，2 は本当に奇数だろうか？
3) 3 は奇数であり，かつ，4 は以後奇数とせよ！

ただし，「命題とは何か」「真偽とは何か」という問題は，ともに哲学的議論が絶えない問題であり，慎重に扱われなければならない[*4]．とはいえ，数学的証明の文脈に限れば，それほど解釈に揺れは生じないと思われる．

ここで興味深いのは，命題 φ, ψ を含む以下の形式は，いずれもまた命題であるということである．

1) φ ではない
2) φ であり，かつ ψ である
3) φ であるか，または ψ である
4) φ ならば ψ である
5) すべての x について φ である

なぜなら，φ, ψ などが命題であり，真偽を問うことができるならば，それらを含む 1)–5) の形式についてもまた，真偽を問うことができるからである．

したがって，命題を組み合わせて，より大きな命題を構成するための規則があれば，証明において用いられる文はすべてその要素であるような「命題の集合」というものが定義できることになる．

[*4] たとえば，以下のような形式も，数学の証明には現れないであろう．しかし，真偽が問えない形式といえるだろうか？
1) 3 は奇数であり，かつ，6 はもしかしたら奇数かもしれない．
2) 3 は奇数であり，かつ，8 は奇数だと思う．
　「これらの形式は主観的な内容であるため，真偽を問うことはできない」という立場が，少なくとも 1960 年代までは主流であった．しかし，**様相論理** (modal logic) を用いることで，これら「主観的な内容」を述べる形式も命題として適切に取り扱うことが可能となる．したがって，「命題とは何か」「真偽とは何か」という問題は，必ずしも理論と独立に決定されるわけではない．

2.5 推論と妥当性

証明に現れる文が命題であると考えると，証明自体は複数の命題を並べたものと考えることができる．このとき，それらの命題間のつながりはどうなっているだろうか．前節で挙げた「証明に現れる構文」のうち，以下のものがこの役割を担っている．

6)（したがって）$\varphi_1, \ldots, \varphi_n$ より，ψ である

この形式は，有限個の命題から 1 個の命題を導き出す一種の判断であり，以下のように記号 $\implies$ を用いて表すことも多い．

$$\varphi_1, \ldots, \varphi_n \implies \psi$$

この形式を**推論** (inference) と呼ぶ．「推論」は命題と命題のつながり方に対する判断である．$\varphi_1, \ldots, \varphi_n$ を推論の**前提** (premise) と呼び，ψ を推論の**帰結** (consequence) と呼ぶこともある．

すると，上の証明に限らず，一般に証明は「推論」が鎖状に連なったものであるとみなすことができる．そして「推論」の連なり方は，一定の決まりに沿ったものでなければならない．たとえば，以下のような証明を構成している一連の推論の相互関係を考えてみる．

(1) $\varphi_1 \implies \varphi_2$
(2) $\varphi_2 \implies \varphi_3$
(3) (1) と (2) より，$\varphi_1 \implies \varphi_3$

上の証明では，推論 (1) の帰結が，推論 (2) の前提になっている．(3) で述べられていることは，もし推論 (1) と推論 (2) がともに妥当な推論であるならば，推論 (1) の前提と推論 (2) の帰結を持つ推論 $\varphi_1 \implies \varphi_3$ もまた妥当な推論である，ということである[*5]．

このように考えれば，「正しい証明」が満たすべき条件とは，以下の二つに分けて定義することができそうである．

- 「妥当な推論」のみから構成されていること
- 「推論」と「推論」の組み合わせ方が妥当であること

[*5] ここで述べている考え方は，3.3.7 項において厳密に議論される．

言い換えれば，証明を構成する推論に，一つでも妥当ではないものが含まれていれば，その証明は間違っていることになる．また，推論と推論の組み合わせ方には定められたやり方があり，それに従わない組み合わせ方があれば，その証明は間違っていることになる．

では「妥当な推論」とはどのような推論であるか．これにはいくつかの異なる考え方があるが，本書では「意味論的推論」と呼ばれる考え方を採る．「意味論的推論」においては，前提と帰結からなる推論が妥当であるのは，以下の条件を満たすときであるとする．

前提の命題がすべて真であり，帰結の命題が偽である状況は存在しない．

これは，以下のように言い換えても同じである．

前提の命題がすべて真である状況では，帰結の命題も真である．

2.6 統語論と意味論

さて，ここまで述べた概念を用いれば，「証明」を対象とする理論，すなわち「正しい証明とはどのようなものか」を説明する理論を，以下の二つのステップを経て構成することができる．

1) どのような形式が推論であり，どのような形式が推論ではないか（＝推論の集合）を定義する．
2) 推論の集合のうち，妥当な推論とそうではない推論を定義する．

記号体系において，上の 1) のように，ある形式の集合を定義する部門を**統語論** (syntax) といい，上の 2) のように，「統語論」で定義した形式の集合について，その意味を規定する部門を**意味論** (semantics) という．

なお，「統語論」「意味論」という用語は論理学以外でもしばしば用いられる．一般に「統語論」とは，記号体系において「文」に相当する形式の集合を定義する部門である．それに対して「意味論」とは，統語論で定義された各「文」が，どのような意味を持つかを定義する部門である．

統語論は，分野によっては「構文論」もしくは「統辞論」と呼ばれることや，あるいは英語で「シンタクス」と呼ばれることもある．（何らかの意味での）「文の集合」を分析の対象とする分野において，その分野の一部門として，

その集合に含まれる文を定義する（したがって含まれない文と区別する）のが統語論である．意味論は英語で「セマンティクス」と呼ばれることも多い．

したがって，論理学に必要な内容は，「推論の統語論」と「推論の意味論」である，とまとめることができる．しかし，先に述べたように，推論とは以下のような形式を持っているものである．

$$\text{命題}, \ldots, \text{命題} \implies \text{命題}$$

したがって，「推論の統語論」は，「命題の統語論」に還元することができる．「命題の統語論」が定義され，命題の集合が定まれば，推論とは命題が上のような形式で並べられたもの，として定義することができるからである．一方，「妥当な推論」を，

> 前提の命題がすべて真であり，帰結の命題が偽である状況は存在しない．

と定義するのであれば，結局「推論の意味論」もまた，「命題の意味論」に還元される．ここでいう「命題の統語論」「命題の意味論」とは以下のようなものである．

1. 命題である形式と，そうではない形式を定義する．
2. 命題である形式のうち，真である命題と，偽である命題を定義する．

したがって，「命題の統語論」と「命題の意味論」を定義することによって，「推論の統語論」と「推論の意味論」，すなわち「妥当な推論」とは何かが定義され，そして「正しい証明」すなわち「妥当な推論のみからなる証明」とは何であるかも定義されるのである．

この「統語論」と「意味論」の内容をどう定義するかによって，様々な論理体系が存在している．本書で扱う「一階命題論理」「一階述語論理」とそれに伴う「意味論的推論」の考え方は，そのなかでも最も初歩的・基本的な体系である．

我々の理性のあり方を完全に説明しうる論理体系は，今のところ存在しない．それにもかかわらず，いくつかの論理体系は成功していると考えられている．その理由は，それらの論理体系から，我々がそれなしで理性というものを外側から漠然と眺めていたのでは思いも付かないような洞察が導かれるからである．

第3章

一階命題論理：統語論と意味論

　前章において，数理論理学が「証明を対象とする科学」であり，正しい証明とは何かを予測・説明することを目的としていると述べた．そしてそのための方法論を分解してゆくと，「命題の統語論」と「命題の意味論」が定義されれば，目的は達せられることが分かった．

　本章で解説するのは**一階命題論理**(first-order propositional logic) と呼ばれる形式体系である．数理論理学の各体系では，**論理式** (logical formula) という式を用いて命題を表す．したがって 3.1 節では，まず一階命題論理における論理式の統語論を定義し，論理式の集合を定める．

　続いて 3.2 節では論理式の意味論，すなわちそれらの論理式が真である（あるいは偽である）のはどのような場合であるかを定義する．3.3 節では，統語論と意味論の議論に基づいて妥当な推論を定義し，そこに至って当面の目的が達成される．それと同時に，前章の最後に述べたように，この一連の作業から得られる洞察を，3.4 節と 3.5 節において紹介する．

3.1　統語論

　統語論の目的は「どのような形式が論理式であり，どのような形式が論理式ではないか」の定義，すなわち論理式の集合を定義することである．形式体系において統語論を定義する際には，1) 用いうる**記号** (alphabet) をすべて宣言し，それを用いて 2) 文法的に正しい形式の集合を，有限個の規則（**文法** (grammar) ということもある）によって定義する，という手順を踏むのが一般的である．

3.1.1 記号

命題を表すためには,どのような記号が必要となるだろうか.2.4 節において,我々が証明において用いる命題には,以下のような形の構文が含まれていることを述べた(φ, ψ は命題とする)[*1].

1) φ ということはない
2) φ であり,かつ ψ である
3) φ であるか,または ψ である
4) φ ならば ψ である

一階命題論理では,これらの構文にそれぞれ以下のような論理式を対応付ける.以下,命題とは説明対象の側の概念であり,論理式とは理論側の概念であることに注意する.

命題を表す文[*2]	名称	一階命題論理の論理式
φ ということはない	**否定** (negation)	$\neg \varphi$
φ かつ ψ	**連言** (conjunction)	$\varphi \wedge \psi$
φ または ψ	**選言** (disjunction)	$\varphi \vee \psi$
φ ならば ψ	**含意** (implication)	$\varphi \to \psi$
φ のとき,またそのときのみ ψ	**同値** (equivalence)	$\varphi \leftrightarrow \psi$

解説 3.1 $\to$ の代わりに $\supset$ が用いられることがある.この記号は定義 1.22 の「真部分集合」とは無関係なので注意する.また,$\wedge$ の代わりに &,$\leftrightarrow$ の代わりに $\equiv$ が用いられることもある.

これらの論理式に加えて,「真偽」を直接述べることのできる以下のような形式も加えるものとする.

命題を表す文	名称	一階命題論理の論理式
真である	**真** (true)	$\top$
偽である	**偽** (false)	$\bot$

[*1] 「すべての x について φ である」という形式の命題は,第 5 章において扱う.

[*2] 含意命題「φ ならば ψ」において φ が前提,ψ が帰結と呼ばれる場合がある.しかし,推論における用語と混同しやすいので,本書では採用しない.同値命題「φ のとき,またそのときのみ ψ」は,日本語ではこのように回りくどい表現になってしまうが,英語では "φ if and only if ψ" ということである. "φ iff ψ" とも書く.

これらの論理式を表すための記号として，一階命題論理では以下のようなものを用意する．

定義 3.2 (一階命題論理の記号 I)
　原子命題　　　　：　$1+2=3$, 3 は偶数である，鳥は哺乳類である，…
　零項真理関数　　：　true, false
　一項真理関数　　：　¬
　二項真理関数　　：　∧, ∨, →, ↔

解説 3.3 「n 項関数」とは，n 個の値を取る関数であることを意味している．**零項真理関数** (zero-place truth-function) は論理式の 0 個組 () を，**一項真理関数** (one-place truth-function) は論理式の一つ組を，**二項真理関数** (two-place truth-function) は論理式の二つ組を取る[*3]．

解説 3.4 **原子命題** (atomic proposition) とは，「それ以上分割できない論理式」である[*4]．しかし，原子命題の「内部」に踏み込まないのであれば，原子命題の具体的な文面は実のところどうでも良く，これらを単純な記号で置き換えてしまう方が，取り扱いのうえで便利である．したがって今後の議論では，原子命題として具体的な文の代わりに**命題記号** (propositional letter) を用いる以下のような体系について議論する．実際の証明や推論について考える際には，命題記号を具体的な原子命題に置き換えて考えればよい．

定義 3.5 (一階命題論理の記号 II)
　命題記号　　　　：　$P, Q, R, S, \ldots$
　零項真理関数　　：　true, false
　一項真理関数　　：　¬
　二項真理関数　　：　∧, ∨, →, ↔

[*3] 一項真理関数 "unary/monadic truth-function"，二項真理関数 "binary/dyadic truth-function" とも呼ばれる．
[*4] これはそれほど明白なガイドラインとはいえない．事実，第 5 章で述べる一階述語論理では，一階命題論理では原子命題とみなしている論理式を述語と名前に分解するのであるから，「それ以上分解できない」というのは，結局「一階命題論理の複合論理式とみなすことができない」という，一階命題論理内の事情である．

解説 3.6 定義 3.5 の記号を変更することによって，異なる真理関数から構成された，異なる一階命題論理の体系を定義することができるが，その可能性については 3.5 節において詳しく議論する．

3.1.2 論理式の集合

一階命題論理における論理式の集合は以下のように定義される[*5]．

定義 3.7 （一階命題論理の論理式） 一階命題論理の記号が与えられたとき，論理式の集合は以下の規則によって定義される．

1) 命題記号は論理式である．
2) ρ が n 項真理関数であり，$(\varphi_1, \ldots, \varphi_n)$ が論理式の n 個組ならば，$\rho(\varphi_1, \ldots, \varphi_n)$ は論理式である．
3) 1),2) 以外は一階命題論理の論理式ではない．

解説 3.8 定義 3.7 によって定義された論理式を**整論理式** (well-formed formula) ともいう．特に，$\rho(\varphi_1, \ldots, \varphi_n)$ の形の論理式は**複合論理式** (compound formula) と呼ばれる．命題記号と複合論理式の区別は，以下のような概念を（論理式の構造について）再帰的に定義するときに用いる．

論理式 φ の**部分論理式** (subformula) の集合は $SubF(\varphi)$ と記すものとし，以下のように再帰的に定義される．なお，P は命題記号，ρ は n 項真理関数，$\varphi_1, \ldots, \varphi_n$ は論理式とする．

定義 3.9 （部分論理式）
$$SubF(P) = \{P\}$$
$$SubF(\rho(\varphi_1, \ldots, \varphi_n)) = \{\rho(\varphi_1, \ldots, \varphi_n)\} \cup SubF(\varphi_1) \cup \cdots \cup SubF(\varphi_n)$$

[*5] 論理式の定義を記述するために，論理学的な言語（「～ではない」「～ならば～である」など）が必要になる．記述される側の言語を**オブジェクト言語** (object language)，記述する側の言語を**メタ言語** (meta language) と呼ぶ．ここでは，一階命題論理の論理式がオブジェクト言語であり，一階命題論理を定義するために用いている日本語がメタ言語である．メタ言語による論理的な言明や推論のことを**メタ論理** (meta logic) という．メタ論理においては，一般にギリシャ文字の大文字 ($\Gamma, \Delta, \ldots$) は論理式の集合，ギリシャ文字の小文字 ($\varphi, \psi, \ldots$) は論理式を表すという習慣がある．

また，論理式 φ の**真部分論理式** (proper subformula) の集合は，$SubF(\varphi) - \{\varphi\}$ と定義する．

解説 3.10 複合論理式の特殊な場合として，ρ が零項真理関数である場合がある．$\rho(\varphi_1, \ldots, \varphi_n)$ という形式は，$n = 0$ の場合には，$\rho()$ であると解釈する（解説 1.45 参照）．したがって，true(), false() は論理式である．以下ではこれらを $\top, \bot$ と表すことにする．

定義 3.11 （零項真理関数の略記法）
$$\top \stackrel{def}{\equiv} \text{true}()$$
$$\bot \stackrel{def}{\equiv} \text{false}()$$

例 3.12 以下は一階命題論理の論理式の例である．

$\quad P \quad Q \quad \land(P, Q) \quad \lor(\land(P, Q), \neg(R)) \quad \land(\top, \neg(\bot)) \quad \leftrightarrow(\neg(P), Q)$

解説 3.13 定義 3.7 は再帰的であるため，論理式の集合は可算無限集合となる．また，論理式のなかにはいくらでも長いものが存在する．一方で，一般に上のような再帰的規則が与えられた場合は，論理式の集合に含まれるものは，規則の適用回数が有限であるもののみを考える．したがって，個々の論理式の長さは有限であるが，論理式の集合には，いくらでも長い論理式が含まれている．

解説 3.14 数理論理学では，「φ かつ ψ」「φ または ψ」のような論理式を「$\land(\varphi, \psi)$」「$\lor(\varphi, \psi)$」と書く代わりに，そのままの語順で「$\varphi \land \psi$」「$\varphi \lor \psi$」と書くのが標準的である．このような記法を**中置記法** (infix notation) という．算術において，二項演算子 $+$ と $\cdot$ について「$+(1,2)$」や「$\cdot(3,4)$」と書く代わりに「$1+2$」や「$3 \cdot 4$」と書くのも中置記法である．ただし，定義 3.7 では，二項演算子の中置記法は定義されていないので，今後この記法で論理式を書くためには，以下のように明示的に定義する必要がある．

> **定義 3.15** （二項真理関数の中置記法） 以下のような記法を導入する．ただし，φ, ψ は論理式である．
>
> $$\varphi \wedge \psi \stackrel{def}{\equiv} \wedge(\varphi, \psi) \qquad \varphi \vee \psi \stackrel{def}{\equiv} \vee(\varphi, \psi)$$
> $$\varphi \to \psi \stackrel{def}{\equiv} \to(\varphi, \psi) \qquad \varphi \leftrightarrow \psi \stackrel{def}{\equiv} \leftrightarrow(\varphi, \psi)$$

解説 3.16 定義 1.44 により $(\varphi) \equiv \varphi$ であるから，$\neg(\varphi)$ の括弧は $\neg\varphi$ のように省略することができる．

解説 3.17 $\neg, \wedge, \vee, \to, \leftrightarrow$ の間には，以下のような結合力の違いがある．

- $\neg$ はその他の真理関数よりも結合力が強いものとする．すなわち，$\neg P \wedge Q$ は $(\neg P) \wedge Q$ であり，$\neg(P \wedge Q)$ ではない．
- $\wedge, \vee$ は $\to, \leftrightarrow$ よりも結合力が強いものとする．すなわち，$P \wedge Q \to R$ は $(P \wedge Q) \to R$ であり，$P \wedge (Q \to R)$ ではない．
- $\to$ は $\leftrightarrow$ よりも結合力が強いものとする．すなわち，$P \to Q \leftrightarrow R$ は $(P \to Q) \leftrightarrow R$ であり，$P \to (Q \leftrightarrow R)$ ではない．

解説 3.18 $\to$ は右結合である．すなわち，$P \to Q \to R$ は $P \to (Q \to R)$ であり，$(P \to Q) \to R$ ではない．

例 3.19 以下は一階命題論理の論理式の例である．

$$P \quad Q \quad P \wedge Q \quad (P \wedge Q) \vee \neg R \quad \top \wedge \neg \bot \quad \neg P \leftrightarrow Q$$

練習問題 3.20 例 3.19 の各論理式について，部分論理式の集合を求めよ．

3.2 意味論

次に，3.1 節で定めた論理式の集合について，各論理式がどのような場合に真であるか，あるいは偽であるかを定義する．「どのような場合に真であるか，あるいは偽であるか」という問いは，そのままでは厳密さを欠く概念であるが，一階命題論理の意味論ではそれを「領域」という集合と「解釈」という写像に置き換えることで，論理式の真偽を形式的に定義することが可能となる．

以下，これらの概念について順に述べる[*6]．

3.2.1 領域

まず準備として，これまで「真偽」と呼んできた概念を，それが意図するところを明確にするために，集合の概念を用いて表すことにする．一階命題論理を含む多くの論理体系では，「真偽」に相当する概念として，以下のような集合 D_t を用いる．

定義 3.21 （真偽値の領域） $\qquad D_t \stackrel{def}{\equiv} \{1, 0\}$

解説 3.22 D_t のように，論理式の解釈先として用いられる集合を一般に**領域** (domain) という．D_t という記法は**真偽** (truth) を表す領域を意味している．D_t の要素を**真偽値** (truth value) といい，1 が「真」，0 が「偽」を表す[*7]．定義 3.21 によって，一階命題論理では 1 と 0 が真偽値であり，それ以外に真偽値は存在しないことが明示される．

このように真偽を集合として捉えることで，以下のような「真偽値の領域の直積」もまた集合として考察することが可能となる．

$$
* \\
D_t \\
D_t \times D_t \\
D_t \times D_t \times D_t
$$

1.2 節での議論に従い，ここで有限集合 X の要素数を $|X|$ と記すと，上の各直積の要素数は以下の通りである．

[*6] ここで述べる考え方は，一階命題論理に対する唯一の意味論ではない．すなわち，数理論理学では論理式がどのような場合に真であり，または偽であるかについてはいくつか異なる考え方がある．形式的な定義が続くと，天下り的であるという印象や，規約的であるという印象を受けることがあるが，そうではなく，数理論理学においてはそれぞれ一長一短がある複数の意味論が提唱されており，我々はそれらを批判的に比較検討する立場にあるのである．

[*7] D_t として集合 $\{T, F\}$ を用い，T が「真」，F が「偽」を表す場合もある．

$$|*| = 1$$
$$|D_t| = 2$$
$$|D_t \times D_t| = 2 \times 2 = 4$$
$$|D_t \times D_t \times D_t| = 2 \times 2 \times 2 = 8$$

練習問題 3.23 上の各集合の要素を列挙せよ．

また，これらの集合の間の写像も定義されうる．また，それらの写像が各々いくつ存在するかも計算することができる．

$$|(D_t)^*| = 2^1 = 2$$
$$|(D_t)^{D_t}| = 2^2 = 4$$
$$|(D_t)^{D_t \times D_t}| = 2^4 = 16$$

練習問題 3.24 $|(D_t)^{D_t \times D_t \times D_t}|$ を求めよ．

3.2.2 解釈

2.4 節では，論理式を「真偽を問うことのできる形式」と規定したが，この言い方も今となっては曖昧である．意味論では，論理式がどのような場合に真であるか，あるいは偽であるかを定義しなければならないが，そのためには論理式と真偽の間にある以下のような事情を整理して考える必要がある．

1. 論理式の真偽は**状況** (situation) によって変わる．たとえば「太郎」は学生であるとする．この状況では「太郎は学生である」という命題を表す命題記号は真であるが，その後卒業して就職したとすると，その状況では同じ論理式が偽となる．
2. 証明の中で n という自然数についての性質を述べており，n が偶数の場合と奇数の場合で**場合分け**したとする．「n が偶数の場合」には，「$n+1$ は奇数である」という論理式は真であるが，「n が奇数の場合」には，同じ論理式が偽となる．
3. 「女王が存在する」という論理式は，論理式が述べられた**文脈** (context) において，舞台が英国であれば真であるが，舞台が日本であれば偽である．

このように，同じ論理式でも「状況」「場合」「文脈」といった要因によって，真となったり偽となったりする．しかし，「状況」「場合」「文脈」といっ

3.2 意味論

た概念の実体はなお曖昧であり，論理式と真偽の関係を，それらの概念に遡って定義するのは得策ではなさそうである．そこで，「状況」「場合」「文脈」といった概念に含まれる要因を（分析せぬまま）すべて足し合わせたものとして，「論理式の集合から D_t への写像」を考えることにする．このような写像を一階命題論理の**解釈** (interpretation) と呼ぶ．

$$論理式の集合 \xrightarrow{解釈} D_t$$

定義 3.7 によれば，一階命題論理の論理式は命題記号か複合論理式かのいずれかであるから，解釈という写像を定義するためには，命題記号と複合論理式のそれぞれに対して写像を定義すればよい．

命題記号の解釈

まず，命題記号の解釈について考える．たとえば，命題記号 P は「太郎は学生である」という原子命題を表すとする．P は「太郎の学生時代」という状況では真であり「太郎の就職後」という状況では偽である．したがって，「太郎の学生時代」という状況は以下の左のような解釈として表され，「太郎の就職後」という状況は以下の右のような解釈として表される．

$$\begin{bmatrix} P & \mapsto & 1 \\ & \cdots & \end{bmatrix} \quad \begin{bmatrix} P & \mapsto & 0 \\ & \cdots & \end{bmatrix}$$

ただし「太郎の学生時代」「太郎の就職後」という状況に対応する解釈は，いずれも一通りではない．たとえば命題記号 Q が「次郎は学生である」という原子命題を表すとすると，「太郎の学生時代」「太郎の就職後」という状況も，次郎が学生であるか否かによってそれぞれ二通りに場合分けされ，解釈は以下の四通りとなる．

$$\begin{bmatrix} P & \mapsto & 1 \\ Q & \mapsto & 1 \\ & \cdots & \end{bmatrix} \quad \begin{bmatrix} P & \mapsto & 1 \\ Q & \mapsto & 0 \\ & \cdots & \end{bmatrix} \quad \begin{bmatrix} P & \mapsto & 0 \\ Q & \mapsto & 1 \\ & \cdots & \end{bmatrix} \quad \begin{bmatrix} P & \mapsto & 0 \\ Q & \mapsto & 0 \\ & \cdots & \end{bmatrix}$$

すなわち，n 個の命題記号を考慮した場合，解釈は 2^n 通りに場合分けされ，それぞれが異なる「状況」を表す．すなわち，異なる「状況」は少なくとも命題記号の集合から D_t への写像の数（2^n）だけ存在していることが分かる．

$$命題記号の集合 \xrightarrow{I} D_t$$

I をそのような写像の一つとすると，I はある特定の状況を表している．この写像 I を，解釈を定義する際のパラメータとして用いることにしよう．記法としては，論理式 φ が I のもとで 1 や 0 に対応付けられることを，それぞれ以下のように記すものとする．

$$[\![\varphi]\!]_I = 1 \qquad [\![\varphi]\!]_I = 0$$

また，$[\![\varphi]\!]_I$ を解釈 I のもとでの φ の**意味論的値** (semantic value)，もしくは単に**値** (value) という．φ が命題記号のときには，この I をそのまま写像として用いればよい．

> **定義 3.25**（命題記号の解釈）　任意の解釈 I について，I のもとでの命題記号 φ の値は以下のように定義される．
>
> $$[\![\varphi]\!]_I \stackrel{def}{\equiv} I(\varphi)$$

たとえば，命題記号 P, Q に対して $I(P) = 1, I(Q) = 0$ となる写像 I に対して，I のもとでの P, Q の値を（そのまま）$[\![P]\!]_I = 1, [\![Q]\!]_I = 0$ と定義するのである．

複合論理式の解釈

次に，命題記号以外の論理式，すなわち複合論理式についての解釈を考える．

命題記号のみについて考える場合は，単に各論理式が真である場合と偽である場合に分けて，すべての論理式についてその組み合わせを数え上げているだけである．したがって，「ある論理式 φ が真であるのはどういうときか？」という当初の問いに対しては「$[\![\varphi]\!]_I = 1$ となるような解釈 I においてである」と答えることになるが，もし「そのような解釈 I とはどのようなものか？」と問われれば「$I(\varphi) = 1$ となるような解釈 I である」と答えることになり，さらに「解釈 I のもとで $I(\varphi) = 1$ となるのはどのようなときか？」と問われたならば，「φ が真であるときである」としか答え得ない．これでは堂々巡りをしているにすぎない．

しかし，一階命題論理の意味論がただの堂々巡りに終わらない点は，次のような複合論理式の解釈にある．

太郎は学生であり，かつ次郎は学生である．

3.2 意味論

「太郎は学生である」を P,「次郎は学生である」を Q,「太郎は学生であり，かつ次郎は学生である」を R とおくと，P, Q に対する解釈は先に述べたように 4 通り存在する．しかし，R が追加されたことによって，R が真となる解釈と R が偽となる解釈に場合分けされ，先の 4 通りが 8 通りに増える，ということにはならない．R の解釈は，解釈が先の 4 通りのいずれであるかによって，一意に定まるからである．

$$\begin{bmatrix} P & \mapsto & 1 \\ Q & \mapsto & 1 \\ R & \mapsto & 1 \\ & \cdots & \end{bmatrix} \begin{bmatrix} P & \mapsto & 1 \\ Q & \mapsto & 0 \\ R & \mapsto & 0 \\ & \cdots & \end{bmatrix} \begin{bmatrix} P & \mapsto & 0 \\ Q & \mapsto & 1 \\ R & \mapsto & 0 \\ & \cdots & \end{bmatrix} \begin{bmatrix} P & \mapsto & 0 \\ Q & \mapsto & 0 \\ R & \mapsto & 0 \\ & \cdots & \end{bmatrix}$$

すなわち R が真であるのは，P が真であり，かつ Q が真であるとき，またそのときのみである．このように，複合論理式の解釈は，その真部分論理式の解釈によって一意に定まる．たとえば連言 $P \wedge Q$ については真理関数 $\wedge$ を，

$$\begin{bmatrix} (1,1) & \mapsto & 1 \\ (1,0) & \mapsto & 0 \\ (0,1) & \mapsto & 0 \\ (0,0) & \mapsto & 0 \end{bmatrix}$$

という写像に対応させ，この写像に組 $([\![P]\!]_I, [\![Q]\!]_I)$ を与えることで，真偽値が定義できる．一般的には，複合論理式の解釈は以下のように定義される．

定義 3.26（複合論理式の解釈） 任意の解釈 I, n 項真理関数 ρ, 論理式 $\varphi_1, \ldots, \varphi_n$ について，I のもとでの複合論理式の値は以下のように定義される．

$$[\![\rho(\varphi_1, \ldots, \varphi_n)]\!]_I \stackrel{def}{\equiv} [\![\rho]\!]_I([\![\varphi_1]\!]_I, \ldots, [\![\varphi_n]\!]_I)$$

ただし $[\![\rho]\!]_I \in (D_t)^{D_t^n}$ とする．

真部分論理式が再び複合論理式であった場合は，その値はさらにその真部分論理式の値によって定まる．したがって，結局あらゆる論理式の値は，その論理式に含まれる命題記号の値によってのみ定まることになる．すなわち，命題記号の集合から D_t への写像 I は，解釈における唯一のパラメータである．このことから，以下では写像 I と解釈を同一視して「解釈 I」と呼ぶ．

練習問題 3.27 命題記号に対する値が等しい二つの解釈は等しい解釈である

ことを，帰納法によって証明せよ．

練習問題 3.28 任意の論理式 φ について $[\![\varphi]\!]_I \in D_t$ が成り立つことを，帰納法によって証明せよ．

零項真理関数の解釈

定義 3.26 のもとでは，零項真理関数の解釈は以下のようになる[*8]（解説 3.10 参照）．

$$[\![\top]\!]_I \equiv [\![\text{true}()]\!]_I \equiv [\![\text{true}]\!]_I()$$
$$[\![\bot]\!]_I \equiv [\![\text{false}()]\!]_I \equiv [\![\text{false}]\!]_I()$$

定義 3.29（零項真理関数の解釈） 任意の解釈 I について，I のもとでの零項真理関数の値は以下のように定義される．

$$[\![\text{true}]\!]_I \stackrel{def}{\equiv} [\ (\ ) \ \mapsto \ 1\ ]$$
$$[\![\text{false}]\!]_I \stackrel{def}{\equiv} [\ (\ ) \ \mapsto \ 0\ ]$$

解説 3.30 上の関数は，集合として書けば以下のようになる．

$$[\![\text{true}]\!]_I \stackrel{def}{\equiv} \{((\ ), 1)\}$$
$$[\![\text{false}]\!]_I \stackrel{def}{\equiv} \{((\ ), 0)\}$$

練習問題 3.31 零項真理関数は $(D_t)^*$ の要素として解釈されるが，$(D_t)^*$ の要素数はいくつか？

一項真理関数の解釈

定義 3.26 を否定論理式に当てはめると，以下のようになる．

$$[\![\neg\varphi]\!]_I \stackrel{def}{\equiv} [\![\neg]\!]_I([\![\varphi]\!]_I)$$

[*8] $\top, \bot$ が何を表しているか，特に領域の方では D_t の要素として $1, 0$ が用意されていることを考えると，その違いは何か，という疑問が生じるかもしれない．$\top, \bot$ は論理式であり，$1, 0$ はその値であるから，$\top, \bot$ は $1, 0$ の「名前」であると考えることができる．

3.2 意味論

この定義においても，$[\![\neg]\!]_I$ が D_t から D_t への関数であることが前提とされており，その関数には $[\![\varphi]\!]_I$ が与えられる．したがってこの場合も，否定論理式の最終的な真偽値は，$[\![\neg]\!]_I$ がどのような関数であるかによって決定される．

定義 3.32 （一項真理関数の解釈）　任意の解釈 I について，I のもとでの一項真理関数の値は以下のように定義される．

$$[\![\neg]\!]_I \stackrel{def}{\equiv} \left[\begin{array}{ccc} (1) & \mapsto & 0 \\ (0) & \mapsto & 1 \end{array}\right]$$

解説 3.33　定義 1.44 で述べたように，「一つ組」の場合，括弧は省略してもよい．したがって，上記のように書いても，以下のように書いても同じである．

$$[\![\neg]\!]_I \stackrel{def}{\equiv} \left[\begin{array}{ccc} 1 & \mapsto & 0 \\ 0 & \mapsto & 1 \end{array}\right]$$

解説 3.34　上の関数は，集合として書けば以下のようになる．

$$[\![\neg]\!]_I \stackrel{def}{\equiv} \{((1),0),((0),1)\}$$

練習問題 3.35　一項真理関数は $(D_t)^{D_t}$ の要素として解釈されるが，$(D_t)^{D_t}$ の要素数はいくつか？

練習問題 3.36　$\neg$ 以外の一項真理関数にはどのようなものがありうるか？

二項真理関数の解釈

定義 3.26 を連言・選言・含意・同値論理式にそれぞれ当てはめると，以下のようになる．

$$\begin{array}{lll}
[\![\varphi \wedge \psi]\!]_I & \equiv \ [\![\wedge(\varphi,\psi)]\!]_I & \equiv \ [\![\wedge]\!]_I([\![\varphi]\!]_I, [\![\psi]\!]_I) \\
[\![\varphi \vee \psi]\!]_I & \equiv \ [\![\vee(\varphi,\psi)]\!]_I & \equiv \ [\![\vee]\!]_I([\![\varphi]\!]_I, [\![\psi]\!]_I) \\
[\![\varphi \rightarrow \psi]\!]_I & \equiv \ [\![\rightarrow(\varphi,\psi)]\!]_I & \equiv \ [\![\rightarrow]\!]_I([\![\varphi]\!]_I, [\![\psi]\!]_I) \\
[\![\varphi \leftrightarrow \psi]\!]_I & \equiv \ [\![\leftrightarrow(\varphi,\psi)]\!]_I & \equiv \ [\![\leftrightarrow]\!]_I([\![\varphi]\!]_I, [\![\psi]\!]_I)
\end{array}$$

この定義においては，$[\![\wedge]\!]_I, [\![\vee]\!]_I, [\![\rightarrow]\!]_I, [\![\leftrightarrow]\!]_I$ がいずれも $D_t \times D_t$ から D_t への関数であることが前提とされており，その関数には $[\![\varphi]\!]_I$ と $[\![\psi]\!]_I$ の二つ組が与えられる．

$[\![\wedge]\!]_I, [\![\vee]\!]_I, [\![\rightarrow]\!]_I, [\![\leftrightarrow]\!]_I$ がそれぞれどのような関数であるのかは，以下のように別途定義する．

> **定義 3.37** （二項真理関数の解釈） 任意の解釈 I について，I のもとでの二項真理関数の値は以下のように定義される．
>
> $$[\![\wedge]\!]_I \stackrel{def}{\equiv} \begin{bmatrix} (1,1) & \mapsto & 1 \\ (1,0) & \mapsto & 0 \\ (0,1) & \mapsto & 0 \\ (0,0) & \mapsto & 0 \end{bmatrix} \quad [\![\vee]\!]_I \stackrel{def}{\equiv} \begin{bmatrix} (1,1) & \mapsto & 1 \\ (1,0) & \mapsto & 1 \\ (0,1) & \mapsto & 1 \\ (0,0) & \mapsto & 0 \end{bmatrix}$$
>
> $$[\![\rightarrow]\!]_I \stackrel{def}{\equiv} \begin{bmatrix} (1,1) & \mapsto & 1 \\ (1,0) & \mapsto & 0 \\ (0,1) & \mapsto & 1 \\ (0,0) & \mapsto & 1 \end{bmatrix} \quad [\![\leftrightarrow]\!]_I \stackrel{def}{\equiv} \begin{bmatrix} (1,1) & \mapsto & 1 \\ (1,0) & \mapsto & 0 \\ (0,1) & \mapsto & 0 \\ (0,0) & \mapsto & 1 \end{bmatrix}$$

解説 3.38 上の関数は，集合として書けば以下のようになる．

$$[\![\wedge]\!]_I \stackrel{def}{\equiv} \{((1,1),1), ((1,0),0), ((0,1),0), ((0,0),0)\}$$
$$[\![\vee]\!]_I \stackrel{def}{\equiv} \{((1,1),1), ((1,0),1), ((0,1),1), ((0,0),0)\}$$
$$[\![\rightarrow]\!]_I \stackrel{def}{\equiv} \{((1,1),1), ((1,0),0), ((0,1),1), ((0,0),1)\}$$
$$[\![\leftrightarrow]\!]_I \stackrel{def}{\equiv} \{((1,1),1), ((1,0),0), ((0,1),0), ((0,0),1)\}$$

練習問題 3.39 二項真理関数は $(D_t)^{D_t^2}$ の要素として解釈されるが，$(D_t)^{D_t^2}$ の要素数はいくつか？

練習問題 3.40 n を自然数とすると，一般に n 項真理関数は $(D_t)^{D_t^n}$ の要素として解釈されるが，$(D_t)^{D_t^n}$ の要素数はいくつか？

解説 3.41 これで，命題記号，複合論理式の解釈がそれぞれ定義された．一階命題論理では，命題記号と複合論理式以外には論理式は存在しない（定義 3.7）のであるから，これで論理式の集合全体に対して解釈が与えられたことになる．そして解釈の定義をもって，我々は冒頭の「論理式が真である（あるいは偽である）のはどのような場合であるか」という問いに，ひとまず次のような回答を得たことになる．

3.2 意味論　　35

> 論理式 φ が真になるのは，$[\![\varphi]\!]_I = 1$ となる解釈 I のもとである．

この言明はただの言い換えではなく，構造的な情報を持っている．すなわち，任意の論理式 φ について，我々が考慮しなければならない「状況」「場合」「文脈」などは，φ に含まれる命題記号が n 個ならば，2^n 通りだけで良い，ということである．命題記号の数が有限個であっても論理式は無限に存在する．しかし，それらの真偽を考える際に考慮しなければいけないのは有限の場合だけですむのである．これは一階命題論理の意味論が持つ意義の一つである[*9]．

3.2.3 真偽値表

論理式に対する解釈が定義されたので，実際にどのような論理式がどのような解釈のもとで真となるのか，という具体論に進むことができる．そこで，与えられた論理式に対する解釈を調べるために用いられるのが**真偽値表** (truth value table) である．真偽値表を用いると，どのような論理式に対しても，有限ステップの計算で，解釈と真偽値の関係を知ることができる．

与えられた論理式についての真偽値表を作るには，まず，その論理式に現れるすべての命題記号[*10]を以下のように（左から右に）並べる．たとえば，与えられた論理式が $P \to (\neg P \to Q)$ ならば，P, Q という命題記号を並べればよい．その右横には当該の論理式を書いておく．

$$P \quad Q \;\bigg|\; P \;\to\; (\neg \;\; P \;\to\; Q)$$

[*9] 「状況」「場合」「文脈」といった概念が現象レベルの概念であり，明確な理論的内容を持っていないのに対して，解釈は理論レベルの概念である．論理式の集合，および領域 D_t は明確に定義されており，したがってその間の写像である解釈も，明確に定義されている．しかし，第 1 章では，「写像」の概念は「集合」の概念に帰着すると述べた．では，「集合」の概念は，いったいどこで定義されるのか，という疑問が生じても不思議はない．

本書の範囲，すなわち一階述語論理から先へ進むと，公理的集合論を構築し，そこで一階述語論理を用いて集合を定義する，ということが行われる．しかしそれを聞けばなおさら「数理論理学は循環論法に陥っているのではないか」という懸念が生じるかもしれない．

これに対する一つの答えは，論理式の真偽について，本節で述べた意味論に換えて，13.7 節で述べる「証明論的意味論」を採用することである．「証明論的意味論」では，集合概念に依存することなく，妥当な推論を定義することができる．

[*10] このとき，使用している一階命題論理の言語が全体として m 個の命題記号から成り立っているとしても，当該の論理式に含まれる命題記号が n 個 ($n \leq m$) であるならば，n 個の命題記号を並べるだけでよい．

次に,この論理式に対する各解釈が各命題記号に割り当てる真偽値を,以下のように縦に並べる.各行が,異なる解釈に対応している.3.2.2 項で述べたように,命題記号が n 個ある場合,互いに異なる解釈が 2^n 通り存在するから,真偽値表には 2^n 列が必要になる.たとえば,$P \to (\neg P \to Q)$ に対しては,$[\![P]\!]$ が 1 か 0 か,および $[\![Q]\!]$ が 1 か 0 かで,$2^2 = 4$ 通りの解釈が存在し,真偽値表には 4 行が必要となる.

P	Q	P	$\to$	$(\neg$	P	$\to$	$Q)$
1	1						
1	0						
0	1						
0	0						

$P \to (\neg P \to Q)$ は部分論理式として P と Q を含んでいる.各解釈が,P と Q に与える真偽値を書き写す.

P	Q	P	$\to$	$(\neg$	P	$\to$	$Q)$
1	1	1			1		1
1	0	1			1		0
0	1	0			0		1
0	0	0			0		0

P の真偽値が決まれば,$\neg P$ の真偽値が決まる.

P	Q	P	$\to$	$(\neg$	P	$\to$	$Q)$
1	1	1		0	1		1
1	0	1		0	1		0
0	1	0		1	0		1
0	0	0		1	0		0

同様に,$\neg P$ と Q の真偽値が決まれば,$\neg P \to Q$ の真偽値が決まる.

P	Q	P	$\to$	$(\neg$	P	$\to$	$Q)$
1	1	1		0	1	1	1
1	0	1		0	1	1	0
0	1	0		1	0	1	1
0	0	0		1	0	0	0

同様に, P と $\neg P \to Q$ の真偽値が決まれば, $P \to (\neg P \to Q)$ の真偽値が決まり, 真偽値表の全体が完成する. このように, 論理式の真偽値を命題記号から順に, 部分から全体に向かって計算し, 記入していけばよいのである.

P	Q	P	$\to$	$(\neg$	P	$\to$	$Q)$
1	1	1	**1**	0	1	1	1
1	0	1	**1**	0	1	1	0
0	1	0	**1**	1	0	1	1
0	0	0	**1**	1	0	0	0

練習問題 3.42 以下の論理式の真偽値表を書け.

$$(P \wedge \neg Q) \to R$$
$$\neg (P \wedge \neg Q) \vee R$$

3.2.4 恒真式

前節で真偽値表を書いた論理式 $P \to (\neg P \to Q)$ は, すべての解釈において真であった. これに対して以下のような論理式は, 解釈によって真である場合と偽である場合がある.

P	Q	P	$\vee$	$(P$	$\wedge$	$Q)$
1	1	1	**1**	1	1	1
1	0	1	**1**	1	0	0
0	1	0	**0**	0	0	1
0	0	0	**0**	0	0	0

また以下の論理式の場合は, すべての解釈において偽である.

P	Q	P	$\wedge$	$\neg$	$(Q$	$\to$	$P)$
1	1	1	**0**	0	1	1	1
1	0	1	**0**	0	0	1	1
0	1	0	**0**	1	1	0	0
0	0	0	**0**	0	0	1	0

このような観点から, 論理式を次の三種類のいずれかに分類することができる.

1. **恒真式**あるいは**トートロジー** (tautology):解釈によらず常に真である

論理式
2. **整合式** (consistent formula)：真となる解釈，偽となる解釈がともに存在する論理式
3. **恒偽式**あるいは**矛盾式** (contradictory formula)：解釈によらず常に偽である論理式

このうち恒真式は，次節で解説する推論において重要な意味を持っている．したがって，基本的な恒真式については，あらかじめ把握しておくことが望ましい．よく知られている恒真式には以下のようなものがある．ただし，φ, ψ, χ は任意の論理式であるとする．

結合律 (associative law)
　　i)　$\varphi \land (\psi \land \chi) \leftrightarrow (\varphi \land \psi) \land \chi$
　　ii)　$\varphi \lor (\psi \lor \chi) \leftrightarrow (\varphi \lor \psi) \lor \chi$

交換律 (commutative law)
　　i)　$\varphi \land \psi \leftrightarrow \psi \land \varphi$
　　ii)　$\varphi \lor \psi \leftrightarrow \psi \lor \varphi$

吸収律 (absorptive law)
　　i)　$\varphi \land (\varphi \lor \psi) \leftrightarrow \varphi$
　　ii)　$\varphi \lor (\varphi \land \psi) \leftrightarrow \varphi$

冪等律 (idempotent law)
　　i)　$\varphi \land \varphi \leftrightarrow \varphi$
　　ii)　$\varphi \lor \varphi \leftrightarrow \varphi$

縮小律 (law of simplification)
　　i)　$\varphi \land \psi \to \varphi$
　　ii)　$\varphi \land \psi \to \psi$

拡大律 (law of addition)
　　i)　$\varphi \to \varphi \lor \psi$
　　ii)　$\psi \to \varphi \lor \psi$

分配律 (distributive law)
　　i)　$\varphi \lor (\psi \land \chi) \leftrightarrow (\varphi \lor \psi) \land (\varphi \lor \chi)$
　　ii)　$\varphi \land (\psi \lor \chi) \leftrightarrow (\varphi \land \psi) \lor (\varphi \land \chi)$

同一律 (law of identity)
　　　$\varphi \to \varphi$

推移律 (transitive law)
　　　$(\varphi \to \psi) \land (\psi \to \chi) \to (\varphi \to \chi)$

移入律 (law of importation)
$$(\varphi \to \psi \to \chi) \to (\varphi \land \psi \to \chi)$$
移出律 (law of exportation)
$$(\varphi \land \psi \to \chi) \to (\varphi \to \psi \to \chi)$$
ドゥ・モルガンの法則 (De Morgan's law)
  i) $\neg(\varphi \land \psi) \leftrightarrow \neg\varphi \lor \neg\psi$
  ii) $\neg(\varphi \lor \psi) \leftrightarrow \neg\varphi \land \neg\psi$

対偶律 (law of contraposition)
$$\varphi \to \psi \leftrightarrow \neg\psi \to \neg\varphi$$
二重否定律 (law of double negation)
$$\varphi \leftrightarrow \neg\neg\varphi$$
排中律 (law of excluded middle)
$$\varphi \lor \neg\varphi$$
矛盾律 (law of non-contradiction)
$$\neg(\varphi \land \neg\varphi)$$
前件肯定式 (modus ponens)
$$\varphi \land (\varphi \to \psi) \to \psi$$
選言的三段論法 (law of disjunctive syllogism)
$$\neg\varphi \land (\varphi \lor \psi) \to \psi$$
構成的両刃論法 (law of constructive dilemma)
$$(\varphi \to \chi) \to (\psi \to \chi) \to (\varphi \lor \psi \to \chi)$$

解説 3.43　「φ, ψ, χ は任意の論理式である」という但し書きについて補足しておく．上の各式は，正確にはそれ自体が具体的な恒真式なのではなく，恒真式の**図式** (schema) である．たとえば排中律 $\varphi \lor \neg\varphi$ を例に取ると，φ が命題記号 P であるときは，

$$P \lor \neg P$$

という論理式が恒真式である．一方，φ が複合論理式 $P \land \neg Q$ であるときは，

$$(P \land \neg Q) \lor \neg(P \land \neg Q)$$

という論理式が恒真式である．命題記号 $P, Q, R, \ldots$ の代わりにギリシャ文字 $\varphi, \psi, \chi, \ldots$ を用いたのは，このような意図からである．

練習問題 3.44　上に挙げた恒真式について，それぞれ真偽値表を書き，恒真

式であることを確認せよ.

練習問題 3.45 以下の各論理式が恒真式であることを示せ.

$$\varphi \to \psi \leftrightarrow \neg(\varphi \land \neg\psi)$$
$$\varphi \to \psi \leftrightarrow \neg\varphi \lor \psi$$
$$\neg\varphi \to \varphi \to \psi$$
$$\varphi \land \top \leftrightarrow \varphi$$
$$\varphi \land \bot \leftrightarrow \bot$$
$$\varphi \lor \top \leftrightarrow \top$$
$$\varphi \lor \bot \leftrightarrow \varphi$$

解説 3.46 $(\varphi \land \psi) \land \chi$ と $\varphi \land (\psi \land \chi)$ は構文の異なる論理式であるが,結合律により真偽値表は同一であるので,意味論的には区別する必要はない.したがって,いずれも括弧を省略して $\varphi \land \psi \land \chi$ と記してよい.

同様に,$(\varphi \lor \psi) \lor \chi$ と $\varphi \lor (\psi \lor \chi)$ は構文の異なる論理式であるが,いずれも $\varphi \lor \psi \lor \chi$ と記してよい.

練習問題 3.47 一般に,n 個の論理式 $\varphi_1, \ldots, \varphi_n$ からなる連言と選言を $\varphi_1 \land \cdots \land \varphi_n$ および $\varphi_1 \lor \cdots \lor \varphi_n$ と書くが,これらは何通りの(構文の異なる)論理式の括弧を省略したものか.

3.3 推論

3.3.1 推論の妥当性

2.5 節において,推論とは,複数個の論理式(前提)と,1 個の論理式(帰結)からなる形式であり,また「妥当な推論」の条件とは「前提に含まれるすべての論理式が真となり,帰結の論理式が偽となるような解釈は存在しないことである」–(†) と述べた.

前節の意味論の議論を経て,いまや論理式・解釈・真偽の間の関係は明確である.したがって,「妥当な推論」の条件 (†) についても,一階命題論理の概念を用いて述べ直すことができる.すなわち,推論 $\varphi_1, \ldots, \varphi_n \Longrightarrow \psi$ が妥当であるための条件は「$\varphi_1, \ldots, \varphi_n$ に含まれるすべての論理式 φ_i について $[\![\varphi_i]\!]_I = 1$ であり,かつ $[\![\psi]\!]_I = 0$ であるような解釈 I は存在しない」である.

この条件を**意味論的含意** (semantic entailment) という.

> **定義 3.48**（意味論的含意）Γ, Δ を論理式列（ただし $|\Delta|$ は高々 1）とする.Γ が Δ を意味論的に含意する（$\Gamma \vDash \Delta$ と記す[*11]）とは,Γ に含まれるすべての論理式 φ について $[\![\varphi]\!]_I = 1$ であり,かつ Δ に含まれるすべての論理式 ψ について $[\![\psi]\!]_I = 0$ であるような解釈 I が存在しない,ということである.$\Gamma \vDash \Delta$ ではないとき,$\Gamma \nvDash \Delta$ と記す.

ただし記法 $|\Delta|$ は,論理式列 Δ の長さを表すものとする.推論の形式についても,これ以降,論理式列 Γ を用いた $\Gamma \Longrightarrow \varphi$ という記法を併用する.

意味論的含意の概念を用いれば,妥当な推論の条件 (†) は以下のように端的に述べることができる.これは推論の**意味論的妥当性** (semantic validity)[*12]と呼ばれる立場である.

> **定義 3.49**（推論の意味論的妥当性[*13]）
> $$\text{推論 } \Gamma \Longrightarrow \varphi \text{ が妥当である.} \iff \Gamma \vDash \varphi$$

解説 3.50 $\Gamma \vDash \varphi$ という形式において,Γ は論理式の列であるが,少なくとも本書の第 I 部においては,それらは論理式の集合であると考えて差し支えない.すなわち,$\Gamma \equiv \varphi_1, \ldots, \varphi_n$ とすると,$\{\varphi_1, \ldots, \varphi_n\} \vDash \psi$ のように書くほうが実際の構造に近いのであるが,外側の中括弧は書かないのが慣習である.詳しくは 9.1.1 項において述べる.

解説 3.51 意味論的含意の形式は,2.5 節における推論の形式よりも一般的である.2.5 節の推論では,前提部,帰結部ともに少なくとも一つの論理式を含んでいたが,意味論的含意においては $|\Gamma| = 0, |\Delta| = 0$ の場合もありうる.すなわち,以下のような形式も許されている.

[*11] 記号 "$\vDash$" は英語では "double turnstile" と呼ばれ,"$\Gamma \vDash \Delta$" は "Γ entails Δ" と読む.

[*12]「意味論的」とわざわざ断る理由は,推論の妥当性については**証明論的妥当性** (proof-theoretic validity)(**構文論的妥当性** (syntactic valicity) ともいう) という概念も存在するからである.詳しくは第 7 章以降で解説する.

[*13] 定義 3.49 の左辺は現象について述べた言明であるのに対して,右辺は一階命題論理の概念のみを用いて定義された理論側の言明である.つまり,定義 3.49 は一階命題論理という理論が,説明対象であるところの現実の推論と,どのように対応付けられるかを述べている.

前提部に論理式が一つもない場合は，定義 3.48 に従って以下のような意味となる．

$$\vDash \varphi \iff [\![\varphi]\!]_I = 0 \text{ となる解釈 } I \text{ は存在しない．}$$

すなわち，$\vDash \varphi$ は「φ が恒真式である」という意味に他ならない．また，帰結部に論理式がない場合は，定義 3.48 に従って以下のような意味になる．

$$\Gamma \vDash \iff \Gamma \text{ に含まれるすべての論理式 } \varphi \text{ について}$$
$$[\![\varphi]\!]_I = 1 \text{ であるような解釈 } I \text{ は存在しない．}$$

すなわち，$\Gamma \vDash$ は「Γ は矛盾している」という意味である．

練習問題 3.52 以下を証明せよ．

$$\vDash \varphi \iff \top \vDash \varphi$$
$$\Gamma \vDash \iff \Gamma \vDash \bot$$

練習問題 3.53 空列は空列を意味論的に含意するか．すなわち，以下は成立するか．

$$\vDash$$

練習問題 3.54 $\varphi_1, \ldots, \varphi_n \vDash$ と，以下の言明の差を説明せよ．

1. $\varphi_1, \ldots, \varphi_n$ はいずれも矛盾式である．
2. $\varphi_1, \ldots, \varphi_n$ には矛盾式が含まれる．
3. $\varphi_1, \ldots, \varphi_n$ に含まれる任意の二つの論理式は矛盾している．

3.3.2 充足性

意味論的含意について，充足性という概念を介して議論することもある．

定義 3.55（充足性） $[\![\varphi]\!]_I = 1$ であるとき，解釈 I は論理式 φ を**充足する** (satisfy) という．解釈 I が論理式列 Γ に属するすべての論理式を充足するとき，I は Γ を**同時に充足する** (simultaneously satisfy) という．

定義 3.56（充足可能性） 論理式列 Γ を同時に充足する解釈が存在することを，Γ は**充足可能** (satisfiable) である，という．論理式列 Γ が充足可能ではないことを，Γ は**充足不能** (unsatisfiable) である，という．

意味論的含意と充足性の間には以下の関係が成立する．この関係は意味論に関する証明において便利である．また，こちらを意味論的含意の定義とすることも可能である．

定理 3.57 Γ, Δ を論理式列とすると，以下が成り立つ．
$$\Gamma \vDash \Delta \iff \neg\Delta, \Gamma \text{ が充足不能である．}$$

ただし，$\Delta \equiv \psi_1, \ldots, \psi_n$ とすると，$\neg\Delta \stackrel{def}{\equiv} \neg\psi_n, \ldots, \neg\psi_1$ である．

練習問題 3.58 定理 3.57 を証明せよ．

3.3.3 推論の真偽値表

3.2.3 項の真偽値表は，論理式の真偽を調べるだけではなく，推論の妥当性を調べる上でも役立つ．たとえば，

$$P \to R,\ Q \to R \vDash P \lor Q \to R$$

という推論の妥当性を示すためには，$P{\to}R$, $Q{\to}R$, $(P{\lor}Q){\to}R$ という三つの論理式について，同時に真偽値表を書けば良い．

P	Q	R	P	$\to$	R	Q	$\to$	R	$(P$	$\lor$	$Q)$	$\to$	R
1	1	1	1	1	1	1	1	1	1	1	1	1	1
1	1	0	1	0	0	1	0	0	1	1	1	0	0
1	0	1	1	1	1	0	1	1	1	1	0	1	1
1	0	0	1	0	0	0	1	0	1	1	0	0	0
0	1	1	0	1	1	1	1	1	0	1	1	1	1
0	1	0	0	1	0	1	0	0	0	1	1	0	0
0	0	1	0	1	1	0	1	1	0	0	0	1	1
0	0	0	0	1	0	0	1	0	0	0	0	1	0

この表によると，$P{\to}R$, $Q{\to}R$ の値がともに 1 であるときに，$(P{\lor}Q){\to}R$ の値が 0 であることはない．すなわち，

> $[\![P{\to}R]\!]_I = 1, [\![Q{\to}R]\!]_I = 1$ かつ $[\![(P \vee Q){\to}R]\!]_I = 0$ であるような解釈 I は存在しない.

ということであり,したがって定義 3.48 より,$P{\to}R, Q{\to}R \vDash (P \vee Q){\to}R$ である,といえる.

練習問題 3.59 以下の各推論の妥当性を真偽値表によって示せ.

$$P{\to}Q, Q{\to}R \vDash P{\to}R$$
$$P \vee Q, \neg(P \wedge R) \vDash R{\to}Q$$
$$P{\to}Q \vee R, R{\to}\neg P \vDash P \leftrightarrow Q$$

真偽値表を書けば,どのような推論が与えられても,有限のステップで,妥当か否かを示すことができる.したがって,一階命題論理においては,次の二つの問題が有限のステップで判定できる.

1. 与えられた論理式が恒真式か否か
2. 与えられた推論が妥当か否か

このことを,一階命題論理の**決定可能性** (decidability) という.これは推論の妥当性を機械で判定することを考えれば,非常に有益な結果である.

しかし,たとえば命題記号を五つ含む推論の妥当性を調べるには,真偽値表を用いると $2^5 = 32$ 列の表を書かなければならないことになる.これ以上になると「有限のステップ」といっても,人間にとっては少々面倒な計算となる.したがって,推論の妥当性を手計算で調べる必要性も考慮するならば,真偽値表による方法だけでは十分ではない.

3.3.4 推論と恒真式

推論の分析には,3.2.4 項で述べたような恒真式の知識がおおいに役立つ.その理由は,以下の定理が成り立つことが知られているからである.

> **定理 3.60** 任意の論理式 φ, ψ について,以下が成り立つ.
> $$\varphi \vDash \psi \iff \vDash \varphi \to \psi$$

証明.$\varphi \vDash \psi$ が成り立つ必要十分条件は,$[\![\varphi]\!]_I = 1$ かつ $[\![\psi]\!]_I = 0$ となる解釈

I が存在しないことである．一方，それは以下の真偽値表により，$\varphi \to \psi$ が恒真式であることの必要十分条件である．

φ	ψ	φ	$\to$	ψ
1	1	1	**1**	1
1	0	1	**0**	0
0	1	0	**1**	1
0	0	0	**1**	0

□

定理 3.60 は，3.2.4 項で列挙した恒真式のうち $\varphi \to \psi$ という形式を持つものから，以下のような結果がただちに得られる点において有用である．恒真式が推論において重要な意味を持つ，と述べた意味は，いまや明らかであろう．

$\varphi \land \psi \vDash \varphi$			$\varphi \land \psi \vDash \psi$	
$\varphi \vDash \varphi \lor \psi$			$\psi \vDash \varphi \lor \psi$	
$\varphi \vDash \varphi$			$(\varphi \to \psi) \land (\psi \to \chi) \vDash (\varphi \to \chi)$	
$\varphi \to \psi \to \chi \vDash \varphi \land \psi \to \chi$			$\varphi \land \psi \to \chi \vDash \varphi \to \psi \to \chi$	
$\varphi \land (\varphi \to \psi) \vDash \psi$			$\neg \varphi \land (\varphi \lor \psi) \vDash \psi$	
			$(\varphi \to \chi) \land (\psi \to \chi) \vDash \varphi \lor \psi \to \chi$	

一方，3.2.4 項の恒真式のうち，残りは $\varphi \leftrightarrow \psi$ という形式であるが，論理式間の**意味論的同値性** (semantic equivalence) という概念を定義することで，これらについても推論の分析に用いることができる．

定義 3.61 （意味論的同値性） $\varphi \dashv\vDash \psi \overset{def}{\equiv} \varphi \vDash \psi$ かつ $\psi \vDash \varphi$

$\varphi \dashv\vDash \psi$ のとき，φ と ψ は**意味論的に同値** (semantically equivalent) であるという．この関係が「意味論的に同値」と呼ばれるのは，以下の定理が成り立つことによる．

定理 3.62 任意の論理式 φ, ψ について，以下が成り立つ．

$$\varphi \dashv\vDash \psi \iff 任意の解釈 I について，[\![\varphi]\!]_I = [\![\psi]\!]_I$$

証明. ($\Rightarrow$) について：任意の解釈 I について，以下が成り立つ．

1. $[\![\varphi]\!]_I = 1$ の場合，$\varphi \dashv\vDash \psi$ より $\varphi \vDash \psi$ であるから，$[\![\psi]\!]_I = 1$. ゆえに $[\![\varphi]\!]_I = [\![\psi]\!]_I$ である．

2. $[\![\varphi]\!]_I = 0$ の場合，$\varphi \dashv\vDash \psi$ より $\psi \vDash \varphi$ であるから，$[\![\psi]\!]_I = 1$ ではない．したがって，$[\![\psi]\!]_I = 0$ でなければならず，ゆえに $[\![\varphi]\!]_I = [\![\psi]\!]_I$ である．

したがって任意の解釈 I について，$[\![\varphi]\!]_I = [\![\psi]\!]_I$ である．
($\Leftarrow$) について：任意の解釈 I について $[\![\varphi]\!]_I = 1$ もしくは $[\![\varphi]\!]_I = 0$ であるが，前提より $[\![\varphi]\!]_I = [\![\psi]\!]_I$ であるから，$[\![\varphi]\!]_I = 1$ のときは $[\![\psi]\!]_I = 1$ であり，$[\![\varphi]\!]_I = 0$ のときは $[\![\psi]\!]_I = 0$ である．したがって $\varphi \vDash \psi$ と $\psi \vDash \varphi$ がともに成立する． □

練習問題 3.63 意味論的同値性 $\dashv\vDash$ が，定義 1.60 でいう同値関係であることを確認せよ（ヒント：定理 3.62 より明らか）．

練習問題 3.64 推論の意味論的妥当性 $\vDash$ が，定義 1.62 でいう半順序関係であることを証明せよ（ヒント：反射律については定理 3.60 より，反対称律については定義 3.61 より明らか）．

定理 3.60 と定義 3.61 から，ただちに次の結果が得られる．

定理 3.65 任意の論理式 φ, ψ について，以下が成り立つ．

$$\varphi \dashv\vDash \psi \iff \vDash \varphi \leftrightarrow \psi$$

練習問題 3.66 定理 3.65 を証明せよ．

定理 3.65 より，3.2.4 項の残りの恒真式から，以下の結果が得られる．

$\varphi \wedge (\psi \wedge \chi)$	$\dashv\vDash$	$(\varphi \wedge \psi) \wedge \chi$	$\varphi \vee (\psi \vee \chi)$	$\dashv\vDash$	$(\varphi \vee \psi) \vee \chi$
$\varphi \wedge \psi$	$\dashv\vDash$	$\psi \wedge \varphi$	$\varphi \vee \psi$	$\dashv\vDash$	$\psi \vee \varphi$
$\varphi \wedge (\varphi \vee \psi)$	$\dashv\vDash$	φ	$\varphi \vee (\varphi \wedge \psi)$	$\dashv\vDash$	φ
$\varphi \wedge \varphi$	$\dashv\vDash$	φ	$\varphi \vee \varphi$	$\dashv\vDash$	φ
$\varphi \wedge (\psi \vee \chi)$	$\dashv\vDash$	$(\varphi \wedge \psi) \vee (\varphi \wedge \chi)$	$\varphi \vee (\psi \wedge \chi)$	$\dashv\vDash$	$(\varphi \vee \psi) \wedge (\varphi \vee \chi)$
$\neg(\varphi \wedge \psi)$	$\dashv\vDash$	$\neg\varphi \vee \neg\psi$	$\neg(\varphi \vee \psi)$	$\dashv\vDash$	$\neg\varphi \wedge \neg\psi$
$\varphi \rightarrow \psi$	$\dashv\vDash$	$\neg\psi \rightarrow \neg\varphi$	φ	$\dashv\vDash$	$\neg\neg\varphi$

これ以降，3.2.4 項の恒真式から，定理 3.65 を介して得られる意味論的同値性についても，もとの恒真式と同じ名前で呼ぶことがある．

練習問題 3.67 以下の各推論の妥当性を示せ．

1) $\neg P \to P \quad \dashv\vdash \quad P$
2) $\top \to \bot \quad \vDash \quad P$
3) $\quad\quad \neg P \quad \dashv\vdash \quad P \to \bot$
4) $\quad P \to Q \quad \vDash \quad \neg P \to \neg Q$

3.3.5 置き換え

以下の定理は，すべての真部分論理式が意味論的に同値である二つの複合論理式は，意味論的に同値であることを示している.

> **定理 3.68**（複合論理式の置き換え）任意の論理式 $\varphi_1, \ldots, \varphi_n, \psi_1, \ldots, \psi_n$ と n 項真理関数 ρ について，以下が成り立つ.
>
> $$\varphi_1 \dashv\vdash \psi_1, \ldots, \varphi_n \dashv\vdash \psi_n \implies \rho(\varphi_1, \ldots, \varphi_n) \dashv\vdash \rho(\psi_1, \ldots, \psi_n)$$

この性質は，真理関数の解釈が「関数」であること（定義 1.64 の「写像の一意性」）による.

証明. 前提と定理 3.62 より，任意の解釈 I について $[\![\varphi_1]\!]_I = [\![\psi_1]\!]_I, \ldots, [\![\varphi_n]\!]_I = [\![\psi_n]\!]_I$ である．したがって，

$$\begin{aligned}
[\![\rho(\varphi_1, \ldots, \varphi_n)]\!]_I &= [\![\rho]\!]_I([\![\varphi_1]\!]_I, \ldots, [\![\varphi_n]\!]_I) \\
&= [\![\rho]\!]_I([\![\psi_1]\!]_I, \ldots, [\![\psi_n]\!]_I) \\
&= [\![\rho(\psi_1, \ldots, \psi_n)]\!]_I
\end{aligned}$$

が成り立つので，定理 3.62 より，$\rho(\varphi_1, \ldots, \varphi_n) \dashv\vdash \rho(\psi_1, \ldots, \psi_n)$ である． □

定理 3.68 より，**置き換え** (replacement) と呼ばれる非常に有用な操作が可能となる．少々厳密さを欠くが，$\chi[\psi/\varphi]$ を「χ の部分論理式 φ のうちいくつかを論理式 ψ に置き換えたもの」とする.

> （置き換え）任意の論理式 φ, ψ, χ について以下が成り立つ.
>
> $$\varphi \dashv\vdash \psi \implies \chi \dashv\vdash \chi[\psi/\varphi]$$

例 3.69 以下の意味論的同値性を置き換えによって証明してみよう.

$$\neg(((P \land Q) \land R) \land S) \dashv\vdash ((\neg P \lor \neg Q) \lor \neg R) \lor \neg S$$

証明．　$\neg(((P \wedge Q) \wedge R) \wedge S)$
　　⊨⊨　$\neg((P \wedge Q) \wedge R) \vee \neg S$　　（ドゥ・モルガンの法則 i))
　　⊨⊨　$(\neg(P \wedge Q) \vee \neg R) \vee \neg S$　　（ドゥ・モルガンの法則 i) と置き換え）
　　⊨⊨　$((\neg P \vee \neg Q) \vee \neg R) \vee \neg S$　　（ドゥ・モルガンの法則 i) と置き換え）
□

上の証明では，三行目において $\neg((P \wedge Q) \wedge R) \models\!\!\!\dashv \neg(P \wedge Q) \vee \neg R$ という意味論的同値性をもとに，$\neg((P \wedge Q) \wedge R) \vee \neg S$ の部分論理式 $\neg((P \wedge Q) \wedge R)$ を $\neg(P \wedge Q) \vee \neg R$ に置き換えている．また，四行目において $\neg(P \wedge Q) \models\!\!\!\dashv \neg P \vee \neg Q$ という意味論的同値性をもとに，$(\neg(P \wedge Q) \vee \neg R) \vee \neg S$ の部分論理式 $\neg(P \wedge Q)$ を $\neg P \vee \neg Q$ に置き換えている．

解説 3.70 記法 $\chi[\psi/\varphi]$ が厳密に定義されていないため，置き換えには定理としての証明は与えない．しかし，置き換えの「個々の例」については，定理 3.68 による厳密な証明に書き換えることができる．たとえば上の三行目については，以下が厳密な証明である．

1)　　　$\neg((P \wedge Q) \wedge R)$　⊨⊨　$\neg(P \wedge Q) \vee \neg R$　　（ドゥ・モルガンの法則 i))
2)　　　　　　　　$\neg S$　⊨⊨　$\neg S$　　（同一律）
3)　$\neg((P \wedge Q) \wedge R) \vee \neg S$　⊨⊨　$(\neg(P \wedge Q) \vee \neg R) \vee \neg S$　　((1),(2) と定理 3.68)

上の四行目については，以下が厳密な証明である．

1)　　　　　$\neg(P \wedge Q)$　⊨⊨　$\neg P \vee \neg Q$　　（ドゥ・モルガンの法則 i))
2)　　　　　　　　$\neg R$　⊨⊨　$\neg R$　　（同一律）
3)　　$\neg(P \wedge Q) \vee \neg R$　⊨⊨　$(\neg P \vee \neg Q) \vee \neg R$　　((1),(2) と定理 3.68)
4)　　　　　　　　$\neg S$　⊨⊨　$\neg S$　　（同一律）
5)　$(\neg(P \wedge Q) \vee \neg R) \vee \neg S$　⊨⊨　$((\neg P \vee \neg Q) \vee \neg R) \vee \neg S$　　((3),(4) と定理 3.68)

すなわち，ドゥ・モルガンの法則によって意味論的に同値な論理式が，他の複合論理式に埋め込まれている「深さ」の回数だけ，定理 3.68 を適用すれば良い．したがって，意味論的に同値な論理式がどれだけ深く埋め込まれていても，同様の手続きを有限回繰り返せば，置き換えによる証明が，定理 3.68 による証明に書き直せることは明らかであろう．

練習問題 3.71 以下を証明せよ．

$$\neg(((P \vee Q) \vee R) \vee S) \models\!\!\!\dashv ((\neg P \wedge \neg Q) \wedge \neg R) \wedge \neg S$$

解説 3.72 例 3.69 と練習問題 3.71 は，ドゥ・モルガンの法則が以下のよう

に一般化できることを示している（証明は n に関する帰納法による）.

$$\neg(\varphi_1 \wedge \cdots \wedge \varphi_n) \dashv\vdash \neg\varphi_1 \vee \cdots \vee \neg\varphi_n$$
$$\neg(\varphi_1 \vee \cdots \vee \varphi_n) \dashv\vdash \neg\varphi_1 \wedge \cdots \wedge \neg\varphi_n$$

練習問題 3.73 以下をそれぞれ証明せよ.

$$P \to \neg\neg Q \dashv\vdash \neg Q \to \neg P$$
$$P \vee \neg(Q \vee R) \dashv\vdash (P \vee \neg Q) \wedge (P \vee \neg R)$$
$$P \wedge Q \dashv\vdash \neg(\neg P \vee \neg Q)$$

今後，置き換えの操作を用いる際には「置き換えにより」という断りのみを入れ，解説 3.70 のような詳細な証明は省くが，置き換えによる証明とは定理 3.68 を用いた証明の省略であると理解されたい.

3.3.6 演繹定理

前節までに述べた方法は，いずれも推論の前提が論理式 1 個の場合にしか使えない．しかし，以下の**演繹定理** (deduction theorem) を介することで，任意の個数の前提を持つ推論の分析を，恒真式の分析に還元することができる.

定理 3.74 （演繹定理）　任意の論理式列 Γ, 論理式 ψ について，以下が成り立つ.
$$\Gamma \vDash \varphi \to \psi \iff \varphi, \Gamma \vDash \psi$$

定理 3.74 は，$|\Gamma| = 0$ の場合には定理 3.60 と一致する.

証明. ($\Rightarrow$) について：$\varphi, \Gamma \nvDash \psi$ とすると，$\neg\psi, \varphi, \Gamma$ を同時に充足する解釈 J が存在し，J のもとでは $[\![\varphi]\!]_J = 1, [\![\psi]\!]_J = 0$ である．しかし，$[\![\neg(\varphi \to \psi)]\!]_J = 1$ であるから，$\Gamma, \neg(\varphi \to \psi)$ は充足可能である．これは $\Gamma \vDash \varphi \to \psi$ と矛盾.
($\Leftarrow$) について：Γ を同時に充足する任意の解釈 I について，$[\![\varphi \to \psi]\!]_I = 1$ であることを示す.

$\underline{[\![\varphi]\!]_I = 1 \text{ の場合}}$：$I$ は φ, Γ を同時に充足する．前提より，$\neg\psi, \Gamma, \varphi$ は充足不能であるから，$[\![\neg\psi]\!]_I = 0$ である．したがって $[\![\psi]\!]_I = 1$ であり，$[\![\varphi \to \psi]\!]_I = 1$ である.

$\underline{[\![\varphi]\!]_I = 0 \text{ の場合}}$：$[\![\psi]\!]_I$ の値によらず $[\![\varphi \to \psi]\!]_I = 1$ である．　　□

演繹定理を繰り返し用いると，以下の補題が得られる.

補題 3.75 任意の論理式 $\varphi_1,\ldots,\varphi_n,\psi$ $(n \geq 1)$ について，以下が成り立つ．
$$\varphi_1,\ldots,\varphi_n \vDash \psi \iff \vDash \varphi_1 \to \cdots \to \varphi_n \to \psi$$

証明．n に関する帰納法で証明する．

$\underline{n=1\text{ の場合}}$：演繹定理による．

$\underline{1<n\text{ の場合}}$：任意の論理式 $\varphi_1,\ldots,\varphi_{n-1},\psi$ について，以下が成り立つと仮定する（帰納法の仮説：IH）．
$$\vDash \varphi_1,\ldots,\varphi_{n-1} \vDash \psi \iff \vDash \varphi_1 \to \cdots \to \varphi_{n-1} \to \psi$$

このとき，任意の論理式 $\varphi_1,\ldots,\varphi_n,\psi$ について，以下が成り立つ．

$$\begin{aligned}
&\varphi_1,\ldots,\varphi_{n-1},\varphi_n \vDash \psi \\
\iff\ & \varphi_1,\ldots,\varphi_{n-1} \vDash \varphi_n \to \psi \quad\quad \text{（演繹定理より）} \\
\iff\ & \vDash \varphi_1 \to \cdots \to \varphi_{n-1} \to \varphi_n \to \psi \quad (\mathit{IH} \text{ より})
\end{aligned}$$
$\square$

補題 3.76 任意の論理式 $\varphi_1,\ldots,\varphi_n,\psi$ $(n \geq 1)$ について，以下が成り立つ．
$$\varphi_1 \to \cdots \to \varphi_n \to \psi \dashv\vDash \varphi_1 \wedge \cdots \wedge \varphi_n \to \psi$$

証明．n に関する帰納法で証明する．

$\underline{n=1\text{ の場合}}$：$\varphi \to \psi \dashv\vDash \varphi \to \psi$ であり自明．

$\underline{1<n\text{ の場合}}$：任意の論理式 $\varphi_1,\ldots,\varphi_{n-1},\psi$ について，以下が成り立つと仮定する（帰納法の仮説：IH）．
$$\varphi_1 \to \cdots \to \varphi_{n-1} \to \psi \dashv\vDash (\varphi_1 \wedge \cdots \wedge \varphi_{n-1}) \to \psi$$

このとき，任意の論理式 $\varphi_1,\ldots,\varphi_n,\psi$ について，以下が成り立つ．

$$\begin{aligned}
&\varphi_1 \to \cdots \to \varphi_{n-1} \to \varphi_n \to \psi \\
\dashv\vDash\ & (\varphi_1 \wedge \cdots \wedge \varphi_{n-1}) \to \varphi_n \to \psi \quad (\mathit{IH} \text{ より}) \\
\dashv\vDash\ & \varphi_1 \wedge \cdots \wedge \varphi_n \to \psi \quad\quad\quad \text{（移入律より）}
\end{aligned}$$

したがって，$\vDash$ の推移律により，以下の結論を得る．
$$\varphi_1 \to \cdots \to \varphi_{n-1} \to \varphi_n \to \psi \dashv\vDash \varphi_1 \wedge \cdots \wedge \varphi_n \to \psi$$
$\square$

解説 3.77 3.2.4 項の移入律は，この定理において $n = 2$ の場合に相当する．
$$\varphi \to \psi \to \chi \dashv\vDash \varphi \wedge \psi \to \chi$$

補題 3.75 と補題 3.76 を合わせると，以下の有用な定理が得られる．

定理 3.78 任意の論理式 $\varphi_1, \ldots, \varphi_n, \psi$ ($n \geq 1$) について，以下が成り立つ．
$$\varphi_1, \ldots, \varphi_n \vDash \psi \iff \vDash \varphi_1 \wedge \cdots \wedge \varphi_n \to \psi$$

証明．補題 3.75 より，
$$\varphi_1, \ldots, \varphi_n \vDash \psi \iff \vDash \varphi_1 \to \cdots \to \varphi_n \to \psi$$

次に，補題 3.76 と $\vDash$ の推移律により，
$$\vDash \varphi_1 \to \cdots \to \varphi_n \to \psi \iff \vDash \varphi_1 \wedge \cdots \wedge \varphi_n \to \psi$$

したがって定理 3.78 が成り立つ． □

解説 3.79 すなわち，$\varphi_1, \ldots, \varphi_n \vDash \psi$ という推論の妥当性を調べるには，$\varphi_1 \wedge \cdots \wedge \varphi_n \to \psi$ という論理式が恒真式であるか否かを調べれば良い．したがって，3.3.3 項の
$$P \to R, Q \to R \vDash P \vee Q \to R$$
という推論の妥当性は，以下の論理式が恒真式かどうか，ということと一致する．
$$(P \to R) \wedge (Q \to R) \to (P \vee Q) \to R$$

以下の真偽値表を 3.3.3 項の真偽値表と比較してみると，妥当な推論が，ここでは恒真式となっていることが分かる．

P	Q	R	$(P$	$\to$	$R)$	$\wedge$	$(Q$	$\to$	$R)$	$\to$	$(P$	$\vee$	$Q)$	$\to$	R
1	1	1	1	1	1	1	1	1	1	**1**	1	1	1	1	1
1	1	0	1	0	0	0	1	0	0	**1**	1	1	1	0	0
1	0	1	1	1	1	1	0	1	1	**1**	1	1	0	1	1
1	0	0	1	0	0	0	0	1	0	**1**	1	1	0	0	0
0	1	1	0	1	1	1	1	1	1	**1**	0	1	1	1	1
0	1	0	0	1	0	0	1	0	0	**1**	0	1	1	0	0
0	0	1	0	1	1	1	0	1	1	**1**	0	0	0	1	1
0	0	0	0	1	0	1	0	1	0	**1**	0	0	0	1	0

練習問題 3.80 次の各推論の妥当性を示せ.

$$P \to (R \to \neg Q),\ \neg S \vee P,\ Q \to S \vDash \neg R$$
$$(P \wedge Q) \to (R \vee S),\ R \to S,\ P \wedge \neg S \vDash \neg Q$$
$$(P \wedge Q) \to R,\ \neg S \to (T \to U),\ R \to \neg(T \to U) \vDash P \to (Q \to S)$$

3.3.7 カット

2.5 節でも述べた以下の形式の推論は，実際の証明においてしばしば暗黙的に用いられるが，数理論理学において**カット** (cut) と呼ばれるものである.

1) $\varphi_1 \Longrightarrow \varphi_2$
2) $\varphi_2 \Longrightarrow \varphi_3$
3) 1),2) より，$\varphi_1 \Longrightarrow \varphi_3$

定理 3.81 （カット） 任意の論理式の列 Γ, Δ, Δ'，および任意の論理式 φ, ψ について，以下が成り立つ.

$$\Gamma \vDash \varphi,\quad \Delta, \varphi, \Delta' \vDash \psi \quad \Longrightarrow \quad \Delta, \Gamma, \Delta' \vDash \psi$$

カットとは，妥当な推論が二つあり，片方の推論の帰結が，もう片方の推論の前提に含まれているような場合，その帰結（もう片方の前提）を消去して，「接ぎ木」のように二つの推論を合わせることによって，新たに妥当な推論を得る，という操作である.

証明. 背理法による. 定理 3.81 が成り立たないと仮定する. すなわち，以下の条件を同時に満たすような，$\Gamma, \Delta, \Delta', \varphi, \psi$ が存在するとする.

1) $\Gamma \vDash \varphi$ 2) $\Delta, \varphi, \Delta' \vDash \psi$ 3) $\Delta, \Gamma, \Delta' \nvDash \psi$

3) より，$\neg \psi, \Delta, \Gamma, \Delta'$ を同時に充足する解釈が存在する（J とする）. 一方，1) より，$\neg \varphi, \Gamma$ は充足不能であるから，$[\![\neg \varphi]\!]_J = 0$，すなわち $[\![\varphi]\!]_J = 1$ でなければならない. したがって，J は $\neg \psi, \Delta, \varphi, \Delta'$ を同時に充足するが，これは 2) と矛盾する. したがって，1),2),3) を同時に満たすような $\Gamma, \Delta, \Delta', \varphi, \psi$ は存在しない. □

解説 3.82 2.5 節の証明において，(1) と (2) から (3) を帰結する推論はカットによるものである.

例 3.83 日常推論の例を一つ取り上げる．たとえば，以下の推論が妥当か否かを調べたいとする．

> 料理長が台所に居ないときは，台所の鍵は閉まっている．
> 台所の鍵が閉まっているならば，ウサギが台所に入ることはない．
> ウサギかカメのいずれかが台所に入った．
> カメは台所に入っていない．
> ――――――――――――――――――――――――――
> したがって，料理長は台所に居た．

まず，命題記号を（場所を取らないように）命題記号で置き換える．

$$P \equiv 料理長が台所に居る$$
$$Q \equiv 台所の鍵が閉まっている$$
$$R \equiv ウサギが台所に入る$$
$$S \equiv カメが台所に入る$$

すると，先の推論は，以下のように表すことができる．

$$\neg P \to Q,\ Q \to \neg R,\ R \lor S,\ \neg S \vDash P \quad -(\dagger)$$

この推論の妥当性は，真偽値表を書けば判断できるが，命題記号が四つあるため，十六行の表を書く必要がある．ここでは真偽値表によらない方法として，恒真式とカットを用いて証明する．以下の証明では，3.2.4 項の恒真式から定理 3.78 によって意味論的同値性を得る操作については，一々断らないものとする．

1)	$\neg S,\ S \lor R$	$\vDash$	R	（選言的三段論法）
2)	$\neg\neg R$	$\dashv\vDash$	R	（二重否定律）
3)	$\neg S,\ S \lor R$	$\vDash$	$\neg\neg R$	(1),2) と $\vDash$ の推移律）
4)	$Q \to \neg R$	$\dashv\vDash$	$\neg\neg R \to \neg Q$	（対偶律）
5)	$\neg\neg R,\ \neg\neg R \to \neg Q$	$\vDash$	$\neg Q$	（前件肯定式）
6)	$\neg S,\ S \lor R,\ \neg\neg R \to \neg Q$	$\vDash$	$\neg Q$	（(3),5) とカット）
7)	$\neg S,\ S \lor R,\ Q \to \neg R$	$\vDash$	$\neg Q$	（(4),6) とカット）
8)	$\neg P \to Q$	$\vDash$	$\neg Q \to \neg\neg P$	（対偶律）
9)	$\neg\neg P$	$\dashv\vDash$	P	（二重否定律）
10)	$\neg Q \to \neg\neg P$	$\dashv\vDash$	$\neg Q \to P$	（9) と置き換え）
11)	$\neg P \to Q$	$\vDash$	$\neg Q \to P$	（(8),10) と $\vDash$ の推移律）

12)	$\neg Q, \neg Q \to P$	$\vDash \quad P$	（前件肯定式）
13)	$\neg Q, \neg P \to Q$	$\vDash \quad P$	(11),12) とカット）
14) $\neg S, S \vee R,$	$Q \to \neg R, \neg P \to Q$	$\vDash \quad P$	(7),13) とカット）

これで証明は完成であるが，さらに完璧を期すならば，交換律 $S \vee R \dashv\vDash R \vee S$ と置き換えを用いれば，(†) が得られる．前提論理式の順序が異なることについては，解説 3.50 も思い出されたい．

練習問題 3.84 以下の推論の妥当性を，恒真式とカットを用いて示せ．

> 身内の犯行であるならば，貞夫か光枝が犯人である．
> 貞夫が犯人ならば，犯人は財産目当てではない．
> 犯人が財産目当てならば，光枝は犯人ではない．
> ─────────────────────────
> したがって，身内の犯行であるならば，犯人は財産目当てではない．

解説 3.85 カットからは，いくつかの有用な規則が得られる．定理 3.86 はその一例であり，φ と $\varphi \to \psi$ がともに恒真式であるならば，ψ も恒真式となる．定理 3.86 からは，3.3.6 項の恒真式と組み合わせることによって，多くの妥当な推論を導き出すことができる．

> **定理 3.86** 任意の論理式 φ, ψ について，以下が成り立つ．
> $$\vDash \varphi, \vDash \varphi \to \psi \implies \vDash \psi$$

練習問題 3.87 定理 3.86 を証明せよ．

3.3.8 背理法

背理法 (reductio ad absurdum) とは，複数の前提から正しい推論によって矛盾が導かれたとき，前提のいずれかが誤りである，と結論する手法である．

> **定理 3.88** （背理法） 任意の論理式列 Γ，論理式 φ について，以下が成り立つ．
> $$\varphi, \Gamma \vDash \bot \iff \Gamma \vDash \neg \varphi$$
> $$\neg \varphi, \Gamma \vDash \bot \iff \Gamma \vDash \varphi$$

証明. 下式のみ証明する.

$$\neg\varphi, \Gamma \vDash \bot \iff \neg\varphi, \Gamma \vDash \quad \text{(練習問題 3.52 より)}$$
$$\iff \neg\varphi, \Gamma \text{が充足不可} \quad \text{(練習問題 3.58 より)}$$
$$\iff \Gamma \vDash \varphi \qquad \square$$

練習問題 3.89 定理 3.88 上式を証明せよ.

解説 3.90 2.4 節の冒頭の証明において, (2) と (7) から (8) を帰結する推論は背理法（定理 3.88 の上式）によるものである.

練習問題 3.91 期末試験に関する次の推論の妥当性を, 背理法を用いて示せ（ヒント：「真偽値表が出題されない」と仮定する）.

真偽値表が出題されないとすると, 背理法が出題される.
カットが出題されるか, 背理法が出題されないか,
　　あるいはその両方である.
<u>真偽値表とカットの両方が出題されない, ということはない.</u>
したがって, 真偽値表が出題される.

3.3.9 証明を対象とする科学：通過点

さて, 一階命題論理はここまでの議論によって, 第 2 章において立てた目標をひとまず達成したことになる. 第 2 章では, 我々の認識において, 数学の証明というものが特権的な地位を占めているのはなぜか, という問いからはじまり, それに答えるためにはまず「どのような証明が正しいのか」という問いに答えられなければならない, とした上で,「証明の妥当性を説明対象とした理論」としての「論理学」が必要であることを述べた.

そして,「妥当な証明」は「妥当な推論」を「妥当な規則」で組み合わせることによって得られることを述べ, その組み合わせには, カットや背理法があることを指摘した. 推論とは複数の論理式を前提として, ある論理式を帰結として導く形式であり,「妥当な推論」とは, 前提となる論理式がすべて真である解釈のもとでは, 帰結も真であるような推論であった. したがって, 妥当な推論を定めるためには, 論理式とは何か, そして論理式と真偽の関係とは何か, といった考察が必要となると述べた.

こうして振り返れば, 本章における一階命題論理の構築が, 第 2 章におけ

る考察を逆向きに埋めていく過程であったことが分かるはずである．論理式の統語論・意味論を導入することから始まり，それに基づいて妥当な推論の概念を定義した．その定義に基づいて「置き換え」「カット」「背理法」といった推論の組み合わせ方が，もとの推論の妥当性を失わない組み合わせ方であるという保証を得たのである．

したがって，次に進むべき方向性は，こうして作り上げた一階命題論理の体系が説明する「妥当な証明」と，現実に我々の理性が行う「妥当な証明」との比較である．前者に含まれて，後者には含まれないような証明があれば，理論は間違いを含んでいることになり，「不健全」である．また，前者には含まれないが，後者には含まれるような証明があれば，理論は説明不足ということになり，「不完全」である．そのような，境界領域に存在する証明を見つけ出し，しかる後に，この両者が一致するような形に一階命題論理の体系を「改良」することが，次の目標となる．

しかし，その作業は第5章までひとまず置いておくとする．その前に，第2章の最後に述べたことを思い出そう．一階命題論理は，妥当な証明を説明する理論としては（第5章の冒頭で述べるように）明らかな欠点がある．しかしながら，一階命題論理が今なお重要な理論であり続けるのは，一つにはそこから独自の洞察が導かれるからであり，もう一つにはそれらの洞察を，そのまま第5章で解説する「一階述語論理」の世界に引き継ぐことが可能であるからである．次節以降では，それらの洞察のうち，有名かつ有用な結果のいくつかを示すことにする．

3.4 標準形

3.4.1 選言標準形

以下のような真偽値表を持つ論理式 ψ（命題記号として P, Q, R を含む）があったとする．

P	Q	R	$\psi(P, Q, R)$
1	1	1	1
1	1	0	0
1	0	1	0
1	0	0	1

3.4 標準形

$$\begin{array}{ccc|c} 0 & 1 & 1 & 1 \\ 0 & 1 & 0 & 0 \\ 0 & 0 & 1 & 0 \\ 0 & 0 & 0 & 1 \end{array}$$

表の各列は解釈に対応しているが，その中から $[\![\psi(P,Q,R)]\!]_I = 1$ となる解釈 I を取り出す．上の表の場合は，1, 4, 5, 8 列目に相当する．それぞれの解釈 I について，命題記号 P, Q, R の肯定または否定（解釈 I の元で $[\![P]\!]_I = 1$ ならば P，$[\![P]\!]_I = 0$ ならば $\neg P$）の連言をつくる．具体的には，1, 4, 5, 8 列目がそれぞれ次のような連言となる．

$$P \land Q \land R$$
$$P \land \neg Q \land \neg R$$
$$\neg P \land Q \land R$$
$$\neg P \land \neg Q \land \neg R$$

これらの連言は，対応する解釈のもとでは真であり，かつ対応する解釈以外のもとでは偽である．たとえば，4 列目 $P \land \neg Q \land \neg R$ は，$[\![P]\!]_I = 1, [\![Q]\!]_I = 0, [\![R]\!]_I = 0$ となる解釈 I のもとでは真であるが，それ以外の解釈のもとでは偽である．

したがって，論理式 $\psi(P,Q,R)$ は，いずれかの連言が真であるとき，またそのときのみ真である．すなわち，以下の論理式と同じ真偽値表を持つ．

$$(P \land Q \land R) \lor (P \land \neg Q \land \neg R) \lor (\neg P \land Q \land R) \lor (\neg P \land \neg Q \land \neg R)$$

この形式は選言標準形と呼ばれ，以下のように定義される．

定義 3.92 （選言標準形） 以下の条件を満たす論理式を，**選言標準形** (disjunctive normal form: DNF)，もしくは**積和標準形** (canonical sum of products) という．

- $\{\neg, \lor, \land\}$ 以外の真理関数を含まない．
- $\neg$ で始まる複合論理式の真部分論理式は命題記号のみである．
- $\land$ で始まる複合論理式の真部分論理式は $\neg, \land$ 以外の真理関数を含まない．
- $\lor$ で始まる複合論理式の真部分論理式は $\neg, \land, \lor$ 以外の真理関数を含まない．

この手法で，任意の論理式について，それと意味論的に同値な選言標準形の論理式を計算し，求めることができる．論理式 φ について，それと意味論的に同値な選言標準形の論理式を計算することを「φ を選言標準形に変形する」「φ の選言標準形を求める」「φ を選言標準形で表す」などという．

3.4.2 連言標準形

選言標準形と対をなす概念に，連言標準形と呼ばれる形式がある．

定義 3.93 （連言標準形） 以下の条件を満たす論理式を，**連言標準形**(conjunctive normal form: CNF)，もしくは**和積標準形**(canonical product of sums) という．
- $\{\neg, \lor, \land\}$ 以外の真理関数を含まない．
- $\neg$ で始まる複合論理式の真部分論理式は命題記号のみである．
- $\lor$ で始まる複合論理式の真部分論理式は $\neg, \lor$ 以外の真理関数を含まない．
- $\land$ で始まる複合論理式の真部分論理式は $\neg, \lor, \land$ 以外の真理関数を含まない．

連言標準形についても，真偽値表を用いて計算することができる．まず，選言標準形の場合とは逆に，$[\![\psi(P,Q,R)]\!] = 0$ となっている解釈を取り出し，同様の手続きにしたがって連言を作る．先の例の場合，2, 3, 6, 7 行目が相当する．

$$P \land Q \land \neg R$$
$$P \land \neg Q \land R$$
$$\neg P \land Q \land \neg R$$
$$\neg P \land \neg Q \land R$$

論理式 $\psi(P,Q,R)$ は，これらの連言がすべて偽であるとき，またそのときのみ真であるから，以下の論理式と意味論的に同値である．

$$\neg(P \land Q \land \neg R) \land \neg(P \land \neg Q \land R) \land \neg(\neg P \land Q \land \neg R) \land \neg(\neg P \land \neg Q \land R)$$

この形式自体は連言標準形ではない．しかし，ドゥ・モルガンの法則（解説 3.72 参照），二重否定律，および置き換えにより，以下の論理式と意味論的

に同値であることが分かる.

$$(\neg P \vee \neg Q \vee R) \wedge (\neg P \vee Q \vee \neg R) \wedge (P \vee \neg Q \vee R) \wedge (P \vee Q \vee \neg R)$$

このように,任意の論理式から,それと同値な連言標準形の論理式を得ることができる.

練習問題 3.94 上の手法には例外がある.以下の二項真理関数をそれぞれ連言標準形・選言標準形で表せ.

$$\begin{bmatrix} (1,1) & \mapsto & 1 \\ (1,0) & \mapsto & 1 \\ (0,1) & \mapsto & 1 \\ (0,0) & \mapsto & 1 \end{bmatrix} \begin{bmatrix} (1,1) & \mapsto & 0 \\ (1,0) & \mapsto & 0 \\ (0,1) & \mapsto & 0 \\ (0,0) & \mapsto & 0 \end{bmatrix}$$

練習問題 3.95 次の論理式の選言標準形と連言標準形を求めよ.

1) $\neg(Q \to P) \vee (\neg R \wedge (P \leftrightarrow Q))$
2) $(P \wedge (Q \leftrightarrow R)) \vee \neg(P \vee (Q \leftrightarrow R))$
3) $\neg(P \to Q) \vee ((R \leftrightarrow P) \wedge Q)$
4) $\neg(P \leftrightarrow (Q \leftrightarrow R))$

3.5 表現的適格性

3.1 節では,「⊤」「⊥」「¬φ」「$\varphi \wedge \psi$」「$\varphi \vee \psi$」「$\varphi \to \psi$」「$\varphi \leftrightarrow \psi$」という形式のみが複合論理式であるとした.一方,3.2.2 項では,二項真理関数は十六種類,一項真理関数は四種類,零項真理関数は二種類あることを述べた.ここで,以下のような疑問が生じる.

- なぜこれらの真理関数が選ばれたのか? すなわち,なぜ四種類の中で「¬φ」のみを,十六種類の中で「$\varphi \wedge \psi$」「$\varphi \vee \psi$」「$\varphi \to \psi$」「$\varphi \leftrightarrow \psi$」のみを使うのか?
- これらの真理関数で十分なのか?

前者への回答は,後者に依存している.これらの真理関数が選ばれた理由は,その選択が「十分」だからであり,そのなかから対応する自然言語の文が存在するもの,すなわち日常的に使い慣れたものが選ばれたのである.

しかし後者に回答するためには,真理関数の選択がどういう基準に照らし合わせて「十分」なのかを考えなければならない.そのような基準の一つとし

て知られる概念が**表現的適格性** (expressive adequacy) である.

> **定義 3.96**（表現的適格性）真理関数の集合が**表現的に適格** (expressively adequate) であるとは，その集合に属する真理関数のみを用いて，任意の論理式[*14]に対して，意味論的に等価な論理式を構成できることである．

解説 3.97 表現的に適確な真理関数の集合のことを**関数完全系** (functionally complete universal)，あるいは単に「完全系」という場合もある．

3.5.1 標準形と適格性

さて，ではどのような真理関数の集合が，表現的に適格であるといえるであろうか．これについては，3.4 節の議論から一つの結論が導き出せる．

あらゆる真理関数について，真理関数は真偽値表を持つのであるから，その真理関数を用いた複合論理式と，意味論的に同値な選言標準形または連言標準形の論理式を得ることができる．選言標準形と連言標準形は，ともに $\{\neg, \land, \lor\}$ しか含まないのであるから，真理関数の集合 $\{\neg, \land, \lor\}$ はあらゆる真理関数と同じ真偽値表を表すことができる．したがって，以下のことがいえる．

> **定理 3.98** $\{\neg, \land, \lor\}$ は表現的に適格である．

このことから，さらに別の真理関数の集合が，表現的に適格であることが分かる．

> **定理 3.99** $\{\neg, \land\}$ は表現的に適格である．

なぜなら，以下の同値性が成り立つため，$\{\neg, \land\}$ を用いて $\varphi \lor \psi$ を表すことができるからである．

$$\varphi \lor \psi \dashv\vdash \neg(\neg\varphi \land \neg\psi)$$

[*14] 存在しうる任意の真理関数を用いた論理式を考える．ただし，零項真理関数は含めないのが慣例である（練習問題 3.94 を考えよ）．

3.5 表現的適格性

> **定理 3.100** $\{\neg, \vee\}$ は表現的に適格である.

これは以下の同値性が成り立つため，$\{\neg, \vee\}$ を用いて $\varphi \wedge \psi$ を表すことができるからである.

$$\varphi \wedge \psi \dashv\vdash \neg(\neg\varphi \vee \neg\psi)$$

練習問題 3.101 上の二つの同値性について，真偽値表を書いて確かめよ.

> **定理 3.102** $\{\neg, \rightarrow\}$ は表現的に適格である.

このことは，以下の同値性によって保証される.

$$\varphi \wedge \psi \dashv\vdash \neg(\varphi \rightarrow \neg\psi)$$
$$\varphi \vee \psi \dashv\vdash \neg\varphi \rightarrow \psi$$

練習問題 3.103

1. $\varphi \rightarrow \psi$ を $\{\neg, \wedge\}$ のみで表せ.
2. $\varphi \rightarrow \psi$ を $\{\neg, \vee\}$ のみで表せ.
3. $\varphi \vee \psi$ を $\{\rightarrow\}$ のみで表せ.
4. $\varphi \wedge \psi$ を $\{\rightarrow, \leftrightarrow\}$ のみで表せ.
5. $\varphi \wedge \psi$ を $\{\rightarrow\}$ のみで表すことはできないことを示せ.

> **定理 3.104** $\{\rightarrow, \bot\}$ は表現的に適格である.

まず，$\neg\varphi$ は以下のように $\{\rightarrow, \bot\}$ によって表すことができる.

$$\neg\varphi \dashv\vdash \varphi \rightarrow \bot$$

あとは，$\{\neg, \rightarrow\}$ が表現的に適格であることから，$\{\rightarrow, \bot\}$ もまた表現的に適格であると結論できる.

この $\{\rightarrow, \bot\}$ という集合は，あらゆる真理関数の集合の中でも「最も表現的に適格な」集合といわれている．その理由は，定義 3.96 においては除外した，二つの零項真理関数についても，表すことができるからである．$\bot$ については $\bot$ 自身で表され，$\top$ については $\neg\bot$ すなわち $\bot \rightarrow \bot$ として表すことができる.

解説 3.105 以下の各集合は，表現的に適格ではないことが知られている．
$$\{\wedge, \bot\}, \{\vee, \bot\}, \{\neg, \leftrightarrow\}$$

練習問題 3.106 二項真理関数 $\looparrowleft$ の解釈が以下のように定義されているとする．
$$[\![\looparrowleft]\!]_I \stackrel{def}{\equiv} \left[\begin{array}{ccc} (1,1) & \mapsto & 0 \\ (1,0) & \mapsto & 0 \\ (0,1) & \mapsto & 1 \\ (0,0) & \mapsto & 0 \end{array}\right]$$

1. $\{\neg, \looparrowleft\}$ が表現的に適格であることを示せ（ヒント：$\{\neg, \looparrowleft\}$ で $\varphi \wedge \psi$ を表せばよい）．
2. $\{\rightarrow, \looparrowleft\}$ が表現的に適格であることを示せ（ヒント：$\{\looparrowleft\}$ で $\bot$ を表せばよい）．
3. $\{\looparrowleft\}$ で $\varphi \wedge \psi$ を表せ．

3.5.2 シェファの縦棒

前節で挙げた，表現的に適格な真理関数の集合は，すべて二つ以上の真理関数を要素として含んでいた．では，真理関数一つのみからなる集合で，表現的に適格なものは存在するのであろうか．

まず，一項真理関数からなる単一集合は，表現的に適格ではない．なぜなら，一項真理関数は項を一つしか取らないため，二項以上の真理関数のすべてを表すことができないからである．

練習問題 3.107 その理由を考察せよ．

二項真理関数についてはどうだろうか．たとえば，$\{\wedge\}$ は表現的に適格ではない．その理由は，真理関数として $\wedge$ しか存在しないとしたら，真偽値表の一行目（すべての命題記号の解釈が 1 である場合）が 1 となる論理式しか表せないからである．

この議論からすると，実は $(1,1)$ を 1 に写像する真理関数は，候補にならないことが分かる．まったく同様の議論によって，$(0,0)$ を 0 に写像する真理関数は，候補にならないことも分かる．

その結果，四つの真理関数のみが候補として残る．これらを仮にそれぞれ f_1, f_2, f_3, f_4 とする．

3.5 表現的適格性

$$\llbracket f_1 \rrbracket_I \stackrel{def}{\equiv} \begin{bmatrix} (1,1) & \mapsto & 0 \\ (1,0) & \mapsto & 1 \\ (0,1) & \mapsto & 1 \\ (0,0) & \mapsto & 1 \end{bmatrix} \quad \llbracket f_2 \rrbracket_I \stackrel{def}{\equiv} \begin{bmatrix} (1,1) & \mapsto & 0 \\ (1,0) & \mapsto & 1 \\ (0,1) & \mapsto & 0 \\ (0,0) & \mapsto & 1 \end{bmatrix}$$

$$\llbracket f_3 \rrbracket_I \stackrel{def}{\equiv} \begin{bmatrix} (1,1) & \mapsto & 0 \\ (1,0) & \mapsto & 0 \\ (0,1) & \mapsto & 1 \\ (0,0) & \mapsto & 1 \end{bmatrix} \quad \llbracket f_4 \rrbracket_I \stackrel{def}{\equiv} \begin{bmatrix} (1,1) & \mapsto & 0 \\ (1,0) & \mapsto & 0 \\ (0,1) & \mapsto & 0 \\ (0,0) & \mapsto & 1 \end{bmatrix}$$

しかしよく観察すれば，f_2 と f_3 は一項真理関数と変わらないことが分かる．

$$f_2(\varphi, \psi) \dashv\vdash \neg\psi$$
$$f_3(\varphi, \psi) \dashv\vdash \neg\varphi$$

定理 3.108 $\{f_2\}, \{f_3\}$ は表現的に適格ではない．

証明．命題記号 P と f_2 のみからなる論理式は，常に P か $\neg P$ と同じ真偽値表を持つ．したがって，$P \lor \neg P, P \land \neg P$ といった論理式を表すことができない．f_3 についても同様． □

残された二つの候補は，**縦棒** (stroke) と呼ばれる二項真理関数であり，f_1 は $\uparrow$，f_4 は $\downarrow$ と記される．以下，改めて定義しておく．

定義 3.109 （縦棒）

$$\llbracket \uparrow \rrbracket_I \stackrel{def}{\equiv} \begin{bmatrix} (1,1) & \mapsto & 0 \\ (1,0) & \mapsto & 1 \\ (0,1) & \mapsto & 1 \\ (0,0) & \mapsto & 1 \end{bmatrix} \quad \llbracket \downarrow \rrbracket_I \stackrel{def}{\equiv} \begin{bmatrix} (1,1) & \mapsto & 0 \\ (1,0) & \mapsto & 0 \\ (0,1) & \mapsto & 0 \\ (0,0) & \mapsto & 1 \end{bmatrix}$$

$\varphi \uparrow \psi$ は $\neg(\varphi \land \psi)$ と同値であるため，NAND とも呼ばれる．また $\varphi \downarrow \psi$ は $\neg(\varphi \lor \psi)$ と同値であるため，NOR とも呼ばれる．特に $\uparrow$ は単に $|$ と記され，**シェファの縦棒** (Sheffer stroke) と呼ばれることがある．

二つの縦棒がそれぞれ単独で，表現的に適格であることは，以下の同値性によって示される．

$$\neg\varphi \quad \dashv\vDash \quad \varphi\uparrow\varphi \qquad\qquad \neg\varphi \quad \dashv\vDash \quad \varphi\downarrow\varphi$$
$$\varphi\wedge\psi \quad \dashv\vDash \quad (\varphi\uparrow\psi)\uparrow(\varphi\uparrow\psi) \qquad \varphi\wedge\psi \quad \dashv\vDash \quad (\varphi\downarrow\varphi)\downarrow(\psi\downarrow\psi)$$
$$\varphi\vee\psi \quad \dashv\vDash \quad (\varphi\uparrow\varphi)\uparrow(\psi\uparrow\psi) \qquad \varphi\vee\psi \quad \dashv\vDash \quad (\varphi\downarrow\psi)\downarrow(\varphi\downarrow\psi)$$

したがって，我々はたとえば $\{\uparrow\}$ のみを用いた一階命題論理を構築することもできる．これは，見慣れた $\{\neg,\wedge,\vee\}$ を用いた一階命題論理よりも，シンプルで美しい体系といえるであろうか？

結論からいえば，我々は $\{\uparrow\}$ または $\{\downarrow\}$ のみによる論理体系を用いてはいない．論理式を記述する際には，自然言語の「ではない」「かつ」「または」などの表現に対応している $\{\neg,\wedge,\vee\}$ を用いた方が，分かりやすいからである．しかし，これは論理式を理解するのが人間である場合に限られる．論理式を理解するのが「機械」の場合はこの限りではない，ということを述べておき，本章と次章の内容の橋渡しとしよう．

第4章

二進法とデジタル回路

　一階命題論理の工学的な応用例の一つとして**論理回路** (logic gate) が知られている．論理回路とは，論理演算を電気的に実現する回路である．論理回路では，電卓や計算機にみるように，数値演算を得意としている．しかし，その内部で使われている数の体系は，我々が筆算に用いる十進法とは異なる．

　十進法によって数を表そうとすると，0 から 9 までの 10 文字に対応して，10 種類の内部状態を電気的に区別する必要がある．それに対して，二進法で数を表すとすれば，0 と 1 に対応する 2 種類の内部状態を区別するだけですむ．

　そういう理由から，計算機の内部では二進法が使われており，0 と 1 に相当する状態として，信号線の電圧が（ある一定の値より）高い状態（H と表す）と低い状態（L と表す）の二つの状態を区別できるように設計されている．その二つの状態の論理的組み合わせによって，状態を記憶し，計算し，表示するのである．

4.1　十進法

　まず，自然数を表すのに日常的に用いる**十進法** (the decimal system) について，統語論と意味論という観点から再考する．

　たとえば，算用数字の記法で，2222 という数の表記を考えてみよう．我々は，この表記を見ただけで，2221 より 1 大きく，2223 より 1 小さい数を表している，ということを理解するように訓練されている．

　しかしながら，これは考えてみれば不思議なことであり，もう少し先入観を取り払って 2222 という表記を眺めるならば，2 という数が四つ並んでいるだ

けである．四つの 2 は，書かれている位置が異なっているだけであり，数字としては同じものである．それにもかかわらず，最左の 2 は「二千」を表しており，その次の 2 は「二百」を，その次の 2 は「二十」を，そして最右の 2 は「二」を表しているということを，我々は規則的な知識を用いて判断するのである．

「書かれている位置」といっても，絶対的な位置という意味ではない．2222 全体を何文字分か左に書いたとしても，あるいは何文字分か右に書いたとしても，それぞれの 2 の意味が変わるわけではない．

また，我々が用いる数字は 0 から 9 の十種類しかないにもかかわらず，それらを並べることで，どのような自然数でも表すことができる．

したがって，日常生活ではあまり意識されないことであるが，十進法の表記と，自然数とは，別個の概念である．各々の十進法表記が，どの自然数を表しているかということは，いくつかの規則によって決定されるのである．

この状況は，本書の冒頭で，証明の妥当性について考察したときと似ている．そして，十進法の表記と，それが表している自然数の対応についても，統語論と意味論を用いた分析が役立つのである．十進法の統語論は以下のようなものである．

定義 4.1 （十進法の統語論）

1) $d \in \{1,2,3,4,5,6,7,8,9\}$ ならば，d は十進数である．
2) $d' \in \{0,1,2,3,4,5,6,7,8,9\}$ であり，d が十進数ならば，dd' は十進数である．
3) 1),2) 以外は十進数ではない．

ここで dd' は d と d' の積ではなく，記号の**並置** (juxtaposition) である．つまり，$d=$ "10", $d'=$ "0" のとき，dd' は "100" である．

練習問題 4.2 実は，定義 4.1 の規則では "0" が十進数ではないことになってしまう．"0" を十進数に含むように統語規則を書き換えよ．

一方，定義 4.1 に対応した十進法の意味論は以下のように定義される．

定義 4.3（十進法の意味論）
1) $d \in \{1,2,3,4,5,6,7,8,9\}$ ならば，$[\![d]\!] \stackrel{def}{\equiv} d$
2) $[\![dd']\!] \stackrel{def}{\equiv} [\![d]\!] \cdot 10 + [\![d']\!]$

例 4.4
$$\begin{aligned}
[\![2222]\!] &\equiv [\![222]\!] \cdot 10 + [\![2]\!] \\
&\equiv ([\![22]\!] \cdot 10 + [\![2]\!]) \cdot 10 + 2 \\
&\equiv (([\![2]\!] \cdot 10 + [\![2]\!]) \cdot 10 + 2) \cdot 10 + 2 \\
&\equiv ((2 \cdot 10 + 2) \cdot 10 + 2) \cdot 10 + 2 \\
&= 2 \cdot 10^3 + 2 \cdot 10^2 + 2 \cdot 10^1 + 2
\end{aligned}$$

これだけであれば，自明なことをわざわざ書き下しているだけであるようにも見える．しかし，このように統語論と意味論に分解することによって「十進法ではない体系」の構造が見やすくなる．

十進法では，統語論において $\{1,2,3,4,5,6,7,8,9\}$ という数字に 0 を加えた十文字を使い，意味論においては $\cdot 10$ という係数を用いている．この部分を変更すれば，他の記数法は容易に得られる．

たとえば，統語論において $\{1,2,3,4,5,6,7,8,9,A,B,C,D,E,F\}$ という数字に 0 を加えた十六文字を使い，意味論において係数を $\cdot 16$ に変更すれば，十六進法の体系が得られる．一般に，n 文字を使い，係数を $\cdot n$ とすることで得られる体系を，「n を底とする位取り記数法」という．

練習問題 4.5 練習問題 4.2 の統語規則に合わせて，定義 4.3 を書き換えよ．

4.2 二進法

二進法とは「2 を底とする位取り記数法」である[*1]．前節に倣って，統語論と意味論を示しておく．

[*1] **二進法** (the binary system) を発明したのはライプニッツ (Gottfried Wilhelm Leibniz: 1646-1716) である．

定義 4.6 （二進法の統語論）

1) $d \in \{1\}$ ならば，d は二進数である．
2) $d' \in \{0,1\}$ であり，d が二進数ならば，dd' は二進数である．
3) 1),2) 以外は二進数ではない．

定義 4.7 （二進法の意味論）

1) $d \in \{1\}$ ならば，$[\![d]\!] \stackrel{def}{\equiv} d$
2) $[\![dd']\!] \stackrel{def}{\equiv} [\![d]\!] \cdot 2 + [\![d']\!]$

練習問題 4.8 練習問題 4.2，練習問題 4.5 と同様の考察を二進法についても適用せよ．

二進法と十進法との対応を，表にまとめる．

十進法	二進法	十進法	二進法
0	0	8	1000
1	1	9	1001
2	10	10	1010
3	11	11	1011
4	100	12	1100
5	101	13	1101
6	110	14	1110
7	111	15	1111

このように，4桁あれば $2^4 = 16$ 通り (0–15) までの数を表すことができる．

練習問題 4.9 16 から 31 までの数を二進法で表記せよ．

4.3 半加算機

さて，二進法の概念は，論理回路で数を表現し，計算することに応用できる．ここでは二進法と，命題論理の推論を組み合わせることによって，電卓や

4.3 半加算機

計算機の内部でどのように「足し算」が実現されているのかを見てみよう．

二進数の足し算も，原理は十進数の場合と同じである．各桁ごとに足し算を行い，結果が（十進法でいう）2以上になった場合のみ，桁上がりが起こり，次の桁の足し算の結果に加算されるのである．以下は二進数の足し算の例であるが，左は $5 + 6 = 11$，右は $11 + 7 = 18$ の二進表記である．

```
         1 0 1              1 0 1 1
    +)   1 1 0         +)     1 1 1
       ─────────            ─────────
       1 0 1 1              1 0 0 1 0
```

このような計算を行う電子回路はどのようなものだろうか．まず，最初の桁の足し算を行う回路を**半加算機** (half-adder) と呼ぶ．これは，下図中左側の ("HA" と記した) 回路であり，入力として第一の数の一桁目 (X) と，第二の数の一桁目 (Y) を取り，出力としてその桁の値 (S) と桁上がり (C)（あれば1，なければ0）の値を返すことが要求される．

また，入力も出力も値は1か0かのいずれかであるから，入力信号のすべての場合と，それに対応する出力信号の値を考えると，半加算機とは，下図右側のような振る舞いをする回路であるといえる．

X	Y	S	C
1	1	0	1
1	0	1	0
0	1	1	0
0	0	0	0

さて，こうしてみると，回路の振る舞いから得られる入出力信号の表とは，3.2.3項の真偽値表に他ならないことが分かる．その対応は，上の表を以下のように二つの表に分解すれば，なお明確となる．

X	Y	S
1	1	0
1	0	1
0	1	1
0	0	0

X	Y	C
1	1	1
1	0	0
0	1	0
0	0	0

すなわち，左の S の表は，$[\![X]\!] = 1$ かつ $[\![Y]\!] = 0$ のとき，または $[\![X]\!] = 0$ かつ $[\![Y]\!] = 1$ のときに1となる論理式の真偽値表であり，右の C の表は，

$[\![X]\!] = 1$ かつ $[\![Y]\!] = 1$ のときのみ 1 となる論理式の真偽値表である.

ここから一歩進んで，S と C は，それぞれの真偽値表に対応する論理式であると考えることができる．真偽値表から論理式を逆算するために 3.4.1 項での方法を用いれば，選言標準形の論理式が得られる．

$$S \dashv\vdash (X \wedge \neg Y) \vee (\neg X \wedge Y)$$
$$C \dashv\vdash X \wedge Y$$

また，3.4.2 項での方法を用いれば，連言標準形の論理式が得られる．

$$S \dashv\vdash (\neg X \vee \neg Y) \wedge (X \vee Y)$$
$$C \dashv\vdash (\neg X \vee Y) \wedge (X \vee \neg Y) \wedge (X \vee Y)$$

4.4 論理回路

さて，¬ および 3.5.2 項で述べた ↑, ↓ には，それぞれ対応する論理回路が存在することが知られており，それぞれ NOT 回路，NAND 回路，NOR 回路と呼ばれている．これらの論理回路は，回路の中でも特に基本的であるという意味で「論理素子」と呼ばれている．

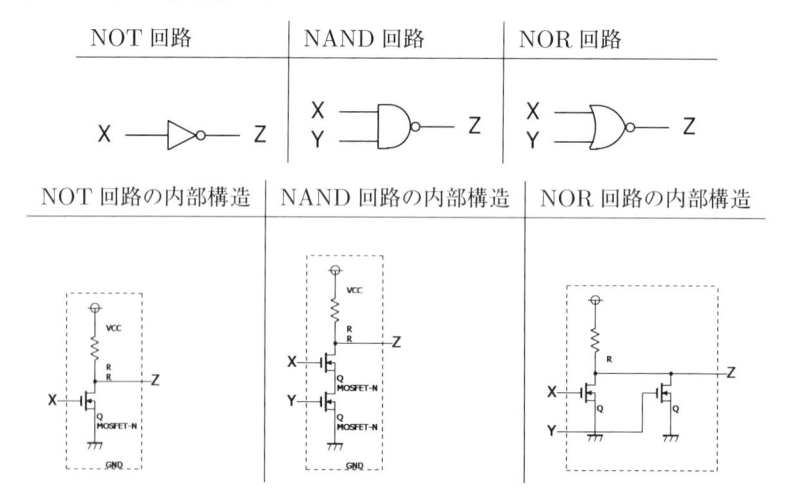

NOT 回路	NAND 回路	NOR 回路
X —▷∘— Z	X,Y —D∘— Z	X,Y —⟩∘— Z
NOT 回路の内部構造	NAND 回路の内部構造	NOR 回路の内部構造

冒頭で述べたように，電子回路の内部では，信号線の電圧によって，二つの状態 H と L が区別されている．上記の回路において，入力 X, Y が H また

4.4 論理回路

は L の値を取ったときの出力 Z の値の取り方は，以下の表のようにまとめることができる．

(1) 論理回路の真偽値表（LH 版）

X	Z
H	L
L	H

X	Y	Z
H	H	L
H	L	H
L	H	H
L	L	H

X	Y	Z
H	H	L
H	L	L
L	H	L
L	L	H

この表において，H を 1, L を 0 に置き換えると，以下の表が得られる．これはそれぞれ $\neg X, X \uparrow Y, X \downarrow Y$ の真偽値表であることが分かる．

(2) 論理回路の真偽値表（01 版）

X	Z
1	0
0	1

X	Y	Z
1	1	0
1	0	1
0	1	1
0	0	1

X	Y	Z
1	1	0
1	0	0
0	1	0
0	0	1

したがって，NAND 回路と NOR 回路の先端にもう一つ NOT 回路を接続すれば，それぞれ AND 回路，OR 回路となるのである．

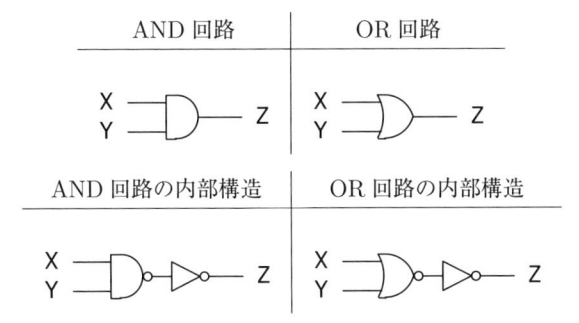

AND 回路	OR 回路
X Y ─▷─ Z	X Y ─▷─ Z
AND 回路の内部構造	OR 回路の内部構造
X Y ─▷─▷─ Z	X Y ─▷─▷─ Z

これで，NOT, AND, OR の三種類の論理素子が揃った．3.5 節の議論により，$\{\neg, \wedge, \vee\}$ は表現的に適格であるから，この三つの論理素子の組み合わせによって一階命題論理のあらゆる論理式が組み立てられることが保証される．さらに，論理式が標準形で表されていれば，その設計は難しくない．たとえ

ば，これらを組み合わせて前節の半加算機を作るには，図 4.1 または図 4.2 のように論理回路を設計すればよい．

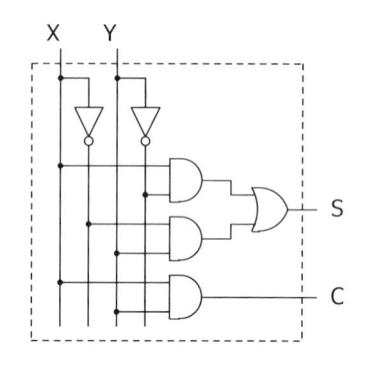

図 4.1 選言標準形から設計した半加算機

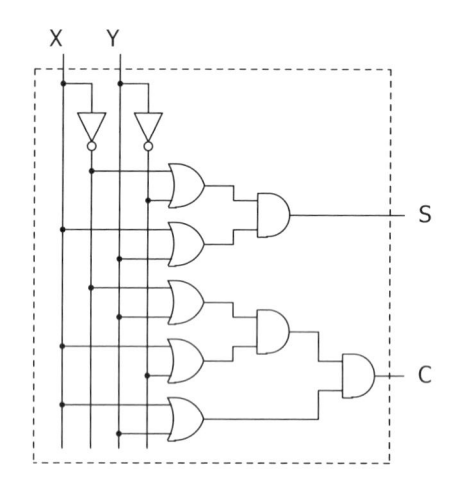

図 4.2 連言標準形から設計した半加算機

実際の回路設計においては，使用する論理素子の数をできるだけ少なくすることが重要になる場合がある．そのために使われる様々な技法[*2]についてはここでは立ち入らないが，たとえば，

$$S \dashv\vdash (X \vee Y) \wedge \neg(X \wedge Y)$$

という同値変形ができれば，以下のように論理素子の数を減らした半加算機を設計することができる．

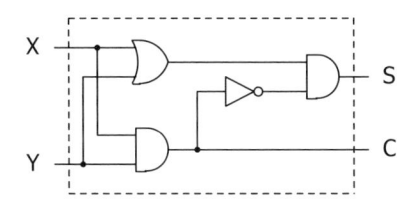

図 4.3 論理素子の数を減らした半加算機

練習問題 4.10 上の同値変形を，一階命題論理の推論を使って証明せよ（ヒント：S の連言標準形と，交換律，ドゥ・モルガンの法則を用いる）．

4.5 全加算機

半加算機の設計と同様の方針によって，一般の位を計算する回路を設計することができる．この回路を**全加算機** (full-adder) と呼ぶ．全加算機では，入力は第一の数に該当する桁 (X)，第二の数に該当する桁 (Y) に加え，一つ下の桁からの桁上がり (C) の三つである．出力は半加算機と同じく，その桁の値 (S) と次の桁への桁上がり (C') の二つである．

入力信号が三つであるから，入力には $2^3 = 8$ 通りの可能性がある．それに対する出力信号の値は，表にすると下図のようになるであろう．

[*2] **カルノー図** (Karnaugh map) を用いる方法，**クワイン＝マクラスキー法** (Quine-McClusky method) などが知られている．

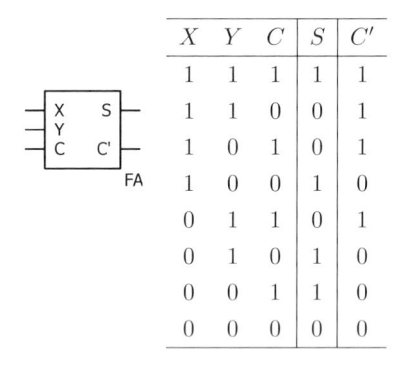

X	Y	C	S	C'
1	1	1	1	1
1	1	0	0	1
1	0	1	0	1
1	0	0	1	0
0	1	1	0	1
0	1	0	1	0
0	0	1	1	0
0	0	0	0	0

これを半加算機の際と同様に真偽値表とみなし，選言標準形を求めると，S と C' はそれぞれ以下のような論理式に相当する．

$S \dashv\vdash (X \wedge Y \wedge C) \vee (X \wedge \neg Y \wedge \neg C) \vee (\neg X \wedge Y \wedge \neg C) \vee (\neg X \wedge \neg Y \wedge C)$
$C' \dashv\vdash (X \wedge Y \wedge C) \vee (X \wedge Y \wedge \neg C) \vee (X \wedge \neg Y \wedge C) \vee (\neg X \wedge Y \wedge C)$

ここから，前節同様に論理素子を組み合わせて回路を設計することができる．また，論理素子の数が少ない回路を設計することもできる．たとえば上の論理式は，以下のように同値変形することができる．

$S \dashv\vdash (((X \wedge \neg Y) \vee (\neg X \wedge Y)) \wedge \neg C) \vee (\neg((X \wedge \neg Y) \vee (\neg X \wedge Y)) \wedge C)$
$C' \dashv\vdash (X \wedge Y) \vee ((X \wedge \neg Y) \vee (\neg X \wedge Y)) \wedge C$

練習問題 4.11 上の同値変形を，命題論理の推論を使って証明せよ．

すると，$(X \wedge \neg Y) \vee (\neg X \wedge Y)$ の部分は半加算機の出力 S であり，$X \wedge Y$ の部分は半加算機の出力 C であるから，全加算機は以下のように，半加算機 2 個と OR 回路から設計できることが分かるのである．

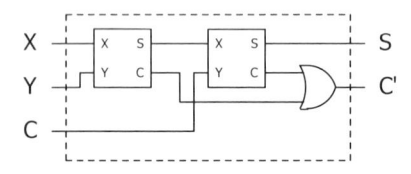

練習問題 4.12 上の回路が全加算機であることを確かめよ．

いまや，二進数の足し算を行うには，全加算機を必要な桁数だけ並べれば良いことになる．最初の桁については，半加算機を使っても良いが，全加算機の

4.5 全加算機

入力 C に 0 を入れてやれば，同じことである．したがって以下のように配線すれば，二進数の足し算をする回路が完成する．

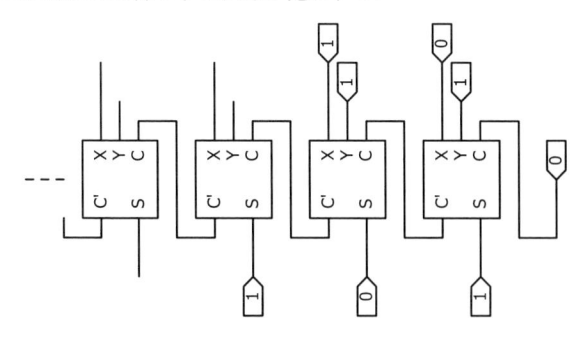

練習問題 4.13 入力が論理式 P, Q, R, 出力が論理式 $\neg(Q \to P) \vee (\neg R \wedge (P \leftrightarrow Q))$ で表される論理回路の回路図を描け．

第5章

一階述語論理：統語論と意味論

　本章で解説する**一階述語論理** (first-order predicate logic) は，一階命題論理を拡張した論理体系である．第3章で述べたように，一階命題論理は「証明を対象とする科学」として，一定の回答を提供しているといえる．しかし，一階命題論理で定式化できる範囲には，以下に述べるような限界があり，我々の用いる推論全体を記述することはできない．それに対して，一階述語論理では，我々が数学の証明において使う証明の大部分に加えて，日常言語における推論についてもかなりの部分を記述することができる．

5.1 一階述語論理とは

　まず，一階命題論理の限界がどこにあるのか，一階述語論理と一階命題論理の違いはどこにあるのかを説明する．

5.1.1 一階命題論理の限界

　一階命題論理の明らかな限界は，命題記号をそれ以上分解できないことにある．たとえば，第2章で扱った証明には，以下のような**三段論法** (syllogism) が含まれている．

大前提	:	奇数の二乗は奇数である．
小前提	:	1 は奇数である．
帰結	:	1 の二乗は奇数である．

　この例では，我々の直観からいえば，大前提と小前提が真であるときは，帰結も必ず真であるように思われる．ところが一階命題論理では，大前提，小前

5.1 一階述語論理とは

提，帰結はいずれも「別々の命題記号」にすぎない．したがって，ここで述べたような大前提・小前提・帰結の間の関係を表すには，一階命題論理の範囲では以下のような形の論理式が真であると仮定する他はない．

> (奇数の二乗は奇数である) ∧ (1 は奇数である) → (1 の二乗は奇数である)

ところが，我々の三段論法に対する直観には，この論理式だけでは得られないような知識が含まれている．先の例では小前提において，無限に存在する自然数の中からたまたま 1 を取り上げただけであり，3 や 5 についても同じことがいえるはずである．すなわち，以下の推論が成り立つ．

大前提 ： 奇数の二乗は奇数である．
小前提 ： 3 は奇数である．
―――――――――――――――
帰結 ： 3 の二乗は奇数である．

大前提 ： 奇数の二乗は奇数である．
小前提 ： 5 は奇数である．
―――――――――――――――
帰結 ： 5 の二乗は奇数である．

したがって，上の各推論について「大前提と小前提が真であるときは，帰結も必ず真である」という関係を表すには，以下の論理式がそれぞれ真であると仮定する他はない．

> (奇数の二乗は奇数である) ∧ (3 は奇数である) → (3 の二乗は奇数である)
> (奇数の二乗は奇数である) ∧ (5 は奇数である) → (5 の二乗は奇数である)

しかし，冒頭の三段論法は 1, 3, 5 に限らず，すべての自然数について成り立つのである．したがって，以下のようにすべての自然数について論理式を述べ，それを連言でつないだものを真であると仮定せざるを得ない．

> ((奇数の二乗は奇数である) ∧ (1 は奇数である) → (1 の二乗は奇数である))
> ∧ ((奇数の二乗は奇数である) ∧ (2 は奇数である) → (2 の二乗は奇数である))
> ∧ ((奇数の二乗は奇数である) ∧ (3 は奇数である) → (3 の二乗は奇数である))
> ∧ ((奇数の二乗は奇数である) ∧ (4 は奇数である) → (4 の二乗は奇数である))
> ∧ ⋯

自然数は無限に存在するのであるから，すべての自然数について上のような形式を述べ，連言でつなぐことによって得られる形式は，無限の長さを持

つことになる．しかし，そのような形式は一階命題論理の論理式ではない（解説 3.13 を参照）．このように，一階命題論理の範囲で，三段論法の背後にある我々の直観を記述する方法は明らかではない．

5.1.2 名前と述語

この問題を解決するには，命題記号の構造をもう一段階分解しなければならないことは明らかである．一階述語論理では，「1 は奇数である」という論理式は，「1」という**名前** (name) と，「～は奇数である」という**述語** (predicate) から構成されていると考える．

「～は奇数である」という述語は，ある数についての性質を述べている述語である．「1 は奇数である」ことを記号化して「奇数 (1)」と表すとすれば，「奇数 (1)」は一階述語論理の論理式であり，かつ真である．

「～は自然数である」などの性質も，同様に述語であると考えることができる．「1 は自然数である」ことを記号化して「自然数 (1)」と表すとすれば，「自然数 (1)」は一階述語論理の論理式であり，かつ真である．

5.1.3 演算子

ここで「～の二乗」「×」のような表現は**演算子** (operator) といい，それぞれ項を各演算子に固有の個数だけ受け取り，それらに応じた値を返す．n 個の項を取る演算子を n **項演算子** (n-place operator) という．たとえば「～の二乗」は一項演算子，「×」は二項演算子である．

5.1.4 変項と量化

数学では未知の量を x, y, z のような変数で表す．一階述語論理でも変数を用いるが，数とは限らないので，一般的に**変項** (variable) と呼ぶ．名前の代わりに変項を用いた論理式 φ から「すべての x について φ である」という論理式を作ることができる．

たとえば 2.4 節の議論において「奇数の二乗は奇数である」という論理式は，正確には「すべての x について，x が奇数ならば，x の二乗は奇数である」と言い換えられると述べた．これは述語「奇数」，変項 x，および二項演算子 "×" を用いれば，「すべての x について 奇数 $(x) \to$ 奇数 $(x \times x)$」と書くことができる．

ここで「すべての x について $\varphi(x)$ である」のような表現を**量化**(quantification) という．一階述語論理では量化表現も記号化し，$\forall x \varphi(x)$ と書く．これを**全称量化**(universal quantification) という．先の論理式は，全称量化を用いて以下のように記号化される．

$$\forall x(奇数\,(x) \rightarrow 奇数\,(x \times x))$$

もう一つの量化表現は，「$\varphi(x)$ であるような x が (少なくとも一つは) 存在する」というものであり，$\exists x \varphi(x)$ と記号化される．これを**存在量化**(existential quantification) という．たとえば，「自然数には奇数が (少なくとも一つは) 存在する」という論理式は，存在量化を用いて以下のように記号化される．

$$\exists x(自然数\,(x) \wedge 奇数\,(x))$$

5.1.5 一階述語論理における三段論法

一階述語論理の意味論では，任意の名前 a について，次の推論が妥当であることが保証される．

$$\forall x(\varphi(x)) \implies \varphi(a)$$

したがって，いま「奇数の二乗は奇数である」，すなわち $\forall x(奇数\,(x) \rightarrow 奇数\,(x \times x))$ という論理式が真であるならば，以下の論理式はいずれも真となる．

$$奇数\,(1) \rightarrow 奇数\,(1 \times 1)$$
$$奇数\,(3) \rightarrow 奇数\,(3 \times 3)$$
$$奇数\,(5) \rightarrow 奇数\,(5 \times 5)$$
$$\cdots$$

したがって，$1, 3, 5$ がいずれも奇数である場合，すなわち「奇数 (1)」「奇数 (3)」「奇数 (5)」がいずれも真である場合は，「奇数 (1×1)」「奇数 (3×3)」「奇数 (5×5)」もいずれも真となる．

この推論は，任意の数について成り立つことに注意する．このように，一階述語論理では，5.1.1 項で述べた一階命題論理の限界が解消されており，それは命題記号を名前と述語に分解し，また変項と量化によって拡張することに

よってなされる[*1].

5.2 統語論

一階述語論理の記号は，一階命題論理にはない記号を含んでおり，統語論も一階命題論理にはない構文を含んでいる．また意味論についても，統語論の拡張に応じて，一階命題論理のそれとは異なる解釈を考えなければならない．本節では，一階述語論理の統語論・意味論・推論について，第3章において一階命題論理を導入したのとほぼ同じ方法論に則って述べてゆく．

5.2.1 記号

一階述語論理において用いることのできる記号は以下の通りである．

定義 5.1 （一階述語論理の記号）
名前 ： $a, b, c, \ldots$
変項 ： $x, y, z, u, v, w, \ldots$
n 項演算子 ： $f, g, h, \ldots$
n 項述語 ： $F, G, H, \ldots$
零項真理関数 ： true, false
一項真理関数 ： $\neg$
二項真理関数 ： $\land, \lor, \rightarrow, \leftrightarrow$
量化子 ： $\forall, \exists$

解説 5.2 これらの記号の集合が与えられると，一階述語論理のある言語が次節の規則にしたがって確定する．したがって，一階述語論理の言語は，記号の集合の数だけ存在する．

一階命題論理同様，真理関数として定義 5.1 に挙げたもの以外を用いることもできる．また，名前，変項，述語に別のアルファベットの集合を用いること

[*1] 「x が自然数である」という論理式は，解説 1.8 で述べたように，数学では一般に $x \in \mathbb{N}$ と書く．$\in$ は二項述語であり，$x \in y$ は x が y の要素であることを表している．しかし，一階述語論理の範疇では，「集合」という概念を定義することはできず，したがって述語が集合を取ることはできない．$x \in \mathbb{N}$ という記法については**素朴集合論** (naïve set theory) もしくは公理的集合論の教科書を参照されたい．

もできる．さらに名前を用いずに変項のみを用いる場合もある．

解説 5.3 定義 5.1 には，定義 3.5 には存在した「命題記号」が存在しないことに注意する．また，名前・変項・演算子・述語・量化子は（前節で述べたように）一階命題論理にはなかった記号である．真理関数については，定義 3.5 の真理関数と同じものであると考えて差し支えない．

解説 5.4 n 項述語として $F, G, H, \ldots$ の記号を用いるが，実際の証明ではこれらの記号ではなく，実際の述語名が用いられる．項数は，暗黙に指定されていれば，特に記さない．たとえば「〜は〜より大きい」「〜と〜は等しい」などは二項述語であり，「〜は〜で割ると〜余る」等は三項述語である，といった具合にである．

しかしながら，一階述語論理では，そのような具体的な述語の内部（「〜は〜より大きい」とはそもそもどういうことか，など）には踏み込まないため，述語の具体的な文面は捨象してしまうのである．述語名を単なる記号として扱ってしまった方が，述語が関わる論理式と推論を普遍的な形で取り扱うことができるためである．この事情は，解説 3.4 で述べたことと完全に並行しており，その意味では $F, G, H, \ldots$ といった記号は，一階命題論理において命題記号が果たしていた役割を担っているといえる．

5.2.2 論理式の集合

n 項述語に n 個組として与えられるのは，**項** (term) と呼ばれる形式である．

定義 5.5（一階述語論理の項） 一階述語論理の記号が与えられたとき，項の集合は以下の規則によって定義される．

1) α が名前ならば，α は項である．
2) ξ が変項ならば，ξ は項である．
3) o が n 項演算子であり，$\tau_1, \ldots, \tau_n$ が項ならば，$o(\tau_1, \ldots, \tau_n)$ は項である．
4) 1)-3) 以外は項ではない．

二項演算子については，中置記法を用いる場合がある．

例 5.6 $\quad \tau_1 + \tau_2 \stackrel{def}{\equiv} +(\tau_1, \tau_2) \qquad \tau_1 \times \tau_2 \stackrel{def}{\equiv} \times(\tau_1, \tau_2)$

解説 5.7 各項は定義 5.5 の規則を有限回適用して生成されるものとするが，（記号のなかに）演算子，および名前または変項が少なくとも一つ以上存在する場合，項は無限個存在する．

たとえば 0 を名前，s を一項演算子とすると，$0, s(0), s(s(0)), \ldots$ はすべて項であるが，任意の自然数 $0 \ (1 \leq n)$ について，s が 0 の前に n 個以上並ぶ項が存在する．

一階述語論理における論理式の集合は，与えられた記号から，以下のように定義される．

定義 5.8（一階述語論理の論理式） 一階述語論理の記号が与えられたとき，論理式の集合は以下の規則によって定義される．

1) θ が n 項述語であり，$\tau_1, \ldots, \tau_n$ が項ならば，$\theta(\tau_1, \ldots, \tau_n)$ は論理式である．
2) ρ が n 項真理関数であり，$\varphi_1, \ldots, \varphi_n$ が論理式ならば，$\rho(\varphi_1, \ldots, \varphi_n)$ は論理式である．
3) ξ が変項であり，φ が論理式ならば，$\forall \xi \varphi, \exists \xi \varphi$ は論理式である．
4) 1)-3) 以外は一階述語論理の論理式ではない．

解説 5.9 1) の形の論理式を**基本述語** (atomic predicate)，2) の形の論理式を（定義 3.7 と同様）複合論理式，3) の形の論理式を**量化論理式** (quantified proposition) と呼ぶ．特に，$\forall \xi \varphi$ を全称量化論理式，$\exists \xi \varphi$ を存在量化論理式，と呼ぶ．

例 5.10 以下は一階述語論理の論理式の例である．

$F(a, x)$ $\qquad\qquad\qquad\qquad$ $\exists x \forall y F(y, x) \land \forall x \exists z F(z, y)$
$\forall x F(f(a), x) \to F(f(a), x)$ $\qquad$ $\forall x (F(a, b) \land G(a) \to \exists x (F(x, b) \land G(f(x))))$
$\forall x (F(g(a, x)) \to \exists x F(g(a, x)))$ $\quad$ $\forall x (F(a, b) \land G(f(a)) \to (\exists x F(x, b)) \land G(x))$
$\forall x (\exists y F(y, y) \to F(x, y))$ $\qquad\quad$ $\exists z F(x, g(a, y, z))$

5.2.3 一階述語論理による論理式の記号化

さて，数学的な論理式が，どのように一階述語論理の論理式として記号化されるかについて，いくつかの例を示しておこう．

> **例 5.11** 自然数に最大数は存在しない．

「x が自然数である」ことを $F(x)$，「x が最大数である」ことを $G(x)$ と表すとすれば，上の論理式は

$$\neg \exists x (F(x) \land G(x))$$

と書くことができる^{*2}．しかし，この書き方は「最大数である」ことの内容に踏み込んでいない．

$x \leq y$ は，順序関係を表すのに用いられる式である（定義 1.62 参照）が，$\leq$ を二項述語として定義し，かつ $x \leq y \overset{def}{\equiv} \leq(x,y)$ とすれば，「x が（自然数において）最大数である」ことは，

$$\forall y (F(y) \to (y \leq x))$$

と表すことができる．したがって，上の例は以下のように表すことができる．

$$\neg \exists x (F(x) \land \forall y (F(y) \to (y \leq x)))$$

> **例 5.12** 3 は素数である．

x が素数であることを $F(x)$ と書くならば，上の例は $F(3)$ であるが，「x は素数である」ということは，「x は 1 ではない自然数であり，かつすべての y について，$y = 1$ または $y = x$ であるとき，またそのときのみ，x は y で割り切れる」ということである．この部分は，$=$ を二項述語であると捉え，かつ「x が y で割り切れる」ことを $H(x,y)$ と書くとすれば，以下のように記号化することができる．

$$x \in \mathbb{N} \land \neg (x = 1) \land \forall y (y \in \mathbb{N} \land H(x,y) \to ((y = 1) \lor (y = x)))$$

しかし，「x が y で割り切れる」とは，「$y \times a = x$ となる自然数 a が存在する」ということであるから，$\times$ が二項演算子であるとすれば，$H(x,y)$ はさらに以下のように分解することができる．

$$\exists a ((a \in \mathbb{N}) \land (y \times a = x))$$

---

^{*2} $\forall x (F(x) \to \neg G(x))$ でも同じである．

したがって，上の例は以下のように表すことができる．
$3 \in \mathbb{N} \land \neg (3 = 1) \land \forall y (y \in \mathbb{N} \land \exists a((a \in \mathbb{N}) \land (y \times a = 3)) \to ((y = 1) \lor (y = 3)))$

> **例 5.13** $\lim_{n \to \infty} \{a_n\} = \alpha$

数列の極限の定義は以下の通りである．

> **定義 5.14** （数列の極限）　任意の $\epsilon \in \mathbb{R}^+$ について，
> $$n > n_0 \quad \text{ならば} \quad |\alpha - a_n| < \epsilon$$
> を満たす $n_0 \in \mathbb{N}$ が存在するとき，数列 $(a_n)_{n \in \mathbb{N}}$ は α に収束するといい，以下のように書く．
> $$\lim_{n \to \infty} a_n = \alpha$$

したがって，上の例は正確には以下のように表される．
$$\forall \epsilon (((\epsilon \in \mathbb{R}^+) \to \exists n_0 ((n_0 \in \mathbb{N}) \land \forall n ((n > n_0) \to |\alpha - a_n| < \epsilon)))$$

練習問題 5.15 以下の論理式を，一階述語論理の論理式として表せ．

1. どの自然数にも，それより大きな自然数が存在する．
2. p が素数ならば，任意の n について，p は $n^p - p$ の約数である．
3. 数列 $(a_n)_{n \in \mathbb{N}}$ は発散する．

5.2.4 自由変項

一階述語論理の論理式に現れる変項は，二つに分けられる．一つは，対応する量化子を持たない変項であり，**自由変項** (free variable) と呼ぶ．もう一つは，対応する量化子を持つ変項であり，**束縛変項** (bound variable) と呼ぶ．

項 τ における自由変項の集合は $fv(\tau)$，束縛変項の集合は $bv(\tau)$ と記すものとし，それぞれ以下のように再帰的に定義される．なお，α は名前，ξ は変項，o は n 項演算子，$\tau_1, \ldots, \tau_n$ は項とする．

5.2 統語論

定義 5.16(項における自由変項)

$$fv(\alpha) \stackrel{def}{\equiv} \{\,\}$$
$$fv(\xi) \stackrel{def}{\equiv} \{\xi\}$$
$$fv(o(\tau_1,\ldots,\tau_n)) \stackrel{def}{\equiv} fv(\tau_1) \cup \cdots \cup fv(\tau_n)$$

定義 5.17(項における束縛変項)

$$bv(\alpha) \stackrel{def}{\equiv} \{\,\}$$
$$bv(\xi) \stackrel{def}{\equiv} \{\,\}$$
$$bv(o(\tau_1,\ldots,\tau_n)) \stackrel{def}{\equiv} \{\,\}$$

論理式 φ における自由変項の集合は $fv(\varphi)$、束縛変項の集合は $bv(\varphi)$ と記すものとし、それぞれ以下のように再帰的に定義される。なお、θ は n 項述語、ρ は n 項真理関数、$\tau_1,\ldots,\tau_n$ は項、$\varphi,\varphi_1,\ldots,\varphi_n$ は論理式とする。

定義 5.18(論理式における自由変項)

$$fv(\theta(\tau_1,\ldots,\tau_n)) \stackrel{def}{\equiv} fv(\tau_1) \cup \cdots \cup fv(\tau_n)$$
$$fv(\rho(\varphi_1,\ldots,\varphi_n)) \stackrel{def}{\equiv} fv(\varphi_1) \cup \cdots \cup fv(\varphi_n)$$
$$fv(\forall \xi \varphi) \stackrel{def}{\equiv} fv(\varphi) - \{\xi\}$$
$$fv(\exists \xi \varphi) \stackrel{def}{\equiv} fv(\varphi) - \{\xi\}$$

定義 5.19(論理式における束縛変項)

$$bv(\theta(\tau_1,\ldots,\tau_n)) \stackrel{def}{\equiv} \{\,\}$$
$$bv(\rho(\varphi_1,\ldots,\varphi_n)) \stackrel{def}{\equiv} bv(\varphi_1) \cup \cdots \cup bv(\varphi_n)$$
$$bv(\forall \xi \varphi) \stackrel{def}{\equiv} bv(\varphi) \cup \{\xi\}$$
$$bv(\exists \xi \varphi) \stackrel{def}{\equiv} bv(\varphi) \cup \{\xi\}$$

なお、$fv(\varphi) = \{\,\}$ であるような論理式 φ を、**閉じた論理式** (closed formula) という。

練習問題 5.20 次の各論理式の自由変項と束縛変項を計算せよ．

$$F(x, a, f(x))$$
$$\exists x \forall y F(y, x) \land \forall x \exists z F(z, y)$$
$$\forall x (F(a, x) \to F(a, s(x)))$$
$$(\forall x F(a, x)) \to F(a, g(x, y))$$
$$\forall x (F(x, b) \land G(g(a)) \to \exists x (F(x, b) \land G(g(x))))$$

解説 5.21 論理式の列 Γ における自由変項 $fv(\Gamma)$ と束縛変項 $bv(\Gamma)$ は，$\Gamma \equiv \varphi_1, \ldots, \varphi_n$ とすると，以下のように定義される．

$$fv(\Gamma) \stackrel{def}{\equiv} fv(\varphi_1) \cup \cdots \cup fv(\varphi_n)$$
$$bv(\Gamma) \stackrel{def}{\equiv} bv(\varphi_1) \cup \cdots \cup bv(\varphi_n)$$

5.2.5 項の代入

変項に関する重要な操作は，変項への他の項の**代入** (substitution) である．代入操作は「項における代入」の規則と「論理式における代入」の規則によって定義される．

定義 5.22（項における代入） α は名前，$\tau, \tau_1, \ldots, \tau_n$ は項，ξ, ζ は変項（ただし $\xi \not\equiv \zeta$），o は n 項演算子とする．

名前:	$\alpha[\tau/\xi]$	$\stackrel{def}{\equiv}$	α
変項:	$\xi[\tau/\xi]$	$\stackrel{def}{\equiv}$	τ
	$\zeta[\tau/\xi]$	$\stackrel{def}{\equiv}$	ζ
演算子:	$o(\tau_1, \ldots, \tau_n)[\tau/\xi]$	$\stackrel{def}{\equiv}$	$o(\tau_1[\tau/\xi], \ldots, \tau_n[\tau/\xi])$

$\sigma[\tau/\xi]$ は，項 σ に現れる変項 ξ に項 τ を代入した結果得られる項である．定義 5.22 は，ξ 以外の箇所は代入の影響を受けず，ξ は τ に置き換えられることを示している．

論理式における代入の規則では，基本述語と複合論理式における項の代入は，項における項の代入とほぼ同じ考え方である．一方，量化論理式の扱いについては注意が必要である．以下の定義では，$\forall \xi \varphi$ もしくは $\exists \xi \varphi$ という構文に対して，変項 ξ を項で置き換えようという操作が φ の内部に及ばないよう

になっている．

定義 5.23（論理式における代入） τ は項，ξ, ζ は変項（ただし $\xi \not\equiv \zeta$），θ は n 項述語，ρ は n 項真理関数，$\varphi, \varphi_1, \ldots, \varphi_n$ は論理式とする．

基本述語： $\theta(\tau_1, \ldots, \tau_n)[\tau/\xi] \stackrel{def}{\equiv} \theta(\tau_1[\tau/\xi], \ldots, \tau_n[\tau/\xi])$

複合論理式： $\rho(\varphi_1, \ldots, \varphi_n)[\tau/\xi] \stackrel{def}{\equiv} \rho(\varphi_1[\tau/\xi], \ldots, \varphi_n[\tau/\xi])$

全称量化論理式：
1) $(\forall \xi \varphi)[\tau/\xi] \stackrel{def}{\equiv} \forall \xi \varphi$
2) $\xi \notin fv(\varphi)$ または $\zeta \notin fv(\tau)$ のとき
$(\forall \zeta \varphi)[\tau/\xi] \stackrel{def}{\equiv} \forall \zeta (\varphi[\tau/\xi])$

存在量化論理式：
1) $(\exists \xi \varphi)[\tau/\xi] \stackrel{def}{\equiv} \exists \xi \varphi$
2) $\xi \notin fv(\varphi)$ または $\zeta \notin fv(\tau)$ のとき
$(\exists \zeta \varphi)[\tau/\xi] \stackrel{def}{\equiv} \exists \zeta (\varphi[\tau/\xi])$

解説 5.24 全称量化論理式と存在量化論理式に対する代入の定義は，それぞれ二つに場合分けされているが，この場合分けは網羅的ではない．つまり，$\xi \in fv(\varphi)$ かつ $\zeta \in fv(\tau)$ である場合は，代入を行うことができない．この事態を避けるために，以下の定義によって，量化論理式の束縛変項を，上の条件に抵触しない他の変項に入れ替えることができるようにしておく[*3]．

定義 5.25（量化論理式における変項の入れ替え） 任意の論理式 φ と任意の変項 ξ, ζ（ただし $\zeta \notin fv(\varphi)$）について，以下の構文的同値関係が成り立つ．

$\forall \xi \varphi \equiv \forall \zeta (\varphi[\zeta/\xi])$ $\exists \xi \varphi \equiv \exists \zeta (\varphi[\zeta/\xi])$

解説 5.26 $(\forall \zeta \varphi)[\tau/\xi]$ という代入において，$\xi \in fv(\varphi)$ かつ $\zeta \in fv(\tau)$ の場合は，量化論理式への代入は以下のように定義される．ここで変項 υ は，

[*3] 変項 ζ は，条件 $\zeta \notin fv(\varphi)$ を満たす限りにおいて任意に選ぶことができるが，ζ としてどの変項を選んでも意味論的には変わらないことが，後に述べる「α 同値性」（補題 5.87）によって保証されている．

$v \notin fv(\varphi) \cup fv(\tau)$ を満たすものを選ぶ[*4].

$$\begin{aligned}(\forall \zeta \varphi)[\tau/\xi] &\equiv (\forall v(\varphi[v/\zeta]))[\tau/\xi] &&(\text{定義 5.25 と } v \notin fv(\varphi) \text{ より}) \\ &\equiv \forall v(\varphi[v/\zeta][\tau/\xi]) &&(\text{定義 5.23 と } v \notin fv(\tau) \text{ より})\end{aligned}$$

$(\exists \zeta \varphi)[\tau/\xi]$ の場合も同様である.

$$\begin{aligned}(\exists \zeta \varphi)[\tau/\xi] &\equiv (\exists v(\varphi[v/\zeta]))[\tau/\xi] &&(\text{定義 5.25 と } v \notin fv(\varphi) \text{ より}) \\ &\equiv \exists v(\varphi[v/\zeta][\tau/\xi]) &&(\text{定義 5.23 と } v \notin fv(\tau) \text{ より})\end{aligned}$$

練習問題 5.27 以下の論理式における代入を計算せよ.

$(\forall x(F(f(x),y)))[y/x]$ $(\forall y(F(f(x),y)))[z/x]$
$(\forall x(F(f(y),z)))[y/x]$ $(\forall y(F(f(y),z)))[y/x]$
$(\forall y(F(f(y),z)))[z/x]$ $(\forall y(F(f(x),y)))[y/x]$

解説 5.28 変項への代入は,自由変項の概念を用いて

$$\varphi[\tau/\xi] \stackrel{def}{\equiv} \varphi \text{ の中の自由変項 } \xi \text{ を項 } \tau \text{ で置き換えたもの}$$

と定義することもできる.また逆に,自由変項の定義を,変項への代入を用いて

$$fv(\varphi) \stackrel{def}{\equiv} \{\xi \mid \varphi[\alpha/\xi] \text{ において名前 } \alpha \text{ に置き換わる } \xi\}$$

とすることもできる.しかし,いずれも定義としては厳密さを欠いており,本書では定義 5.18 と定義 5.22 を用いるものとする.

5.2.6 部分項と部分論理式

項 τ の**部分項** (subterm) の集合は $Sub(\tau)$ と記すものとし,以下のように再帰的に定義される.なお,α は名前,ξ は変項,o は n 項演算子,$\tau_1, \ldots, \tau_n$ は項とする.

[*4] この条件を満たすためには,変項 v は,必然的に ξ とも ζ とも異なるものを選ばなければならない.もし $v \equiv \xi$ ならば $\xi \in fv(\varphi)$ と $v \notin fv(\varphi)$ が両立せず,もし $v \equiv \zeta$ ならば $\zeta \in fv(\tau)$ と $v \notin fv(\tau)$ が両立しないからである.

定義 5.29 （一階述語論理における部分項）

$$Sub(\alpha) \stackrel{def}{\equiv} \{\alpha\}$$
$$Sub(\xi) \stackrel{def}{\equiv} \{\xi\}$$
$$Sub(o(\tau_1, \ldots, \tau_n)) \stackrel{def}{\equiv} Sub(\tau_1) \cup \cdots \cup Sub(\tau_n)$$

練習問題 5.30 $1, 2$ は名前，x は変項，$+, \times$ は二項演算子とする．項 $(1 + 2) \times (x + (1 \times 2))$ の部分項を列挙せよ．

一階述語論理における論理式 φ の部分論理式の集合 $Sub(\varphi)$ は，定義 3.9 同様，以下のように再帰的に定義される．

定義 5.31 （一階述語論理における部分論理式）

$$Sub(\theta(\tau_1, \ldots, \tau_n)) \stackrel{def}{\equiv} \{\theta(\tau_1, \ldots, \tau_n)\}$$
$$Sub(\rho(\varphi_1, \ldots, \varphi_n)) \stackrel{def}{\equiv} \{\rho(\varphi_1, \ldots, \varphi_n)\} \cup Sub(\varphi_1) \cup \cdots \cup Sub(\varphi_n)$$
$$Sub(\forall \xi \varphi) \stackrel{def}{\equiv} \{\forall \xi \varphi\} \cup \bigcup_{\tau \text{ は任意の項}} Sub(\varphi[\tau/\xi])$$
$$Sub(\exists \xi \varphi) \stackrel{def}{\equiv} \{\exists \xi \varphi\} \cup \bigcup_{\tau \text{ は任意の項}} Sub(\varphi[\tau/\xi])$$

また，一階命題論理同様，論理式 φ の真部分論理式の集合は，$Sub(\varphi) - \{\varphi\}$ と定義する．

5.2.7 ゲーデル数

一階述語論理の各記号 s に，以下のように自然数 $f(s)$ を対応させる写像を考える．ただし，a_i, x_i, f_i, P_i は，それぞれ i 番目（$1 \leq i$ とする）の名前，変項，演算子，述語とする．

$$f \stackrel{def}{\equiv} \begin{bmatrix} (& \mapsto & 1 & \land & \mapsto & 7 & a_i & \mapsto & 9+4i \\ ) & \mapsto & 2 & \lor & \mapsto & 8 & x_i & \mapsto & 10+4i \\ , & \mapsto & 3 & \to & \mapsto & 9 & f_i & \mapsto & 11+4i \\ \text{true} & \mapsto & 4 & \leftrightarrow & \mapsto & 10 & P_i & \mapsto & 12+4i \\ \text{false} & \mapsto & 5 & \forall & \mapsto & 11 & & & \\ \neg & \mapsto & 6 & \exists & \mapsto & 12 & & & \end{bmatrix}$$

第 5 章　一階述語論理：統語論と意味論

$Pr(n)$ を n 番目の素数とする．記号列 $s_1\ldots s_n$ に，以下のように自然数 $g(s_1\ldots s_n)$ を対応させる写像 g を考える．

$$g \stackrel{def}{\equiv} \begin{bmatrix} s_1\ldots s_n & \longmapsto & Pr(1)^{f(s_1)} \times \cdots \times Pr(n)^{f(s_n)} \end{bmatrix}$$

この写像 g によって，各々の項と論理式に，それぞれ別の自然数が対応する．

練習問題 5.32 g が単射であることを証明せよ（ヒント：1 以外の自然数はすべて素数の積として一意的に表される*5）．

$g(s)$ を s の**ゲーデル数** (Gödel number)，g を**ゲーデル数付け** (Gödel numbering) と呼ぶ．

したがって，（ある記号 $\mathcal{A}$ のもとでの）一階述語論理の項と論理式を合わせた個数は，（たとえ名前や変項の集合が可算無限であったとしても）せいぜい自然数と対応する個数に収まることが分かる．

5.2.8　項・論理式に関する帰納法

本節の内容は，後の章での証明において重要な役割を果たすが，初学者は飛ばして 5.3 節に進んでもかまわない．

一階述語論理の性質に関わる定理の証明には，「深さ」に関する帰納法がしばしば用いられる．一階述語論理の項および論理式の「深さ」とは，それぞれ以下のように定義される概念である．

定義 5.33　（項の深さ）　項 τ の深さ $d(\tau)$（自然数とする）は，以下の規則によって再帰的に定義される．

名前：	$d(\alpha)$	$\stackrel{def}{\equiv}\ 1$
変項：	$d(\xi)$	$\stackrel{def}{\equiv}\ 1$
演算子：	$d(o(\tau_1,\ldots,\tau_n))$	$\stackrel{def}{\equiv}\ \max(d(\tau_1),\ldots,d(\tau_n))+1$

---

*5 この性質は「数論の基本定理」と呼ばれており，ユークリッドの『ストイケイア』においても述べられている．

> **定義 5.34**（論理式の深さ） 論理式 φ の深さ $d(\varphi)$（自然数とする）は，以下の規則によって再帰的に定義される．
> **基本述語**: $\qquad d(\theta(\tau_1, \ldots, \tau_n)) \stackrel{def}{\equiv} 1$
> **複合論理式**: $\quad d(\rho(\varphi_1, \ldots, \varphi_n)) \stackrel{def}{\equiv} \max(d(\varphi_1), \ldots, d(\varphi_n)) + 1$
> **量化論理式**: $\qquad d(\forall \xi \varphi) \stackrel{def}{\equiv} d(\varphi) + 1$
> $\qquad\qquad\qquad\qquad d(\exists \xi \varphi) \stackrel{def}{\equiv} d(\varphi) + 1$

ただし以下の証明では，次の補題 5.35 を断りなく用いることがある．

> **補題 5.35** 任意の論理式 φ，変項 ξ，項 τ について，φ と $\varphi[\tau/\xi]$ の深さは同じである．

練習問題 5.36 補題 5.35 を，φ の構文に関する帰納法で証明せよ．

以下，深さに関する帰納法を用いた証明の例をいくつか示す．

> **補題 5.37** 任意の変項 ξ，項 τ, σ について以下が成り立つ．
> $$\xi \notin fv(\sigma[\tau/\xi]) \quad (\text{ただし } \xi \notin fv(\tau))$$

証明．項 σ の深さ d に関する帰納法で証明する．
$d=1$ の場合：
⊞ σ が名前 α の場合：$fv(\alpha[\tau/\xi]) = fv(\alpha) = \{\}$ であるから，$\xi \notin fv(\alpha[\tau/\xi])$ である．
⊞ σ が変項 ξ の場合：$fv(\xi[\tau/\xi]) = fv(\tau)$ であるから，$\xi \notin fv(\tau)$ より $\xi \notin fv(\xi[\tau/\xi])$ である．
⊞ σ が変項 ζ $(\zeta \not\equiv \xi)$ の場合：$fv(\zeta[\tau/\xi]) = fv(\zeta) = \{\zeta\}$ であるから，$\zeta \not\equiv \xi$ より $\xi \notin fv(\zeta[\tau/\xi])$ である．
$1 < d$ の場合：深さ d 未満の項 σ については，任意の変項 ξ，項 τ について以下が成り立つと仮定する（帰納法の仮説：IH）．
$$\xi \notin fv(\sigma[\tau/\xi]) \quad (\text{ただし } \xi \notin fv(\tau))$$

深さ d の項 σ については，$1 < d$ より σ は $o(\sigma_1, \ldots, \sigma_n)$ という形式であり，

$$fv(o(\sigma_1,\ldots,\sigma_n)[\tau/\xi]) = fv(o(\sigma_1[\tau/\xi],\ldots,\sigma_n[\tau/\xi]))$$
$$= fv(\sigma_1[\tau/\xi]) \cup \cdots \cup fv(\sigma_n[\tau/\xi])$$

が成り立つ.各 σ_i の深さは高々 $d-1$ であり,$\xi \notin fv(\tau)$ であるから,IH より $\xi \notin fv(\sigma_i[\tau/\xi])$ である.したがって,$\xi \notin fv(\sigma_1[\tau/\xi]) \cup \cdots \cup fv(\sigma_n[\tau/\xi])$ であるから,$\xi \notin fv(o(\sigma_1,\ldots,\sigma_n)[\tau/\xi])$ である. □

定理 5.38 任意の変項 ξ,項 τ,論理式 φ について以下が成り立つ.
$$\xi \notin fv(\varphi[\tau/\xi]) \quad (ただし \xi \notin fv(\tau))$$

証明.論理式 φ の深さ d に関する帰納法で証明する.

<u>$d=1$ の場合</u>:φ は基本述語であるから,これを $\theta(\tau_1,\ldots,\tau_n)$ とすると,

$$fv(\theta(\tau_1,\ldots,\tau_n)[\tau/\xi]) = fv(\theta(\tau_1[\tau/\xi],\ldots,\tau_n[\tau/\xi]))$$
$$= fv(\tau_1[\tau/\xi]) \cup \cdots \cup fv(\tau_n[\tau/\xi])$$

仮定より $\xi \notin fv(\tau)$ であるから,補題 5.37 より,$1 \leq i \leq n$ について $\xi \notin fv(\tau_i[\tau/\xi])$ である.したがって $\xi \notin fv(\tau_1[\tau/\xi]) \cup \cdots \cup fv(\tau_n[\tau/\xi])$ であるから,$\xi \notin fv(\theta(\tau_1,\ldots,\tau_n)[\tau/\xi])$ である.

<u>$1 < d$ の場合</u>:深さ d 未満の論理式 φ については,任意の変項 ξ,項 τ について,$\xi \notin fv(\tau)$ ならば,$\xi \notin fv(\varphi[\tau/\xi])$ が成り立つと仮定する(帰納法の仮説:IH).

深さ d の論理式 φ の形式によって場合分けを行う.

⊞ <u>複合論理式 $\rho(\varphi_1,\ldots,\varphi_n)$ の場合</u>:

$$fv(\rho(\varphi_1,\ldots,\varphi_n)[\tau/\xi]) = fv(\rho(\varphi_1[\tau/\xi],\ldots,\varphi_n[\tau/\xi]))$$
$$= fv(\varphi_1[\tau/\xi]) \cup \cdots \cup fv(\varphi_n[\tau/\xi])$$

各 $\varphi_i[\tau/\xi]$ の深さは高々 $d-1$ であり,$\xi \notin fv(\tau)$ であるから,IH より,$1 \leq i \leq n$ について $\xi \notin fv(\varphi_i[\tau/\xi])$ である.したがって,$\xi \notin fv(\varphi_1[\tau/\xi]) \cup \cdots \cup fv(\varphi_n[\tau/\xi])$ であるから,$\xi \notin fv(\rho(\varphi_1,\ldots,\varphi_n)[\tau/\xi])$ である.

⊞ <u>全称量化論理式 $\forall \xi \psi$ の場合</u>:

$$fv((\forall \xi \psi)[\tau/\xi]) = fv(\forall \xi \psi)$$
$$= fv(\psi) - \{\xi\}$$

5.2 統語論

明らかに $\xi \notin fv(\psi) - \{\xi\}$ が成立するので，$\xi \notin fv((\forall \xi \psi)[\tau/\xi])$ である．
⊞ 全称量化論理式 $\forall \zeta \psi$ の場合：
　⊟ $\xi \notin fv(\psi)$ または $\zeta \notin fv(\tau)$ の場合：

$$fv((\forall \zeta \psi)[\tau/\xi]) = fv(\forall \zeta(\psi[\tau/\xi])) \\ = fv(\psi[\tau/\xi]) - \{\zeta\}$$

$\xi \notin fv(\tau)$ であるから，IH により $\xi \notin fv(\psi[\tau/\xi])$ である．したがって $\xi \notin fv(\psi[\tau/\xi]) - \{\zeta\}$ も成立するので，$\xi \notin fv((\forall \zeta \psi)[\tau/\xi])$ である．
　⊟ $\xi \in fv(\psi)$ かつ $\zeta \in fv(\tau)$ の場合：$v \notin fv(\psi) \cup fv(\tau)$ を満たす変項 v について，以下が成り立つ．

$$\begin{aligned} fv((\forall \zeta \psi)[\tau/\xi]) &= fv(\forall v(\psi[v/\zeta])[\tau/\xi]) \\ &= fv(\forall v(\psi[v/\zeta][\tau/\xi])) \quad (v \notin fv(\tau) \text{ より}) \\ &= fv(\psi[v/\zeta][\tau/\xi]) - \{v\} \end{aligned}$$

$\xi \notin fv(\tau)$ であるから，IH により $\xi \notin fv(\psi[v/\zeta][\tau/\xi])$ である．したがって $\xi \notin fv((\forall \zeta \psi)[\tau/\xi])$ も成立する．
⊞ 存在量化論理式の場合：練習問題 5.39 とする． □

練習問題 5.39 定理 5.38 の証明を補完せよ．

練習問題 5.40 任意の変項 ξ，項 τ, σ について以下が成り立つことを証明せよ．

$$fv(\sigma[\tau/\xi]) = \begin{cases} (fv(\sigma) - \{\xi\}) \cup fv(\tau) & (\xi \in fv(\sigma) \text{ のとき}) \\ fv(\sigma) & (\xi \notin fv(\sigma) \text{ のとき}) \end{cases}$$

練習問題 5.41 任意の論理式 φ，変項 ξ，項 τ について以下が成り立つことを，練習問題 5.40 の結果を用いて証明せよ．

$$fv(\varphi[\tau/\xi]) = \begin{cases} (fv(\varphi) - \{\xi\}) \cup fv(\tau) & (\xi \in fv(\varphi) \text{ のとき}) \\ fv(\varphi) & (\xi \notin fv(\varphi) \text{ のとき}) \end{cases}$$

定理 5.42 任意の変項 ξ, ζ，項 τ，論理式 φ について以下が成り立つ．

(1) $\varphi[\xi/\xi] \equiv \varphi$
(2) $\xi \notin fv(\varphi) \implies \varphi[\tau/\xi] \equiv \varphi$
(3) $\zeta \notin fv(\varphi) \implies \varphi[\zeta/\xi][\tau/\zeta] \equiv \varphi[\tau/\xi]$

練習問題 5.43 定理 5.42 を論理式 φ の深さに関する帰納法によって証明せよ．また，(3) において $\zeta \notin fv(\varphi)$ という条件が必要である理由を考えよ．

5.3 意味論

一階述語論理の解釈は，名前・変項・演算子・述語・量化といった概念を取り扱うため，一階命題論理の場合より複雑なものにならざるを得ない．$D_t \stackrel{def}{\equiv} \{1, 0\}$ を，一階命題論理の意味論と同様，真偽値の集合とすると，一階述語論理の解釈 $I = \langle M, g \rangle$ とは，論理式の集合から D_t への写像である．一階命題論理の解釈が，命題記号の解釈をパラメータとしていたように，一階述語論理の解釈は**構造** (structure) と呼ばれる組 M と，**割り当て** (assignment) と呼ばれる写像 g の組をパラメータとする．以下，順に解説する．

5.3.1 構造

一階述語論理の構造 $M = \langle D_M, F_M \rangle$ は，領域と呼ばれる集合 D_M と，対応付けと呼ばれる写像 F_M の組である．

5.3.2 領域

構造 M の領域 D_M とは**存在物** (entity) の集合である．その一階述語論理において，論理式がどのような対象について命題を述べているのかは，領域をどのように与えるかによって決まる．

たとえば，領域が自然数の集合 $\mathbb{N}$ や実数の集合 $\mathbb{R}$ の場合は，数学の一分野についての命題を述べていることになり，領域が「存在物すべてからなる集合[*6]」の場合は，哲学における命題を述べていることになる．

一階述語論理では，D_M は空集合ではないものと仮定する．また D_M の要素数は有限とは限らないことに注意する．

[*6] ただし「何が存在するのか」もしくは「存在とは何か」という問いは西洋哲学における根本的な問いの一つであり，これらの問題を追究する哲学の分野は**存在論** (ontology) と呼ばれている．

5.3.3 対応付け

構造 M の対応付け F_M とは，一階述語論理の構文に現れる各要素（のうち変項以外）の指示対象を決める写像であり，以下の三つを合わせたものである．

- 名前の集合から D_M への写像[*7]
- n 項演算子の集合から $D_M{}^{(D_M)^n}$ への写像
- n 項述語の集合から $D_t{}^{(D_M)^n}$ への写像

すなわち，対応付け F_M は以下が成り立つように定義される．

α が名前の場合： $F_M(\alpha) \in D_M$
o が n 項演算子の場合： $F_M(o) \in D_M{}^{(D_M)^n}$
θ が n 項述語の場合： $F_M(\theta) \in D_t^{(D_M)^n}$

5.3.4 割り当て

割り当て g とは，変項の集合から D_M への写像である[*8]．

ξ が変項の場合： $g(\xi) \in D_M$

解説 5.44 D_M は空ではないと仮定したが，対応付け F_M と割り当て g が D_M を値域として持つ写像であるため，もし D_M が空集合であるならば，写像の全域性により，名前の集合および変項の集合も空集合でなければならない（練習問題 1.73 を参照のこと）．

[*7] 名前は，領域内の何かを**指示** (denote) していると考える．F_M が表す内容には，そのような指示の対応関係も含まれている．

[*8] 付値関数ともいう．構造と割り当てを用いる解釈の仕方は，**タルスキ** (Tarski, A.) によるものであり，**タルスキ流解釈** (Tarskian interpretation) とも呼ばれる．元々のタルスキ流解釈では，割り当て関数の代わりに**列** (sequence) と呼ばれる $(D_M)^n$ の要素を用いており，一方で変項は x_i (i は自然数) の形式を持つものとして，列 s のもとでの変項 x_i の解釈は $\pi_i(s)$ (定義 1.46 参照) として定義される．

5.3.5 解釈

一階述語論理の解釈 $I = \langle M, g \rangle$ は，構造 M と割り当て g が与えられれば一意に定まる．論理式 φ の構造 M と割り当て g のもとでの φ の値を $[\![\varphi]\!]_{M,g}$ と記す（ただし $[\![\varphi]\!]_{M,g} \in D_t$）．

> **定義 5.45**（一階述語論理の解釈：項） 任意の解釈 $\langle M, g \rangle$，名前 α，変項 ξ，項 $\tau_1, \ldots, \tau_n$，n 項演算子 o について，$\langle M, g \rangle$ のもとでの項の値は以下のように定義される．
>
> $$[\![\alpha]\!]_{M,g} \stackrel{def}{\equiv} F_M(\alpha)$$
> $$[\![\xi]\!]_{M,g} \stackrel{def}{\equiv} g(\xi)$$
> $$[\![o]\!]_{M,g} \stackrel{def}{\equiv} F_M(o)$$
> $$[\![o(\tau_1, \ldots, \tau_n)]\!]_{M,g} \stackrel{def}{\equiv} [\![o]\!]_{M,g}([\![\tau_1]\!]_{M,g}, \ldots, [\![\tau_n]\!]_{M,g})$$

解釈 $\langle M, g \rangle$ のもとでの項の値は，**指示対象** (denotation) とも呼ばれる．

> **定義 5.46**（一階述語論理の解釈：基本述語と複合論理式） 任意の解釈 $\langle M, g \rangle$，n 項述語 θ，項 $\tau_1, \ldots, \tau_n$，n 項真理関数 ρ，論理式 $\varphi_1, \ldots, \varphi_n$ について，$\langle M, g \rangle$ のもとでの基本述語と複合論理式の値は以下のように定義される．
>
> $$[\![\theta]\!]_{M,g} \stackrel{def}{\equiv} F_M(\theta)$$
> $$[\![\theta(\tau_1, \ldots, \tau_n)]\!]_{M,g} \stackrel{def}{\equiv} [\![\theta]\!]_{M,g}([\![\tau_1]\!]_{M,g}, \ldots, [\![\tau_n]\!]_{M,g})$$
> $$[\![\rho(\varphi_1, \ldots, \varphi_n)]\!]_{M,g} \stackrel{def}{\equiv} [\![\rho]\!]_{M,g}([\![\varphi_1]\!]_{M,g}, \ldots, [\![\varphi_n]\!]_{M,g})$$

> **定義 5.47**（一階述語論理の解釈：真理関数） 任意の解釈 $\langle M, g \rangle$ について，$\langle M, g \rangle$ のもとでの真理関数の値は以下のように定義される[9]．
>
> $[\![\text{true}]\!]_{M,g} \stackrel{def}{\equiv} \begin{bmatrix} () & \mapsto & 1 \end{bmatrix}$ $\quad [\![\neg]\!]_{M,g} \stackrel{def}{\equiv} \begin{bmatrix} (1) & \mapsto & 0 \\ (0) & \mapsto & 1 \end{bmatrix}$
> $[\![\text{false}]\!]_{M,g} \stackrel{def}{\equiv} \begin{bmatrix} () & \mapsto & 0 \end{bmatrix}$

---

[9] true と false については，一階述語論理では零項述語として扱う選択肢もある．

$$\llbracket \wedge \rrbracket_{M,g} \stackrel{def}{\equiv} \begin{bmatrix} (1,1) & \mapsto & 1 \\ (1,0) & \mapsto & 0 \\ (0,1) & \mapsto & 0 \\ (0,0) & \mapsto & 0 \end{bmatrix} \quad \llbracket \vee \rrbracket_{M,g} \stackrel{def}{\equiv} \begin{bmatrix} (1,1) & \mapsto & 1 \\ (1,0) & \mapsto & 1 \\ (0,1) & \mapsto & 1 \\ (0,0) & \mapsto & 0 \end{bmatrix}$$

$$\llbracket \rightarrow \rrbracket_{M,g} \stackrel{def}{\equiv} \begin{bmatrix} (1,1) & \mapsto & 1 \\ (1,0) & \mapsto & 0 \\ (0,1) & \mapsto & 1 \\ (0,0) & \mapsto & 1 \end{bmatrix} \quad \llbracket \leftrightarrow \rrbracket_{M,g} \stackrel{def}{\equiv} \begin{bmatrix} (1,1) & \mapsto & 1 \\ (1,0) & \mapsto & 0 \\ (0,1) & \mapsto & 0 \\ (0,0) & \mapsto & 1 \end{bmatrix}$$

練習問題 5.48 n 項述語は，各 n について何種類ありうるか．$|D_M|$ で表せ．

量化論理式の解釈には，割り当ての**変異** (variant) という概念を用いる．割り当て g の ξ 変異とは，ξ 以外の変項については g と同じ要素を割り当てるような割り当てのことである．

定義 5.49 （割り当ての変異）　割り当て g に対して，$\xi \not\equiv \zeta$ ならば $g'(\zeta) = g(\zeta)$ であるような割り当て g' のことを，g の ξ 変異という．割り当て g の ξ 変異 g' のうち，$g'(\xi) = a$（ただし $a \in D_M$）となるような g' を，$g[\xi \mapsto a]$ と記す．

解説 5.50 g' が割り当て g の ξ 変異であるとき，$g(\xi) \neq g'(\xi)$ とは限らない．もし $g(\xi) = g'(\xi)$ であるとすると，$g = g'$ であるから，任意の割り当ては，任意の変項 ξ について，自分自身の ξ 変異であるといえる．

定義 5.49 を用いて，量化論理式の解釈は以下のように定義される．

定義 5.51 （一階述語論理の解釈：量化論理式）　任意の解釈 $\langle M, g \rangle$，変項 ξ，論理式 φ について，$\langle M, g \rangle$ のもとでの量化論理式の値は，以下の関係を満たすものとして定義される．

$\llbracket \forall \xi \varphi \rrbracket_{M,g} = 1 \iff$ すべての $a \in D_M$ について $\llbracket \varphi \rrbracket_{M, g[\xi \mapsto a]} = 1$ である．
$\llbracket \exists \xi \varphi \rrbracket_{M,g} = 1 \iff \llbracket \varphi \rrbracket_{M, g[\xi \mapsto a]} = 1$ となる $a \in D_M$ が存在する．

5.3.6 解釈の例

以下，この意味論の振る舞いを明らかにするための例を二つほど挙げておく．

例 5.52 $\quad\exists x(F(x) \wedge G(x))$

たとえば，$F(x) \equiv$「x は哺乳類である」，$G(x) \equiv$「x は卵生である」とすれば，上の論理式は「卵生の哺乳類が存在する」という意味になる．いま，割り当て g_1 が変項 x を「友達の鈴木君」に割り当てるとしよう．このとき $[\![F(x)]\!]_{M,g_1} = 1$ であり，$[\![G(x)]\!]_{M,g_1} = 0$ であるから，$[\![F(x) \wedge G(x)]\!]_{M,g_1} = 0$ である．

一方，割り当て g_2 が変項 x を，カモノハシの一匹（これを $a\ (\in D_M)$ とする）に割り当て，その他は g_1 と同じものに割り当てるとする．このとき，$[\![F(x)]\!]_{M,g_2} = 1$, $[\![G(x)]\!]_{M,g_2} = 1$ であり，したがって $[\![F(x) \wedge G(x)]\!]_{M,g_2} = 1$ である．

ここで，g_2 は g_1 の x 変異であり，$g_2 = g_1[x \mapsto a]$ である．したがって，$g_1[x \mapsto a]$ のもとで $F(x) \wedge G(x)$ が真となるような a が少なくとも一つ存在することになり，したがって $[\![\exists x(F(x) \wedge G(x))]\!]_{M,g_1} = 1$ である．また，g_2 は g_2 自身の x 変異であり，$g_2 = g_2[x \mapsto a]$ であるから，$[\![\exists x(F(x) \wedge G(x))]\!]_{M,g_2} = 1$ でもある．

例 5.53 $\quad F(x) \to \exists x(F(x))$

たとえば，$F(x) \equiv$「x は方程式 $f(x) = 0$ の解である」とすれば，上の論理式は「x が方程式 $f(x) = 0$ の解であるならば，方程式 $f(x) = 0$ には解が存在する」となる．

いま，割り当て g_1 が変項 x を $a\ (\in D_M)$ に割り当てるとする．このとき，a が当該の方程式の解の一つである場合と，そうではない場合がある．

1. a が解の一つである場合：$[\![F(x)]\!]_{M,g_1} = 1$ である．g_1 は g_1 自身の x 変異であり，$g_1 = g_1[x \mapsto a]$ であるから，$[\![F(x)]\!]_{M,g_1[x \mapsto a]} = 1$ を真とする a が少なくとも一つ存在することになる．よって $[\![\exists x(F(x))]\!]_{M,g_1} = 1$ であり，したがって $[\![F(x) \to \exists x(F(x))]\!]_{M,g_1} = 1$ である．
2. a が解ではない場合：$[\![F(x)]\!]_{M,g_1} = 0$ であるから，$[\![F(x) \to \exists x(F(x))]\!]_{M,g_1} = 1$ である．

解説 5.54 以上の議論を注意深く眺めるならば，結局 $F(x) \to \exists x F(x)$ は F の内容によらず，どのような解釈のもとでも真であることが分かる．実際，$F(x) \to \exists x(F(x))$ は一階述語論理における恒真式の一つであり，後述する「存在導入律」（定理 5.72）の一例である．

練習問題 5.55 命題「奇数の二乗は奇数である」を以下のような論理式として記述するのは，どこが間違っているだろうか．

$$\forall x(奇数\,(x) \land 奇数\,(x \times x))$$

ヒント：現実世界で命題「奇数の二乗は奇数である」は真であるが，論理式「$\forall x(奇数\,(x) \land 奇数\,(x \times x))$」は偽であることをいえばよい．全称命題が偽であることを示すためには，論理式「奇数$\,(x) \land$ 奇数$\,(x \times x)$」が偽になる割り当てが存在することを示せばよい．

また，命題「二乗が奇数であるような奇数が（少なくとも一つは）存在する」を以下のような論理式として記述するのは，どこが間違っているだろうか．

$$\exists x(奇数\,(x) \to 奇数\,(x \times x))$$

ヒント：命題「二乗が奇数であるような奇数が（少なくとも一つは）存在する」と論理式「$\exists x(奇数\,(x) \to 奇数\,(x \times x))$」は現実世界ではいずれも真であるため，上の方法とは別の方法を用いる必要がある．二つの命題／論理式が異なっていることを示すには，片方が真になるが，もう片方は偽になるような割り当てを示せばよい．

5.3.7 解釈の諸性質

本節の内容も，5.2.8 項同様，後の章での証明において重要な役割を果たすが，初学者は証明を飛ばして，補題と定理の内容を眺めておくだけでもかまわない．まずは準備として，変異に関する重要な性質を補題として述べておく．

> **補題 5.56** 任意の割り当て g，変項 ξ, ζ と $a, b \in D_M$ について以下が成り立つ（ただし $\xi \not\equiv \zeta$）．
> $$g[\xi \mapsto a][\zeta \mapsto b] = g[\zeta \mapsto b][\xi \mapsto a]$$

証明．右辺と左辺が変項を何に写すかを考える．

1. 変項 ξ について：
$$\begin{aligned} g[\xi \mapsto a][\zeta \mapsto b](\xi) &= g[\xi \mapsto a](\xi) \\ &= a \\ &= g[\zeta \mapsto b][\xi \mapsto a](\xi) \end{aligned}$$

2. 変項 ζ について：
$$\begin{aligned} g[\xi \mapsto a][\zeta \mapsto b](\zeta) &= b \\ &= g[\zeta \mapsto b](\zeta) \\ &= g[\zeta \mapsto b][\xi \mapsto a](\zeta) \end{aligned}$$

3. 変項 η (ただし $\eta \not\equiv \xi, \zeta$) について：
$$\begin{aligned} g[\xi \mapsto a][\zeta \mapsto b](\eta) &= g(\eta) \\ &= g[\zeta \mapsto b][\xi \mapsto a](\eta) \end{aligned}$$

したがって，$g[\xi \mapsto a][\zeta \mapsto b]$ と $g[\zeta \mapsto b][\xi \mapsto a]$ は同一の写像である． □

以下の系は補題 5.56 からただちに得られる．

系 5.57 $0 < k < n$ について $\xi_{i+k} \not\equiv \xi_i, \xi_{i+n}$ とすると，以下が成り立つ．
$g \cdots [\xi_i \mapsto a_i] \cdots [\xi_{i+n} \mapsto a_{i+n}] \cdots = g \cdots [\xi_{i+n} \mapsto a_{i+n}] \cdots [\xi_i \mapsto a_i] \cdots$

すなわち補題 5.56 より，変異の $[\xi \mapsto a][\zeta \mapsto b] \cdots$ の部分の順序は，現れる変項が互いに異なる場合には無視できることが分かる．

練習問題 5.58 補題 5.56 を用いて，
$$g[x \mapsto a][y \mapsto b][z \mapsto c] = g[z \mapsto c][y \mapsto b][x \mapsto a]$$
が成り立つことを証明せよ．ただし，x, y, z は互いに異なる変項とする．

さて，5.2.8 項で述べた項と論理式の深さに関する帰納法を用いて，次節以降で用いる重要な補題と定理を三つほど証明する．

第一に，**解釈の補題** (lemma of interpretation) と呼ばれる以下の補題は，ある変項が項や論理式に自由変項として現れていない場合，その項や論理式の解釈は，その変項についての変異の間で変わらない，というものである．

補題 5.59 （解釈の補題） 任意の変項 ξ, 項 τ, 論理式 φ, 解釈 $\langle M, g \rangle$, $a \in D_M$ について，以下が成り立つ．

(1) $\xi \notin fv(\tau) \implies [\![\tau]\!]_{M,g} = [\![\tau]\!]_{M,g[\xi \mapsto a]}$
(2) $\xi \notin fv(\varphi) \implies [\![\varphi]\!]_{M,g} = [\![\varphi]\!]_{M,g[\xi \mapsto a]}$

証明．(1) を τ の深さ d に関する帰納法で証明する．

$\underline{d=1 \text{ の場合}}$：$\tau$ が名前 α ならば，
$$[\![\alpha]\!]_{M,g} = F_M(\alpha) = [\![\alpha]\!]_{M,g[\xi \mapsto a]}$$
である．また，τ が変項 ζ ならば，前提より $\xi \notin fv(\tau) = \{\zeta\}$ であるから，$\zeta \not\equiv \xi$ である．したがって，以下が成り立つ．
$$[\![\zeta]\!]_{M,g} = g(\zeta) = [\![\zeta]\!]_{M,g[\xi \mapsto a]}$$
$\underline{1 < d \text{ の場合}}$：深さ d 未満の項 τ については，任意の変項 ξ，解釈 $\langle M, g \rangle$，$a \in D_M$ について以下が成り立つと仮定する（帰納法の仮説：IH）．
$$\xi \notin fv(\tau) \implies [\![\tau]\!]_{M,g} = [\![\tau]\!]_{M,g[\xi \mapsto a]}$$
深さ d の項は $o(\tau_1, \ldots, \tau_n)$ という形式である．前提より，
$$\xi \notin fv(o(\tau_1, \ldots, \tau_n)) = fv(\tau_1) \cup \cdots \cup fv(\tau_n)$$
であるから，$1 \leq i \leq n$ について $\xi \notin fv(\tau_i)$ である．また，τ_i は高々深さ $d-1$ であるから，IH より $[\![\tau_i]\!]_{M,g} = [\![\tau_i]\!]_{M,g[\xi \mapsto a]}$ である．したがって，

$$\begin{aligned}
&[\![o(\tau_1, \ldots, \tau_n)]\!]_{M,g} \\
={}& [\![o]\!]_{M,g}([\![\tau_1]\!]_{M,g}, \ldots, [\![\tau_n]\!]_{M,g}) \\
={}& F_M(o)([\![\tau_1]\!]_{M,g}, \ldots, [\![\tau_n]\!]_{M,g}) \\
={}& F_M(o)([\![\tau_1]\!]_{M,g[\xi \mapsto a]}, \ldots, [\![\tau_n]\!]_{M,g[\xi \mapsto a]}) \quad (\text{IH より}) \\
={}& [\![o]\!]_{M,g[\xi \mapsto a]}([\![\tau_1]\!]_{M,g[\xi \mapsto a]}, \ldots, [\![\tau_n]\!]_{M,g[\xi \mapsto a]}) \\
={}& [\![o(\tau_1, \ldots, \tau_n)]\!]_{M,g[\xi \mapsto a]}
\end{aligned}$$

次に (2) を，φ の深さ d に関する帰納法で証明する．

$\underline{d=1 \text{ の場合}}$：$\varphi$ は基本述語 $\theta(\tau_1, \ldots, \tau_n)$ であり，前提より
$$\xi \notin fv(\theta(\tau_1, \ldots, \tau_n)) = fv(\tau_1) \cup \cdots \cup fv(\tau_n)$$
であるから，$1 \leq i \leq n$ について $\xi \notin fv(\tau_i)$ である．したがって，以下が成り立つ．

$$\begin{aligned}
&[\![\theta(\tau_1, \ldots, \tau_n)]\!]_{M,g} \\
={}& F_M(\theta)([\![\tau_1]\!]_{M,g}, \ldots, [\![\tau_n]\!]_{M,g}) \\
={}& F_M(\theta)([\![\tau_1]\!]_{M,g[\xi \mapsto a]}, \ldots, [\![\tau_n]\!]_{M,g[\xi \mapsto a]}) \quad (\text{補題 5.59 (1) より}) \\
={}& [\![\theta(\tau_1, \ldots, \tau_n)]\!]_{M,g[\xi \mapsto a]}
\end{aligned}$$

$1 < d$ の場合：深さ d 未満の論理式 φ については，任意の変項 ξ，解釈 $\langle M, g \rangle$，$a \in D_M$ について以下が成り立つと仮定する（帰納法の仮説：IH）．

$$\xi \notin fv(\varphi) \implies [\![\varphi]\!]_{M,g} = [\![\varphi]\!]_{M,g[\xi \mapsto a]}$$

以下，深さ d の論理式 φ の形式によって場合分けを行う．

⊞ 複合論理式 $\rho(\varphi_1, \ldots, \varphi_n)$ の場合：前提より

$$\xi \notin fv(\rho(\varphi_1, \ldots, \varphi_n)) = fv(\rho_1) \cup \cdots \cup fv(\rho_n)$$

であるから，$1 \leq i \leq n$ について，$\xi \notin fv(\varphi_i)$ である．また，φ_i は高々深さ $d-1$ であるから，IH より $[\![\varphi_i]\!]_{M,g} = [\![\varphi_i]\!]_{M,g[\xi \mapsto a]}$ である．したがって，

$$\begin{aligned}
& [\![\rho(\varphi_1, \ldots, \varphi_n)]\!]_{M,g} \\
=\ & [\![\rho]\!]_{M,g}([\![\varphi_1]\!]_{M,g}, \ldots, [\![\varphi_n]\!]_{M,g}) \\
=\ & [\![\rho]\!]_{M,g}([\![\varphi_1]\!]_{M,g[\xi \mapsto a]}, \ldots, [\![\varphi_n]\!]_{M,g[\xi \mapsto a]}) \qquad (IH \text{ より}) \\
=\ & [\![\rho]\!]_{M,g[\xi \mapsto a]}([\![\varphi_1]\!]_{M,g[\xi \mapsto a]}, \ldots, [\![\varphi_n]\!]_{M,g[\xi \mapsto a]}) \\
=\ & [\![\rho(\varphi_1, \ldots, \varphi_n)]\!]_{M,g[\xi \mapsto a]}
\end{aligned}$$

⊞ 全称量化論理式 $\forall \xi \psi$ の場合：

$$\begin{aligned}
& [\![\forall \xi \psi]\!]_{M,g} = 1 \\
\iff\ & \text{すべての } b \in D_M \text{ について } [\![\psi]\!]_{M,g[\xi \mapsto b]} = 1 \qquad \text{—(†)} \\
& [\![\forall \xi \psi]\!]_{M,g[\xi \mapsto a]} = 1 \\
\iff\ & \text{すべての } b \in D_M \text{ について } [\![\psi]\!]_{M,g[\xi \mapsto a][\xi \mapsto b]} = 1 \quad \text{—(‡)}
\end{aligned}$$

$g[\xi \mapsto b] = g[\xi \mapsto a][\xi \mapsto b]$ であるから，(†) $\iff$ (‡) である．

⊞ 全称量化論理式 $\forall \zeta \psi$ の場合：

$$\begin{aligned}
& [\![\forall \zeta \psi]\!]_{M,g} = 1 \\
\iff\ & \text{すべての } b \in D_M \text{ について } [\![\psi]\!]_{M,g[\zeta \mapsto b]} = 1 \qquad \text{—(†)} \\
& [\![\forall \zeta \psi]\!]_{M,g[\xi \mapsto a]} = 1 \\
\iff\ & \text{すべての } b \in D_M \text{ について } [\![\psi]\!]_{M,g[\xi \mapsto a][\zeta \mapsto b]} = 1 \quad \text{—(‡)}
\end{aligned}$$

前提により $\xi \notin fv(\forall \zeta \psi) = fv(\psi) - \{\zeta\}$ であるから，$\xi \notin fv(\psi)$ である．また，ψ は深さ $d-1$ であるから，IH より，$[\![\psi]\!]_{M,g[\zeta \mapsto b]} = [\![\psi]\!]_{M,g[\zeta \mapsto b][\xi \mapsto a]}$ である．補題 5.56 より，$g[\zeta \mapsto b][\xi \mapsto a] = g[\xi \mapsto a][\zeta \mapsto b]$ であるから，$[\![\psi]\!]_{M,g[\zeta \mapsto b]} = [\![\psi]\!]_{M,g[\xi \mapsto a][\zeta \mapsto b]}$ が成り立つ．したがって，(†) $\iff$ (‡) である．

⊞ 存在量化論理式の場合：練習問題 5.60 とする． □

5.3 意味論

練習問題 5.60 補題 5.59 の証明を補完せよ.

　第二に,以下の補題は,変項への代入と変異の間に成り立つ重要な関係である.変項への代入は「統語的」な置き換え操作であり,変異は「意味論的」な置き換え操作といえるが,この二つの操作の結果は一致するように定義されているのである.

補題 5.61 （代入と変異についての補題）　任意の項 τ, σ, 変項 ξ, 論理式 φ, 解釈 $\langle M, g \rangle$ について,以下が成り立つ.

(1) $[\![\sigma[\tau/\xi]]\!]_{M,g} = [\![\sigma]\!]_{M,g[\xi \mapsto [\![\tau]\!]_{M,g}]}$
(2) $[\![\varphi[\tau/\xi]]\!]_{M,g} = [\![\varphi]\!]_{M,g[\xi \mapsto [\![\tau]\!]_{M,g}]}$

証明. まず,(1) を項 σ の深さ d に関する帰納法で証明する.
$\underline{d = 1 \text{ の場合}}$:
⊞ $\underline{\sigma \text{ が変項 } \xi \text{ 以外の場合}}$: $[\![\sigma[\tau/\xi]]\!]_{M,g} = [\![\sigma]\!]_{M,g} = [\![\sigma]\!]_{M,g[\xi \mapsto [\![\tau]\!]_{M,g}]}$
⊞ $\underline{\sigma \text{ が変項 } \xi \text{ の場合}}$:　$[\![\xi[\tau/\xi]]\!]_{M,g} = [\![\tau]\!]_{M,g} = [\![\xi]\!]_{M,g[\xi \mapsto [\![\tau]\!]_{M,g}]}$
$\underline{1 < d \text{ の場合}}$: 深さ d 未満の項 σ については,任意の変項 ξ, 項 τ, 解釈 $\langle M, g \rangle$ について $[\![\sigma[\tau/\xi]]\!]_{M,g} = [\![\sigma]\!]_{M,g[\xi \mapsto [\![\tau]\!]_{M,g}]}$ が成り立つと仮定する（帰納法の仮説:IH）.

　深さ d の項は $o(\tau_1, \ldots, \tau_n)$ という形式である.各 τ_i $(1 \leq i \leq n)$ の深さは高々 $d-1$ であるから,以下が成り立つ.

$$
\begin{aligned}
& [\![o(\tau_1, \ldots, \tau_n)[\tau/\xi]]\!]_{M,g} \\
=\ & [\![o(\tau_1[\tau/\xi], \ldots, \tau_n[\tau/\xi])]\!]_{M,g} \\
=\ & [\![o]\!]_{M,g}([\![\tau_1[\tau/\xi]]\!]_{M,g}, \ldots, [\![\tau_n[\tau/\xi]]\!]_{M,g}) \\
=\ & F_M(o)([\![\tau_1[\tau/\xi]]\!]_{M,g}, \ldots, [\![\tau_n[\tau/\xi]]\!]_{M,g}) \\
=\ & F_M(o)([\![\tau_1]\!]_{M,g[\xi \mapsto [\![\tau]\!]_{M,g}]}, \ldots, [\![\tau_n]\!]_{M,g[\xi \mapsto [\![\tau]\!]_{M,g}]}) \quad (IH \text{ より}) \\
=\ & [\![o]\!]_{M,g[\xi \mapsto [\![\tau]\!]_{M,g}]}([\![\tau_1]\!]_{M,g[\xi \mapsto [\![\tau]\!]_{M,g}]}, \ldots, [\![\tau_n]\!]_{M,g[\xi \mapsto [\![\tau]\!]_{M,g}]}) \\
=\ & [\![o(\tau_1, \ldots, \tau_n)[\tau/\xi]]\!]_{M,g[\xi \mapsto [\![\tau]\!]_{M,g}]}
\end{aligned}
$$

次に,(2) を論理式 φ の深さ d に関する帰納法で証明する.
$\underline{d = 1 \text{ の場合}}$:
　φ は基本述語 $\theta(\tau_1, \ldots, \tau_n)$ であり,補題 5.61 (1) より,以下が成り立つ.

$$\begin{aligned}
&\quad [\![\theta(\tau_1,\ldots,\tau_n)[\tau/\xi]]\!]_{M,g} \\
&= [\![\theta(\tau_1[\tau/\xi],\ldots,\tau_n[\tau/\xi])]\!]_{M,g} \\
&= [\![\theta]\!]_{M,g}([\![\tau_1[\tau/\xi]]\!]_{M,g},\ldots,[\![\tau_n[\tau/\xi]]\!]_{M,g}) \\
&= F_M(\theta)([\![\tau_1[\tau/\xi]]\!]_{M,g},\ldots,[\![\tau_n[\tau/\xi]]\!]_{M,g}) \\
&= F_M(\theta)([\![\tau_1]\!]_{M,g[\xi\mapsto[\![\tau]\!]_{M,g}]},\ldots,[\![\tau_n]\!]_{M,g[\xi\mapsto[\![\tau]\!]_{M,g}]}) \\
&= [\![\theta]\!]_{M,g[\xi\mapsto[\![\tau]\!]_{M,g}]}([\![\tau_1]\!]_{M,g[\xi\mapsto[\![\tau]\!]_{M,g}]},\ldots,[\![\tau_n]\!]_{M,g[\xi\mapsto[\![\tau]\!]_{M,g}]}) \\
&= [\![\theta(\tau_1,\ldots,\tau_n)]\!]_{M,g[\xi\mapsto[\![\tau]\!]_{M,g}]}
\end{aligned}$$

$1 < d$ の場合:

深さ d 未満の論理式 φ については,任意の変項 ξ,項 τ,解釈 $\langle M,g\rangle$ について,$[\![\varphi[\tau/\xi]]\!]_{M,g} = [\![\varphi]\!]_{M,g[\xi\mapsto[\![\tau]\!]_{M,g}]}$ が成り立つと仮定する(帰納法の仮説:IH).

以下,深さ d の論理式 φ の形式によって場合分けを行う.

⊞ 複合論理式 $\rho(\varphi_1,\ldots,\varphi_n)$ の場合:各 φ_i $(1 \le i \le n)$ の高さは高々 $d-1$ であるから,IH により以下が成り立つ.

$$\begin{aligned}
&\quad [\![\rho(\varphi_1,\ldots,\varphi_n)[\tau/\xi]]\!]_{M,g} \\
&= [\![\rho(\varphi_1[\tau/\xi],\ldots,\varphi_n[\tau/\xi])]\!]_{M,g} \\
&= [\![\rho]\!]_{M,g}([\![\varphi_1[\tau/\xi]]\!]_{M,g},\ldots,[\![\varphi_n[\tau/\xi]]\!]_{M,g}) \\
&= [\![\rho]\!]_{M,g[\xi\mapsto[\![\tau]\!]_{M,g}]}([\![\varphi_1]\!]_{M,g[\xi\mapsto[\![\tau]\!]_{M,g}]},\ldots,[\![\varphi_n]\!]_{M,g[\xi\mapsto[\![\tau]\!]_{M,g}]}) \\
&= [\![\rho(\varphi_1,\ldots,\varphi_n)]\!]_{M,g[\xi\mapsto[\![\tau]\!]_{M,g}]}
\end{aligned}$$

⊞ 全称量化論理式 $\forall\xi\psi$ の場合:

$$\begin{aligned}
&\quad [\![(\forall\xi\psi)[\tau/\xi]]\!]_{M,g} \\
&= [\![\forall\xi\psi]\!]_{M,g} \\
&= [\![\forall\xi\psi]\!]_{M,g[\xi\mapsto[\![\tau]\!]_{M,g}]} \quad (\xi \notin fv(\forall\xi\psi) \text{ と補題 5.59 (2) より})
\end{aligned}$$

⊞ 全称量化論理式 $\forall\zeta\psi$ の場合:ψ は深さ $d-1$ である.

$$\begin{aligned}
&\quad [\![\forall\zeta\psi]\!]_{M,g[\xi\mapsto[\![\tau]\!]_{M,g}]} = 1 \\
&\iff \text{すべての } a \in D_M \text{ について } [\![\psi]\!]_{M,g[\xi\mapsto[\![\tau]\!]_{M,g}][\zeta\mapsto a]} = 1 \text{---}(\star)
\end{aligned}$$

⊟ $\xi \notin fv(\psi)$ または $\zeta \notin fv(\tau)$ のとき:

$$\begin{aligned}
&\quad [\![(\forall\zeta\psi)[\tau/\xi]]\!]_{M,g} = 1 \\
&\iff [\![\forall\zeta(\psi[\tau/\xi])]\!]_{M,g} = 1 \\
&\iff \text{すべての } a \in D_M \text{ について } [\![\psi[\tau/\xi]]\!]_{M,g[\zeta\mapsto a]} = 1 \text{---}(\dagger)
\end{aligned}$$

1. $\xi \notin fv(\psi)$ のとき：

$$
\begin{aligned}
& [\![\psi[\tau/\xi]]\!]_{M,g[\zeta \mapsto a]} \\
= \ & [\![\psi]\!]_{M,g[\zeta \mapsto a][\xi \mapsto [\![\tau]\!]_{M,g[\zeta \mapsto a]}]} & & (\text{IH より}) \\
= \ & [\![\psi]\!]_{M,g[\zeta \mapsto a]} & & (\xi \notin fv(\psi) \text{ と補題 5.59 (2) より}) \\
= \ & [\![\psi]\!]_{M,g[\zeta \mapsto a][\xi \mapsto [\![\tau]\!]_{M,g}]} & & (\xi \notin fv(\psi) \text{ と補題 5.59 (2) より}) \\
= \ & [\![\psi]\!]_{M,g[\xi \mapsto [\![\tau]\!]_{M,g}][\zeta \mapsto a]} & & (\xi \not\equiv \zeta \text{ と補題 5.56 より})
\end{aligned}
$$

が成り立つことから，$(\star) \iff (\dagger)$ である．

2. $\zeta \notin fv(\tau)$ のとき：

$$
\begin{aligned}
& [\![\psi[\tau/\xi]]\!]_{M,g[\zeta \mapsto a]} \\
= \ & [\![\psi]\!]_{M,g[\zeta \mapsto a][\xi \mapsto [\![\tau]\!]_{M,g[\zeta \mapsto a]}]} & & (\text{IH より}) \\
= \ & [\![\psi]\!]_{M,g[\zeta \mapsto a][\xi \mapsto [\![\tau]\!]_{M,g}]} & & (\zeta \notin fv(\tau) \text{ と補題 5.59 (1) より}) \\
= \ & [\![\psi]\!]_{M,g[\xi \mapsto [\![\tau]\!]_{M,g}][\zeta \mapsto a]} & & (\xi \not\equiv \zeta \text{ と補題 5.56 より})
\end{aligned}
$$

が成り立つことから，$(\star) \iff (\dagger)$ である．

⊟ $\xi \in fv(\psi)$ かつ $\zeta \in fv(\tau)$ のとき：$\upsilon \notin fv(\psi)$ かつ $\upsilon \notin fv(\tau)$ を満たす υ について，

$$
\begin{aligned}
& [\![(\forall \zeta \psi)[\tau/\xi]]\!]_{M,g} = 1 \\
\iff \ & [\![\forall \upsilon(\psi[\upsilon/\zeta][\tau/\xi])]\!]_{M,g} = 1 \\
\iff \ & \text{すべての } a \in D_M \text{ について } [\![\psi[\upsilon/\zeta][\tau/\xi]]\!]_{M,g[\upsilon \mapsto a]} = 1 \text{—}(\ddagger)
\end{aligned}
$$

ここで，$[\![\psi[\upsilon/\zeta][\tau/\xi]]\!]_{M,g[\upsilon \mapsto a]}$

$$
\begin{aligned}
= \ & [\![\psi[\upsilon/\zeta]]\!]_{M,g[\upsilon \mapsto a][\xi \mapsto [\![\tau]\!]_{M,g[\upsilon \mapsto a]}]} = 1 & & (\text{IH より}) \\
= \ & [\![\psi]\!]_{M,g[\upsilon \mapsto a][\xi \mapsto [\![\tau]\!]_{M,g[\upsilon \mapsto a]}][\zeta \mapsto [\![\upsilon]\!]_{M,g[\upsilon \mapsto a][\xi \mapsto [\![\tau]\!]_{M,g[\upsilon \mapsto a]}]}]} & & (\text{IH より}) \\
= \ & [\![\psi]\!]_{M,g[\upsilon \mapsto a][\xi \mapsto [\![\tau]\!]_{M,g[\upsilon \mapsto a]}][\zeta \mapsto a]} \\
= \ & [\![\psi]\!]_{M,g[\xi \mapsto [\![\tau]\!]_{M,g[\upsilon \mapsto a]}][\zeta \mapsto a][\upsilon \mapsto a]} & & (\upsilon \not\equiv \xi, \zeta \text{ と系 5.57 より}) \\
= \ & [\![\psi]\!]_{M,g[\xi \mapsto [\![\tau]\!]_{M,g[\upsilon \mapsto a]}][\zeta \mapsto a]} & & (\upsilon \notin fv(\psi) \text{ と補題 5.59 (2) より}) \\
= \ & [\![\psi]\!]_{M,g[\xi \mapsto [\![\tau]\!]_{M,g}][\zeta \mapsto a]} & & (\upsilon \notin fv(\tau) \text{ と補題 5.59 (1) より})
\end{aligned}
$$

が成り立つことから，$(\star) \iff (\ddagger)$ である．

⊞ 存在量化論理式 $\exists \xi \psi$ もしくは $\exists \zeta \psi$ の場合：練習問題 5.62 とする． □

練習問題 5.62 補題 5.61 の証明を補完せよ．

以下の系は，補題 5.59 と補題 5.61 よりただちに得られる．

系 5.63 任意の変項 ξ, 論理式 φ, 項 τ, 解釈 $\langle M, g \rangle$ について, 以下が成り立つ.

$$\xi \notin fv(\varphi) \implies [\![\varphi]\!]_{M,g} = [\![\varphi[\tau/\xi]]\!]_{M,g}$$

第三に, **外延性** (extentionality) と呼ばれる定理である. これは, 論理式の中に現れる名前を, 同一物を指示する別の名前に入れ替えることができる, というものである[*10].

定理 5.64 （外延性） 任意の項 τ_1, τ_2, σ, 論理式 φ, 変項 ξ, 解釈 $\langle M, g \rangle$ について, 以下が成り立つ.

(1) $[\![\tau_1]\!]_{M,g} = [\![\tau_2]\!]_{M,g} \implies [\![\sigma[\tau_1/\xi]]\!]_{M,g} = [\![\sigma[\tau_2/\xi]]\!]_{M,g}$
(2) $[\![\tau_1]\!]_{M,g} = [\![\tau_2]\!]_{M,g} \implies [\![\varphi[\tau_1/\xi]]\!]_{M,g} = [\![\varphi[\tau_2/\xi]]\!]_{M,g}$

証明. (1) について証明する. $[\![\tau_1]\!]_{M,g} = [\![\tau_2]\!]_{M,g}$ と仮定する.

$$\begin{aligned}
[\![\sigma[\tau_1/\xi]]\!]_{M,g} &= [\![\sigma]\!]_{M, g[\xi \mapsto [\![\tau_1]\!]_{M,g}]} & (\text{補題 5.61 (1) より}) \\
&= [\![\sigma]\!]_{M, g[\xi \mapsto [\![\tau_2]\!]_{M,g}]} & (\text{仮定より}) \\
&= [\![\sigma[\tau_2/\xi]]\!]_{M,g} & (\text{補題 5.61 (1) より}) \quad \square
\end{aligned}$$

練習問題 5.65 定理 5.64 の (2) を証明せよ.

5.4 推論

5.4.1 推論の妥当性

意味論的含意の概念は, 一階命題論理のとき（定義 3.48 参照）とまったく同様に定義することができる.

[*10] 外延性の定理は**ライプニッツの法則** (Leibniz's law) としても知られるが, ライプニッツの法則の元々の表明は「二つのものは, それが満たす属性の集合が同一であるとき, またそのときのみ同一である」というものであり, 外延性の表明とは一致しない点もある.

第一に, 外延性はライプニッツの法則の片側（二つのものが同一であるならば, それが満たす属性の集合は同一である）から導かれる性質（二つのものが同一であるならば, ある属性について, それを満たすか否かは一致する）である. 第二に, 自由変項を含む論理式を「属性」とみなしうるかどうかについては, 議論の余地がある.

また,「ライプニッツの法則」という名称については, 微分法に同名の法則があるので注意する.

5.4 推論

> **定義 5.66** （意味論的含意） Γ, Δ を論理式列（ただし $|\Delta|$ は高々 1）とする．Γ が Δ を意味論的に含意する（$\Gamma \vDash \Delta$ と記す）とは，Γ に含まれるすべての論理式 φ について $[\![\varphi]\!]_{M,g} = 1$ であり，かつ Δ に含まれるすべての論理式 ψ について $[\![\psi]\!]_{M,g} = 0$ であるような解釈 $\langle M, g \rangle$ が存在しない，ということである．$\Gamma \vDash \Delta$ ではないとき，$\Gamma \nvDash \Delta$ と記す．

解説 5.67 定義 5.66 において「解釈が存在しない」というとき，領域 D_t や D_M が異なる解釈まで考慮するということに注意する．

充足性についても定義 3.55 と同様に，以下のように定義する．

> **定義 5.68** （充足性） $[\![\varphi]\!]_{M,g} = 1$ であるとき，解釈 $\langle M, g \rangle$ は論理式 φ を充足するという．解釈 $\langle M, g \rangle$ が論理式列 Γ に属するすべての論理式を充足するとき，$\langle M, g \rangle$ は Γ を同時に充足するといい，$\langle M, g \rangle \vDash \Gamma$ と記す．

さらに充足可能性についても定義 3.56 と同様に定義すれば，一階述語論理においても定理 3.57（以下再掲）が成立する．

> **定理 3.57** Γ, Δ を論理式列とすると，以下が成り立つ．
> $$\Gamma \vDash \Delta \iff \neg\Delta, \Gamma \text{ が充足不能である．}$$

5.4.2 一階命題論理における妥当な推論

一階命題論理において妥当な推論は，一階述語論理においても妥当である．この性質が成り立つことが，一階述語論理の解釈を 5.3 節のように定義したことの狙いである．我々は一階命題論理における妥当な推論の知識を，そのまま一階述語論理においても用いることができるのである．

> **定理 5.69** 一階命題論理の恒真式に現れる命題記号を，一階述語論理の論理式に置き換えた[*11]論理式は，一階述語論理の恒真式である．

証明. 一階命題論理の恒真式 Φ に現れる命題記号 $\varphi_1, \ldots, \varphi_n$ を，一階述語論

[*11] ただし，同じ命題記号は同じ論理式で置き換えるものとする．

理の論理式 $\psi_1,\ldots,\psi_n$ に置き換えた一階述語論理の論理式を Φ' とする．このとき，$\psi_1,\ldots,\psi_n$ のみを命題記号とする新たな一階命題論理の言語 $\mathcal{L}$ を考えると，Φ' は $\mathcal{L}$ の論理式とみなすこともできる．Φ と Φ' は命題記号を入れ替えただけであるから，$\vDash \Phi$ ならば $\vDash \Phi'$ である．

このとき，一階述語論理の解釈 $\langle M,g\rangle$ は，$1\leq i\leq n$ について $[\![\psi_i]\!]_{M,g}=1$ または $[\![\psi_i]\!]_{M,g}=0$ であるから，$\mathcal{L}$ の解釈でもある（複合論理式と真理関数の解釈は，一階命題論理と一階述語論理で共通している）．

したがって，$\vDash \Phi'$ ならば，$\mathcal{L}$ の任意の解釈 I のもとで $[\![\Phi']\!]_I=1$ であるから，$[\![\Phi']\!]_{M,g}=1$ である．しかしこれは Φ' を一階述語論理の論理式，$\langle M,g\rangle$ を一階述語論理の解釈とみなせば，Φ' が恒真であることを意味している． □

したがって，3.2.4 項で列挙した一階命題論理の恒真式は，それぞれ一階述語論理においても恒真式である．同様のことが，推論についても成り立つ．

> **定理 5.70** 一階命題論理の妥当な推論に現れる命題記号を，一階述語論理の論理式に置き換えた推論は，一階述語論理の妥当な推論である．

証明．定理 5.69 と同様． □

したがって，3.3 節の定理はすべて一階述語論理の定理でもある．

5.4.3 全称・存在量化の導入律と除去律

一階述語論理において妥当な推論には以下のようなものがある．

> **定理 5.71** （全称除去律） 任意の論理式 φ,ψ，項 τ，変項 ξ について以下が成り立つ．
> $$\varphi[\tau/\xi]\vDash\psi \implies \forall\xi\varphi\vDash\psi$$

証明．$\varphi[\tau/\xi]\vDash\psi$ を前提として，任意の $\langle M,g\rangle$ について，$\langle M,g\rangle\vDash\forall\xi\varphi$ ならば $[\![\psi]\!]_{M,g}=1$ であることを示せばよい．

$$\begin{aligned}
&\langle M,g\rangle\vDash\forall\xi\varphi\\
\iff& [\![\forall\xi\varphi]\!]_{M,g}=1\\
\iff& \text{すべての}\ a\in D_M\ \text{について}\ [\![\varphi]\!]_{M,g[\xi\mapsto a]}=1\\
\implies& [\![\varphi]\!]_{M,g[\xi\mapsto [\![\tau]\!]_{M,g}]}=1
\end{aligned}$$

$$\iff \quad [\![\varphi[\tau/\xi]]\!]_{M,g} = 1 \quad (\text{補題 5.61 (2) より})$$
$$\implies \quad [\![\psi]\!]_{M,g} = 1 \quad\quad (\text{前提より}) \qquad \square$$

定理 5.72 （存在導入律） 任意の論理式の列 Γ，論理式 φ，項 τ，変項 ξ について以下が成り立つ．

$$\Gamma \vDash \varphi[\tau/\xi] \quad \implies \quad \Gamma \vDash \exists \xi \varphi$$

証明．$\Gamma \vDash \varphi[\tau/\xi]$ を前提として，任意の $\langle M, g \rangle$ について，$\langle M, g \rangle \vDash \Gamma$ ならば $[\![\exists \xi \varphi]\!]_{M,g} = 1$ であることを示せばよい．

$$\langle M, g \rangle \vDash \Gamma$$
$$\implies \quad [\![\varphi[\tau/\xi]]\!]_{M,g} = 1 \qquad (\text{前提より})$$
$$\iff \quad [\![\varphi]\!]_{M,g[\xi \mapsto [\![\tau]\!]_{M,g}]} = 1 \qquad (\text{補題 5.61 (2) より})$$
$$\implies \quad [\![\varphi]\!]_{M,g[\xi \mapsto a]} = 1 \text{ となる } a \in D_M \text{ が存在する}．$$
$$\iff \quad [\![\exists \xi \varphi]\!]_{M,g} = 1 \qquad\qquad \square$$

定理 5.73 （全称導入律） 任意の論理式の列 Γ，論理式 φ，変項 ξ, ζ （ただし $\zeta \notin fv(\Gamma) \cup fv(\forall \xi \varphi)$）について以下が成り立つ．

$$\Gamma \vDash \varphi[\zeta/\xi] \quad \implies \quad \Gamma \vDash \forall \xi \varphi$$

証明．$\Gamma \vDash \varphi[\zeta/\xi]$ を前提として，任意の $\langle M, g \rangle$ について，$\langle M, g \rangle \vDash \Gamma$ ならば $[\![\forall \xi \varphi]\!]_{M,g} = 1$ であることを示せばよい．

$\underline{\zeta \not\equiv \xi \text{ の場合}}$：$\zeta \notin fv(\forall \xi \varphi) = fv(\varphi) - \{\xi\}$ より，$\zeta \notin fv(\varphi)$ である．任意の $a\ (\in D_M)$ について，

$$\langle M, g \rangle \vDash \Gamma$$
$$\implies \quad \langle M, g[\zeta \mapsto a] \rangle \vDash \Gamma \qquad (\zeta \notin fv(\Gamma) \text{ と補題 5.59 (2) より})$$
$$\implies \quad [\![\varphi[\zeta/\xi]]\!]_{M,g[\zeta \mapsto a]} = 1 \qquad (\text{前提より})$$
$$\iff \quad [\![\varphi]\!]_{M,g[\zeta \mapsto a][\xi \mapsto [\![\zeta]\!]_{M,g[\zeta \mapsto a]}]} = 1 \qquad (\text{補題 5.61 (2) より})$$
$$\iff \quad [\![\varphi]\!]_{M,g[\zeta \mapsto a][\xi \mapsto a]} = 1$$
$$\iff \quad [\![\varphi]\!]_{M,g[\xi \mapsto a][\zeta \mapsto a]} = 1 \qquad (\zeta \not\equiv \xi \text{ と補題 5.56 より})$$
$$\implies \quad [\![\varphi]\!]_{M,g[\xi \mapsto a]} = 1 \qquad (\zeta \notin fv(\varphi) \text{ と補題 5.59 (2) より})$$

が成り立つので，$[\![\forall \xi \varphi]\!]_{M,g} = 1$ である．

$\zeta \equiv \xi$ の場合：任意の $a\ (\in D_M)$ について，

$$\begin{aligned}
& \langle M, g \rangle \vDash \Gamma \\
\implies & \langle M, g[\zeta \mapsto a] \rangle \vDash \Gamma \quad (\zeta \notin fv(\Gamma) \text{ と補題 5.59 (2) より}) \\
\iff & \langle M, g[\xi \mapsto a] \rangle \vDash \Gamma \quad (\zeta \equiv \xi \text{ より}) \\
\implies & [\![\varphi]\!]_{M, g[\xi \mapsto a]} = 1 \quad (\text{前提より})
\end{aligned}$$

が成り立つので，やはり $[\![\forall \xi \varphi]\!]_{M,g} = 1$ である．　□

定理 5.74（存在除去律）　任意の論理式 φ, ψ，変項 ξ, ζ（ただし $\zeta \notin fv(\exists \xi \varphi) \cup fv(\psi)$）について以下が成り立つ．

$$\varphi[\zeta/\xi] \vDash \psi \implies \exists \xi \varphi \vDash \psi$$

証明． $\varphi[\zeta/\xi] \vDash \psi$ を前提として，任意の $\langle M, g \rangle$ について，$[\![\psi]\!]_{M,g} = 0$ ならば $\langle M, g \rangle \nvDash \exists \xi \varphi$ であることを示せばよい（対偶より）．

$\zeta \not\equiv \xi$ の場合：$\zeta \notin fv(\exists \xi \varphi) = fv(\varphi) - \{\xi\}$ より，$\zeta \notin fv(\varphi)$ である．任意の $a\ (\in D_M)$ について，

$$\begin{aligned}
& [\![\psi]\!]_{M,g} = 0 \\
\implies & [\![\psi]\!]_{M, g[\zeta \mapsto a]} = 0 \quad (\zeta \notin fv(\psi) \text{ と補題 5.59 (2) より}) \\
\implies & [\![\varphi[\zeta/\xi]]\!]_{M, g[\zeta \mapsto a]} = 0 \quad (\text{前提の対偶より}) \\
\iff & [\![\varphi]\!]_{M, g[\zeta \mapsto a][\xi \mapsto [\![\zeta]\!]_{M, g[\zeta \mapsto a]}]} = 0 \quad (\text{補題 5.61 (2) より}) \\
\iff & [\![\varphi]\!]_{M, g[\zeta \mapsto a][\xi \mapsto a]} = 0 \\
\iff & [\![\varphi]\!]_{M, g[\xi \mapsto a][\zeta \mapsto a]} = 0 \quad (\zeta \not\equiv \xi \text{ と補題 5.56 より}) \\
\iff & [\![\varphi]\!]_{M, g[\xi \mapsto a]} = 0 \quad (\zeta \notin fv(\varphi) \text{ と補題 5.59 (2) より})
\end{aligned}$$

が成り立つので，$[\![\exists \xi \varphi]\!]_{M,g} = 0$ である．

$\zeta \equiv \xi$ の場合：任意の $a\ (\in D_M)$ について，

$$\begin{aligned}
& [\![\psi]\!]_{M,g} = 0 \\
\implies & [\![\psi]\!]_{M, g[\zeta \mapsto a]} = 0 \quad (\zeta \notin fv(\psi) \text{ と補題 5.59 (2) より}) \\
\iff & [\![\psi]\!]_{M, g[\xi \mapsto a]} = 0 \quad (\zeta \equiv \xi \text{ より}) \\
\implies & [\![\varphi[\zeta/\xi]]\!]_{M, g[\xi \mapsto a]} = 0 \quad (\text{前提の対偶より}) \\
\iff & [\![\varphi]\!]_{M, g[\xi \mapsto a]} = 0 \quad (\zeta \equiv \xi \text{ と定理 5.42 (1) より})
\end{aligned}$$

が成り立つので，やはり $[\![\exists \xi \varphi]\!]_{M,g} = 0$ である．　□

5.4 推論

解説 5.75 全称導入律および存在除去律に付随している但し書きについて，その意図を述べておく．この但し書きがなければ，以下のような誤った推論が導かれてしまう．

$$\forall x \exists y F(x, y) \vDash \exists y \forall x F(x, y)$$

この過程は以下の通りである．

1) $\exists y F(x, y) \vDash \exists y F(x, y)$ （同一律より）
2) $\forall x \exists y F(x, y) \vDash \exists y F(x, y)$ （(1) と全称除去律より）
3) $F(x, y) \vDash F(x, y)$ （同一律より）
4) $F(x, y) \vDash \forall x F(x, y)$ （(3) と全称導入律より）
5) $\forall x F(x, y) \vDash \forall x F(x, y)$ （同一律より）
6) $\forall x F(x, y) \vDash \exists y \forall x F(x, y)$ （(5) と存在導入律より）
7) $F(x, y) \vDash \exists y \forall x F(x, y)$ （(4),(6) とカットより）
8) $\exists y F(x, y) \vDash \exists y \forall x F(x, y)$ （(7) と存在除去律より）
9) $\forall x \exists y F(x, y) \vDash \exists y \forall x F(x, y)$ （(2),(8) とカットより）

上の過程において，誤りは 4) の全称導入律の適用にある．ここで，$x \in fv(F(x, y))$ であるから，全称導入律を適用することはできないのである．

解説 5.76 もう一つ，別の例を示す．以下の推論は誤りであるが，但し書きがなければやはり導かれてしまうものの一つである．

$$\exists x F(x) \vDash \forall x F(x)$$

この推論が導かれる過程は以下の通りであるが，2) の存在除去律の適用が，やはり但し書きに違反しているのである．

1) $F(x) \vDash F(x)$ （同一律より）
2) $\exists x F(x) \vDash F(x)$ （(1) と存在除去律より）
3) $\exists x F(x) \vDash \forall x F(x)$ （(2) と全称導入律より）

この「証明」には，別の経路も存在する．こちらは 2) の全称導入律の適用が但し書きに違反している例である．

1) $F(x) \vDash F(x)$ （同一律より）
2) $F(x) \vDash \forall x F(x)$ （(1) と全称導入律より）
3) $\exists x F(x) \vDash \forall x F(x)$ （(2) と存在除去律より）

5.4.4 一階述語論理の推論

前節の定理を用いると，一階述語論理において，さらに**全称例化律** (universal instantiation)，**存在汎化律** (existential generalization) と呼ばれる二つの推論が妥当であることが示される．

> **定理 5.77**（全称例化律） 任意の論理式 φ，変項 ξ，項 τ について以下が成り立つ．
> $$\forall \xi \varphi \vDash \varphi[\tau/\xi]$$

証明．
1) $\varphi[\tau/\xi] \vDash \varphi[\tau/\xi]$ （同一律より）
2) $\forall \xi \varphi \vDash \varphi[\tau/\xi]$ （(1) と全称除去律より） □

解説 5.78 全称例化律は，すべてのものがある属性を持つ，という一般的な言明を前提として，具体例への言明が帰結される推論である．

すべての学生が期末試験で合格した． $\implies$ 花子は期末試験で合格した．

> **定理 5.79**（存在汎化律） 任意の論理式 φ，変項 ξ，項 τ について以下が成り立つ．
> $$\varphi[\tau/\xi] \vDash \exists \xi \varphi$$

証明．
1) $\varphi[\tau/\xi] \vDash \varphi[\tau/\xi]$ （同一律より）
2) $\varphi[\tau/\xi] \vDash \exists \xi \varphi$ （(1) と存在導入律より） □

解説 5.80 存在汎化律は，ある属性を持つ具体例を前提として，その属性を持つものが存在する，という言明が帰結される推論である．

花子は期末試験で合格した． $\implies$ 期末試験で合格した学生が存在する．

以下の定理 5.81 は，自由変項として含まれない変項については量化の影響がないことを示している．

5.4 推論

定理 5.81 任意の論理式 φ, 変項 ξ (ただし $\xi \notin fv(\varphi)$) について以下が成り立つ.

$$\forall \xi \varphi \dashv\vdash \varphi \qquad \exists \xi \varphi \dashv\vdash \varphi$$

練習問題 5.82 定理 5.81 は補題 5.59 から明らかであるが, 定理 5.71–定理 5.74 のみを用いた証明を考えよ.

以下の定理 5.83 は, 二つの量化子 $\forall$ と $\exists$ は, 相互に定義可能であることを示している.

定理 5.83 任意の論理式 φ, 変項 ξ について以下が成り立つ.

$$\neg \forall \xi \varphi \dashv\vdash \exists \xi (\neg \varphi) \qquad \neg \exists \xi \varphi \dashv\vdash \forall \xi (\neg \varphi)$$

証明. 左式のみ証明する.

($\Rightarrow$) について：

1) $\neg \varphi [\zeta/\xi] \vdash \neg \varphi [\zeta/\xi]$ (同一律より)
2) $\neg \varphi [\zeta/\xi] \vdash \exists \xi (\neg \varphi)$ (存在導入律より)
3) $\neg \exists \xi (\neg \varphi), \neg \varphi [\zeta/\xi] \vdash \bot$ (2) と背理法より)
4) $\neg \exists \xi (\neg \varphi) \vdash \varphi [\zeta/\xi]$ (3) と背理法より)
5) $\neg \exists \xi (\neg \varphi) \vdash \forall \xi \varphi$ ($\xi \notin fv(\neg \exists \xi (\neg \varphi)) \cup fv(\forall \xi \varphi)$ と全称導入律より)
6) $\neg \forall \xi \varphi, \neg \exists \xi (\neg \varphi) \vdash \bot$ (5) と背理法より)
7) $\neg \forall \xi \varphi \vdash \exists \xi (\neg \varphi)$ (6) と背理法より)

($\Leftarrow$) について：

1) $\neg\neg \forall \xi \varphi \vdash \forall \xi \varphi$ (二重否定除去律より)
2) $\forall \xi \varphi \vdash \varphi [\zeta/\xi]$ (全称例化律より)
3) $\varphi [\zeta/\xi], \neg \varphi [\zeta/\xi] \vdash \bot$ (恒真式 $\varphi \wedge \neg \varphi \leftrightarrow \bot$ より)
4) $\neg\neg \forall \xi \varphi, \neg \varphi [\zeta/\xi] \vdash \bot$ (1),2),3) とカットより)
5) $\neg \varphi [\zeta/\xi] \vdash \neg \forall \xi \varphi$ (4) と背理法より)
6) $\exists \xi (\neg \varphi) \vdash \neg \forall \xi \varphi$ ($\xi \notin fv(\exists \xi (\neg \varphi)) \cup fv(\neg \forall \xi \varphi)$ と存在除去律より) □

練習問題 5.84 定理 5.83 右式を証明せよ．

> **定理 5.85** 任意の論理式 φ, ψ，変項 ξ（ただし $\xi \notin fv(\varphi)$）について以下が成り立つ．
> $$\varphi \wedge \forall \xi \psi \dashv\vdash \forall \xi(\varphi \wedge \psi)$$
> $$\varphi \wedge \exists \xi \psi \dashv\vdash \exists \xi(\varphi \wedge \psi)$$
> $$\varphi \vee \forall \xi \psi \dashv\vdash \forall \xi(\varphi \vee \psi)$$
> $$\varphi \vee \exists \xi \psi \dashv\vdash \exists \xi(\varphi \vee \psi)$$

練習問題 5.86 定理 5.85 を証明せよ．

5.4.5 α 同値性

量化子に伴う変項は，一定の規則に従って，他の変項と置き換えることができる．このことは，α **同値性** (alpha-equivalence) と呼ばれる定理によって保証されている[*12]．

> **補題 5.87**（α 同値性） 任意の変項 ξ, ζ，論理式 φ（ただし $\zeta \notin fv(\varphi)$）について以下が成り立つ．
> $$\forall \xi \varphi \dashv\vdash \forall \zeta(\varphi[\zeta/\xi])$$
> $$\exists \xi \varphi \dashv\vdash \exists \zeta(\varphi[\zeta/\xi])$$

証明．$\forall \xi \varphi \dashv\vdash \forall \zeta(\varphi[\zeta/\xi])$ について示す．$\xi \equiv \zeta$ の場合は定理 5.42 (1) より $\varphi \equiv \varphi[\xi/\xi]$ であるから自明．以下，$\xi \not\equiv \zeta$ とする．

$$
\begin{aligned}
& [\![\varphi[\zeta/\xi]]\!]_{M,g[\zeta \mapsto a]} \\
=\ & [\![\varphi]\!]_{M,g[\zeta \mapsto a][\xi \mapsto [\![\zeta]\!]_{M,g[\zeta \mapsto a]}]} && (\text{補題 5.61 (2) より}) \\
=\ & [\![\varphi]\!]_{M,g[\zeta \mapsto a][\xi \mapsto a]} \\
=\ & [\![\varphi]\!]_{M,g[\xi \mapsto a][\zeta \mapsto a]} && (\xi \not\equiv \zeta \text{ と補題 5.56 より}) \\
=\ & [\![\varphi]\!]_{M,g[\xi \mapsto a]} && (\zeta \notin fv(\varphi) \text{ と補題 5.59 (2) より})
\end{aligned}
$$

[*12] **ラムダ計算** (lambda calculi) の用語である．ラムダ計算には，他に β 同値性，η 同値性と呼ばれる定理がある．

したがって，以下が成り立つ．

$$\begin{aligned}
&\quad [\![\forall \xi \varphi]\!]_{M,g} = 1 \\
&\iff \text{すべての } a \in D_M \text{ について } [\![\varphi]\!]_{M,g[\xi \mapsto a]} = 1 \\
&\iff \text{すべての } a \in D_M \text{ について } [\![\varphi[\zeta/\xi]]\!]_{M,g[\zeta \mapsto a]} = 1 \\
&\iff [\![\forall \zeta(\varphi[\zeta/\xi])]\!]_{M,g} = 1 \qquad \square
\end{aligned}$$

練習問題 5.88 上の証明を参考に，$\exists \xi \varphi \dashv\vdash \exists \zeta(\varphi[\zeta/\xi])$ を証明せよ．

5.4.6 置き換え

一階命題論理で用いた論理式の置き換え操作（3.3.5 項）は，一階述語論理においても可能である．一階命題論理においては，置き換え操作は実際には定理 3.68 を（論理式の深さに応じて）繰り返し用いた証明の省略であった．そして定理 3.68 とは，一階命題論理の論理式は，真部分論理式同士が意味論的に同値ならば，意味論的に同値であるという定理であった．

一階命題論理においては真部分論理式を持つ形式は複合論理式のみであるため定理 3.68 で十分であった．しかし一階述語論理においては量化論理式が加わるため，置き換えが成立するためには以下が成り立つことが必要である．

定理 5.89（量化論理式の置き換え）　任意の論理式 φ, ψ，変項 ξ について，以下が成り立つ．

$$\varphi \dashv\vdash \psi \implies \forall \xi \varphi \dashv\vdash \forall \xi \psi$$
$$\varphi \dashv\vdash \psi \implies \exists \xi \varphi \dashv\vdash \exists \xi \psi$$

証明．$\forall \xi \varphi \vdash \forall \xi \psi$ について：

1) $\varphi[\xi/\xi] \vdash \psi$ 　（前提と定理 5.42 (1) より）
2) $\forall \xi \varphi \vdash \psi$ 　　（(1) と全称除去律より）
3) $\forall \xi \varphi \vdash \forall \xi \psi$ 　（$\xi \notin fv(\forall \xi \varphi) \cup fv(\forall \xi \psi)$ と全称導入律より）

$\forall \xi \psi \vdash \forall \xi \varphi$ についても同様． $\square$

練習問題 5.90 定理 5.89 の下式を証明せよ．

練習問題 5.91 置き換えを用いて $\forall x(F(x)) \wedge G(a) \dashv\vdash \forall x(\neg\neg F(x)) \wedge G(a)$ を証明せよ．

5.5 標準形

3.4 節において，一階命題論理では任意の論理式に対して，その論理式が恒真式か否かを有限のステップで決定する手続き（決定手続き）が存在することを述べた．一方，一階述語論理にはそのような決定手続きは存在しない．このことは，一階述語論理の**決定不能性** (undecidability) として知られている．

しかし，一階述語論理でも，ある条件を満たす論理式については決定手続きが存在する．以下で解説する決定手続きは，現れる論理式が「$\forall\exists$ 標準形」と呼ばれる形式に同値変形できる場合について適用可能な手法である．

5.5.1 冠頭標準形

一階述語論理には量化子があるため，一階命題論理における標準形の手法をそのまま用いることはできない．しかし論理式を，量化子からなる部分と，複合論理式からなる部分に分離することができれば，一階命題論理の標準形の手法を利用することができる．そのために，一階述語論理の論理式を**冠頭標準形** (prenex normal form: PNF) という形式に変形する手法が知られている．冠頭標準形とは，どの複合論理式も部分論理式として量化論理式を含まない形式のことである．たとえば，

$$\exists x F(x) \land \exists x G(x) \land \neg \exists x (F(x) \land G(x))$$

は冠頭標準形ではないが，

$$\exists x \exists y \forall z (F(x) \land G(y) \land \neg(F(z) \land G(z)))$$

は冠頭標準形である．

一階述語論理の任意の論理式は，以下の手順で冠頭標準形に変換することができる．この変換には，定理 5.83 と定理 5.85 の意味論的同値性と，置き換えを用いる．定理 5.83 は，別の視点からみると，量化論理式の外側にある否定 $\neg$ を，量化子の種類を交替しつつ，量化論理式の内側に繰り込めることを意味している．

$$\neg\forall\xi\varphi \dashv\vdash \exists\xi(\neg\varphi)$$
$$\neg\exists\xi\varphi \dashv\vdash \forall\xi(\neg\varphi)$$

5.5 標準形

同様に，定理 5.85 は，量化論理式の外側にある $\wedge$ と $\vee$ を，特定の条件下で，量化論理式の内側に繰り込めることを意味している．

$$\varphi \wedge \forall \xi \psi \dashv\vdash \forall \xi(\varphi \wedge \psi) \quad (ただし \xi \notin fv(\varphi))$$
$$\varphi \wedge \exists \xi \psi \dashv\vdash \exists \xi(\varphi \wedge \psi) \quad (ただし \xi \notin fv(\varphi))$$
$$\varphi \vee \forall \xi \psi \dashv\vdash \forall \xi(\varphi \vee \psi) \quad (ただし \xi \notin fv(\varphi))$$
$$\varphi \vee \exists \xi \psi \dashv\vdash \exists \xi(\varphi \vee \psi) \quad (ただし \xi \notin fv(\varphi))$$

しかし便宜上，以下のようなもう少し一般的な形として述べておくことにする．

定理 5.92 任意の論理式 φ, ψ, χ，変項 ξ （ただし $\xi \notin fv(\varphi) \cup fv(\chi)$）について以下が成り立つ．

$$\varphi \wedge \forall \xi \psi \wedge \chi \dashv\vdash \forall \xi(\varphi \wedge \psi \wedge \chi)$$
$$\varphi \wedge \exists \xi \psi \wedge \chi \dashv\vdash \exists \xi(\varphi \wedge \psi \wedge \chi)$$
$$\varphi \vee \forall \xi \psi \wedge \chi \dashv\vdash \forall \xi(\varphi \vee \psi \wedge \chi)$$
$$\varphi \vee \exists \xi \psi \wedge \chi \dashv\vdash \exists \xi(\varphi \vee \psi \wedge \chi)$$

証明．第一式のみ証明する．

$$\varphi \wedge \forall \xi \psi \wedge \chi$$
$$\dashv\vdash (\varphi \wedge \chi) \wedge \forall \xi \psi \quad (結合律・交換律と置き換え)$$
$$\dashv\vdash \forall \xi(\varphi \wedge \chi \wedge \psi) \quad (定理 5.85, \xi \notin fv(\varphi) \cup fv(\chi) と置き換え)$$
$$\dashv\vdash \forall \xi(\varphi \wedge \psi \wedge \chi) \quad (結合律・交換律と置き換え) \qquad \square$$

練習問題 5.93 定理 5.92 の残りの式を証明せよ．

これらを用いて，冒頭の論理式を，冠頭標準形に変換してみよう．$\wedge$ と $\vee$ については結合律・交換律が成り立ち，以下の意味論的同値性も用いることができる．

$$\varphi \wedge (\psi \wedge \chi) \dashv\vdash (\varphi \wedge \psi) \wedge \chi$$
$$\varphi \vee (\psi \vee \chi) \dashv\vdash (\varphi \vee \psi) \vee \chi$$
$$\varphi \wedge \psi \dashv\vdash \psi \wedge \varphi$$
$$\varphi \vee \psi \dashv\vdash \psi \vee \varphi$$

これによって，最左の $\exists x$ は以下のように連言の上に繰り上げられる．

$$\exists x F(x) \land \exists x G(x) \land \neg \exists x (F(x) \land G(x))$$
$$\dashv\vdash\quad \exists x (F(x) \land \exists x G(x) \land \neg \exists x (F(x) \land G(x))) \quad (\text{定理 } 5.92 \text{ と置き換え})$$

次に，$\exists x G(x)$ の存在量化子を繰り上げたいところであるが，$F(x)$ において x が自由変項であるため，定理 5.85 を適用することができない．したがって，まずは変項 x を x 以外の変項（ここでは y）に付け替えておく．変項の付け替えには補題 5.87 を用いる．

$$\forall \xi \varphi \quad \dashv\vdash \quad \forall \zeta (\varphi[\zeta/\xi]) \quad (\text{ただし } \zeta \notin fv(\varphi))$$
$$\exists \xi \varphi \quad \dashv\vdash \quad \exists \zeta (\varphi[\zeta/\xi]) \quad (\text{ただし } \zeta \notin fv(\varphi))$$

この過程を経て，$\exists y$ を上に繰り上げることができる．最右の $\exists x$ についても，後に同様の事情が生じるため，ここで変項を x 以外（ここでは z）に入れ替えておくことにする．

$$\exists x (F(x) \land \exists x G(x) \land \neg \exists x (F(x) \land G(x)))$$
$$\dashv\vdash\quad \exists x (F(x) \land \exists y G(y) \land \neg \exists z (F(z) \land G(z))) \quad (\text{補題 } 5.87 \text{ と置き換え})$$
$$\dashv\vdash\quad \exists x \exists y (F(x) \land G(y) \land \neg \exists z (F(z) \land G(z))) \quad (\text{定理 } 5.92 \text{ と置き換え})$$

最後に，$\exists z$ については，まず定理 5.83 を用いて $\neg$ の外に繰り上げるが，それに伴って $\exists z$ は $\forall z$ に入れ替わる．あとは同様の手順で $\forall z$ を繰り上げれば良い．

$$\exists x \exists y (F(x) \land G(y) \land \neg \exists z (F(z) \land G(z)))$$
$$\dashv\vdash\quad \exists x \exists y (F(x) \land G(y) \land \forall z \neg (F(z) \land G(z))) \quad (\text{定理 } 5.83 \text{ と置き換え})$$
$$\dashv\vdash\quad \exists x \exists y \forall z (F(x) \land G(y) \land \neg (F(z) \land G(z))) \quad (\text{定理 } 5.92 \text{ と置き換え})$$

これで冒頭の式と等価な冠頭標準形が得られた．

論理式が $\neg, \land, \lor$ 以外の真理関数を含む場合は，3.5.1 項の議論に則って $\neg, \land, \lor$ に置き換えたのち，以上の手続きを適用すればよい．しかし，$\to$ の場合には以下の同値性を用いて直接変換することもできる．

$$\varphi \to \forall \xi \psi \dashv\vdash \forall \xi (\varphi \to \psi) \quad (\text{ただし } \xi \notin fv(\varphi))$$
$$\varphi \to \exists \xi \psi \dashv\vdash \exists \xi (\varphi \to \psi) \quad (\text{ただし } \xi \notin fv(\varphi))$$
$$\forall \xi \varphi \to \psi \dashv\vdash \exists \xi (\varphi \to \psi) \quad (\text{ただし } \xi \notin fv(\psi))$$
$$\exists \xi \varphi \to \psi \dashv\vdash \forall \xi (\varphi \to \psi) \quad (\text{ただし } \xi \notin fv(\psi))$$

練習問題 5.94 上記の $\to$ に関する意味論的同値性を証明せよ．

練習問題 5.95 以下の論理式を冠頭標準形に変換せよ．

$\exists x F(x) \lor \neg \forall x F(x)$

$(\forall x(F(x) \to G(x)) \land \exists x(F(x) \land H(x))) \to \exists x(G(x) \land H(x))$

$\forall x(F(x) \land G(x)) \leftrightarrow (\forall x F(x) \land \forall x G(x))$

$\exists x \forall y \exists z F(x,y,z) \to \exists x \forall y \exists z F(y,z,x)$

5.5.2 スコーレム標準形

> **定義 5.96** （存在冠頭論理式・全称冠頭論理式） 冠頭標準形の論理式のうち，現れる量化子が存在量化子のみであるような論理式を**存在冠頭論理式** (existential formula)，現れる量化子が全称量化子のみであるような論理式を**全称冠頭論理式** (universal formula) という．

すなわち存在冠頭論理式とは $\exists x_1 \cdots \exists x_n \varphi$ という形式の論理式であり，全称冠頭論理式とは $\forall x_1 \cdots \forall x_n \varphi$ という形式の論理式である．ただし，$n \geq 0$ かつ φ は量化子を含まない論理式である．

前節で述べたように，一階述語論理においては任意の論理式を冠頭標準形に同値変形することができるが，必ずしも存在冠頭論理式や全称冠頭論理式に同値変形できるとは限らない．しかしながら，以下の定理が成り立つことが知られている．

> **定理 5.97** 任意の論理式 φ について，以下を満たす存在冠頭論理式 $\varphi^\exists$，全称冠頭論理式 $\varphi^\forall$ が存在する．
>
> $$\vDash \varphi \iff \vDash \varphi^\exists \qquad \varphi \vDash \iff \varphi^\forall \vDash$$

任意の論理式 φ について，この条件を満たす $\varphi^\exists$ は以下の手順で得られる．まず，φ の冠頭標準形が存在冠頭論理式ではないとすると，以下の形式である．

$$\varphi \equiv \exists x_1 \cdots \exists x_n \forall y \psi \quad （ただし \psi は冠頭標準形）$$

ここで，新たに ψ には現れない n 項演算子 f（**スコーレム関数** (Skolem function) という）を導入し，

$$\varphi^\exists \equiv \exists x_1 \cdots \exists x_n \psi[f(x_1,\ldots,x_n)/y]$$

という論理式を構成する．ただし $n = 0$ のときは，スコーレム関数の代わりに名前 f（**スコーレム定数** (Skolem constant) という）を導入し，$f(x_1, \ldots, x_n) \equiv f$ とする．この論理式 $\varphi^\exists$ が存在冠頭論理式ならば，終了する．そうでなければ，上記の手続きを φ の代わりに $\varphi^\exists$ に対して適用する．

一方，φ の冠頭標準形が全称冠頭論理式ではないとすると，以下の形式である．

$$\varphi \equiv \forall x_1 \cdots \forall x_n \exists y \psi \quad (\text{ただし } \psi \text{ は冠頭標準形})$$

この式に対して，同様にスコーレム関数を導入し，

$$\varphi^\forall \equiv \forall x_1 \cdots \forall x_n \psi[f(x_1, \ldots, x_n)/y]$$

という論理式を構成する．$n = 0$ のときも同様に，スコーレム関数の代わりにスコーレム定数を用いる．この論理式 $\varphi^\forall$ が全称冠頭論理式ならば，終了する．そうでなければ，上記の手続きを φ の代わりに $\varphi^\forall$ に対して適用する．

論理式 φ から，この方法で構成された冠頭論理式 $\varphi^\exists, \varphi^\forall$ のことを，φ の**スコーレム標準形** (Skolem normal form: SNF) という．

さて，定理 5.97 が成立するには，以下の補題 5.98 が成り立てば十分である（スコーレム標準形の構成手続きの回数に関する帰納法で示されるが，自明なので省略する）．

> **補題 5.98** 任意の冠頭標準形 ψ と，ψ に現れない n 項演算子 f に対して，以下が成り立つ．ただし $n \geq 0$ とする．
>
> $$\vDash \exists x_1 \cdots \exists x_n \forall y \psi \iff \vDash \exists x_1 \cdots \exists x_n \psi[f(x_1, \ldots, x_n)/y]$$
> $$\forall x_1 \cdots \forall x_n \exists y \psi \vDash \iff \forall x_1 \cdots \forall x_n \psi[f(x_1, \ldots, x_n)/y] \vDash$$

証明．上式についてのみ証明する．$(\Rightarrow)$ について：前提より $\vDash \exists x_1 \cdots \exists x_n \forall y \psi$ である．また，

$$
\begin{array}{rcll}
\psi[f(x_1, \ldots, x_n)/y] & \vDash & \psi[f(x_1, \ldots, x_n)/y] & \text{(同一律)} \\
\forall y \psi & \vDash & \psi[f(x_1, \ldots, x_n)/y] & \text{(全称例化律)} \\
\forall y \psi & \vDash & \exists x_n \psi[f(x_1, \ldots, x_n)/y] & \text{(存在導入律)} \\
& \cdots & & \cdots
\end{array}
$$

5.5 標準形

$$\begin{array}{rl}
\vdots & \vdots \\
\forall y\psi \vDash & \exists x_1\cdots\exists x_n\psi[f(x_1,\ldots,x_n)/y] \quad \text{(存在導入律)} \\
\exists x_n\forall y\psi \vDash & \exists x_1\cdots\exists x_n\psi[f(x_1,\ldots,x_n)/y] \quad \text{(存在除去律と} \\
& x_n \notin fv(\exists x_n\forall y\psi)\cup fv(\exists x_1\cdots\exists x_n\psi[f(x_1,\ldots,x_n)/y]) \text{ より)} \\
\vdots & \vdots \\
\exists x_1\cdots\exists x_n\forall y\psi \vDash & \exists x_1\cdots\exists x_n\psi[f(x_1,\ldots,x_n)/y] \quad \text{(存在除去律と} \\
& x_1 \notin fv(\exists x_2\cdots\exists x_n\forall y\psi)\cup fv(\exists x_1\cdots\exists x_n\psi[f(x_1,\ldots,x_n)/y]) \text{ より)}
\end{array}$$

であるから，カットにより補題 5.98 の ($\Rightarrow$) が成り立つ．
($\Leftarrow$) について：対偶を示す．

$$\begin{array}{rl}
& \nvDash \exists x_1\cdots\exists x_n\forall y\psi \qquad\qquad\qquad\qquad \text{(前提)} \\
\iff & [\![\exists x_1\cdots\exists x_n\forall y\psi]\!]_{M,g} = 0 \text{ となる } \langle M,g\rangle \text{ が存在} \\
\iff & [\![\neg\exists x_1\cdots\exists x_n\forall y\psi]\!]_{M,g} = 1 \text{ となる } \langle M,g\rangle \text{ が存在} \\
\iff & [\![\forall x_1\cdots\forall x_n\exists y\neg\psi]\!]_{M,g} = 1 \text{ となる } \langle M,g\rangle \text{ が存在} \quad \text{(定理 5.83 より)} \\
\iff & \text{すべての } (a_1,\ldots,a_n)\in (D_M)^n \text{ について，} g[x_1\mapsto a_1]\cdots[x_n\mapsto a_n]
\end{array}$$

の y 変異 $g[x_1\mapsto a_1]\cdots[x_n\mapsto a_n][y\mapsto \overline{y}]$ が存在して，

$$[\![\neg\psi]\!]_{M,g[x_1\mapsto a_1]\cdots[x_n\mapsto a_n][y\mapsto\overline{y}]} = 1 \qquad \text{—(†)}$$

となる $\overline{y}(\in D_M)$ が存在するような $\langle M,g\rangle$ が存在する．

この構造 M を元に，以下のような構造 $M' = \langle D_{M'}, F_{M'}\rangle$ を定義する．まず，$D_{M'} \stackrel{def}{\equiv} D_M$ とする．$F_{M'}$ は，まず f については，各 $(a_1,\ldots,a_n)\in (D_{M'})^n$ に対して，(†) を満たす適当な $\overline{y}$ ($\in D_{M'}$) を一つ選ぶと，これは $(D_{M'})^n$ から $D_{M'}$ への写像とみなせるので，これを $\overline{y} = f'(a_1,\ldots,a_n)$ とおいて，

$$F_{M'}(f) \stackrel{def}{\equiv} f'$$

と定義する．f 以外の演算子，および名前，述語については M' は M と同じものに対応付けるとする．すると任意の $(a_1,\ldots,a_n)\in (D_{M'})^n$ に対して，

$$\begin{array}{rl}
& [\![\neg\psi[f(x_1,\ldots,x_n)/y]]\!]_{M',g[x_1\mapsto a_1]\cdots[x_n\mapsto a_n]} \\
= & [\![\neg\psi]\!]_{M',g[x_1\mapsto a_1]\cdots[x_n\mapsto a_n][y\mapsto [\![f(x_1,\ldots,x_n)]\!]_{M',g[x_1\mapsto a_1]\cdots[x_n\mapsto a_n]}]} \\
& \text{(補題 5.61 (2) より)} \\
= & [\![\neg\psi]\!]_{M',g[x_1\mapsto a_1]\cdots[x_n\mapsto a_n][y\mapsto F_{M'}(f)(a_1,\ldots,a_n)]} \\
= & [\![\neg\psi]\!]_{M',g[x_1\mapsto a_1]\cdots[x_n\mapsto a_n][y\mapsto f'(a_1,\ldots,a_n)]} \\
= & 1 \quad \text{(f は ψ に現れないこと，および (†) より)}
\end{array}$$

であるから，この $\langle M', g \rangle$ のもとでは，任意の $(a_1, \ldots, a_n) \in (D_{M'})^n$ に対して，
$$[\![\psi[f(x_1, \ldots, x_n)/y]]\!]_{M', g[x_1 \mapsto a_1] \cdots [x_n \mapsto a_n]} = 0$$
である．したがって，この $\langle M', g \rangle$ のもとでは $[\![(\dagger)]\!]_{M', g} = 0$ であり，以下が成立する．
$$\not\models \exists x_1 \cdots \exists x_n \psi[f(x_1, \ldots, x_n)/y] \qquad \square$$

練習問題 5.99 補題 5.98 の下式を証明せよ．

5.5.3 エルブランの定理

一階述語論理の記号 $\mathcal{A}$（定義 5.1 参照）が与えられたとき，$\mathcal{A}$ から以下のように定義される集合を，**エルブラン領域** (Herbrand universe) という．

> **定義 5.100** （エルブラン領域） 記号 $\mathcal{A}$ のもとでのエルブラン領域 $H_\mathcal{A}$ とは，$\mathcal{A}$ によって定義される一階述語論理の項の集合である[*13]．ただし，$\mathcal{A}$ が名前を一つも含まない場合には，適当な名前を一つ（何でもよい）を加えた上で，項の集合を定義する．

また，以下を満たす構造 $H = \langle D_H, F_H \rangle$ を $\mathcal{A}$ の**エルブラン構造** (Herbrand structure) という．

> **定義 5.101** （エルブラン構造）
> $$D_H \stackrel{def}{\equiv} H_\mathcal{A} \qquad F_H(\alpha) \stackrel{def}{\equiv} \alpha$$
> $$F_H(o) \stackrel{def}{\equiv} [(\tau_1, \ldots, \tau_n) \mapsto o(\tau_1, \ldots, \tau_n)]$$

また，エルブラン構造 H と，以下のように定義される割り当て h の組 $\langle H, h \rangle$ を**エルブラン解釈** (Herbrand interpretation) という．

$$h \stackrel{def}{\equiv} [\xi \mapsto \xi]$$

エルブラン解釈には以下に挙げるようないくつかの重要な性質がある．

[*13] 一般的には，エルブラン領域とは「自由変項を含まない項の集合」として定義されるが，ここでは不確定名として変項を用いる都合上，定義 5.100 のような定義となっている．

5.5 標準形

> **補題 5.102** エルブラン解釈 $\langle H, h \rangle$ においては，任意の項 τ について $[\![\tau]\!]_{H,h} = \tau$ である．

証明．項の深さに関する帰納法による（自明なので省略）．□

> **補題 5.103** 任意のエルブラン構造 $H = \langle D_H, F_H \rangle$ において，D_H は高々可算である．

証明．エルブラン構造 $H = \langle D_H, F_H \rangle$ における D_H は項の集合であるから，D_H の各要素は，項へのゲーデル数付け（5.2.7 項参照）によって，それぞれ別の自然数に対応する．したがって，D_H は高々可算である．□

> **補題 5.104** Γ は量化子を含まない論理式の列とすると，以下が成り立つ．
>
> Γ を同時に充足する解釈が存在
> $\implies$ Γ を同時に充足するエルブラン解釈が存在

証明．解釈 $\langle M, g \rangle$ が Γ を同時に充足すると仮定する．このとき，エルブラン構造 H を以下のように構成する．n 項述語 θ に対して，

$$F_H(\theta) \stackrel{def}{=} \left[\begin{array}{lll} (\tau_1, \ldots, \tau_n) & \mapsto & 1 \quad ([\![\theta(\tau_1, \ldots, \tau_n)]\!]_{M,g} = 1 \text{ の場合}) \\ (\tau_1, \ldots, \tau_n) & \mapsto & 0 \quad ([\![\theta(\tau_1, \ldots, \tau_n)]\!]_{M,g} = 0 \text{ の場合}) \end{array} \right]$$

と定義する．このとき，φ が Γ に含まれるならば，$[\![\varphi]\!]_{H,h} = [\![\varphi]\!]_{M,g}$ であることを，Γ に含まれる論理式 φ の深さ d に関する帰納法で証明する．
$\underline{d = 1 \text{ の場合}}$：$\varphi$ は基本述語である．F_H の定義より，$[\![\theta(\tau_1, \ldots, \tau_n)]\!]_{H,h} = [\![\theta(\tau_1, \ldots, \tau_n)]\!]_{M,g}$ である．
$\underline{1 < d \text{ の場合}}$：$\Gamma$ に含まれる論理式 φ の深さが $d - 1$ のときは，$[\![\varphi]\!]_{H,h} = [\![\varphi]\!]_{M,g}$ が成り立つと仮定する（帰納法の仮説：IH）．深さ d の論理式 φ は，仮定より量化子を含まないので複合論理式であり，以下が成立する．

$$\begin{array}{rcl} [\![\rho(\varphi_1, \ldots, \varphi_n)]\!]_{H,h} & = & [\![\rho]\!]_{H,h}([\![\varphi_1]\!]_{H,h}, \ldots, [\![\varphi_n]\!]_{H,h}) \\ & = & [\![\rho]\!]_{M,g}([\![\varphi_1]\!]_{M,g}, \ldots, [\![\varphi_n]\!]_{M,g}) \quad (IH \text{ より}) \\ & = & [\![\rho(\varphi_1, \ldots, \varphi_n)]\!]_{M,g} \end{array}$$

□

> **補題 5.105** φ が量化子を含まない論理式ならば,以下が成り立つ.
>
> $\vDash \varphi \iff$ 任意のエルブラン解釈 $\langle H, h \rangle$ について $[\![\varphi]\!]_{H,h} = 1$
> $\varphi \vDash \iff$ 任意のエルブラン解釈 $\langle H, h \rangle$ について $[\![\varphi]\!]_{H,h} = 0$

論理式が恒真である,というのは「すべての解釈のもとで真」ということであるが,量化子を含まない論理式に限れば「すべてのエルブラン解釈のもとで真」ということと等価であることを述べている.つまり,エルブラン解釈以外の解釈は考慮しなくとも,論理式の恒真性が定まる,というわけである.

証明. 上式のみ示す. ($\Rightarrow$) について:自明.
($\Leftarrow$) について:対偶を示す.$\not\vDash \varphi$ とする.すなわち,$[\![\varphi]\!]_{M,g} = 0$ となる解釈 $\langle M, g \rangle$ が存在する.このとき $[\![\neg\varphi]\!]_{M,g} = 1$ であるが,補題 5.104 より $[\![\neg\varphi]\!]_{H,h} = 1$ となるエルブラン解釈 $\langle H, h \rangle$ が存在し,$[\![\varphi]\!]_{H,h} = 0$ である. □

練習問題 5.106 補題 5.105 の下式を証明せよ.

さて,定理 5.69 と同様の議論によって,一階述語論理の論理式 φ の異なる基本述語を異なる命題記号に対応させて作った(一階命題論理の)論理式を,$\varrho(\varphi)$ とする.

> **補題 5.107** φ が量化子を含まない論理式ならば,以下が成り立つ.
>
> 任意のエルブラン解釈 $\langle H, h \rangle$ について $[\![\varphi]\!]_{H,h} = 1$
> $\iff \vDash \varrho(\varphi)$

一階命題論理の決定可能性により,$\vDash \varrho(\varphi)$ は決定可能である.したがって補題 5.105 および補題 5.107 より,一階述語論理においても,量化子を含まない論理式の恒真性については決定可能である.

練習問題 5.108 補題 5.107 を証明せよ.

次に述べるエルブランの定理の証明には,コンパクト定理と呼ばれる定理が必要である.コンパクト定理の証明は 13.4 節に譲り,ここでは結果のみ述べておく.

5.5 標準形

> **定理 5.109** (コンパクト定理)　すべての $\Gamma' \subseteq \Gamma$ (ただし $|\Gamma'|$ は有限) について, Γ' が充足可能である. $\Longrightarrow$ Γ は充足可能である.

エルブランの定理とは, 存在冠頭論理式が恒真式か否かを判定するには, 対応する (量化子を持たない) 論理式が恒真式か否かを有限個の項について調べればよい, ということを述べている.

> **定理 5.110** (エルブランの定理:存在冠頭論理式の場合)　$\exists x_1 \cdots \exists x_n \varphi$ を, 記号 $\mathcal{A}$ のもとでの一階述語論理の存在冠頭論理式 (φ は量化子を含まない論理式) とすると, 以下が成立する[*14].
>
> $\models \exists x_1 \cdots \exists x_n \varphi$
> $\iff$ ある自然数 m について, $m \times n$ 個の項 $\tau_{11}, \ldots, \tau_{mn}$ が存在し, $\mathcal{A}$ に対する任意のエルブラン解釈 $\langle H, h \rangle$ について $[\![\bigvee_{1 \leq i \leq m} \varphi[\tau_{i1}/x_1] \cdots [\tau_{in}/x_n]]\!]_{H,h} = 1$ を満たす.

証明. ($\Rightarrow$) について:対偶を示す.

1) 前提より, $m \times n$ 個の項 $\tau_{11}, \ldots, \tau_{mn}$ が存在し, $\mathcal{A}$ に対する任意のエルブラン解釈 $\langle H, h \rangle$ について $[\![\bigvee_{1 \leq i \leq m} \varphi[\tau_{i1}/x_1] \cdots [\tau_{in}/x_n]]\!]_{H,h} = 1$ を満たすような, 自然数 m は存在しない.

2) 1) より, 任意の自然数 m と $m \times n$ 個の項 $\tau_{11}, \ldots, \tau_{mn}$ について, $[\![\bigvee_{1 \leq i \leq m} \varphi[\tau_{i1}/x_1] \cdots [\tau_{in}/x_n]]\!]_{H,h} = 0$ となる $\mathcal{A}$ に対するエルブラン解釈 $\langle H, h \rangle$ が存在する.

3)
$[\![\bigvee_{1 \leq i \leq m} \varphi[\tau_{i1}/x_1] \cdots [\tau_{in}/x_n]]\!]_{H,h} = 0$
$\iff [\![\neg \bigvee_{1 \leq i \leq m} \varphi[\tau_{i1}/x_1] \cdots [\tau_{in}/x_n]]\!]_{H,h} = 1$
$\iff [\![\bigwedge_{1 \leq i \leq m} \neg \varphi[\tau_{i1}/x_1] \cdots [\tau_{in}/x_n]]\!]_{H,h} = 1$
(ドゥ・モルガンの法則より)

であるから, 2) より, 任意の自然数 m と $m \times n$ 個の項 $\tau_{11}, \ldots, \tau_{mn}$ につ

[*14] $\bigvee_{1 \leq i \leq m} \varphi_i \stackrel{def}{\equiv} \varphi_1 \vee \cdots \vee \varphi_m$ とする.

いて，$[\![\bigwedge_{1 \leq i \leq m} \neg\varphi[\tau_{i1}/x_1]\cdots[\tau_{in}/x_n]]\!]_{H,h} = 1$ となる $\mathcal{A}$ に対するエルブラン解釈 $\langle H, h \rangle$ が存在する．

4) $S \stackrel{def}{=} \{\neg\varphi[\tau_1/x_1]\cdots[\tau_n/x_n] \mid \tau_1,\ldots,\tau_n \in H_\mathcal{A}\}$ とすると，3) より，S の任意の有限な部分集合は充足可能である．

5) 4) とコンパクト定理（定理 5.109）より，S は充足可能である．

6) 5) と補題 5.104 より，S を同時に充足するエルブラン解釈 $\langle H', h' \rangle$ が存在する．すなわち $\langle H', h' \rangle$ のもとでは，すべての $\tau_1,\ldots,\tau_n \in H_\mathcal{A}$ について，$[\![\neg\varphi[\tau_1/x_1]\cdots[\tau_n/x_n]]\!]_{H',h'} = 1$ である．したがって，以下が成立する．

 すべての $\tau_1,\ldots,\tau_n \in H_\mathcal{A}$ について，$[\![\neg\varphi[\tau_1/x_1]\cdots[\tau_n/x_n]]\!]_{H',h'} = 1$
$\iff$ すべての $\tau_1,\ldots,\tau_n \in H_\mathcal{A}$ について，$[\![\varphi[\tau_1/x_1]\cdots[\tau_n/x_n]]\!]_{H',h'} = 0$
$\iff$ すべての $\tau_1,\ldots,\tau_n \in H_\mathcal{A}$ について，$[\![\varphi]\!]_{H',h'[x_1 \mapsto \tau_1]\cdots[x_n \mapsto \tau_n]} = 0$
（補題 5.61 (2) および補題 5.102 より）
$\iff$ $[\![\varphi]\!]_{H',h'[x_1 \mapsto \tau_1]\cdots[x_n \mapsto \tau_n]} = 1$ を満たす $\tau_1,\ldots,\tau_n \in H_\mathcal{A}$ は存在しない．
$\iff$ $[\![\exists x_1 \cdots \exists x_n \varphi]\!]_{H',h'} = 0$

したがって，$\not\models \exists x_1 \cdots \exists x_n \varphi$ が成り立つ．

($\Leftarrow$) について：前提を満たす $m \times n$ 個の項を $\tau_{11},\ldots,\tau_{mn}$ とすると，$\mathcal{A}$ に対する任意のエルブラン解釈 $\langle H, h \rangle$ について，

$$[\![\bigvee_{1 \leq i \leq m} \varphi[\tau_{i1}/x_1]\cdots[\tau_{in}/x_n]]\!]_{H,h} = 1$$

であるが，補題 5.105 と，φ が量化子を含まないことより，以下が成り立つ．

$$\models \bigvee_{1 \leq i \leq m} \varphi[\tau_{i1}/x_1]\cdots[\tau_{in}/x_n] \quad \text{—(†)}$$

一方，存在汎化律とカットにより，任意の $1 \leq i \leq m$ に対して，

$$\varphi[\tau_{i1}/x_1]\cdots[\tau_{in}/x_n] \models \exists x_1 \ldots \exists x_n \varphi$$

である．構成的両刃論法とカットにより，以下が成り立つ．

$$\bigvee_{1 \leq i \leq m} \varphi[\tau_{i1}/x_1]\cdots[\tau_{in}/x_n] \models \exists x_1 \ldots \exists x_n \varphi \quad \text{—(‡)}$$

したがって，(†) と (‡) とカットにより，$\models \exists x_1 \ldots \exists x_n \varphi$ が成立する． $\square$

一方，全称冠頭論理式については，定理 5.110 の双対となる以下の定理が知られている．全称冠頭論理式が充足不能か否かを判定するには，対応する（量化子を持たない）論理式が充足可能か否かを有限個の項について調べればよい．

定理 5.111 （エルブランの定理：全称冠頭論理式の場合） $\forall x_1 \cdots \forall x_n \varphi$ を，記号 $\mathcal{A}$ のもとでの一階述語論理の全称冠頭論理式（φ は量化子を含まない論理式）とすると，以下が成立する．

$\forall x_1 \cdots \forall x_n \varphi \vDash$
$\iff$ ある自然数 m について，$m \times n$ 個の項 $\tau_{11}, \ldots, \tau_{mn}$ が存在し，$\mathcal{A}$ に対する任意のエルブラン解釈 $\langle H, h \rangle$ について $[\![\bigwedge_{1 \leq i \leq m} \varphi[\tau_{i1}/x_1] \cdots [\tau_{in}/x_n]]\!]_{H,h} = 0$ を満たす．

練習問題 5.112 定理 5.110 と同様に，定理 5.111 を証明せよ．

5.5.4 $\forall\exists$ 標準形

さて，本節冒頭の問題に戻る．一階述語論理の論理式が，以下の形式の冠頭標準形に変形できるときは，恒真式かどうかが決定可能である．

$$\forall x_1 \cdots \forall x_m \exists y_1 \cdots \exists y_n \varphi \quad \text{---}(\ddagger)$$

ただし φ は量化子，変項，演算子を含まない論理式とする．このように，どの存在量化論理式も部分論理式として全称量化論理式を含まないような冠頭標準形を，$\forall\exists$ **標準形** ($\forall\exists$-normal form: $\forall\exists$-NF) という．

($\ddagger$) のスコーレム標準形は，以下のような形式になる（ただし，$f_1, \ldots, f_m$ はスコーレム定数）．

$$\exists y_1 \cdots \exists y_n (\varphi[f_1/x_1] \cdots [f_m/x_m])$$

したがって，以下が成り立つ．ただし，l は自然数とする．

$$
\begin{aligned}
&\models \forall x_1 \cdots \forall x_m \exists y_1 \cdots \exists y_n \varphi \\
\iff &\models \exists y_1 \cdots \exists y_n(\varphi[f_1/x_1]\cdots[f_m/x_m]) \quad\text{(定理 5.97 より)}\\
\iff &\ l\times n\ \text{個の項}\ \tau_{11},\ldots,\tau_{ln}\ \text{が存在して，}\\
&\ \text{任意のエルブラン解釈}\ \langle H,h\rangle\ \text{について}\\
&\ [\![\bigvee_{1\le i\le l}\varphi[f_1/x_1]\cdots[f_m/x_m][\tau_{i1}/y_1]\cdots[\tau_{in}/y_n]]\!]_{H,h}=1\\
&\ \text{を満たす．} \quad\text{(定理 5.110 より)}\\
\iff &\ l\times n\ \text{個の項}\ \tau_{11},\ldots,\tau_{ln}\ \text{が存在して，}\\
&\ \models \bigvee_{1\le i\le l}\varphi[f_1/x_1]\cdots[f_m/x_m][\tau_{i1}/y_1]\cdots[\tau_{in}/y_n] \quad\text{(補題 5.105 より)}\\
\iff &\ l\times n\ \text{個の項}\ \tau_{11},\ldots,\tau_{ln}\ \text{が存在して，}\\
&\ \models \varrho\left(\bigvee_{1\le i\le l}\varphi[f_1/x_1]\cdots[f_m/x_m][\tau_{i1}/y_1]\cdots[\tau_{in}/y_n]\right) \quad\text{(補題 5.107 より)}
\end{aligned}
$$

φ に含まれている名前を $a_1,\ldots,a_k$ とすると，φ は変項も演算子も含まないので，エルブラン領域 $H_\mathcal{A}$ は $\{a_1,\ldots,a_k,f_1,\ldots,f_m\}$ という有限集合となる．したがって，$H_\mathcal{A}$ から $l\times n$ 個の項を選ぶ組み合わせは有限である．また，一階命題論理の決定可能性により，個々の $\tau_{11},\ldots,\tau_{ln}$ の組み合わせに対して，

$$
\models \varrho\left(\bigvee_{1\le i\le l}\varphi[f_1/x_1]\cdots[f_m/x_m][\tau_{i1}/y_1]\cdots[\tau_{in}/y_n]\right)
$$

は決定可能である．したがって，(‡) も決定可能である．

解説 5.113 冠頭標準形が ∀∃ 標準形ではない論理式については，スコーレム標準形においてスコーレム関数が現れる．そのとき，エルブラン領域 $H_\mathcal{A}$ は可算無限集合となるため，$H_\mathcal{A}$ から $l\times n$ 個の項を選ぶ組み合わせは有限にならない．

一般の一階述語論理の論理式には，恒真であるときには有限ステップで判定可能な手続きが知られているが，この手続きは論理式が恒真でないときには停止しない．

練習問題 5.114 記号 $\mathcal{A}$ に含まれる述語が一項述語に限られるときは，閉じた論理式の恒真性が決定可能であることを証明せよ（ヒント：この条件下では，任意の論理式が ∀∃ 標準形に変形できることを示せばよい）．このことは「単項述語論理の決定可能性」と呼ばれている．

第6章

タブロー

6.1 背理法からタブローへ

本章では**タブロー** (tableaux)*¹と呼ばれる証明体系を紹介する．タブローとは，背理法に基づく反駁を，樹形図を描きながら機械的に行う証明法である．背理法とは，1) 反駁したい仮説を立て，2) その仮説からの帰結を導き，3) 導かれた帰結同士が矛盾に陥ることを示す，という過程を経て，仮説を反駁する証明法であった（3.3.8 項参照）．

たとえばいま，論理式 $P \to (Q \to (P \land Q))$ が恒真式であることを証明したいとする．このとき，反駁したい仮説とは，以下のような解釈 $\langle M, g \rangle$ が存在することである．
$$[\![P \to (Q \to (P \land Q))]\!]_{M,g} = 0$$

この仮説をタブローの**根** (root) と呼ぶ．そしてこの仮説からは，P が真，$Q \to (P \land Q)$ が偽でなければならない，という帰結が得られる．タブローでは以下のように，仮説から得られる帰結を，仮説の下に縦棒，縦棒の下に帰結，という順に記していく．

---

*¹「タブロー」の名称にはバリエーションがあり，**分析タブロー** (analytic tableaux)，**証明タブロー** (proof tableaux)，**意味論タブロー** (semantic tableaux) などとも呼ばれる．タブローは，意味論から第 II 部で解説する「証明論」への橋渡し的位置づけにある証明体系である．タブローの考え方は Gentzen (1935) に由来するといわれているが，明確に述べられたのは Beth (1955) においてである．木構造による表示は Jeffrey (1981) によるものであり，この本はジェフリー (1995) として邦訳が手に入る．Priest (2008) では，様々なクラスの非古典論理について，タブローを用いた証明体系が紹介されている．

第 6 章　タブロー

$$[\![P \to (Q \to (P \wedge Q))]\!]_{M,g} = 0$$
$$|$$
$$[\![P]\!]_{M,g} = 1$$
$$[\![Q \to (P \wedge Q)]\!]_{M,g} = 0$$

　上のように，二つの帰結 $[\![P]\!]_{M,g} = 1$ と $[\![Q \to (P \wedge Q)]\!]_{M,g} = 0$ を縦に並べて記したときは，$\langle M, g \rangle$ がこれらの両方を満たさなければならない，ということを意味するものとする．

　このことは，以下のような規則として表すことができる．すなわち，$[\![\varphi \to \psi]\!]_{M,g} = 0$ という形式の式からは，$[\![\varphi]\!]_{M,g} = 1$ **かつ** $[\![\psi]\!]_{M,g} = 0$ という帰結を導くことができる．

$$[\![\varphi \to \psi]\!]_{M,g} = 0$$
$$|$$
$$[\![\varphi]\!]_{M,g} = 1$$
$$[\![\psi]\!]_{M,g} = 0$$

　次に，この二つの帰結のうち $[\![Q \to (P \wedge Q)]\!]_{M,g} = 0$ からは，同様に次の帰結が得られるので，これも縦棒の下に記していく．

$$[\![P \to (Q \to (P \wedge Q))]\!]_{M,g} = 0$$
$$|$$
$$[\![P]\!]_{M,g} = 1$$
$$[\![Q \to (P \wedge Q)]\!]_{M,g} = 0$$
$$|$$
$$[\![Q]\!]_{M,g} = 1$$
$$[\![P \wedge Q]\!]_{M,g} = 0$$

　さて，新たに得られた帰結のなかに $[\![P \wedge Q]\!]_{M,g} = 0$ という式が含まれているが，$\varphi \wedge \psi$ という形式の論理式が偽となる解釈のもとでは，φ が偽であるか，ψ が偽であるかのいずれかである．

　このことは，以下のような「枝分かれ」規則を用いて表される．すなわち，$[\![\varphi \wedge \psi]\!]_{M,g} = 0$ という形式の式からは，$[\![\varphi]\!]_{M,g} = 0$ **または** $[\![\psi]\!]_{M,g} = 0$ という帰結を導くことができる．

$$[\![\varphi \wedge \psi]\!]_{M,g} = 0$$
$$[\![\varphi]\!]_{M,g} = 0 \quad [\![\psi]\!]_{M,g} = 0$$

　この規則を適用すると，図は以下のような枝分かれとなり，これは $\langle M, g \rangle$ が $[\![P]\!]_{M,g} = 0$ か $[\![Q]\!]_{M,g} = 0$ か，いずれかの条件を満たさなければならないことを意味している．

6.1 背理法からタブローへ

$$
\begin{array}{c}
[\![P \to (Q \to (P \land Q))]\!]_{M,g} = 0 \\
| \\
[\![P]\!]_{M,g} = 1 \\
[\![Q \to (P \land Q)]\!]_{M,g} = 0 \\
| \\
[\![Q]\!]_{M,g} = 1 \\
[\![P \land Q]\!]_{M,g} = 0 \\
\diagup \quad \diagdown \\
[\![P]\!]_{M,g} = 0 \quad [\![Q]\!]_{M,g} = 0
\end{array}
$$

根から各枝分かれの末端まで並んだ式の列を**枝** (branch) と呼ぶ．タブローが根のみからなる場合は，根が枝である．ある命題記号 φ について，同じ枝の中に $[\![\varphi]\!]_{M,g} = 1$ という式と $[\![\varphi]\!]_{M,g} = 0$ という式の両方が存在するとき，これを**閉じた枝** (closed branch) と呼び，枝の下に × 印を付ける．

たとえばいま $[\![P]\!]_{M,g} = 0$ が成り立つとすると，以前に得られた帰結 $[\![P]\!]_{M,g} = 1$ と矛盾することが分かる．したがって，枝の下に × 印を付ける．

$$
\begin{array}{c}
[\![P \to (Q \to (P \land Q))]\!]_{M,g} = 0 \\
| \\
[\![P]\!]_{M,g} = 1 \\
[\![Q \to (P \land Q)]\!]_{M,g} = 0 \\
| \\
[\![Q]\!]_{M,g} = 1 \\
[\![P \land Q]\!]_{M,g} = 0 \\
\diagup \quad \diagdown \\
[\![P]\!]_{M,g} = 0 \quad [\![Q]\!]_{M,g} = 0 \\
\times
\end{array}
$$

一方，$[\![Q]\!]_{M,g} = 0$ が成り立つとすると，以前に得られた帰結 $[\![Q]\!]_{M,g} = 1$ と矛盾するので，こちらの枝にも × 印を付ける．

$$
\begin{array}{c}
[\![P \to (Q \to (P \land Q))]\!]_{M,g} = 0 \\
| \\
[\![P]\!]_{M,g} = 1 \\
[\![Q \to (P \land Q)]\!]_{M,g} = 0 \\
| \\
[\![Q]\!]_{M,g} = 1 \\
[\![P \land Q]\!]_{M,g} = 0 \\
\diagup \quad \diagdown \\
[\![P]\!]_{M,g} = 0 \quad [\![Q]\!]_{M,g} = 0 \\
\times \quad\quad \times
\end{array}
$$

このように，すべての枝に × 印が付いたタブローは**閉じたタブロー** (closed tableau) と呼ばれ，仮説から導かれた帰結が（いくつかの場合に分かれた場合は，どの場合においても）矛盾することを意味している．したがって，仮説は成り立たないことが示され，上の図をもって，$P \to (Q \to (P \land Q))$ が恒真式であることが証明された，と考えることができる．これがタブローを用いた証明法である．

今後のために，用語をいくつか定義しておく．閉じていない枝のことを**開いた枝** (open branch) と呼び，開いた枝を持つタブロー（すなわち閉じていないタブロー）は**開いたタブロー** (open tableau) と呼ぶ．閉じているか開いているかにかかわらず，適用可能な規則をすべての論理式に適用したタブローのことを**完了したタブロー** (complete tableau) という．

さて，この証明では $[\![\varphi \to \psi]\!]_{M,g} = 0$ という式，および $[\![\varphi \land \psi]\!]_{M,g} = 0$ という式に適用される二つの「規則」を用いたが，$[\![\varphi \to \psi]\!]_{M,g} = 1$ という式，および $[\![\varphi \land \psi]\!]_{M,g} = 1$ という式に対しては，どのような帰結が導かれうるだろうか．これは以下のような規則で表される．

$$
\begin{array}{cc}
[\![\varphi \to \psi]\!]_{M,g} = 1 & [\![\varphi \land \psi]\!]_{M,g} = 1 \\
\diagup \quad \diagdown & | \\
[\![\varphi]\!]_{M,g} = 0 \quad [\![\psi]\!]_{M,g} = 1 & [\![\varphi]\!]_{M,g} = 1 \\
 & [\![\psi]\!]_{M,g} = 1
\end{array}
$$

左の規則は，$[\![\varphi \to \psi]\!]_{M,g} = 1$ という形式の式からは，$[\![\varphi]\!]_{M,g} = 0$ または $[\![\psi]\!]_{M,g} = 1$ という帰結が得られること，右の規則は $[\![\varphi \land \psi]\!]_{M,g} = 1$ という形式の式からは，$[\![\varphi]\!]_{M,g} = 1$ かつ $[\![\psi]\!]_{M,g} = 1$ という帰結が得られることを意味している．これらの規則の妥当性はそれぞれ一階命題論理の意味論に照らし合わせて理解できるであろう．

練習問題 6.1 $(P \land (P \to Q)) \to Q$ が恒真式であることをタブローを用いて証明せよ．

6.2 複合論理式のタブロー規則

前節では真理関数のうち，$\to$ と $\land$ についてのみ規則を導入したが，同様の考え方により，すべての真理関数について，タブローの規則を用意することができる．

6.2 複合論理式のタブロー規則

定義 6.2 （複合論理式のタブロー規則）

$[\![\top]\!]_{M,g} = 0$ 　　　　　　　　　$[\![\bot]\!]_{M,g} = 1$
　　×　　　　　　　　　　　　　　　×

$[\![\neg\varphi]\!]_{M,g} = 1$ 　　　　　　　　$[\![\neg\varphi]\!]_{M,g} = 0$
　　|　　　　　　　　　　　　　　　|
$[\![\varphi]\!]_{M,g} = 0$ 　　　　　　　　　$[\![\varphi]\!]_{M,g} = 1$

$[\![\varphi \land \psi]\!]_{M,g} = 1$ 　　　　　　　$[\![\varphi \land \psi]\!]_{M,g} = 0$
　　|
$[\![\varphi]\!]_{M,g} = 1$ 　　　　　　$[\![\varphi]\!]_{M,g} = 0$ 　$[\![\psi]\!]_{M,g} = 0$
$[\![\psi]\!]_{M,g} = 1$

$[\![\varphi \lor \psi]\!]_{M,g} = 1$ 　　　　　　　$[\![\varphi \lor \psi]\!]_{M,g} = 0$
　　　　　　　　　　　　　　　　　　|
$[\![\varphi]\!]_{M,g} = 1$ 　$[\![\psi]\!]_{M,g} = 1$ 　$[\![\varphi]\!]_{M,g} = 0$
　　　　　　　　　　　　　　　　　$[\![\psi]\!]_{M,g} = 0$

$[\![\varphi \to \psi]\!]_{M,g} = 1$ 　　　　　　$[\![\varphi \to \psi]\!]_{M,g} = 0$
　　　　　　　　　　　　　　　　　　|
$[\![\varphi]\!]_{M,g} = 0$ 　$[\![\psi]\!]_{M,g} = 1$ 　$[\![\varphi]\!]_{M,g} = 1$
　　　　　　　　　　　　　　　　　$[\![\psi]\!]_{M,g} = 0$

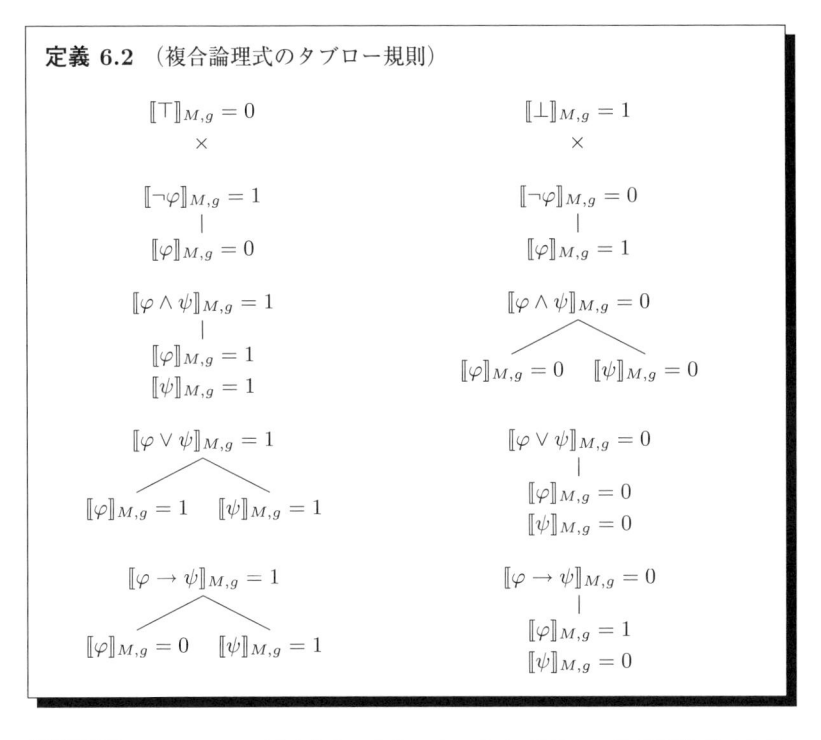

練習問題 6.3 $P \lor \neg P$ が恒真式であること，および $P \land \neg P$ が恒偽式であることをタブローによって証明せよ．

どのような真理関数に対してもタブローの規則を与えることができる．3.4.1 項，3.4.2 項で述べたように，一階命題論理の任意の論理式は選言標準形・連言標準形で表すことができるので，あとは $\lor$, $\land$, $\neg$ のためのタブロー規則を順次適用して得られるタブローが，その論理式のためのタブロー規則である．

例 6.4 $\leftrightarrow$ のためのタブロー規則を考える．$\varphi \leftrightarrow \psi$ の選言標準形・連言標準形がそれぞれ

$$\varphi \leftrightarrow \psi \dashv\vdash (\varphi \land \psi) \lor (\neg\varphi \land \neg\psi)$$
$$\varphi \leftrightarrow \psi \dashv\vdash (\neg\varphi \lor \psi) \land (\varphi \lor \neg\psi)$$

であることから，以下のように導き出すことができる．

$[\![(\varphi \wedge \psi) \vee (\neg\varphi \wedge \neg\psi)]\!]_{M,g} = 1$ $\qquad$ $[\![(\neg\varphi \vee \psi) \wedge (\varphi \vee \neg\psi)]\!]_{M,g} = 0$

$[\![\varphi \wedge \psi]\!]_{M,g} = 1$ $\quad$ $[\![\neg\varphi \wedge \neg\psi]\!]_{M,g} = 1$ $\qquad$ $[\![\neg\varphi \vee \psi]\!]_{M,g} = 0$ $\quad$ $[\![\varphi \vee \neg\psi]\!]_{M,g} = 0$

$[\![\varphi]\!]_{M,g} = 1$ $\qquad$ $[\![\neg\varphi]\!]_{M,g} = 1$ $\qquad$ $[\![\neg\varphi]\!]_{M,g} = 0$ $\qquad$ $[\![\varphi]\!]_{M,g} = 0$
$[\![\psi]\!]_{M,g} = 1$ $\qquad$ $[\![\neg\psi]\!]_{M,g} = 1$ $\qquad$ $[\![\psi]\!]_{M,g} = 0$ $\qquad$ $[\![\neg\psi]\!]_{M,g} = 0$

$\qquad\qquad\qquad$ $[\![\varphi]\!]_{M,g} = 0$ $\qquad$ $[\![\varphi]\!]_{M,g} = 1$ $\qquad$ $[\![\psi]\!]_{M,g} = 1$
$\qquad\qquad\qquad$ $[\![\psi]\!]_{M,g} = 0$

これらより，$\leftrightarrow$ のためのタブロー規則を以下のように読み取ることができる．

$[\![\varphi \leftrightarrow \psi]\!]_{M,g} = 1$ $\qquad\qquad\qquad$ $[\![\varphi \leftrightarrow \psi]\!]_{M,g} = 0$

$[\![\varphi]\!]_{M,g} = 1$ $\quad$ $[\![\varphi]\!]_{M,g} = 0$ $\qquad$ $[\![\varphi]\!]_{M,g} = 1$ $\quad$ $[\![\varphi]\!]_{M,g} = 0$
$[\![\psi]\!]_{M,g} = 1$ $\quad$ $[\![\psi]\!]_{M,g} = 0$ $\qquad$ $[\![\psi]\!]_{M,g} = 0$ $\quad$ $[\![\psi]\!]_{M,g} = 1$

練習問題 6.5 $[\![\varphi \leftrightarrow \psi]\!]_{M,g} = 1$ のためのタブロー規則を求めるのに $\varphi \leftrightarrow \psi$ の選言標準形を用いたが，連言標準形を用いるとどうなるか．また，$[\![\varphi \leftrightarrow \psi]\!]_{M,g} = 0$ のためのタブロー規則を求めるのに $\varphi \leftrightarrow \psi$ の連言標準形を用いたが，選言標準形を用いるとどうなるか．

練習問題 6.6

1. 3.5.1 項の練習問題 3.106 で定義した $\nleftrightarrow$ のためのタブロー規則を定義せよ．
2. 3.5.2 項の定義 3.109 で定義した $\uparrow$ と $\downarrow$ のためのタブロー規則を定義せよ．

6.3 推論の証明

タブローは，与えられた論理式が恒真式もしくは恒偽式であることを示すためだけではなく，与えられた推論が意味論的に妥当か否かを示すためにも用いることができる．

$\Gamma \models \varphi$ という意味論的含意の定義は，$\langle M, g \rangle \models \Gamma$ かつ $[\![\varphi]\!]_{M,g} = 0$ である解釈 $\langle M, g \rangle$ は存在しない，ということであった．したがって，もし $\langle M, g \rangle \models \Gamma$

6.3 推論の証明

かつ $[\![\varphi]\!]_{M,g} = 0$ となる解釈 $\langle M, g \rangle$ が存在すれば，$\Gamma \vDash \varphi$ という意味論的含意の反例となる．これを仮説とした場合に導かれる帰結が矛盾に至ることを示せば，もとの推論の妥当性を証明したことになる．

タブローによる推論の証明例として，分配律（の片側）を示す．
$$P \land (Q \lor R) \vDash (P \land Q) \lor (P \land R)$$

これをタブローによって証明する場合は，まず，左辺の論理式（上の例では一つ）がすべて真となり，右辺の論理式が偽となるような解釈を仮定する．
$$[\![P \land (Q \lor R)]\!]_{M,g} = 1$$
$$[\![(P \land Q) \lor (P \land R)]\!]_{M,g} = 0$$

このように推論の証明においては，根は複数の論理式からなる．ここから，前節と同様の手順で証明を進めればよい．ただし，最初の仮定のうち，$[\![P \land (Q \lor R)]\!]_{M,g} = 1$ に先に規則を適用するか（左図），$[\![(P \land Q) \lor (P \land R)]\!]_{M,g} = 0$ に先に規則を適用するか（右図）によって，異なるタブローが生じる．

$$\begin{array}{c}
[\![P \land (Q \lor R)]\!]_{M,g} = 1 \\
[\![(P \land Q) \lor (P \land R)]\!]_{M,g} = 0 \\
| \\
[\![P]\!]_{M,g} = 1 \\
[\![Q \lor R]\!]_{M,g} = 1
\end{array}
\qquad
\begin{array}{c}
[\![P \land (Q \lor R)]\!]_{M,g} = 1 \\
[\![(P \land Q) \lor (P \land R)]\!]_{M,g} = 0 \\
| \\
[\![P \land Q]\!]_{M,g} = 0 \\
[\![P \land R]\!]_{M,g} = 0
\end{array}$$

左図の証明の続きは以下の通りである．

$$\begin{array}{c}
[\![P \land (Q \lor R)]\!]_{M,g} = 1 \\
[\![(P \land Q) \lor (P \land R)]\!]_{M,g} = 0 \\
| \\
[\![P]\!]_{M,g} = 1 \\
[\![Q \lor R]\!]_{M,g} = 1
\end{array}$$

$$\begin{array}{cc}
[\![Q]\!]_{M,g} = 1 & [\![R]\!]_{M,g} = 1 \\
| & | \\
[\![P \land Q]\!]_{M,g} = 0 & [\![P \land Q]\!]_{M,g} = 0 \\
[\![P \land R]\!]_{M,g} = 0 & [\![P \land R]\!]_{M,g} = 0
\end{array}$$

$$\begin{array}{cccc}
[\![P]\!]_{M,g} = 0 \quad [\![Q]\!]_{M,g} = 0 & & [\![P]\!]_{M,g} = 0 \quad [\![R]\!]_{M,g} = 0 \\
\times \qquad\qquad \times & & \times \qquad\qquad \times
\end{array}$$

解説 6.7 一つの論理式に適用できる規則は常に一つであり，これがタブロー

による証明の良い点である．つまり，機械的な手法を適用することができる．
しかし，規則をまだ適用していない論理式が枝上に複数残っている状態では，
どの論理式に先に規則を適用すべきか，ということが問題になる．

実は，命題論理のタブローにおいては，この順番はタブローが閉じる（つまり，すべての枝が閉じる）場合には，どのような順番で規則を適用しても同じである，という性質が知られている（13.1 節の解説 13.11 において述べる）．

ただし，規則の適用順によってタブローの大きさは変化する．一般に，枝がある規則よりも枝がない規則を先に適用することで，タブローの大きさを最小化できる．規則の適用順序が自由であることにより，そういう選択が証明の是非に影響しないことが保証されている．

また，規則を適用する論理式から下に複数の枝が伸びている場合は，規則の帰結は，それらのうち任意に選んだ（一本以上の）枝の下に記せばよい．すなわちタブローにおいては，すべての枝において同時に規則を適用する必要はない．

練習問題 6.8 上記のタブローにおいて，$[\![(P \wedge Q) \vee (P \wedge R)]\!]_{M,g} = 0$ に先に $\vee$ 規則を適用したタブローを完成させ，タブローの大きさを上記のタブローと比較せよ．

練習問題 6.9 分配律のもう片側（以下）を証明せよ．

$$(P \wedge Q) \vee (P \wedge R) \vDash P \wedge (Q \vee R)$$

練習問題 6.10 もう一つの分配律（以下）を証明せよ．

$$P \vee (Q \wedge R) \dashv\vDash (P \vee Q) \wedge (P \vee R)$$

解説 6.11 タブローを描く際には，規則を適用した式の（右）横にチェックマークを付ける方法もしばしば紹介される．これによって，まだ規則を適用していない式が見やすくなるので，タブローを使って証明を進めるときには便利である．

しかし，チェックマークはタブローを読む役には立たない．また，最終的な状態は，すべての式にチェックマークが付いたものではなく，命題記号とその否定にはチェックマークが付かない．また，述語論理のタブローでは，同じ式に規則が 2 回以上適用されることもある．したがって，それほどエレガントな見栄えとならない場合もある．

当然ながら，すべてのタブローが閉じるわけではない．たとえば，以下の推論が成り立つかどうかを調べたいとする．

$$(P \wedge Q) \vee R \vDash (P \vee Q) \wedge R??$$

タブローは以下のようになるが，これは閉じないタブローの例である．

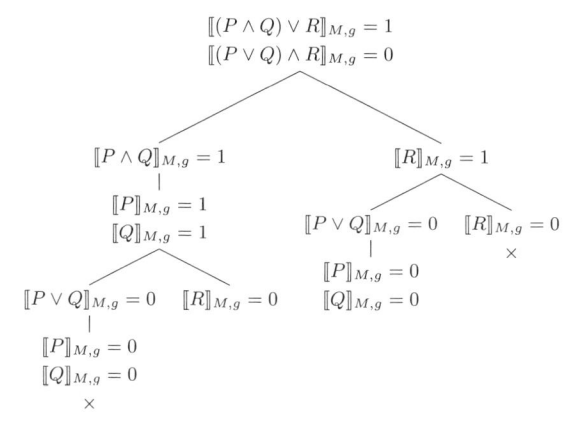

$$[\![(P \wedge Q) \vee R]\!]_{M,g} = 1$$
$$[\![(P \vee Q) \wedge R]\!]_{M,g} = 0$$

$[\![P \wedge Q]\!]_{M,g} = 1$
$\quad |$
$[\![P]\!]_{M,g} = 1$
$[\![Q]\!]_{M,g} = 1$

$[\![R]\!]_{M,g} = 1$

$[\![P \vee Q]\!]_{M,g} = 0 \quad [\![R]\!]_{M,g} = 0$
$\quad |$
$[\![P]\!]_{M,g} = 0$
$[\![Q]\!]_{M,g} = 0$
$\times$

$[\![P \vee Q]\!]_{M,g} = 0 \quad [\![R]\!]_{M,g} = 0$
$\quad |$
$[\![P]\!]_{M,g} = 0$
$[\![Q]\!]_{M,g} = 0$
$\times$

タブローが閉じない場合には，当該の推論は妥当ではないことが保証されている（厳密な証明は 13.2 節において与える）．

$$(P \wedge Q) \vee R \nvDash (P \vee Q) \wedge R$$

6.4 量化論理式のタブロー規則

量化子のためのタブロー規則について述べる．全称量化論理式のための規則は次のようなものである．

定義 6.12 （全称量化論理式のタブロー規則）

$[\![\forall \xi \varphi]\!]_{M,g} = 1$
$\quad |$
$[\![\varphi[\tau/\xi]]\!]_{M,g} = 1$

τ は任意の項．

$[\![\forall \xi \varphi]\!]_{M,g} = 0$
$\quad |$
$[\![\varphi[\zeta/\xi]]\!]_{M,g'} = 0$

ζ は変項．ただし，この枝に，これまで現れたどの論理式 ψ についても $\zeta \notin fv(\psi)$．g' は g の ζ 変異の一つ．

解説 6.13 左の規則の正当性は，以下の「全称例化律」（定理 5.77）に基づいている．

$$\forall \xi \varphi \vDash \varphi[\tau/\xi]$$

すなわち，$[\![\forall \xi \varphi]\!]_{M,g} = 1$ となる解釈 $\langle M, g \rangle$ のもとでは，$[\![\varphi[\tau/\xi]]\!]_{M,g} = 1$ ということである．したがって，下段は上段からの帰結である．

解説 6.14 これに対して，右の規則には，いくつか注意しなければならない点がある．まず，右の規則においては，上段の解釈 $\langle M, g \rangle$ と下段の解釈 $\langle M, g' \rangle$ は必ずしも同じものではなく，g' は g の ζ 変異の一つとされている点である．

これは「$[\![\forall \xi \varphi]\!]_{M,g} = 0$ となる解釈 $\langle M, g \rangle$ のもとでは，必ず $[\![\varphi[\zeta/\xi]]\!]_{M,g} = 0$ である」—($\star$) というわけではないことによる．($\star$) は以下の対偶であるからである．

$$\varphi[\zeta/\xi] \vDash \forall \xi \varphi$$

練習問題 6.15 定理 5.77 と比較せよ．また，上の推論が成り立たないのはどのような場合かを考えよ．

しかし，上の論理式が解釈 $\langle M, g \rangle$ のもとで 0 と解釈されるという仮定からは，$\langle M, g' \rangle$ が下の論理式を 0 と解釈するような g の ζ 変異 g' が存在する，ということが帰結される．このことを補題 6.16 として述べ直しておく．

補題 6.16 $[\![\forall \xi \varphi]\!]_{M,g} = 0$ ならば，$[\![\varphi[\zeta/\xi]]\!]_{M,g'} = 0$ となる g の ζ 変異 g' が存在する．

証明．α 同値性（補題 5.87）より，以下が成り立つ．

$$\forall \xi \varphi \dashv \vDash \forall \zeta (\varphi[\zeta/\xi])$$

したがって，以下が成り立つ．

$$[\![\forall \xi \varphi]\!]_{M,g} = 0 \iff [\![\forall \zeta(\varphi[\zeta/\xi])]\!]_{M,g} = 0$$
$$\iff \text{すべての } a \in D_M \text{ について } [\![\varphi[\zeta/\xi]]\!]_{M,g[\zeta \mapsto a]} = 1,$$
$$\text{というわけではない．}$$
$$\iff [\![\varphi[\zeta/\xi]]\!]_{M,g[\zeta \mapsto a]} = 0 \text{ となる } a \in D_M \text{ が存在する．} \square$$

6.4 量化論理式のタブロー規則

解説 6.17 ∀ の右の規則は，根から $\forall\xi\varphi$ までに用いられている解釈 g と，$\varphi[\zeta/\xi]$ 以下で用いられる解釈 g' が異なるように描かれているが，これに対して以下のような疑問が生じる．

> 「g のもとでは $[\![\psi]\!]_{M,g} = 1$ という帰結が得られていると仮定する．∀ 規則の適用後は，この枝では解釈 $\langle M, g' \rangle$ についての帰結を追っていくことになるが，そこで論理式 ψ について $[\![\psi]\!]_{M,g'} = 0$ という帰結が得られたとして，これは g のもとで得られた帰結 $[\![\psi]\!]_{M,g} = 1$ と矛盾しているといえるのだろうか？」

実は ∀ の右の規則は，タブローのなかで以下の図の左側の状態にある枝（ただし，$T_{M,g}$ は解釈 $\langle M, g \rangle$ を用いている枝とする）を，右側のような枝に書き換える操作なのである．

$$
\begin{array}{ccc}
T_{M,g} & & T_{M,g'} \\
| & \Longrightarrow & | \\
[\![\forall\xi\varphi]\!]_{M,g} = 0 & & [\![\forall\xi\varphi]\!]_{M,g'} = 0 \\
& & | \\
& & [\![\varphi[\zeta/\xi]]\!]_{M,g'} = 0
\end{array}
$$

つまり，元のタブローにおいて根から $\forall\xi\varphi$ に至るまで用いられている解釈 g は，∀ の右の規則の適用によって，すべて ξ 変異 g' に置き換わるのである．この操作の正当性は，根から $\forall\xi\varphi$ に至るまでの論理式の解釈は g のもとでも g' のもとでも変わらないことに基づいており，これは解釈の補題（補題 5.59）によって保証される．すなわち，g' は g の ζ 変異であり，かつ定義 6.12 の但し書きにより，当該の枝に現れるどの論理式 φ についても，$\zeta \notin fv(\varphi)$ であるから，$[\![\varphi]\!]_{M,g} = [\![\varphi]\!]_{M,g'}$ であるといえるのである．

しかし，実際のタブローの記法上は，g を g' に書き換えることはしない．$T_{M,g}$ において，枝の分岐があった場合，解釈の書き換えは他の分岐に影響を及ぼすからである．したがって，以下のような記法をもって，上図の右側のタブローの状態を表すものとする[*2]．

$$
\begin{array}{c}
T_{M,g} \\
| \\
[\![\forall\xi\varphi]\!]_{M,g} = 0 \\
| \\
[\![\varphi[\zeta/\xi]]\!]_{M,g'} = 0
\end{array}
$$

[*2] この議論では多少据わりの悪さが残るかもしれない．以下，6.5 節，第 12 章の議論を経て，13.1 節において補題 13.7 としてより厳密な形で解決する．

同様に，存在量化のためのタブロー規則は以下のようになる．これは全称量化のための規則の双対となっている．

定義 6.18 （存在量化論理式のタブロー規則）

$$[\![\exists\xi\varphi]\!]_{M,g} = 1 \qquad\qquad [\![\exists\xi\varphi]\!]_{M,g} = 0$$
$$\mid \qquad\qquad\qquad\qquad \mid$$
$$[\![\varphi[\zeta/\xi]]\!]_{M,g'} = 1 \qquad\qquad [\![\varphi[\tau/\xi]]\!]_{M,g} = 0$$

ζ は変項．ただし，この枝にこれまで現れたどの論理式 ψ についても $\zeta \notin fv(\psi)$．g' は g の ζ 変異の一つ． $\qquad\qquad \tau$ は任意の項．

解説 6.19 右の規則の正当性は，以下のように証明される．

$$\begin{aligned}
&\quad [\![\exists\xi\varphi]\!]_{M,g} = 0 \\
\iff &\quad [\![\varphi]\!]_{M,g[\xi\mapsto a]} = 1 \text{ となる } a \in D_M \text{ が存在する，} \\
&\quad \text{というわけではない} \\
\iff &\quad \text{すべての } a \in D_M \text{ について } [\![\varphi]\!]_{M,g[\xi\mapsto a]} = 0 \\
\implies &\quad [\![\varphi]\!]_{M,g[\xi\mapsto [\![\tau]\!]_{M,g}]} = 0 \qquad ([\![\tau]\!]_{M,g} \in D_M \text{ より)} \\
\iff &\quad [\![\varphi[\tau/\xi]]\!]_{M,g} = 0 \qquad (\text{補題 5.61 (2) より})
\end{aligned}$$

解説 6.20 一方，左の規則は以下の補題（補題 6.16 の双対）に基づいている．

補題 6.21 $[\![\exists\xi\varphi]\!]_{M,g} = 1$ ならば，$[\![\varphi[\zeta/\xi]]\!]_{M,g'} = 1$ となる g の ζ 変異 g' が存在する．

練習問題 6.22 補題 6.16 の証明を参考に，補題 6.21 を証明せよ．

定義 6.18 の左の規則も，本来は以下のような，枝全体の書き換えを行う操作である．事情は定義 6.12 の左の規則と同様であるので，省略する．

$$\begin{array}{ccc}
T_{M,g} & \implies & T_{M,g'} \\
\mid & & \mid \\
[\![\exists\xi\varphi]\!]_{M,g} = 1 & & [\![\exists\xi\varphi]\!]_{M,g'} = 1 \\
& & \mid \\
& & [\![\varphi[\zeta/\xi]]\!]_{M,g'} = 1
\end{array}$$

さて，量化論理式を含むタブローの例を以下に示す．

例 6.23 $\forall x(F(x)) \vDash \exists x(F(x))$

6.4 量化論理式のタブロー規則

この推論では，$[\![\forall x(F(x))]\!]_{M,g} = 1$ と $[\![\exists x(F(x))]\!]_{M,g} = 0$ のいずれに対して先に規則を適用してもかまわない．項として t を用い，$F(x)[t/x] = F(t)$ であることに注意すると，以下のように閉じたタブローが完成する．

$$[\![\forall x(F(x))]\!]_{M,g} = 1$$
$$[\![\exists x(F(x))]\!]_{M,g} = 0$$
$$|$$
$$[\![F(t)]\!]_{M,g} = 1$$
$$|$$
$$[\![F(t)]\!]_{M,g} = 0$$
$$\times$$

ただし，量化子についての規則を適用する上では，但し書きに注意する必要がある．たとえば，推論 $\exists x(F(x)) \vDash \forall x(F(x))$ は妥当ではないが，これを証明しようとして，以下のように $[\![\exists x(F(x))]\!]_{M,g} = 1$ から，変項 y を用いて $F(x)[y/x] = F(y)$ について $[\![F(y)]\!]_{M,g'} = 1$ を導いたとする．

$$[\![\exists x(F(x))]\!]_{M,g} = 1$$
$$[\![\forall x(F(x))]\!]_{M,g} = 0$$
$$|$$
$$[\![F(y)]\!]_{M,g'} = 1$$

次に $[\![\forall x(F(x))]\!]_{M,g} = 0$ から，同じく変項 y を用いて $F(x)[y/x] = F(y)$ について $[\![F(y)]\!]_{M,g''} = 0$ を導いたとする．

$$[\![\exists x(F(x))]\!]_{M,g} = 1$$
$$[\![\forall x(F(x))]\!]_{M,g} = 0$$
$$|$$
$$[\![F(y)]\!]_{M,g'} = 1$$
$$|$$
$$[\![F(y)]\!]_{M,g''} = 0$$
$$\times$$

すると，タブローが閉じてしまったように見える．すなわち，$\exists x(F(x)) \vDash \forall x(F(x))$ が証明されてしまったように見える．これはどこが間違っていたのであろうか．

これは二段目において，$[\![\forall x(F(x))]\!]_{M,g} = 0$ に定義 6.12 を適用する際に変項 y を用いたのが誤りである．定義 6.12 の但し書きにより，y はこの枝に現れたどの論理式についても自由変項として現れていてはいけない．しかし，この枝には既に $F(y)$ が現れており，$y \in fv(F(y))$ であるから，y を用いることはできないのである．

6.5 タブローの簡略化

タブローには，前節までのやり方より単純な記法がある．たとえば，∧の二つの規則は以下のようなものであった．

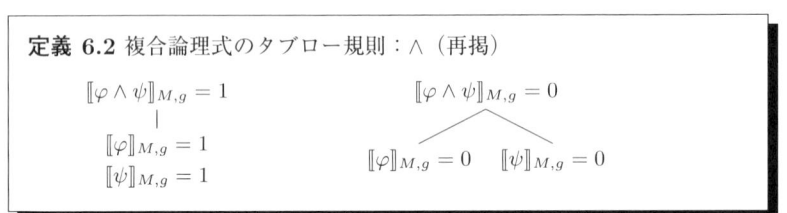

> **定義 6.2** 複合論理式のタブロー規則：∧（再掲）
>
> $$[\![\varphi \land \psi]\!]_{M,g} = 1 \qquad\qquad [\![\varphi \land \psi]\!]_{M,g} = 0$$
> $$\mid$$
> $$[\![\varphi]\!]_{M,g} = 1$$
> $$[\![\psi]\!]_{M,g} = 1 \qquad\qquad [\![\varphi]\!]_{M,g} = 0 \quad [\![\psi]\!]_{M,g} = 0$$

この右側の規則については次のように考えることができる．論理式 $\varphi \land \psi$ について，$[\![\varphi \land \psi]\!]_{M,g} = 0$ となるのは $[\![\neg(\varphi \land \psi)]\!]_{M,g} = 1$ となるとき，またそのときのみである．また，下の段についても，$[\![\varphi]\!]_{M,g} = 0$ となるのは $[\![\neg\varphi]\!]_{M,g} = 1$ となるとき，またそのときのみである．$[\![\psi]\!]_{M,g} = 0$ についても同様である．

したがって，タブロー規則に現れる $[\![\varphi]\!]_{M,g} = 0$ という形式のものは，すべて $[\![\neg\varphi]\!]_{M,g} = 1$ という形に書き換えることができる．

$$[\![\varphi \land \psi]\!]_{M,g} = 1 \qquad\qquad [\![\neg(\varphi \land \psi)]\!]_{M,g} = 1$$
$$\mid$$
$$[\![\varphi]\!]_{M,g} = 1$$
$$[\![\psi]\!]_{M,g} = 1 \qquad\qquad [\![\neg\varphi]\!]_{M,g} = 1 \quad [\![\neg\psi]\!]_{M,g} = 1$$

この書き換えによって，すべての規則が $[\![\varphi]\!]_{M,g} = 1$ という形式になるならば，$[\![\ ]\!]_{M,g} = 1$ も省略してかまわないであろう．

$$\varphi \land \psi \qquad\qquad \neg(\varphi \land \psi)$$
$$\mid$$
$$\varphi$$
$$\psi \qquad\qquad \neg\varphi \quad \neg\psi$$

このようにして，定義 6.2 と比較すると，かなり簡略化された記法が得られる．この方針にしたがってタブロー規則を書き換えると，以下の新しい規則群が得られる．

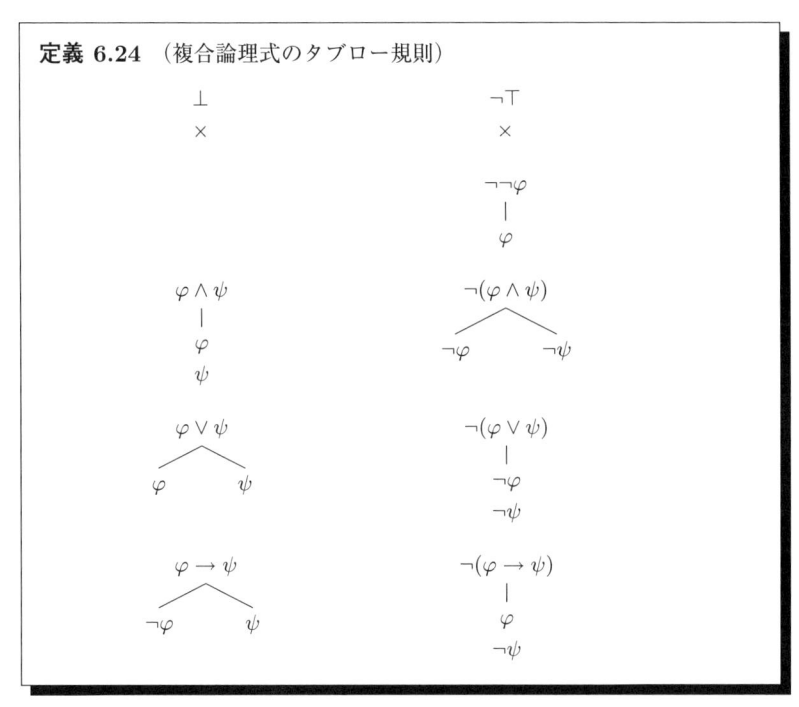

6.5 タブローの簡略化

定義 6.24 （複合論理式のタブロー規則）

$$\frac{\bot}{\times} \qquad \frac{\neg\top}{\times}$$

$$\frac{\neg\neg\varphi}{\varphi}$$

$$\frac{\varphi \wedge \psi}{\substack{\varphi \\ \psi}} \qquad \frac{\neg(\varphi \wedge \psi)}{\neg\varphi \mid \neg\psi}$$

$$\frac{\varphi \vee \psi}{\varphi \mid \psi} \qquad \frac{\neg(\varphi \vee \psi)}{\substack{\neg\varphi \\ \neg\psi}}$$

$$\frac{\varphi \to \psi}{\neg\varphi \mid \psi} \qquad \frac{\neg(\varphi \to \psi)}{\substack{\varphi \\ \neg\psi}}$$

また，これらの規則に加えて，枝が閉じる条件も明示的に，以下のような規則として定義する．これは**基本式** (basic formula) と呼ばれる．

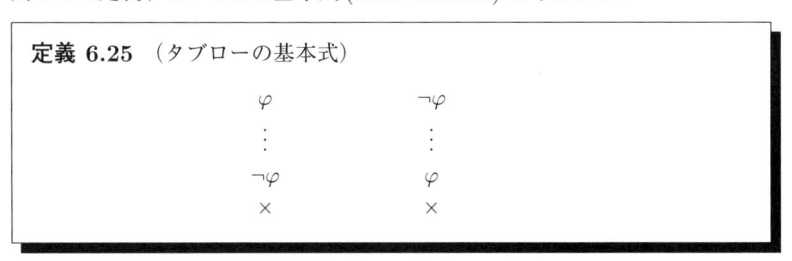

定義 6.25 （タブローの基本式）

$$\begin{array}{c} \varphi \\ \vdots \\ \neg\varphi \\ \times \end{array} \qquad \begin{array}{c} \neg\varphi \\ \vdots \\ \varphi \\ \times \end{array}$$

今後，この新しく単純な記法を用いる．しかし，元の記法が持っていた二つの性質が失われていることには注意しておかなければならない．

第一に，元の記法では，すべての複合論理式 φ に対して，規則が $[\![\varphi]\!]_{M,g} = 1$ の場合と，$[\![\varphi]\!]_{M,g} = 0$ の場合の組をなしていたが，省略記法では否定記号が組をなしていない．これには以下のような事情がある．否定の規則は，元の記法（定義 6.2）では以下のようなものであった．

$$[\![\neg\varphi]\!]_{M,g} = 1 \qquad\qquad [\![\neg\varphi]\!]_{M,g} = 0$$
$$| \qquad\qquad\qquad |$$
$$[\![\varphi]\!]_{M,g} = 0 \qquad\qquad [\![\varphi]\!]_{M,g} = 1$$

これらの規則を，先の方針にしたがって書き換えるならば，以下のようになる．しかし，この左の規則は上段の式を何も変化させない規則となってしまっている．

$$[\![\neg\varphi]\!]_{M,g} = 1 \qquad\qquad [\![\neg\neg\varphi]\!]_{M,g} = 1$$
$$| \qquad\qquad\qquad |$$
$$[\![\neg\varphi]\!]_{M,g} = 1 \qquad\qquad [\![\varphi]\!]_{M,g} = 1$$

したがって，否定の規則は右の規則のみとなる．しかし，このことによって失われるものはない．なぜなら，否定論理式は 1) 命題記号の否定，2) それ以外の論理式の否定，のいずれかであるが，1) については基本式（定義 6.25）によって命題記号と直接比較され，2) については，新しい記法においては各真理関数のための右の規則のいずれかが適用できるからである．

第二に，元の記法では，規則を適用された論理式は必ず真部分論理式に分解されていた．しかし，省略記法ではたとえば $\varphi \to \psi$ は $\neg\varphi$ を生み出すが，これは $\varphi \to \psi$ の部分論理式ではない．

この二つ目の問題は，（一階命題論理において）タブローが停止するという保証を失わせるようにも思えるが，しかし，元の記法と省略記法の間には一対一の対応があるので，元の記法で証明可能な恒真式・推論は省略記法によっても証明可能である．

簡略化されたタブローによる証明の例を示す．本章の冒頭で示した例と同じものであるが，根には $[\![P \to (Q \to (P \wedge Q))]\!]_{M,g} = 0$ を置く代わりに，ここでは $P \to (Q \to (P \wedge Q))$ の否定形を置くものとする．

例 6.26
$$\vDash P \to (Q \to (P \wedge Q))$$

$$\neg(P \to (Q \to (P \wedge Q)))$$
$$|$$
$$P$$
$$\neg(Q \to (P \wedge Q))$$
$$|$$
$$Q$$
$$\neg(P \wedge Q)$$
$$\neg P \quad \neg Q$$
$$\times \quad \times$$

練習問題 6.27 タブローを用いて，以下の推論の妥当性を証明せよ．

$$P \dashv\vdash (P \to Q) \to P$$
$$P \lor Q \dashv\vdash (P \to Q) \to Q$$
$$P \leftrightarrow Q \dashv\vdash (P \lor Q) \to (P \land Q)$$

練習問題 6.28 タブローを用いて，練習問題 3.80 の推論の妥当性を調べよ．

一方，量化論理式のためのタブロー規則も，同様の方針で新しい記法に書き換えることができる．

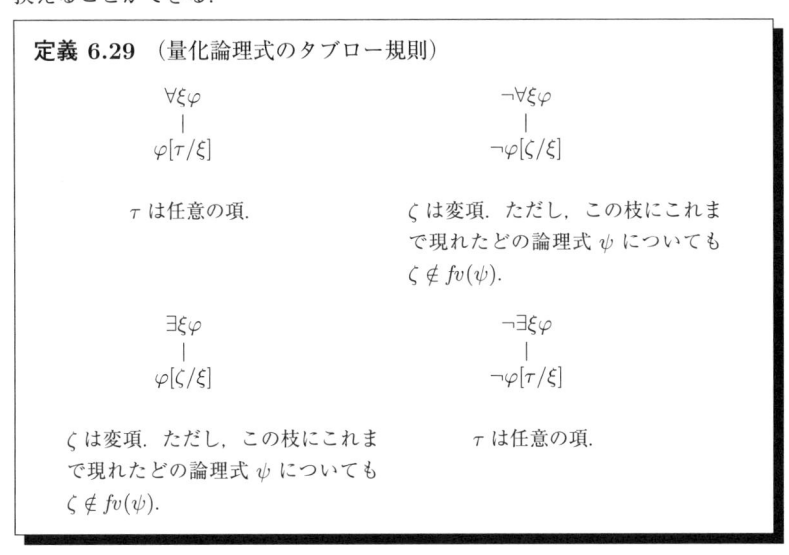

定義 6.29 （量化論理式のタブロー規則）

$$\forall \xi \varphi$$
$$|$$
$$\varphi[\tau/\xi]$$

τ は任意の項．

$$\neg \forall \xi \varphi$$
$$|$$
$$\neg \varphi[\zeta/\xi]$$

ζ は変項．ただし，この枝にこれまで現れたどの論理式 ψ についても $\zeta \notin fv(\psi)$．

$$\exists \xi \varphi$$
$$|$$
$$\varphi[\zeta/\xi]$$

ζ は変項．ただし，この枝にこれまで現れたどの論理式 ψ についても $\zeta \notin fv(\psi)$．

$$\neg \exists \xi \varphi$$
$$|$$
$$\neg \varphi[\tau/\xi]$$

τ は任意の項．

練習問題 6.30 例 6.23 のタブローを，簡略化されたタブロー記法に書き換えよ．

一階命題論理のタブローにおいては，規則の適用順序は証明の可否に影響しない，と述べた．しかし一階述語論理においては，規則の適用順序，および変項や項の選び方が，証明の可否を左右することがある．次の例を考える．

例 6.31 $\qquad \exists y \forall x F(x,y) \vDash \forall x \exists y F(x,y)$

タブローは以下のようになる．$\exists y \forall x F(x,y)$ から①，$\neg \forall x \exists y F(x,y)$ から②を導くのは，この順でなくてもかまわない．また，①と②が導かれた後であれば，③と④を導くのは，この順でなくてもかまわない．

$$\exists y \forall x F(x,y)$$
$$\neg \forall x \exists y F(x,y)$$
$$|$$
$$\forall x F(x,z) \text{—①}$$
$$|$$
$$\neg \exists y F(w,y) \text{—②}$$
$$|$$
$$F(w,z) \text{—③}$$
$$|$$
$$\neg F(w,z) \text{—④}$$
$$\times$$

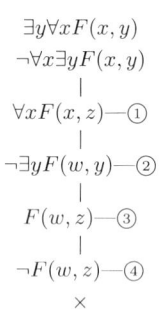

しかしながら，以下のような手順で規則を適用してしまうと，次が手詰まりとなってしまう．

$$\begin{array}{cc}
\exists y \forall x F(x,y) & \exists y \forall x F(x,y) \\
\neg \forall x \exists y F(x,y) & \neg \forall x \exists y F(x,y) \\
| & | \\
\forall x F(x,z) \text{—①} & \neg \exists y F(w,y) \text{—②} \\
| & | \\
F(w,z) \text{—③} & \neg F(w,z) \text{—④}
\end{array}$$

左のタブローでは，この状態で $\neg \forall x \exists y F(x,y)$ から②を導くことはできない．変項 w は枝上のどの論理式にも自由変項として現れてはならないが，$w \in fv(F(w,z))$ であるからである．

同様に右のタブローでも，$\exists y \forall x F(x,y)$ から①を帰結することはできない．変項 z は枝上のどの論理式にも自由変項として現れてはならないが，$z \in fv(\neg F(w,z))$ であるからである．

練習問題 6.32 以下の推論は成り立たない．タブローを閉じる方法がないことを確認せよ．

$$\forall x \exists y F(y,x) \nvDash \exists y \forall x F(x,y)$$

練習問題 6.33 定理 5.71 から補題 5.87 までを，タブローを用いて証明せよ．

第II部

一階論理の証明論

第 7 章

ヒルベルト流証明論

　第 II 部のタイトルは「一階論理の証明論」である．論理の **証明論** (proof theory) とは，論理式の真偽・推論の妥当性について，3.2 節および 5.3 節で解説した意味論と対比される考え方である．

　第 I 部の一階命題論理および一階述語論理の意味論においては，論理式と推論の意味を，他の言語で記述された対象に写像することによって規定したのであった．それに対して証明論では，論理式および推論の意味は他の言語を介さずに規定され，元の言語の中で完結するのである．

　たとえば一階命題論理において，$\varphi \vDash (\psi \to \varphi)$ という形式の推論の妥当性は，意味論を介して定義されていた（3.3.1 項参照）．すなわち，すべての解釈 I において，$[\![\varphi]\!]_I = 1$ ならば $[\![\psi \to \varphi]\!]_I = 1$ であるとき，またそのときのみ妥当である，というものである．そして，以下の真偽値表によって，この推論の妥当性が示される．

φ	ψ	φ	$(\psi$	$\to$	$\varphi)$
1	1	1	1	1	1
1	0	1	0	1	1
0	1	0	1	0	0
0	0	0	0	1	0

　意味論に基づく妥当性の定義は，現れる論理式を解釈という写像により D_t 上に写したうえで，D_t 上の関係として述べられている．これに対して，次のような疑問を抱くことができよう．そもそも D_t という集合（一階述語論理を考えるならば D_M とその直積も必要）や，論理式から D_t への写像，といった概念が用意されていなければ定義できないのであれば，論理式の真偽や推論

の妥当性というものは，集合や写像を語る言語の「正しさ」に依存していることになる．

本書では，集合や写像について第 1 章で述べたが，それらの理論そのものの妥当性については述べなかった．もしこれらの理論の「正しさ」が保証されないのだとしたら，論理式の真偽や推論の妥当性もまた保証されないことになるのではないか？ あるいは，もしこれらの「正しさ」が，何らかの形で一階命題論理・一階述語論理の概念を用いて定義しなければならないものだとしたら，循環論法に陥ってしまうのではないだろうか？

意味論が，対象言語における妥当性の問題を他の言語に移し替えて，他の言語によって定義するものであるならば，ある体系の妥当性は，他の体系の妥当性によって相対的に語られざるを得ないことになる．

7.1 証明体系と証明論

証明論の考え方は，この問題に一つの回答を与えうる．証明論では，推論の妥当性を解釈によって定義する代わりに，一連の形式的な規則を与え，それによって「証明可能である」と定義するのである．

たとえば，$P \wedge (Q \wedge R) \to R$ という論理式が（意味論的に）恒真であることは，真偽値表を書けばすぐに分かる．一方で，同じことを次のように示すこともできる．まず，次の二つの形式の論理式は恒真であることが分かっている．

1. $\varphi \wedge \psi \to \psi$
2. $(\varphi \to \psi) \to (\psi \to \chi) \to (\varphi \to \chi)$

また，もし φ が恒真で，$\varphi \to \psi$ が恒真ならば，ψ も恒真であること——(3)も分かっている．すると，

4. $P \wedge (Q \wedge R) \to Q \wedge R$ (1 より)
5. $Q \wedge R \to R$ (1 より)
6. $(P \wedge (Q \wedge R) \to (Q \wedge R)) \to (Q \wedge R \to R) \to (P \wedge (Q \wedge R) \to R)$ (2 より)
7. $(Q \wedge R \to R) \to (P \wedge (Q \wedge R) \to R)$ (4,6,3 より)
8. $P \wedge (Q \wedge R) \to R$ (5,7,3 より)

という過程を経て，$P \wedge (Q \wedge R) \to R$ が恒真式であることを示すこともできる．

ここで，さらに一歩踏み込んで，次のように考え方を変えることで，「恒真」のような解釈を介して定義されている概念を，この議論から完全に除去する

ことができる．

a) $\varphi \wedge \psi \to \varphi$ は証明されている．
b) $(\varphi \to \psi) \to (\psi \to \chi) \to (\varphi \to \chi)$ は証明されている．
c) φ が証明されていて，$\varphi \to \psi$ が証明されているならば，ψ も証明される．

　すなわち，a),b),c) のみから「$P \wedge (Q \wedge R) \to R$ が証明される」と帰結することができる．

　しかし，そもそも出発点となる「$\varphi \wedge \psi \to \varphi$ が証明されている」ことは，どのように証明されるのだろうか．この考え方のもとでは明らかに，いくつかの論理式を，あらかじめ「証明によらず正しい」ものとして選ばざるを得ない．そのように選ばれた論理式を**公理** (axiom) と呼ぶ．また「φ が証明されていて，$\varphi \to \psi$ が証明されているならば，ψ も証明される」という規則も，あらかじめ「証明によらず正しい」ものとして選ばざるを得ない．そのような規則を**推論規則** (inference rule) と呼ぶ．公理と推論規則のみから証明される論理式を**定理** (theorem) と呼ぶ（定理の正確な定義は次節で改めて述べる）．このように，限られた公理と推論規則を選定し，それらのみを用いて定理を証明する体系を**証明体系** (proof system) という．

　本章で解説する**ヒルベルト流証明論** (Hilbert system)[*1]は，証明体系の流儀の一つであり，「できるだけ少ない数の公理ですませる」という方針に基づくものである．しかしヒルベルト流証明論のなかにも，公理と推論規則の選び方が異なる複数の体系が存在している．次節では，まずヒルベルト流証明論のなかで最も単純な体系 **SK** を取り上げ，ヒルベルト流証明論における演繹・証明について解説する．

7.2　一階命題論理の体系 SK

　体系 **SK** は，ヒルベルト流証明論の証明体系のうち，最も単純な体系の一つである．一階命題論理の論理式を用いるが，使用できる記号は以下のものに制限されているため，$\{\wedge, \vee, \leftrightarrow\}$ を含む論理式は **SK** では用いない（¬ につ

[*1] 「ヒルベルト流証明論」の名称は，Gentzen (1935) による "einem dem Hilbertschen Formalismus angeglichenen Kalkül"，Kleene (1952) による "Hilbert-type system" に由来するといわれている．公理による証明という考え方は，古代ギリシャにおけるユークリッドの「原論」に遡るが，当時のギリシャでは既に一般的な考え方の一つであったといわれている．

7.2 一階命題論理の体系 SK

いては 7.4 節で述べる).

定義 7.1 (**SK** の記号)
命題記号　　　　：　$P, Q, R, S, \ldots$
零項真理関数　　：　$\bot$
二項真理関数　　：　$\to$

記号から論理式を定義するやり方は定義 3.7 に従う．また，二項真理関数 $\to$ については，定義 3.15 の中置記法を用いるものとする．以下では，表記においてしばしば括弧を省略するので，$\to$ が右結合であることには注意する（解説 3.18 参照）．

証明体系は公理と推論規則からなる．公理と推論規則は，証明なしで正しいと認める論理式であるから，その数を最小限に留めたい，というのは自然である．**SK** は以下の二つの公理を持つ．

定義 7.2 (**SK** の公理)　任意の論理式 φ, ψ, χ について，以下の $(S)(K)$ は **SK** の公理である．

(S)　　　$(\varphi \to (\psi \to \chi)) \to ((\varphi \to \psi) \to (\varphi \to \chi))$
(K)　　　$\varphi \to (\psi \to \varphi)$

解説 7.3　$(S)(K)$ は正確には**公理図式** (axiomatic schema) である．公理図式であるとは，すなわち，φ, ψ, χ は論理式を表すメタ記号であり，それらを任意の具体的な論理式に置き換えたものが個々の公理となる，という意味である．たとえば，以下の論理式は **SK** の公理の例である．

$P \to (Q \to P)$
$(R \to P) \to ((P \to R) \to (R \to P))$
$((Q \to R) \to (P \to (Q \to R))) \to ((Q \to R) \to P) \to ((Q \to R) \to (Q \to R))$

また，公理図式にメタ記号を含む論理式を代入したものも，また公理図式となる．たとえば，任意の論理式 φ, ψ, χ について，以下も公理図式である．

$(\varphi \to \chi) \to ((\chi \to \varphi) \to (\varphi \to \chi))$
$(\varphi \to ((\psi \to \varphi) \to \psi)) \to ((\varphi \to (\psi \to \varphi)) \to (\varphi \to \psi))$

一方，**SK** の推論規則は**モーダス・ポーネンス** (modus ponens) と呼ばれ

る以下の規則 (MP) のみである[*2]．意味論では定理 3.86 に相当する．

定義 7.4（**SK の推論規則**）　任意の論理式 φ, ψ について，左辺の形式の論理式から，右辺の形式の論理式を導き出すことができる．

(MP)　　　$\varphi, \varphi \rightarrow \psi \quad \Longrightarrow \quad \psi$

解説 7.5　(MP) は**推論図式** (inference schema) である．メタ記号 φ, ψ を任意の具体的な論理式に置き換えたものが，個々の推論規則となる．

しかし以後，混乱が生じない文脈においては，公理図式を公理，推論図式を推論規則と呼ぶことがある．

ヒルベルト流証明論における「演繹」の概念は以下のように定義される．

定義 7.6（ヒルベルト流証明論の体系における演繹）　Γ を論理式の列とする．ヒルベルト流証明論の証明体系 $\mathcal{K}$ における前提 Γ から論理式 φ_n への**演繹** (deduction) とは，各 φ_i ($1 \leq i \leq n$) が以下のいずれかであるような有限個の論理式の列 $\varphi_1, \ldots, \varphi_n$ である．

1. φ_i は $\mathcal{K}$ の公理である．
2. φ_i は Γ に含まれている．
3. φ_i は φ_l, φ_m ($1 \leq l < i, 1 \leq m < i$) から $\mathcal{K}$ の推論規則によって導き出された論理式である．

$\mathcal{K}$ において Γ から φ への演繹が存在するとき，またそのときのみ，$\mathcal{K}$ において φ は Γ から**演繹可能** (deducible) であるといい，$\Gamma \vdash_{\mathcal{K}} \varphi$ と記す．

[*2] モーダス・ポーネンスの名称は，伝統的論理学において三段論法を以下のように分類していたことによる．

$\varphi \rightarrow \psi, \varphi$	$\Longrightarrow$	ψ	肯定によって肯定する様式 (modus ponendo ponens)
$\varphi \rightarrow \psi, \neg\psi$	$\Longrightarrow$	$\neg\varphi$	否定によって否定する様式 (modus tollendo tollens)
$\varphi \vee \psi, \neg\varphi$	$\Longrightarrow$	ψ	否定によって肯定する様式 (modus tollendo ponens)
$\neg(\varphi \wedge \psi), \varphi$	$\Longrightarrow$	$\neg\psi$	肯定によって否定する様式 (modus ponendo tollens)

このうち "modus ponendo ponens" が省略され，"modus ponens" と呼ばれるようになったのである．また "modus tollendo tollens" も，省略されて "modus tollens" と呼ばれるようになっている．"modus tollendo ponens" は 3.2.4 項で導入した「選言的三段論法」である．モーダス・ポーネンスは**分離規則** (detachment) とも呼ばれている．

7.2 一階命題論理の体系 SK

解説 7.7 記法 $\vdash_{\mathcal{K}}$*3 は，意味論における定義 3.48 に対応する「妥当な推論」の証明論版である．添え字 $\mathcal{K}$ を付けるのは，証明論には複数の異なる体系が存在するためであり，そのいずれを用いたかを明示する目的である．$\vdash_{\mathcal{K}}$ は，意味論における定義 3.48 に対応する証明論の概念である．

解説 7.8 Γ を論理式の列ではなく，論理式の集合として定義する立場もある．

例 7.9 ヒルベルト流証明論における演繹の実例を見てみよう．まず，前提 $\varphi, \varphi \to \psi, \psi \to \chi$ から χ が演繹されることを示す．

$$\varphi,\ \varphi\to\psi,\ \psi\to\chi \vdash_{\mathbf{SK}} \chi$$

証明.

1. φ （前提）
2. $\varphi \to \psi$ （前提）
3. ψ $(1, 2, MP)$
4. $\psi \to \chi$ （前提）
5. χ $(3, 4, MP)$ □

各行の左側には番号を振り，演繹された論理式を後で参照するときに用いる．また，各行の右側には，定義 7.6 の 1. に基づく場合は公理名，2. に基づく場合は「前提」という但し書き，3. に基づく場合は前提となった論理式の番号に加えて用いた推論規則名を記すものとする．

ヒルベルト流証明論における「定理」と「証明」は，演繹の概念を用いて以下のように定義される．

定義 7.10 （ヒルベルト流証明論の体系における定理）φ を論理式とする．ヒルベルト流証明論の証明体系 $\mathcal{K}$ において，無前提（すなわち空列）から φ への演繹が存在するとき，またそのときのみ，「$\mathcal{K}$ において φ は**証明可能** (provable) である」または「φ は $\mathcal{K}$ の**定理**である」といい，$\vdash_{\mathcal{K}} \varphi$ と記す．また，φ への演繹を φ の $\mathcal{K}$ における**証明**という．

以下の各図式は，それぞれ $(I)(B)(C)(W)(B')(C*)$ という名称で知られている **SK** の定理である．

---

*3 記号 "$\vdash$" は英語では "turnstile" と呼ばれる．

定義 7.11
- (I) $\varphi \to \varphi$
- (B) $(\psi \to \chi) \to (\varphi \to \psi) \to (\varphi \to \chi)$
- (C) $(\varphi \to \psi \to \chi) \to (\psi \to \varphi \to \chi)$
- (W) $(\varphi \to \varphi \to \psi) \to (\varphi \to \psi)$
- (B') $(\varphi \to \psi) \to (\psi \to \chi) \to (\varphi \to \chi)$
- $(C*)$ $\varphi \to (\varphi \to \psi) \to \psi$

例 7.12 (I) が **SK** の定理であることを証明する．

証明．

1. $(\varphi \to ((\varphi \to \varphi) \to \varphi)) \to ((\varphi \to (\varphi \to \varphi)) \to (\varphi \to \varphi))$ (S)
2. $\varphi \to ((\varphi \to \varphi) \to \varphi)$ (K)
3. $((\varphi \to (\varphi \to \varphi)) \to (\varphi \to \varphi)$ $(1, 2, MP)$
4. $\varphi \to (\varphi \to \varphi)$ (K)
5. $\varphi \to \varphi$ $(3, 4, MP)$ □

練習問題 7.13 $(B)(C)(W)(B')(C*)$ がいずれも **SK** の定理であることを証明せよ．

練習問題 7.14 $(S)(K)(MP)$ の代わりに $(B)(C)(W)(MP)$ を公理・推論規則とする体系 **BCW** において，(S) が定理であることを証明せよ．

練習問題 7.15 $(S)(K)(MP)$ の代わりに $(S)(B)(C)(MP)$ を公理・推論規則とする体系 **SBC** において，(W) が定理であることを証明せよ．

練習問題 7.16 $(S)(K)(MP)$ の代わりに $(K)(W)(MP)$ を公理・推論規則とする体系 **KW** において，(I) が定理であることを証明せよ．

7.3 演繹定理

上の証明でも明らかなように，ヒルベルト流証明論では $\varphi \to \varphi$ のような比較的単純な定理を証明する場合でも，あまり直観的ではない複雑な手順を踏む必要がある．この点を緩和するために，3.3.6 項において定理 3.74 として述べた**演繹定理** (deduction theorem)（以下，(DT) と略記する場合がある）

7.3 演繹定理

が，**SK** においても成立することを示す．

定理 7.17（**SK** の演繹定理） 任意の論理式列 Γ，論理式 φ, ψ について以下が成り立つ．

(DT) $\quad \Gamma \vdash_{\mathbf{SK}} \varphi \to \psi \quad \iff \quad \varphi, \Gamma \vdash_{\mathbf{SK}} \psi$

証明．($\Rightarrow$) について：$\Gamma \vdash_{\mathbf{SK}} \varphi \to \psi$ が成立しているとする．このとき，Γ から $\varphi \to \psi$ への演繹を論理式の列 $\varphi_1, \ldots, \varphi_n$（ただし $\varphi_n \equiv \varphi \to \psi$）とすると，以下は φ, Γ から ψ への演繹である．

$$
\begin{array}{rll}
1. & \varphi_1 & \\
\vdots & \vdots & \\
n-1. & \varphi_{n-1} & \\
n. & \varphi \to \psi & \\
n+1. & \varphi & （前提）\\
n+2. & \psi & (n, n+1, MP)
\end{array}
$$

($\Leftarrow$) について：自然数 k に関する命題 $\mathfrak{P}(k)$ を「任意の論理式列 Γ，論理式 φ について，φ, Γ から ψ への長さ k の演繹が存在するならば，Γ から $\varphi \to \psi$ への演繹が存在する」と定義する．任意の自然数 k ($1 \leq k$) について $\mathfrak{P}(k)$ が成り立つことを，帰納法によって証明する．

$\underline{k=1 \text{ の場合}}$：すなわち $\varphi, \Gamma \vdash_{\mathbf{SK}} \psi$ について長さ 1 の演繹が存在する．演繹の定義により，この演繹は以下 1)–3) のいずれかによるものである．

1) ψ が公理である．
2) ψ が Γ に含まれている．
3) $\psi \equiv \varphi$ である．

1),2) の場合は，以下のような Γ から $\varphi \to \psi$ への演繹が存在する．

$$
\begin{array}{rll}
1. & \psi & （公理または前提）\\
2. & \psi \to (\varphi \to \psi) & (K) \\
3. & \varphi \to \psi & (1, 2, MP)
\end{array}
$$

3) の場合は，例 7.12 より，Γ から $\varphi \to \varphi \equiv \varphi \to \psi$ への演繹が存在する．

$\underline{1 < k \text{ の場合}}$：$\mathfrak{P}(1), \ldots, \mathfrak{P}(k-1)$ が成り立つと仮定する（帰納法の仮説：IH）．

以下，$\mathfrak{P}(k)$ が成り立つことを示す．φ, Γ から ψ への長さ k の演繹が存在すると仮定すると，演繹の定義により，この演繹の k 番目の論理式は以下 1)–4) のいずれかによって導かれたものである．

1) ψ が公理である．
2) ψ が Γ に含まれている．
3) $\psi \equiv \varphi$ である．
4) この演繹の 1 番目から $k-1$ 番目までの間に χ と $\chi \to \psi$ が演繹されており，ψ はこれらの論理式から (MP) により導かれている．

1)–3) の場合は $k=1$ の場合と同様に，$\Gamma \vdash_{\mathbf{SK}} \varphi \to \psi$ が成り立つ．

4) の場合，$\varphi, \Gamma \vdash_{\mathbf{SK}} \chi$ と $\varphi, \Gamma \vdash_{\mathbf{SK}} \chi \to \psi$ には長さ $k-1$ 以下の演繹が存在することになる．したがって (IH) より，Γ を前提とする以下のような演繹が存在する．

1. $\varphi \to \chi$ $\hspace{4em}$ (IH)
2. $\varphi \to (\chi \to \psi)$ $\hspace{2em}$ (IH)
3. $(\varphi \to (\chi \to \psi)) \to ((\varphi \to \chi) \to (\varphi \to \psi))$ $\hspace{1em}$ (S)
4. $(\varphi \to \chi) \to (\varphi \to \psi)$ $\hspace{2em}$ $(2, 3, MP)$
5. $\varphi \to \psi$ $\hspace{4em}$ $(1, 4, MP)$

これは Γ から $\varphi \to \psi$ への演繹である． $\hspace{2em}$ □

この証明を注意深く眺めると，$(S)(K)$ のみによって示されていることが分かる．定理 3.74 の証明とは，用いている道具がまったく異なっていることに注意したい．演繹定理の使い方を示す例として，定義 7.11 の (B') が $\mathbf{SK}$ の定理であることを証明してみよう．

定理 7.18 $\hspace{2em}$ $\vdash_{\mathbf{SK}} (\varphi \to \psi) \to (\psi \to \chi) \to (\varphi \to \chi)$

証明．まず，$\varphi \to \psi, \psi \to \chi, \varphi \vdash_{\mathbf{SK}} \chi$ を証明する．

1. $\varphi \to \psi$ $\hspace{2em}$ （前提）
2. $\psi \to \chi$ $\hspace{2em}$ （前提）
3. φ $\hspace{4em}$ （前提）
4. ψ $\hspace{4em}$ $(1, 3, MP)$
5. χ $\hspace{4em}$ $(2, 4, MP)$

(DT) により，$\varphi \to \psi, \psi \to \chi \vdash_{\mathbf{SK}} \varphi \to \chi$ が成り立つ．
(DT) により，$\varphi \to \psi \vdash_{\mathbf{SK}} (\psi \to \chi) \to (\varphi \to \chi)$ が成り立つ．
(DT) により，$\vdash_{\mathbf{SK}} (\varphi \to \psi) \to (\psi \to \chi) \to (\varphi \to \chi)$ が成り立つ． □

この証明は，見つけ方も意味するところも，練習問題 7.13 の証明と比較して随分と平易なものとなっている．

練習問題 7.19 演繹定理を用いて，定義 7.11 の各式が **SK** の定理であることを証明せよ．

7.4 否定

SK においては，論理式の否定は以下のように $\bot$ を用いて定義される．

定義 7.20 （¬ の定義） $\neg \varphi \stackrel{def}{\equiv} \varphi \to \bot$

しかし **SK** では記号として $\bot$ が用意されているものの，$\bot$ を含む公理が存在しないため，**SK** における $\bot$ は他の命題記号と何ら変わるところがない．ただし，$\neg \varphi$ が $\varphi \to \bot$ として定義されているため，$\bot$ は φ と $\neg \varphi$ の両方が演繹されたときに陥る状態を表している．たとえば以下の論理式は，**SK** の定理である．

$\vdash_{\mathbf{SK}} \quad \varphi \to \neg \varphi \to \bot$
$\vdash_{\mathbf{SK}} \quad \neg \varphi \to \varphi \to \bot$

証明．$(C*)$ と (I) より明らか． □

ただし，この状態がいわゆる「矛盾」を表すことは **SK** では保証されていないため，**SK** は第 3 章の一階命題論理よりも弱い体系となっている[*4]．その結果，恒真式の中にも **SK** の定理と，そうではないものが存在する．たとえば「二重否定律」について調べてみる．

[*4] **SK** のように，$\bot$ が導かれうる論理体系を**矛盾許容型論理** (paraconsistent logic)，または**非爆発性論理** (non-explosive logic) と呼ぶ．

> **定義 7.21** (二重否定律)
>
> (DNI)　　$\varphi \to \neg\neg\varphi$
> (DNE)　　$\neg\neg\varphi \to \varphi$

以下では「二重否定律」を二つに分け，それぞれ**二重否定導入律** (double negation introduction)，**二重否定除去律** (double negation elimination) と呼ぶ．この二つはいずれも一階命題論理・一階述語論理の恒真式であるが，(DNI) は **SK** の定理であり，(DNE) は **SK** では証明できない．

練習問題 7.22 (DNI) が **SK** の定理であることを証明せよ．

練習問題 7.23 (DNE) に「一つずつ余分な否定がついた」以下の論理式は，**SK** の定理であることを証明せよ．

$$\neg\neg\neg\varphi \to \neg\varphi$$

以下の (CM) は "consequentia mirabilis" の頭文字であり，「驚嘆すべき帰結」という意味である[*5]．

> **定義 7.24** (「驚嘆すべき帰結」)
>
> (CM)　　$(\varphi \to \neg\varphi) \to \neg\varphi$
> $(CM*)$　　$(\neg\varphi \to \varphi) \to \varphi$

このうち (CM) は **SK** の定理であるが，$(CM*)$ はそうではない．

練習問題 7.25 (CM) が **SK** の定理であることを証明せよ．

以下の論理式は，3.3.8 項で解説した背理法に対応している．

> **定義 7.26** (背理法)
>
> (RAA)　　$(\varphi \to \bot) \to \neg\varphi$
> $(RAA*)$　　$(\neg\varphi \to \bot) \to \varphi$

このうち (RAA) は **SK** の定理であるが，$(RAA*)$ はそうではない．

[*5] "Clavius's law" あるいは "Clavius' law" という名称でも知られる．

練習問題 7.27 (RAA) が **SK** の定理であることを証明せよ．

解説 7.28 $(RAA*)$ と (DNE) は実は同一の論理式である．したがって二重否定除去律とは，ある種の背理法と考えることができる．

以下の四つの論理式は**対偶律**(contraposition) と呼ばれている．

定義 7.29　（対偶律）

$(CON1)$ $\quad (\varphi \to \psi) \to (\neg\psi \to \neg\varphi)$
$(CON2)$ $\quad (\varphi \to \neg\psi) \to (\psi \to \neg\varphi)$
$(CON3)$ $\quad (\neg\varphi \to \psi) \to (\neg\psi \to \varphi)$
$(CON4)$ $\quad (\neg\varphi \to \neg\psi) \to (\psi \to \varphi)$

このうち $(CON1)(CON2)$ は **SK** の定理であるが，$(CON3)(CON4)$ はそうではない．

練習問題 7.30 $(CON1)$ と $(CON2)$ が **SK** の定理であることを証明せよ．

7.5　最小論理の体系 HM

前節までに見たように，必ずしもすべての一階命題論理の恒真式が体系 **SK** の定理ではない．では，恒真式をすべて証明できるようにするためには，**SK** をどのように拡張すれば良いか，という視点が生まれる．しかしその一方で，一階命題論理の意味論と比べて **SK** には何が足りないのか，という視点も生まれる．後者は，証明論がもたらす重要な考え方の一つである．

本章ではこれ以降，**SK** を少しずつ拡張し，すべての恒真式を定理として証明できるようになる過程を見ていくことにする．まず，本節で解説する**最小論理** (minimal logic) は，**SK** に真理関数 $\wedge, \vee$ および量化子 $\forall, \exists$ の記号と，それらのための最小限の公理を加えた一階述語論理の体系である[*6]．以下，これを **HM** と記す．

HM の記号は定義 5.1，項・論理式の定義は定義 5.5・定義 5.8 に従う．また，二項真理関数については定義 3.15 の中置記法を用いるものとする．ただ

[*6] Kolmogorov (1925), Johansson (1937) による．また，**HM** の観点からは，**SK** は使用できる真理関数を $\to$ と $\bot$ に制限した **HM** の部分体系とみなすことができるため，**HM** の $\{\to, \bot\}$ **断片** (fragment) とも呼ばれ，$\mathbf{HM}_{\{\to, \bot\}}$ と記すこともある．

し，¬ と ↔ については以下のように定義する．

> **定義 7.31** （¬ と ↔ の定義）　　$\neg \varphi \stackrel{def}{\equiv} \varphi \to \bot$
> $\varphi \leftrightarrow \psi \stackrel{def}{\equiv} (\varphi \to \psi) \wedge (\psi \to \varphi)$

HM の公理は，**SK** の公理 $(S)(K)$ に $\wedge, \vee, \forall, \exists$ のための公理を加えたものである．

> **定義 7.32** （**HM** の公理）　任意の論理式 $\varphi, \psi, \chi, \varphi_1, \varphi_2$，項 τ，変項 ξ, ζ について，以下は **HM** の公理である[*7]．
>
> (S)　　　$(\varphi \to \psi \to \chi) \to (\varphi \to \psi) \to (\varphi \to \chi)$
> (K)　　　$\varphi \to (\psi \to \varphi)$
> (DI)　　$\varphi_i \to (\varphi_1 \vee \varphi_2)$　　　　　　　　　$(i = 1, 2)$
> (DE)　　$(\varphi \to \chi) \to (\psi \to \chi) \to (\varphi \vee \psi \to \chi)$
> (CI)　　$\psi \to \varphi \to (\varphi \wedge \psi)$
> (CE)　　$\varphi_1 \wedge \varphi_2 \to \varphi_i$　　　　　　　　　$(i = 1, 2)$
> (UI)　　$\forall \zeta(\psi \to \varphi[\zeta/\xi]) \to (\psi \to \forall \xi \varphi)$　　$(\zeta \notin fv(\psi) \cup fv(\forall \xi \varphi))$
> (UE)　　$\forall \xi \varphi \to \varphi[\tau/\xi]$
> (EI)　　$\varphi[\tau/\xi] \to \exists \xi \varphi$
> (EE)　　$\forall \zeta(\varphi[\zeta/\xi] \to \psi) \to (\exists \xi \varphi \to \psi)$　　$(\zeta \notin fv(\psi) \cup fv(\exists \xi \varphi))$

HM の推論規則は，**SK** の推論規則 (MP) に**汎化** (generalization) と呼ばれる規則 (GEN) を加えたものである．

> **定義 7.33** （**HM** の推論規則）　任意の論理式 φ, ψ，変項 ξ, ζ について，左辺の形式の論理式から右辺の形式の論理式を演繹することができる．
>
> (MP)　　　$\varphi, \varphi \to \psi$　　$\implies$　ψ
> (GEN)　　$\varphi[\zeta/\xi]$　　$\implies$　$\forall \xi \varphi$
>
> ただし ζ は $\varphi[\zeta/\xi]$ の演繹の前提に含まれる論理式，および $\forall \xi \varphi$ に自由変項として現れていないこと．

[*7] $(DI)(DE)(CE)$ はそれぞれ 3.2.4 項の拡大律，構成的両刃論法，縮小律に対応する．

解説 7.34 $(UI)(EE)(GEN)$ に現れる ζ は**不確定名** (indefinite name) もしくは**固有変項** (eigenvariable) と呼ばれる. ζ は ξ 自身でもかまわない.

練習問題 7.35 (GEN) は以下のように定義されることもある. 定義 7.33 の (GEN) と等価であることを証明せよ.

(GEN') $\qquad \varphi \implies \forall \zeta(\varphi[\zeta/\xi])$

ただし ξ は φ の演繹の前提に含まれる論理式に自由変項として現れていないこと. ζ は $\zeta \equiv \xi$ であるか, または φ に自由変項として現れていないこと.

7.6 演繹定理再考

HM においても演繹定理が成立する. 証明は **SK** における演繹定理の証明とほぼ共通であるが, **HM** では推論規則 (GEN) が加わっているため, 定理 7.17 で与えた証明では不十分である.

定理 7.36 (**HM** の演繹定理) 任意の論理式列 Γ, 論理式 φ, ψ について, 以下が成り立つ.

$(DT) \qquad \Gamma \vdash_{\mathbf{HM}} \varphi \to \psi \quad \Longleftrightarrow \quad \varphi, \Gamma \vdash_{\mathbf{HM}} \psi$

証明. ($\Rightarrow$) について:定理 7.17 の証明と同様.

($\Leftarrow$) について:定理 7.17 の証明と同様, 自然数 k に関する命題 $\mathfrak{P}(k)$ を「任意の論理式列 Γ, 論理式 φ について, φ, Γ から ψ への長さ k の演繹が存在するならば, Γ から $\varphi \to \psi$ への演繹が存在する」と定義する. 任意の自然数 k $(1 \leq k)$ について $\mathfrak{P}(k)$ が成り立つことを, 帰納法によって証明する.

$\underline{k = 1 \text{ の場合}}$:定理 7.17 の証明と同様.

$\underline{1 < k \text{ の場合}}$:$\mathfrak{P}(1), \ldots, \mathfrak{P}(k-1)$ が成り立つと仮定する (帰納法の仮説: IH).

以下, $\mathfrak{P}(k)$ が成り立つことを示す. φ, Γ から ψ への長さ k の演繹が存在すると仮定すると, 演繹の定義により, この演繹の k 番目の論理式は以下 1)–5) のいずれかによって導かれたものである.

1) φ が公理である.
2) ψ が Γ に含まれている.
3) $\psi \equiv \varphi$ である.
4) この演繹の 1 番目から $k-1$ 番目までの間に χ と $\chi \to \psi$ が演繹されており，ψ はこれらの論理式から (MP) により導かれている．
5) この演繹の 1 番目から $k-1$ 番目までの間に $\chi[\zeta/\xi]$ が演繹されており，ψ は $\chi[\zeta/\xi]$ から (GEN) により導かれている（すなわち $\psi \equiv \forall\xi\chi$）．

1)–4) の場合は定理 7.17 の証明と同様である．5) の場合は，(GEN) の適用条件より，$\zeta \notin fv(\varphi) \cup fv(\Gamma) \cup fv(\forall\xi\chi)$ である—(†)．また，$\varphi, \Gamma \vdash_{\mathbf{HM}} \chi[\zeta/\xi]$ には長さ $k-1$ 以下の演繹が存在することになる．したがって IH より，Γ を前提とした以下のような演繹が存在する．

1. $\varphi \to \chi[\zeta/\xi]$ $\qquad$ (IH)
2. $(\varphi \to \chi[\zeta/\xi])[\zeta/\zeta]$ $\qquad$ (定理 5.42 (1))
3. $\forall\zeta(\varphi \to \chi[\zeta/\xi])$ $\qquad$ $(2, GEN, (\dagger)$ より $\zeta \notin fv(\Gamma)$, $\zeta \notin fv(\forall\zeta(\varphi \to \chi[\zeta/\xi]))$ は自明)
4. $\forall\zeta(\varphi \to \chi[\zeta/\xi]) \to (\varphi \to \forall\xi\chi)$ $\qquad$ $(UI, (\dagger)$ より $\zeta \notin fv(\varphi) \cup fv(\forall\xi\chi))$
5. $\varphi \to \forall\xi\chi$ $\qquad$ $(3, 4, MP)$

これは Γ から $\varphi \to \forall\xi\chi \equiv \varphi \to \psi$ への演繹である． $\square$

解説 7.37 φ と ψ が互いに演繹される場合，すなわち $\varphi \vdash_{\mathcal{K}} \psi$ かつ $\psi \vdash_{\mathcal{K}} \varphi$ のときは，以下の記法で表す．

$$\varphi \dashv\vdash_{\mathcal{K}} \psi$$

練習問題 7.38 演繹定理により，以下が成り立つことを証明せよ．

$$\varphi \dashv\vdash_{\mathbf{HM}} \psi \iff \vdash_{\mathbf{HM}} \varphi \leftrightarrow \psi$$

3.2.4 項における一階命題論理の恒真式の一部は，**HM** の定理である．しかし **HM** では **SK** 同様, 否定が関わるいくつかの恒真式が証明できない．たとえば，排中律，二重否定（除去）律などは，**HM** の定理ではない．

練習問題 7.39 以下の各式が **HM** の定理であることを証明せよ．

7.6 演繹定理再考

$\varphi \wedge (\psi \wedge \chi) \leftrightarrow (\varphi \wedge \psi) \wedge \chi$ $\quad\quad\quad$ $\varphi \vee (\psi \vee \chi) \leftrightarrow (\varphi \vee \psi) \vee \chi$
$\varphi \wedge \psi \leftrightarrow \psi \wedge \varphi$ $\quad\quad\quad\quad\quad\quad\quad\quad\quad$ $\varphi \vee \psi \leftrightarrow \psi \vee \varphi$
$\varphi \leftrightarrow \varphi \wedge \varphi$ $\quad\quad\quad\quad\quad\quad\quad\quad\quad\quad\quad$ $\varphi \leftrightarrow \varphi \vee \varphi$
$\varphi \leftrightarrow \varphi \wedge (\varphi \vee \psi)$ $\quad\quad\quad\quad\quad\quad\quad\quad$ $\varphi \leftrightarrow \varphi \vee (\varphi \wedge \psi)$

以下の四つの形の論理式は，3.2.4 項の**矛盾律** (law of non-contradiction)，**分配律** (distributive law)，および**ドゥ・モルガンの法則** (De Morgan's law) である．

定義 7.40 （矛盾律）

$(LNC) \quad \neg(\varphi \wedge \neg\varphi)$

練習問題 7.41 (LNC) が **HM** の定理であることを証明せよ．

定義 7.42 （分配律）

$(Dist\wedge) \quad \varphi \vee (\psi \wedge \chi) \leftrightarrow (\varphi \vee \psi) \wedge (\varphi \vee \chi)$
$(Dist\vee) \quad \varphi \wedge (\psi \vee \chi) \leftrightarrow (\varphi \wedge \psi) \vee (\varphi \wedge \chi)$

練習問題 7.43 $(Dist\vee)(Dist\wedge)$ が **HM** の定理であることを証明せよ．

定義 7.44 （弱ドゥ・モルガンの法則）

$(DM\vee) \quad \neg(\varphi \vee \psi) \leftrightarrow \neg\varphi \wedge \neg\psi$

練習問題 7.45 $(DM\vee)$ が **HM** の定理であることを証明せよ．

定義 7.46 （強ドゥ・モルガンの法則）

$(DM\wedge) \quad \neg(\varphi \wedge \psi) \leftrightarrow \neg\varphi \vee \neg\psi$

練習問題 7.47 $(DM\wedge)$ の片側 $\neg\varphi \vee \neg\psi \to \neg(\varphi \wedge \psi)$ が **HM** の定理であることを証明せよ．

練習問題 7.48 $(DM\land)$ のもう片側 $\lnot(\varphi \land \psi) \to \lnot\varphi \lor \lnot\psi$ は **HM** では証明できない．しかし，これに「一つずつ余分な否定が付いた」以下の論理式については **HM** の定理であることを証明せよ．

$$\lnot\lnot(\varphi \land \psi) \to \lnot\lnot\varphi \land \lnot\lnot\psi$$

量化論理式が関わる証明の例も見てみよう．

例 7.49 (**HM** の定理の例)

$\vdash_{\mathbf{HM}} \quad \forall\xi\forall\zeta\varphi \to \forall\zeta\forall\xi\varphi$

証明． $\forall\xi\forall\zeta\varphi \vdash_{\mathbf{HM}} \forall\zeta\forall\xi\varphi$ を示して演繹定理を用いる．

1. $\forall\xi\forall\zeta\varphi$ （前提）
2. $\forall\xi\forall\zeta\varphi \to (\forall\zeta\varphi)[\xi/\xi]$ (UE)
3. $(\forall\zeta\varphi)[\xi/\xi]$ $(1, 2, MP)$
4. $\forall\zeta\varphi$ $(3, 定理\ 5.42\ (1))$
5. $\forall\zeta\varphi \to \varphi[\zeta/\zeta]$ (UE)
6. $\varphi[\zeta/\zeta]$ $(4, 5, MP)$
7. $\varphi[\xi/\xi]$ $(6, 定理\ 5.42\ (1))$
8. $\forall\xi\varphi$ $(7, GEN, \xi \notin fv(\forall\xi\forall\zeta\varphi) \cup fv(\forall\xi\varphi))$
9. $\forall\xi\varphi[\zeta/\zeta]$ $(8, 定理\ 5.42\ (1))$
10. $\forall\zeta\forall\xi\varphi$ $(9, GEN, \zeta \notin fv(\forall\xi\forall\zeta\varphi) \cup fv(\forall\zeta\forall\xi\varphi))$ □

練習問題 7.50 以下の各式が **HM** の定理であることを証明せよ．

$$\lnot\lnot\forall\xi\varphi \to \forall\xi\lnot\lnot\varphi \qquad \exists\xi\lnot\varphi \to \lnot\forall\xi\varphi$$
$$\forall\xi\lnot\varphi \to \lnot\exists\xi\varphi \qquad \lnot\exists\xi\varphi \to \forall\xi\lnot\varphi$$

7.7 直観主義論理の体系 HJ

7.4 節において，**SK** は $\bot$ に関する公理を持たないため，$\bot$ は他の論理式と何ら変わりはない，ということを述べた．その点については **HM** も同様である．それに対して，**HM** に以下の (EFQ) を公理として加えた体系を **直観主義論理** (intuitionistic logic) と呼び，記号 **HJ** で表す．

定義 7.51　（爆発律）

$(EFQ)\quad \bot \to \varphi$

(EFQ) は "ex falso quodlibet" の頭文字であり，字義通りには「偽からは任意の論理式が演繹される」という意味であるが，この式が意味するところはむしろ「矛盾からは任意の論理式が帰結される」ということである．(EFQ) が公理に加えられることによって，$\bot$ は「矛盾」の意味合いを持つ．

解説 7.52 HJ の推論規則は HM と同じであるため，演繹定理は HJ でも成り立つ．

練習問題 7.53 以下の各式が HJ の定理であることを証明せよ．

$(\neg\varphi \vee \psi) \to \varphi \to \psi$
$(\neg\neg\varphi \to \neg\neg\psi) \to \neg\neg(\varphi \to \psi)$

7.8　古典論理の体系 HK

本書の第 3 章や第 5 章で解説した論理は**古典論理** (classical logic) と呼ばれている．逆に，**SK** や **HM**・**HJ** のような弱い論理体系は，古典論理と対比されて**非古典論理** (non-classical logic) とも呼ばれている[*8]．古典論理のための体系 **HK** は，最小論理 **HM** に以下の (DNE) を公理として加えたものである．

定義 7.21　（二重否定除去律：再掲）

$(DNE)\quad \neg\neg\varphi \to \varphi$

解説 7.54 HK の推論規則は HM と同じであるため，演繹定理は HK でも成り立つ．

[*8] 「弱い」論理にどのような使い道があるのか，と疑問に思われるかもしれないが，非古典論理の「弱さ」が，論理以外の（たとえばプログラミング言語理論や自然言語の文法などの）構造をうまく表していることが次々と発見されてからは，非古典論理は論理学の重要な主題の一つとなっている．

7.4 節で示した論理式のうち，**SK** で証明できなかったものは，いずれも **HK** の定理である．

定理 7.55　　$\vdash_{\mathbf{HK}} (CM*)$
　　　　　　　　$\vdash_{\mathbf{HK}} (CON3)$
　　　　　　　　$\vdash_{\mathbf{HK}} (CON4)$

練習問題 7.56 定理 7.55 を証明せよ．

練習問題 7.57 強ドゥ・モルガンの法則（定義 7.46）が **HK** の定理であることを証明せよ．

7.8.1 証明体系の等価性

証明体系は，しばしばその証明体系における演繹の集合と同一視され，証明体系間の関係を述べるのに以下のような記法を用いる．

定義 7.58（証明体系の包含関係）　$\mathcal{K}$ と $\mathcal{K}'$ を証明体系とする．任意の論理式列 Γ，論理式 φ について，$\Gamma \vdash_{\mathcal{K}} \varphi$ ならば $\Gamma \vdash_{\mathcal{K}'} \varphi$ であるとき，$\mathcal{K}$ は $\mathcal{K}'$ より弱い（または $\mathcal{K}'$ は $\mathcal{K}$ より強い）証明体系であるといい，$\mathcal{K} \subseteq \mathcal{K}'$ と記す．

定義 7.59（証明体系の等価性）　$\mathcal{K}$ と $\mathcal{K}'$ を証明体系とする．$\mathcal{K} \subseteq \mathcal{K}'$ かつ $\mathcal{K}' \subseteq \mathcal{K}$ のとき，$\mathcal{K}$ と $\mathcal{K}'$ は等価な証明体系であるといい，$\mathcal{K} = \mathcal{K}'$ と記す．

また，$\mathcal{K} = \mathcal{K}'$ ではないとき $\mathcal{K} \neq \mathcal{K}'$ と書き，$\mathcal{K} \subseteq \mathcal{K}'$ かつ $\mathcal{K} \neq \mathcal{K}'$ であるとき，$\mathcal{K} \subset \mathcal{K}'$ と書く．

例 7.60 $\mathbf{HM} \subseteq \mathbf{HJ}$ が成り立つ．証明は，任意の論理式列 Γ，論理式 φ について，$\Gamma \vdash_{\mathbf{HM}} \varphi$ ならば $\Gamma \vdash_{\mathbf{HJ}} \varphi$ であることを示せば良いが，**HM** における Γ から φ への演繹は，**HJ** における Γ から φ への演繹でもあるので自明．

例 7.61 $\mathbf{HJ} \subseteq \mathbf{HK}$ が成り立つ．証明は，任意の論理式列 Γ，論理式 φ について，$\Gamma \vdash_{\mathbf{HJ}} \varphi$ ならば $\Gamma \vdash_{\mathbf{HK}} \varphi$ であることを示せば良いが，そのためには

7.8 古典論理の体系 HK

(EFQ) が **HK** の定理であることを示せば十分である（以後，定理 7.62 のような記法も用いるものとする）．

定理 7.62　　$\vdash_{\mathbf{HK}}$　(EFQ)

証明．$\bot \vdash_{\mathbf{HK}} \varphi$ を示して演繹定理を用いる．

1. $\bot$ 　　　　　　　　　　（前提）
2. $((\varphi \to \bot) \to \bot) \to \varphi$ 　(DNE)
3. $\bot \to (\varphi \to \bot) \to \bot$ 　(K)
4. $(\varphi \to \bot) \to \bot$ 　　$(1, 3, MP)$
5. φ 　　　　　　　　　　$(2, 4, MP)$ 　　□

解説 7.63 厳密には，**HM**, **HJ**, **HK** の間には，**HM** $\subset$ **HJ**, **HJ** $\subset$ **HK** という関係が成り立つ．**HM** $\ne$ **HJ**, **HJ** $\ne$ **HK** であることを示すには，(EFQ) が **HM** の定理ではないこと，(DNE) が **HJ** の定理ではないことを証明する必要があるが，そのためには次章以降の議論が必要となる（系 10.38 と定理 11.9）によって示される．

HJ と **HK** は，**HM** に公理を追加する形で定義したが，このような証明体系の名称として以下の記法を用いることにする．

定義 7.64 証明体系 $\mathcal{K}$ に公理または推論規則 R を加えた証明体系を $\mathcal{K}+\mathbf{R}$ と記す．また，証明体系 $\mathcal{K}$ から公理または推論規則 R を除いた証明体系を $\mathcal{K}-\mathbf{R}$ と記す[*9]．

HJ は，**HM** に (EFQ) を加えた体系という意味で **HM+EFQ** とも記す．**HK** は，**HM** に (DNE) を加えた体系という意味で **HM+DNE** とも記す．

[*9] ここでは，証明体系に公理または推論規則を「加える」「除く」という概念を厳密に扱うわけではないが，暗黙に証明体系を公理または推論規則の集合とみなし，$+, -$ はそれぞれ和集合，差集合を取る演算とみなしている．したがって，これ以降の議論では，任意の証明体系 $\mathcal{K}$, 推論規則 R, R' について，$\mathcal{K}+\mathbf{R}+\mathbf{R}' = \mathcal{K}+\mathbf{R}'+\mathbf{R}$, $\mathcal{K}-\mathbf{R}-\mathbf{R}' = \mathcal{K}-\mathbf{R}'-\mathbf{R}$, $\mathcal{K}+\mathbf{R}-\mathbf{R} = \mathcal{K}$ などの関係が成り立つと仮定する．

7.8.2 古典論理の構成法

古典論理には **HM+DNE** 以外にも，いくつかの異なる定義が知られている．第一の方法は，**HM** に (DNE) を加える代わりに **HJ**（=**HM+EFQ**）に $(CM*)$ を加える方法である．

定理 7.65　　　**HM+DNE**　=　**HM+EFQ+CM***

証明は，定義 7.59 より，

1) **HM+DNE** $\subseteq$ **HM+EFQ+CM***
2) **HM+EFQ+CM*** $\subseteq$ **HM+DNE**

の二つを示せばよい．1) を示すには，(EFQ) が **HM+DNE** の定理であること，および $(CM*)$ が **HM+DNE** の定理であることを示せばよいが，これらは定理 7.62，定理 7.55 として既に示した．2) を示すには，(DNE) が **HM+EFQ+CM*** の定理であること（補題 7.66 とする）を示せばよい．

補題 7.66　　　$\vdash_{\mathbf{HM+EFQ+CM*}}$ (DNE)

練習問題 7.67　補題 7.66 を証明せよ．

第二の方法は，**HM** に (DNE) の代わりに対偶律を加える方法である．

定理 7.68　　　**HM+DNE**　=　**HM+CON3**　=　**HM+CON4**

$(CON3)(CON4)$ が **HM+DNE** の定理であることは，定理 7.55 において既に示しているので，あとは (DNE) が **HM+CON3** および **HM+CON4** の定理であること（補題 7.69 とする）を示せばよい．

補題 7.69　　　$\vdash_{\mathbf{HM+CON3}}$ (DNE)
　　　　　　　　　$\vdash_{\mathbf{HM+CON4}}$ (DNE)

練習問題 7.70　補題 7.69 を証明せよ．

7.8 古典論理の体系 HK

定義 7.71（公理・推論規則の等価性） $\mathcal{K}$ を証明体系, R, R' を公理または推論規則とする. $\mathcal{K}+\mathbf{R} = \mathcal{K}+\mathbf{R}'$ であるとき, R と R' は $\mathcal{K}$ 上で等価である, という.

公理・推論規則の等価性を示すうえでは, 以下の定理が役立つ.

定理 7.72 $\mathcal{K}$ を証明体系, R, R' を公理とすると, 以下が成り立つ.

R と R' は $\mathcal{K}$ 上で等価である. $\iff$ R が $\mathcal{K}+\mathbf{R}'$ の定理であり, R' が $\mathcal{K}+\mathbf{R}$ の定理である.

練習問題 7.73 定理 7.72 を証明せよ.

練習問題 7.74 (RAA) と $(RAA*)$ には否定を用いた以下のようなバリエーションが存在することが知られている.

$(RAA_\neg)$ $\quad (\varphi\to\psi) \to (\varphi\to\neg\psi) \to \neg\varphi$
$(RAA^*_\neg)$ $\quad (\neg\varphi\to\psi) \to (\neg\varphi\to\neg\psi) \to \varphi$

SK 上で (RAA) と $(RAA_\neg)$ が等価であること, および $(RAA*)$ と $(RAA^*_\neg)$ が等価であることを示せ.

練習問題 7.75 (EFQ) には $\bot$ を用いない以下のようなバリエーションが存在する.

$(EFQ_\neg)$ $\quad \neg\varphi \to \varphi \to \psi$

HM 上での (EFQ) と $(EFQ_\neg)$ の等価性を示せ.

7.8.3 弱最小論理・弱古典論理

以下の論理式は**排中律** (law of excluded middle) と呼ばれ, 古典論理の定理であるが直観主義論理の定理ではない論理式として知られている. ここではこの論理式の性質をもう少し詳細に見てみる.

定義 7.76 （排中律）

$(LEM) \quad \varphi \vee \neg\varphi$

練習問題 7.77 $\vdash_{\mathbf{HK}} (LEM)$ であることを証明せよ．

(LEM) は **HM** 上で $(CM*)$ と等価であることが知られている．すなわち **HM+LEM** = **HM+CM*** が成り立つ．

補題 7.78
$\vdash_{\mathbf{HM+LEM}} \quad (CM*)$
$\vdash_{\mathbf{HM+CM*}} \quad (LEM)$

練習問題 7.79 補題 7.78 を証明せよ．

練習問題 7.80 以下を証明せよ．

$$\vdash_{\mathbf{HM+LEM}} (\varphi \to \psi) \to \neg\varphi \vee \psi$$

以下の論理式は "tertium non datur" と呼ばれ，これは英語では "there is no third (possibility)"，つまり「φ か $\neg\varphi$ かのいずれかであり，それ以外の（つまり第三の）可能性は存在しない」ということである．

定義 7.81 （「第三の可能性は存在しない」）

$(TND) \quad (\varphi\to\psi) \to (\neg\varphi\to\psi) \to \psi$

練習問題 7.82 $\vdash_{\mathbf{HK}} (TND)$ であることを証明せよ．

(TND) もまた，**HM** 上で $(CM*)$ と等価であることが知られている．すなわち **HM+TND** = **HM+CM*** が成り立つ．

補題 7.83
$\vdash_{\mathbf{HM+TND}} \quad (CM*)$
$\vdash_{\mathbf{HM+CM*}} \quad (TND)$

練習問題 7.84 補題 7.83 を証明せよ．

7.8 古典論理の体系 HK

以下の論理式は**パースの法則** (Peirce's law) と呼ばれる．パースの法則は，$\to$ のみで構成されている論理式であるにもかかわらず，(S) と (K) だけでは証明できない．

定義 7.85 （パースの法則）

$(P) \quad ((\varphi \to \psi) \to \varphi) \to \varphi$

練習問題 7.86 $\vdash_{\mathbf{HK}} (P)$ であることを証明せよ．

注意深く眺めるならば，$(CM*)$ はパースの法則 (P) の特殊な場合に相当する．したがって，(P) が証明可能な体系では，$(CM*)$ も証明可能である．すなわち，$\mathbf{HM+CM*} \subseteq \mathbf{HM+P}$ である．

さらに，以下の論理式は**一般化排中律** (generalized law of excluded middle) と呼ばれるものである．

定義 7.87 （一般化排中律）

$(GEM) \quad (\varphi \to \psi) \lor \varphi$

練習問題 7.88 $\vdash_{\mathbf{HK}} (GEM)$ であることを証明せよ．

こちらも注意深く眺めるならば，(LEM) は (GEM) の特殊な場合に相当する．(GEM) は (LEM) の $\bot$ の部分を任意の論理式に一般化したものである．

(P) と (GEM) は $\mathbf{HM}$ 上で等価であることが知られている．すなわち，$\mathbf{HM+GEM} = \mathbf{HM+P}$ である．

補題 7.89 $\vdash_{\mathbf{HM+GEM}} (P)$
$\vdash_{\mathbf{HM+P}} (GEM)$

練習問題 7.90 補題 7.89 を証明せよ．

さらに，(P) は $\mathbf{HK}$ の定理であるから，$\mathbf{HM+P} \subseteq \mathbf{HM+DNE}$ である．

練習問題 7.91 以下を証明せよ．

$\vdash_{\mathbf{HM+P}} ((\varphi \to \psi) \to \chi) \to (\varphi \to \chi) \to \chi$

ここまでの議論をまとめると，最小論理の拡張としていくつかの証明体系があり，その間には以下のような等価性，および包含関係が存在している[*10]．

$$\mathbf{HM} \subseteq \begin{array}{c} \mathbf{HM+CM*} \\ \mathbf{HM+LEM} \\ \mathbf{HM+TND} \end{array} \subseteq \begin{array}{c} \mathbf{HM+P} \\ \mathbf{HM+GEM} \end{array} \subseteq \mathbf{HM+DNE}$$

ところが (EFQ) が存在するときは，$(CM*)$ と (P) の差，(LEM) と (GEM) の差は吸収されてしまうのである[*11]．すなわち，以下が成立する．

定理 7.92　$\mathbf{HM+EFQ+CM*} = \mathbf{HM+EFQ+P}$
　　　　　　$\mathbf{HM+EFQ+LEM} = \mathbf{HM+EFQ+GEM}$

証明．上式について：(P) が $\mathbf{HM+EFQ+CM*}$ の定理であることは，定理 7.65 と練習問題 7.86 から自明．$(CM*)$ が $\mathbf{HM+EFQ+P}$ の定理であることは，$(CM*)$ が (P) の特殊な場合であることから自明．

下式について：$\mathbf{HM+LEM} = \mathbf{HM+CM*}$（定理 7.65 と補題 7.78 による）より $\mathbf{HM+EFQ+LEM} = \mathbf{HK}$ であるから，(GEM) が $\mathbf{HM+EFQ+LEM}$ の定理であることは練習問題 7.88 より自明．(LEM) が $\mathbf{HM+EFQ+GEM}$ の定理であることは，(LEM) が (GEM) の特殊な場合であることから自明．　　□

したがって，以下の諸体系は等価である．$\mathbf{HK}$ という名称はこれらの総称として用いられる．

$$\begin{aligned} \mathbf{HK} &= \mathbf{HM+DNE} \\ &= \mathbf{HM+EFQ+CM*} \\ &= \mathbf{HM+EFQ+LEM} \end{aligned}$$

[*10] Ariola et al. (2007) では $\mathbf{HM+CM*}$ を**弱最小論理** (weak minimal logic)，$\mathbf{HM+P}$ を**弱古典論理** (minimal classical logic) と呼んでいるが，まだ定着した名称ではないと思われる．

[*11] このことは，練習問題 7.86 の証明において，$(CM*)$ と (EFQ) から (P) が証明できることと関係している．つまり，$(CM*)$ が成立するとき，(EFQ) も成立するならば，(P) も成立する，ということである．

$$\begin{aligned}
&= \text{HM+EFQ+TND} \\
&= \text{HM+EFQ+P} \\
&= \text{HM+EFQ+GEM} \\
&= \text{HM+CON3} \\
&= \text{HM+CON4}
\end{aligned}$$

練習問題 7.93 以下の二つの事実は，練習問題 7.67，補題 7.78，定理 7.92 から間接的には明らかであるが，(EFQ) と (P) を用いた (DNE) の証明，および (EFQ) と (GEM) を用いた (DNE) の証明（いずれも $(CM*)$ を用いない証明）を考えよ．

$\vdash_{\text{HM+EFQ+P}} (DNE)$

$\vdash_{\text{HM+EFQ+GEM}} (DNE)$

練習問題 7.94 以下のような古典論理のヒルベルト流の体系が，**HK** と等価な体系であることを示せ．ただし，名前，変項，量化子，述語については **HK** と同様に定義するものとする．

記号 ： $\bot, \to, \forall$

公理 ： $(S)(K)(DNE)(\forall I)(\forall E)$

推論規則 ： $(MP)(GEN)$

ただし，$\neg, \land, \lor, \exists$ は以下のように定義する．

$$\begin{aligned}
\neg \varphi &\stackrel{def}{\equiv} \varphi \to \bot \\
\varphi \land \psi &\stackrel{def}{\equiv} \neg(\varphi \to \neg\psi) \\
\varphi \lor \psi &\stackrel{def}{\equiv} \neg\varphi \to \psi \quad (\text{もしくは } (\varphi \to \psi) \to \psi) \\
\exists \xi \varphi &\stackrel{def}{\equiv} \neg\forall\xi\neg\varphi
\end{aligned}$$

第 8 章

自然演繹

ヒルベルト流証明論には，少なくとも次の二つの欠点があるといわれている．

1. 証明が見つけにくいこと
2. 証明が直観的ではないこと

単純な定理 $\varphi \to \varphi$ に対する証明の複雑さを思い起こしてみても，(S) に (K) を 2 回適用する証明において，白紙の状態から最初の (S) の形式を思いつく人はそう多くはないだろう．また，完成された証明は，$\varphi \to \varphi$ という定理に対して，我々が「自然」に抱く直観とはかなりかけ離れた構造を持っている．

「証明が直観的ではないこと」が問題であるという考え方の背後には，証明論というものが，意味論に代わって論理式にある種の「意味」を与えている，という立場がある．つまり，領域や解釈は参照せずとも，ある定理に対する「証明」の構造がその定理の「意味」である，という考え方である．その観点からは，$\varphi \to \varphi$ の「意味」が (S) に (K) を 2 回適用したものだ，というのは「自然」ではないといえるかもしれない．

一方，この二つの問題については，演繹定理を用いることで，相当の改善が見られたことを思い出されたい．たとえば $\vdash_{\mathbf{HK}} \varphi \to \varphi$ は演繹定理により $\varphi \vdash_{\mathbf{HK}} \varphi$ と同等であるが，これは定義 7.6 の二番目「φ_i は Γ に含まれている」によってただちに証明できる．この証明を見つけるのに時間はかからないであろうし，またこの証明は我々が $\varphi \to \varphi$ に対して抱く「自然」な直観に近い，といえそうである．定義 7.11 の各式について演繹定理を用いた証明と用いない証明を比較すれば，その差はより明確となる．

SK において，演繹定理は (S) と (K) のみから証明されたが，逆に (S) と (K) も演繹定理のみから証明することができる．すなわち，公理を持たず，推論規則として (DT) と (MP) を持つ証明体系を **DT+MP** とすると，$(S)(K)$ は **DT+MP** の定理である．

定理 8.1 $\vdash_{\mathbf{DT+MP}}\ (\varphi\to\psi\to\chi)\to(\varphi\to\psi)\to(\varphi\to\chi)$

証明．まず，$\varphi\to\psi\to\chi,\ \varphi\to\psi,\ \varphi\vdash_{\mathbf{DT+MP}}\chi$ を示す．

1. $\varphi\to\psi\to\chi$ （前提）
2. $\varphi\to\psi$ （前提）
3. φ （前提）
4. $\psi\to\chi$ $(1,3,MP)$
5. ψ $(2,3,MP)$
6. χ $(4,5,MP)$

これに演繹定理を 3 回用いる． □

定理 8.2 $\vdash_{\mathbf{DT+MP}}\ \varphi\to(\psi\to\varphi)$

証明．$\varphi,\psi\vdash_{\mathbf{DT+MP}}\varphi$ は自明．これに演繹定理を 2 回用いる． □

したがって，$(S)(K)$ の組み合わせと演繹定理とは，(MP) が成立する体系のもとでは等価であることが分かる．このことから，(S) と (K) の代わりに，演繹定理の方を根本原理とする体系を構築する，という発想が生まれる．**DT+MP** は，**SK** と等価な体系である．

練習問題 8.3 **HM** における演繹定理の証明では，(UI) が決定的な役割を果たしている．逆に，**HM** から (UI) を除き (DT) を加えた体系 **HM−UI+DT** において，(UI) が定理であることを示せ．

したがって，**HM** から $(S)(K)$ を除き (DT) を加えた体系 **HM−S−K+DT** は，**HM** と等価である[*1]．本章では，そのような考え方に基づく体系の一つ

[*1] 厳密な証明は，9.4 節で行う．

である**自然演繹** (natural deduction) について解説する[*2].

8.1 自然演繹とは

8.1.1 木構造による証明図

　ヒルベルト流証明論では，証明とは前提から演繹された論理式の列，として定義されていた．自然演繹では，証明を（二次元の）木構造として定義する．たとえばヒルベルト流証明論では，(MP) は以下のような推論規則であった（定義 7.4）．

$$(MP) \quad \varphi, \ \varphi \to \psi \quad \Longrightarrow \quad \psi$$

　これを，自然演繹では以下のような木構造として書く．

$$(MP) \dfrac{\varphi \quad \varphi \to \psi}{\psi}$$

　この図を「木構造」と呼ぶことに違和感があるかもしれないが，次のような木と対応していると考えればよい．ψ が根であり，φ と $\varphi \to \psi$ が葉である．

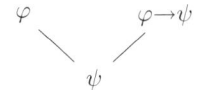

$$\varphi \qquad \varphi \to \psi$$
$$\psi$$

　一般的には，$\varphi_1, \varphi_2, \ldots, \varphi_n$ を前提として，$(\Box)$ という推論規則によって ψ が演繹されることを，以下のように記す．水平線の上（前提部）には複数の論理式が現れてもかまわないが，水平線の下（帰結部）に現れる論理式は一つのみである．

$$(\Box) \dfrac{\varphi_1 \quad \varphi_2 \quad \cdots \quad \varphi_n}{\psi}$$

[*2] 自然演繹のアイディアは，Jaśkowski (1934) と Gentzen (1935) に遡るといわれている．自然演繹の名称は後者による．Jaśkowski (1934) では，本書のような記法ではなく，「入れ子式の箱」による記法が用いられている．ゲンツェン自身はその後，自然演繹による証明の複雑さを疑問視し，シーケント計算に移行したが，Prawitz (1965) は自然演繹の考え方をまとめ直し，ゲンツェンのその後のシーケント計算による成果を自然演繹に書き戻した．また，Prawitz (1965) には様相論理や二階論理のための自然演繹の体系も含まれている．

8.1 自然演繹とは

このとき使用した推論規則を明記するために，水平線の左側[*3]に推論規則名を記す．

ψ が公理であるときは，公理図式名を $(\triangle)$ とすると，以下のように記す．

$$(\triangle)\frac{}{\psi}$$

木構造による記法の利点の一つとして，複数の推論同士をつなぎ合わせる際に「接ぎ木」の記法を用いて，分かりやすく書けるという点がある．たとえば $\varphi, \varphi\to\psi, \psi\to\chi \vdash_{\mathbf{SK}} \chi$ の証明は，以下のようなものであった（例 7.9 の再掲）．

1. φ （前提）
2. $\varphi\to\psi$ （前提）
3. ψ $(1, 2, MP)$
4. $\psi\to\chi$ （前提）
5. χ $(3, 4, MP)$

これを，自然演繹では次のように書く[*4]．

$$(MP)\frac{(MP)\dfrac{\varphi \quad \varphi\to\psi}{\psi} \quad \psi\to\chi}{\chi}$$

すなわち，$\varphi, \varphi\to\psi$ という前提から (MP) によって ψ が演繹され，$\psi, \psi\to\chi$ という前提から (MP) によって χ が演繹されるのであるが，最初の推論の帰結 ψ を，二つ目の推論の前提である ψ に接続している，ということが木構造では見やすい．

この木構造を自然演繹の**証明図** (proof diagram) と呼ぶ．上の証明図は，全体としては ψ は前提ではなく，$\varphi, \varphi\to\psi, \psi\to\chi$ のみが前提となり，χ が演繹されていることを表している．

また，自然演繹では前提部の順序は自由である．たとえば上の証明図は以下の証明図と同じものとみなす．

$$(MP)\frac{\psi\to\chi \quad (MP)\dfrac{\varphi\to\psi \quad \varphi}{\psi}}{\chi}$$

[*3] 推論規則名を水平線の右側に書く流儀もある．
[*4] この差は証明の記法に関する見かけ上の差であり，証明を木構造で表す，ということは自然演繹の本質とは独立した事柄である．このことは，次章でより明確に述べられる．

8.1.2 打ち消し操作

演繹定理（定理 7.36，以下再掲）のうち，証明において重要な役割を果たしたのは $\Longleftarrow$ 方向の推論である．

$$\Gamma \vdash_{\mathbf{HM}} \varphi \to \psi \quad \Longleftrightarrow \quad \varphi, \Gamma \vdash_{\mathbf{HM}} \psi$$

すなわち，前提 Γ から $\varphi \to \psi$ を演繹するためには，前提 Γ に φ を加えた上で ψ を証明できればよい，ということであるが，自然演繹ではこのことを次のような推論規則として扱う．まず φ を前提とし，ψ が証明されたとする．

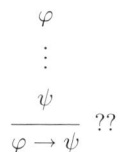

$$\begin{array}{c} \varphi \\ \vdots \\ \psi \\ \hline \varphi \to \psi \end{array} ??$$

このとき，$\varphi \to \psi$ も証明されたことになるが，これを上図のように書くのは適切ではない．上図では，φ が推論全体の前提として残ってしまっているからである．Γ に φ を加えた前提から ψ が演繹されるならば，Γ のみから $\varphi \to \psi$ が演繹されるといえる，というのが演繹定理であるから，ψ の演繹においては φ は前提であるが，$\varphi \to \psi$ の演繹においては φ はもはや前提ではないのである．

このため，自然演繹では**打ち消し** (discharge) という操作を用いる[*5]．これは「φ から ψ が演繹された」ことから $\varphi \to \psi$ が演繹されたとき，φ をもはや前提としては扱わないことを示すために，φ の上に水平線を引く操作のことである．

$$(DT) \dfrac{\begin{array}{c} \overline{\varphi}^{(i)} \\ \vdots \\ \psi \end{array}}{\varphi \to \psi}{}^{(i)}$$

このとき，φ という前提が $\varphi \to \psi$ を演繹することによって打ち消されたことを明記するために，対応する水平線の右側に同じ数字を記す．これによっ

[*5] "discharge" の邦訳は様々である．たとえば松本 (1969) や古森・小野 (2010) では → 導入規則によって前提 φ が打ち消されることを「前提 φ が落ちる」と表現している．

て，一つの証明図において複数回の打ち消しが起こった際にも，どの前提がどの推論規則によって打ち消されたのかが分かるようになっている．

8.1.3 導入規則と除去規則

自然演繹の推論規則は（¬ を除いて）**導入規則** (introduction rule) と**除去規則** (elimination rule) の対をなしている．たとえば (DT) と (MP) はそれぞれ → 導入規則 $(\to I)$，→ 除去規則 $(\to E)$ と呼ばれる推論規則として定義される．

$$(\to I)\dfrac{\overline{\varphi}^{(i)} \\ \vdots \\ \psi}{\varphi\to\psi}(i) \qquad (\to E)\dfrac{\varphi \quad \varphi\to\psi}{\psi}$$

→ 導入規則とは，帰結部に $\varphi\to\psi$ という形式の論理式が導入される，という意味の名称であり，→ 除去規則とは，前提部の $\varphi\to\psi$ という論理式に現れている → が，帰結部では除去されている，という意味の名称である．

この二つの推論規則を持つ自然演繹では，ヒルベルト流証明論の公理 (K) と (S) は必要ない．自然演繹のもう一つの特徴は「公理を持たず，推論規則のみからなる」ということである．この点で自然演繹は，公理系とは異なる考え方に基づいている．

8.1.4 まとめ

以下に，自然演繹の特徴をまとめておく．

1. 演繹定理 (DT) と (MP) を基本原理とする．
2. 証明を書くのに木構造を用いる．
3. 打ち消し操作を用いる．
4. 推論規則は（ほぼ）導入規則・除去規則の対をなす．
5. 公理は持たない．

また，自然演繹による証明可能性を表すために，ヒルベルト流証明論のときと同様，記号 ⊢ を導入する．

> **定義 8.4** （自然演繹の体系における演繹） Γ を論理式の列，φ を論理式とする．自然演繹の体系 $\mathcal{K}$ の推論規則によって，前提 Γ から φ が演繹されるとき，またそのときのみ，
> $$\Gamma \vdash_{\mathcal{K}} \varphi$$
> と記し，$\mathcal{K}$ において φ は Γ から演繹されるという．

> **定義 8.5** （自然演繹の体系における定理） φ を論理式とする．自然演繹の体系 $\mathcal{K}$ の推論規則によって，無前提から φ が演繹されるとき，またそのときのみ，
> $$\vdash_{\mathcal{K}} \varphi$$
> と記し，$\mathcal{K}$ において φ は証明可能である，または φ は $\mathcal{K}$ の定理であるという．

解説 8.6 $\varphi \vdash_{\mathcal{K}} \psi$ かつ $\psi \vdash_{\mathcal{K}} \varphi$ のときは，以下の記法で表す．
$$\varphi \dashv\vdash_{\mathcal{K}} \psi$$

解説 8.7 ある体系 $\mathcal{K}$ の推論規則 R が，他の体系 $\mathcal{K}'$ においても使用できることがある．これは，その推論規則 R が $\mathcal{K}'$ の証明図に置き換えうる場合であり，そのような規則を $\mathcal{K}'$ における**派生規則** (derivable rule) という[*6]．

8.2 最小論理の体系 NM

NM は自然演繹による最小論理の体系である．**NM** の記号は定義 5.1，項・論理式の定義は定義 5.5・定義 5.8 に従う．また，二項真理関数については定義 3.15 の中置記法を用いるものとする．ただし，$\neg$, $\leftrightarrow$ に関しては第 7 章同様，以下のように定義する．

> **定義 8.8** （$\neg$ と $\leftrightarrow$ の定義）
> $$\neg\varphi \stackrel{def}{\equiv} \varphi \to \bot$$
> $$\varphi \leftrightarrow \psi \stackrel{def}{\equiv} (\varphi \to \psi) \land (\psi \to \varphi)$$

[*6] 派生規則の厳密な定義は定義 9.24 において述べる．

8.2 最小論理の体系 NM

最小論理のための推論規則として，まずは**弱化**(weakening)と呼ばれる特殊な規則を導入する．

定義 8.9 （弱化規則）

$$(w)\frac{\varphi \quad \psi}{\varphi}$$

弱化とは，二つある前提のうち片方を捨ててしまうというものである．これによって，たとえば $\varphi, \psi, \chi \vdash_{\mathbf{NM}} \psi$ は以下のように (w) だけを用いて証明可能である．

$$(w)\frac{(w)\dfrac{\varphi \quad \psi}{\psi} \quad \chi}{\psi}$$

その他の推論規則は，各真理関数に関する導入規則と除去規則である．

定義 8.10 （**NM** の推論規則：真理関数）

$$(\to I)\frac{\begin{array}{c}\overline{\varphi}\,(i)\\ \vdots\\ \psi\end{array}}{\varphi \to \psi}(i) \qquad (\to E)\frac{\varphi \quad \varphi \to \psi}{\psi}$$

$$(\wedge I)\frac{\varphi \quad \psi}{\varphi \wedge \psi} \qquad (\wedge E)\frac{\varphi_1 \wedge \varphi_2}{\varphi_i}\,(i=1,2)$$

$$(\vee I)\frac{\varphi_i}{\varphi_1 \vee \varphi_2}\,(i=1,2) \qquad (\vee E)\frac{\varphi \vee \psi \quad \begin{array}{c}\overline{\varphi}\,(i)\\ \vdots\\ \chi\end{array} \quad \begin{array}{c}\overline{\psi}\,(i)\\ \vdots\\ \chi\end{array}}{\chi}(i)$$

量化子のための推論規則は以下の通りである．全称量化のための規則はヒルベルト流証明論の $(GEN)(UE)$ と，存在量化のための規則はヒルベルト流証明論の $(EI)(EE)$ と，ほぼ対応している．

定義 8.11 （**NM** の推論規則：量化子）

$$(\forall I)\frac{\varphi[\zeta/\xi]}{\forall \xi \varphi} \qquad\qquad (\forall E)\frac{\forall \xi \varphi}{\varphi[\tau/\xi]}$$

ζ は $\varphi[\zeta/\xi]$ の演繹に用いられている打ち消されていない前提，および $\forall \xi \varphi$ に，自由変項として現れていない変項．

τ は任意の項．

$$(\exists I)\frac{\varphi[\tau/\xi]}{\exists \xi \varphi} \qquad\qquad (\exists E)\cfrac{\exists \xi \varphi \qquad \begin{array}{c}\overline{\varphi[\zeta/\xi]}^{(i)}\\ \vdots \\ \psi\end{array}}{\psi}{}^{(i)}$$

τ は任意の項．

ζ は ψ，$\exists \xi \varphi$，および $\varphi[\zeta/\xi]$ から ψ への演繹に用いられている，打ち消されていない前提（ただし $\varphi[\zeta/\xi]$ 自身を除く）に，自由変項として現れていない変項．

　$(\forall I)$ の但し書きは，ヒルベルト流証明論の (GEN) のときにも見たものであり，ζ は不確定名である．$(\exists E)$ に現れる ζ はやはり不確定名である．

例 8.12 NM における証明の例として，ヒルベルト流証明論の公理 (K) と (S) を証明してみよう．

$(K) \qquad \vdash_{\mathbf{NM}} \varphi \to (\psi \to \varphi)$

　この証明は，以下の手順で進められる．

1) φ と ψ を前提：
$$\varphi \qquad \psi$$

2) (w) を適用，ψ を捨てる：
$$(w)\frac{\varphi \qquad \psi}{\varphi}$$

8.2 最小論理の体系 NM

3) $(\to I)$ を適用，前提 ψ を打ち消す：

$$
\cfrac{(w)\cfrac{\varphi \quad \overline{\psi}^{(1)}}{\varphi}}{\psi \to \varphi}\;{}_{(\to I)}{}^{(1)}
$$

4) $(\to I)$ を適用，前提 φ を打ち消す：

$$
\cfrac{\cfrac{(w)\cfrac{\overline{\varphi}^{(2)} \quad \overline{\psi}^{(1)}}{\varphi}}{\psi \to \varphi}\;{}_{(\to I)}{}^{(1)}}{\varphi \to (\psi \to \varphi)}\;{}_{(\to I)}{}^{(2)}
$$

このように，自然演繹の証明はヒルベルト流証明論と比較すると非常に見つけやすく，また証明の構造も，我々の直観と照らし合わせて「自然」なものとなる．これが「自然」演繹と呼ばれるゆえんである．

次に (S) の例を見てみよう．

(S) $\vdash_{\mathbf{NM}} (\varphi \to (\psi \to \chi)) \to ((\varphi \to \psi) \to (\varphi \to \chi))$

1) $\varphi \to \psi \to \chi, \varphi \to \psi, \varphi$ を前提：

   $\varphi \quad \varphi \to \psi \quad \varphi \quad \varphi \to \psi \to \chi$

2) $(\to E)$ を 2 回適用：

$$
\cfrac{(\to E)\cfrac{\varphi \quad \varphi \to \psi}{\psi} \quad (\to E)\cfrac{\varphi \quad \varphi \to \psi \to \chi}{\psi \to \chi}}{\chi}\;{}_{(\to E)}
$$

3) $(\to I)$ を適用，φ を打ち消す：

$$
\cfrac{\cfrac{(\to E)\cfrac{\overline{\varphi}^{(1)} \quad \varphi \to \psi}{\psi} \quad (\to E)\cfrac{\overline{\varphi}^{(1)} \quad \varphi \to \psi \to \chi}{\psi \to \chi}}{\chi}\;{}_{(\to E)}}{\varphi \to \chi}\;{}_{(\to I)}{}^{(1)}
$$

4) $(\to I)$ を適用，$\varphi \to \psi$ を打ち消す：

$$
(\to I)\cfrac{(\to I)\cfrac{(\to E)\cfrac{(\to E)\cfrac{\overline{\varphi}^{(1)} \quad \overline{\varphi\to\psi}^{(2)}}{\psi} \quad (\to E)\cfrac{\overline{\varphi}^{(1)} \quad \overline{\varphi\to\psi\to\chi}}{\psi\to\chi}}{\chi}}{\varphi\to\chi}}{(\varphi\to\psi)\to(\varphi\to\chi)}{}_{(1)}{}_{(2)}
$$

5) $(\to I)$ を適用，$\varphi\to\psi\to\chi$ を打ち消す：

$$
(\to I)\cfrac{(\to I)\cfrac{(\to I)\cfrac{(\to E)\cfrac{(\to E)\cfrac{\overline{\varphi}^{(1)}\quad\overline{\varphi\to\psi}^{(2)}}{\psi}\quad(\to E)\cfrac{\overline{\varphi}^{(1)}\quad\overline{\varphi\to\psi\to\chi}^{(3)}}{\psi\to\chi}}{\chi}}{\varphi\to\chi}{}_{(1)}}{(\varphi\to\psi)\to(\varphi\to\chi)}{}_{(2)}}{(\varphi\to\psi\to\chi)\to(\varphi\to\psi)\to(\varphi\to\chi)}{}_{(3)}
$$

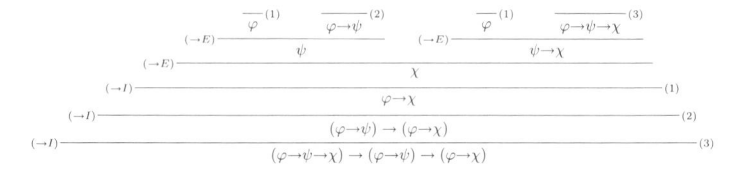

この証明では注意すべき点が二つある．

1. 第一に，前提を置く際には，同じ前提を複数回用いても良い，という点である．上の例では φ と $\varphi\to\chi$ に $(\to E)$ を適用する一方で，別の φ と $\varphi\to\psi\to\chi$ に $(\to E)$ を適用している．
2. 第二に，打ち消す際にはこれらは同時に打ち消しても良い，という点である．

第二の点については，もう少し正確に述べておく必要があるだろう．すなわち，$(\to I)$ の適用で，どの論理式を打ち消すことが許されており，どの論理式を打ち消すことが許されていないかについてである．

打ち消すことが可能なのは，$(\to I)$ により演繹される論理式からみて木構造上で子にあたる位置の前提である．子にあたらない位置の前提を打ち消すことはできない．たとえば，次の証明は **NM** の証明ではなく，導かれた帰結も **NM** の定理とはみなされない．

$$
(\to I)\cfrac{(\wedge I)\cfrac{(\to E)\cfrac{\overline{\psi}^{(2)}\quad\overline{\psi\to\varphi}^{(1)}}{\varphi}\quad(\to I)\cfrac{\overline{\psi\to\varphi}^{(1)}\quad\overline{\psi}^{(2)}}{(\psi\to\varphi)\to\psi}{}_{(1)}}{\varphi\wedge((\psi\to\varphi)\to\psi)}}{\psi\to\varphi\wedge((\psi\to\varphi)\to\psi)}{}_{(2)}
$$

(1) の $(\to I)$ 適用において，前提の $\psi\to\varphi$ を打ち消す際に，二つある $\psi\to\varphi$ のうち左の $\psi\to\varphi$ を打ち消しているが，これは $(\to I)$ により演繹される $(\psi\to\varphi)\to\psi$ からみて子の位置にある前提ではないからである．

8.2 最小論理の体系 NM

また，子の位置にあるすべての前提が $(\to I)$ 適用時に打ち消されなければならない，というわけではない．次の定理の証明を見てみよう．

$\vdash_{\mathbf{NM}} \quad (\varphi \to \psi) \to (\varphi \to \varphi \to \psi)$

$$
\cfrac{\cfrac{\cfrac{\cfrac{\cfrac{\varphi}{\varphi} (w) \cfrac{\overline{\varphi}\,(1) \quad \overline{\varphi \to \psi}\,(3)}{\psi}(\to I)}{\psi}}{\varphi \to \psi}(\to I)\,(1)}{\varphi \to \varphi \to \psi}(\to I)\,(2)}{(\varphi \to \psi) \to (\varphi \to \varphi \to \psi)}(\to I)\,(3)
$$

この証明は少々冗長ではあるが[*7]，仮定の打ち消しの良い例である．(1) の $(\to I)$ 適用において，得られた $\varphi \to \psi$ の子にあたる仮定 φ が二つ存在しているが，ここではそのうち一つ（右側）しか打ち消しておらず，もう一つ（左側）については (2) の $(\to I)$ 適用時に打ち消している．つまり，すべての仮定を打ち消す必要はない．

ここで，次のような疑問が生じるかもしれない．(1) の $(\to I)$ 適用において，二つある仮定のうち ψ を演繹するのに「使われた」方を打ち消さなければならないのだろうか，というものである．すなわち右側の φ は直後に $(\to I)$ で「使われて」おり，左側の ψ は直後の (w) で，いわば捨てられているのだから，$\varphi \to \psi$ の演繹には寄与していないので，右側の φ （のみ）を打ち消すのであろうか，という疑問である．しかし，これは正しくない．以下のような演繹も自然演繹では認められる[*8]．

$$
\cfrac{\cfrac{\varphi \quad (w)\cfrac{\overline{\varphi}\,(1) \quad \varphi \to \psi}{\varphi \to \psi}}{\psi}(\to E)}{\varphi \to \psi}(\to I)\,(1)
$$

[*7] 右の証明の方が簡潔である．
$$
\cfrac{\cfrac{\cfrac{(w)\cfrac{\overline{\varphi}\,(1) \quad \overline{\varphi \to \psi}\,(2)}{\psi}}{\varphi \to \psi}(\to I)\,(1)}{\varphi \to \varphi \to \psi}(\to I)}{(\varphi \to \psi) \to (\varphi \to \varphi \to \psi)}(\to I)\,(2)
$$

[*8] φ が $(\to E)$ で「使われ」，(w) では「捨てられる」といった区別も自然演繹には存在しない．上段に現れる式はすべて使われている，と考えて良いのである．

練習問題 8.13 第 7 章の $(I)(B)(W)(C)(B')(C*)$ が **NM** の定理であることを証明せよ.

練習問題 8.14 練習問題 7.39 の各式が **NM** の定理であることを証明せよ.

練習問題 8.15 定義 7.42 の $(Dist\lor)(Dist\land)$, 定義 7.44 の $(DM\lor)$, 定義 7.46 の $(DM\land)$ の片側 $\neg\varphi\lor\neg\psi\to\neg(\varphi\land\psi)$ が **NM** の定理であることを証明せよ.

解説 8.16 $(\to I)$ 規則においては，仮定を少なくとも一つは打ち消さなければならないものとする．しかし，自然演繹の定式化として，$(\to I)$ 規則において仮定を一つも打ち消さなくてもかまわない，というバリエーションも存在する．その場合は，たとえば (K) については以下のように証明することが許される.

$$(\to I)\cfrac{(\to I)\cfrac{\overline{\varphi}^{(2)}}{\psi\to\varphi}^{(1)}}{\varphi\to(\psi\to\varphi)}^{(2)}$$

練習問題 8.17 このバリエーションのもとでは，弱化規則 (w) は派生規則となることを証明せよ.

8.3 直観主義論理と古典論理の体系 **NJ**・**NK**

自然演繹による直観主義論理の体系 **NJ** は，**NM** に以下の推論規則を加えることによって得られる[*9].

定義 8.18（**NJ** の推論規則） **NJ** の推論規則は，**NM** の推論規則に以下の規則を加えたものである.

$$(EFQ)\frac{\bot}{\varphi}$$

(EFQ) は「矛盾からは任意の論理式が演繹される」という意味であるから，

[*9] 自然演繹における推論規則の選び方は，各真理関数ごとに導入規則と除去規則の対を持たせるという方針に基づいているが，否定についてはその限りではない．否定に関わる規則は，**NJ** においては (EFQ)，**NK** においては (DNE) のみである．後に述べるゲンツェン流シーケント計算 **LK** においてはこの点が解消される．詳しくは第 10 章の冒頭の議論を参照されたい.

8.3 直観主義論理と古典論理の体系 NJ・NK

ヒルベルト流証明論における (EFQ) に相当するが，自然演繹では $\to$ を用いずに，推論規則として与えられる．

練習問題 8.19 練習問題 7.53 の各式が **NJ** の定理であることを証明せよ．

一方，自然演繹による古典論理の体系 **NK** は，**NM** に以下の推論規則を加えることによって得られる．

定義 8.20（**NK** の推論規則） **NK** の推論規則は，**NM** の推論規則に以下の規則を加えたものである．

$$(DNE)\ \dfrac{\begin{array}{c}\overline{\neg\varphi}\,(i)\\ \vdots\\ \bot\end{array}}{\varphi}\,(i)$$

(DNE) は「$\neg\varphi$ を仮定して矛盾が演繹されたとしたら，φ が演繹される」という一種の背理法であり，ヒルベルト流証明論における $(DNE)(RAA*)$ に相当するが，こちらも自然演繹では $\to$ を用いずに，推論規則として与えられる．

練習問題 8.21 $(CM*)(LEM)(TND)(P)(GEM)(CON3)(CON4)$ が **NK** の定理であることを証明せよ．

定理 8.22 (EFQ) は **NK** の派生規則である．

証明．

$$(DNE)\ \dfrac{(w)\,\dfrac{\overline{\neg\varphi}\,(1)\quad \bot}{\bot}}{\varphi}\,(1)$$

□

すなわち **NJ** $\subseteq$ **NK** である．

練習問題 8.23 以下の規則は，**NM** 上で (EFQ) と等価であることが知られている．

$$(EFQ_\neg)\ \dfrac{\varphi\quad \neg\varphi}{\psi}$$

1. $(EFQ_\neg)$ が **NJ** の派生規則であることを証明せよ.
2. 体系 **NM**+**EFQ**$_\neg$ において，(EFQ) が派生規則であることを証明せよ.

7.4 節において否定が関わる定理について述べたが，自然演繹では (CM) や $(CM*)$ も $\to$ を用いずに，以下のように「打ち消し」を含んだ推論規則として与えるのが慣例である.

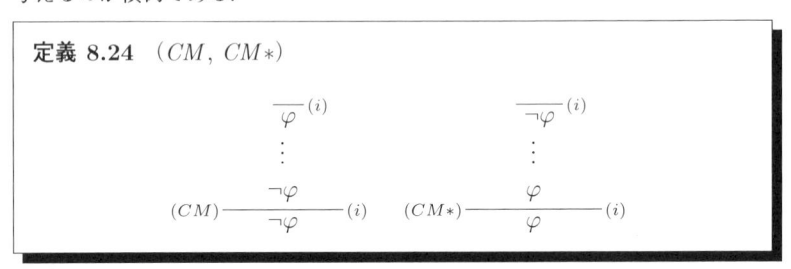

定義 8.24 （CM, $CM*$）

$$(CM)\ \dfrac{\begin{array}{c}\overline{\varphi}\,(i)\\ \vdots\\ \neg\varphi\end{array}}{\neg\varphi}\,(i) \qquad (CM*)\ \dfrac{\begin{array}{c}\overline{\neg\varphi}\,(i)\\ \vdots\\ \varphi\end{array}}{\varphi}\,(i)$$

練習問題 8.25 (CM) と $(CM*)$ がそれぞれ **NM** と **NK** の派生規則であることを証明せよ.

例 8.26 以下は **NK** におけるパースの法則の証明例である．(EFQ) の他に $(CM*)$ を用いている.

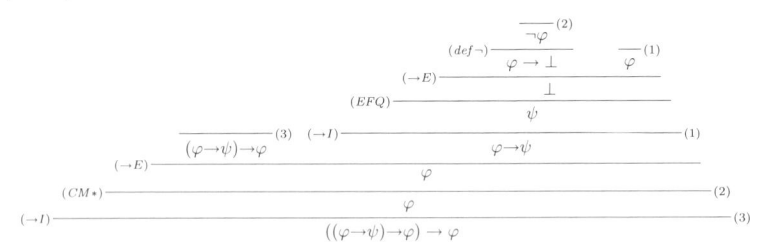

$$\dfrac{\dfrac{\dfrac{\dfrac{\overline{(\varphi\to\psi)\to\varphi}\,(3)\quad \dfrac{\dfrac{\dfrac{\overline{\neg\varphi}\,(2)}{\varphi\to\bot}\,(def\neg)\quad \overline{\varphi}\,(1)}{\bot}\,(\to E)}{\psi}\,(EFQ)}{\varphi\to\psi}\,(\to I)(1)}{\varphi}\,(\to E)}{\varphi}\,(CM*)(2)}{((\varphi\to\psi)\to\varphi)\to\varphi}\,(\to I)(3)$$

以下は，練習問題 7.74 の $(RAA_\neg)(RAA^*_\neg)$ に対応する規則である.

定義 8.27 （$RAA_\neg$, $RAA^*_\neg$）

$$(RAA_\neg)\ \dfrac{\begin{array}{cc}\overline{\varphi}\,(i) & \overline{\varphi}\,(i)\\ \vdots & \vdots\\ \psi & \neg\psi\end{array}}{\neg\varphi}\,(i) \qquad (RAA^*_\neg)\ \dfrac{\begin{array}{cc}\overline{\neg\varphi}\,(i) & \overline{\neg\varphi}\,(i)\\ \vdots & \vdots\\ \psi & \neg\psi\end{array}}{\varphi}\,(i)$$

8.3 直観主義論理と古典論理の体系 NJ・NK

練習問題 8.28 $(RAA_\neg)$ と $(RAA^*_\neg)$ がそれぞれ **NM** と **NK** の派生規則であることを証明せよ.

練習問題 8.29 **NM** 上で $(RAA^*_\neg)$ は (DNE) と等価であることを示せ.

定義 8.30 (DNI)

$$(DNI)\frac{\varphi}{\neg\neg\varphi}$$

練習問題 8.31 (DNI) が **NM** の派生規則であることを証明せよ.

定義 8.32 (CON)

$$(CON1)\frac{\overline{\varphi}^{(i)}\\ \vdots\\ \psi \quad \neg\psi}{\neg\varphi}(i) \qquad (CON2)\frac{\overline{\varphi}^{(i)}\\ \vdots\\ \neg\psi \quad \psi}{\neg\varphi}(i)$$

$$(CON3)\frac{\overline{\neg\varphi}^{(i)}\\ \vdots\\ \psi \quad \neg\psi}{\varphi}(i) \qquad (CON4)\frac{\overline{\neg\varphi}^{(i)}\\ \vdots\\ \neg\psi \quad \psi}{\varphi}(i)$$

練習問題 8.33 $(CON1)(CON2)$ が **NM** の派生規則であることを証明せよ. また, $(CON3)(CON4)$ が **NK** の派生規則であることを証明せよ.

練習問題 8.34 以下の規則が **NK** の派生規則であることを証明せよ.

$$(TND)\frac{\overline{\varphi}^{(i)}\quad \overline{\neg\varphi}^{(i)}\\ \vdots \qquad \vdots\\ \psi \qquad \psi}{\psi}(i)$$

練習問題 8.35 以下の式（練習問題 7.57 参照）が **NK** の定理であることを

証明せよ．

$$\neg(\varphi \wedge \psi) \to (\neg\varphi \vee \neg\psi)$$

8.4 量化

量化子を含む証明の例を見てみよう．$(\forall I)$ の適用時に，但し書きの条件が守られていることを確認されたい．

例 8.36　　$\forall x(P \wedge F(x)) \dashv\vdash_{\mathbf{NM}} P \wedge \forall x F(x) \quad (x \notin fv(P))$

$\forall x(P \wedge F(x)) \ \vdash_{\mathbf{NM}} \ P \wedge \forall x F(x)$ の証明：

$$\cfrac{(\wedge E)\cfrac{(\forall E)\cfrac{\forall x(P \wedge F(x))}{P \wedge F(x)}}{P} \qquad (\forall I)\cfrac{(\wedge E)\cfrac{(\forall E)\cfrac{\forall x(P \wedge F(x))}{P \wedge F(x)}}{F(x)}}{\forall x F(x)}}{P \wedge \forall x F(x)} (\wedge I)$$

この例では，$F(x)$ に $(\forall I)$ を適用する際に，$F(x)$ の演繹に用いられている打ち消されていない前提とは，$\forall x(P \wedge F(x))$ である．したがって，$x \notin fv(\forall x(P \wedge F(x))) \cup fv(\forall x F(x))$ が条件となり，これは満たされている．

$P \wedge \forall x F(x) \ \vdash_{\mathbf{NM}} \ \forall x(P \wedge F(x))$ の証明：

$$(\forall I)\cfrac{(\wedge I)\cfrac{(\wedge E)\cfrac{P \wedge \forall x F(x)}{P} \qquad (\forall E)\cfrac{(\wedge E)\cfrac{P \wedge \forall x F(x)}{\forall x F(x)}}{F(x)}}{P \wedge F(x)}}{\forall x(P \wedge F(x))}$$

この例では，$P \wedge F(x)$ に $(\forall I)$ を適用する際，$P \wedge F(x)$ の演繹に用いられている，打ち消されていない前提とは $P \wedge \forall x F(x)$ である．したがって $x \notin fv(P \wedge \forall x F(x)) \cup fv(\forall x(P \wedge F(x)))$ が条件となり，これも満たされている．

一方，存在量化については以下が成立する．ただし $x \notin fv(P)$ とする．

8.4 量化

例 8.37 $\exists x(P \wedge F(x)) \dashv\vdash_{\mathbf{NM}} P \wedge \exists x F(x)$

$\exists x(P \wedge F(x)) \vdash_{\mathbf{NM}} P \wedge \exists x F(x)$ の証明：

$$
\cfrac{\exists x(P \wedge F(x)) \quad \cfrac{(\wedge I)\cfrac{(\wedge E)\cfrac{\overline{P \wedge F(x)}^{(1)}}{P} \quad (\exists I)\cfrac{(\wedge E)\cfrac{\overline{P \wedge F(x)}^{(1)}}{F(x)}}{\exists x F(x)}}{P \wedge \exists x F(x)}}{P \wedge \exists x F(x)}}{P \wedge \exists x F(x)}(\exists E),(1)
$$

($\exists E$) 適用時の条件は，まず $x \notin fv(\exists x(P \wedge F(x))) \cup fv(P \wedge \exists x F(x))$ であること（これは成立），そして $P \wedge \exists x F(x)$ の演繹に用いられ，打ち消されていない前提のうち，$P \wedge F(x)$ 以外のものにおいて，自由変項として現れていないこと（ここではそのような前提は存在しないので成立）である．

$P \wedge \exists x F(x) \vdash_{\mathbf{NM}} \exists x(P \wedge F(x))$ の証明：

$$
\cfrac{(\wedge E)\cfrac{P \wedge \exists x F(x)}{\exists x F(x)} \quad (\exists I)\cfrac{(\wedge I)\cfrac{(\wedge E)\cfrac{P \wedge \exists x F(x)}{P} \quad \overline{F(x)}^{(1)}}{P \wedge F(x)}}{\exists x(P \wedge F(x))}}{\exists x(P \wedge F(x))}(\exists E),(1)
$$

この例では，($\exists E$) を $\exists x(P \wedge F(x))$ に適用する際の条件は，$x \notin fv(\exists x F(x)) \cup fv(\exists x(P \wedge F(x)))$ であること（これは成立）と，$\exists x(P \wedge F(x))$ の演繹に用いられる，打ち消されていない前提（$F(x)$ と $P \wedge \exists x F(x)$）のうち，$F(x)$ 以外のもの，すなわち $P \wedge \exists x F(x)$ に自由変項として現れていないこと（これも成立）である．

練習問題 8.38 $\exists x F(x) \vdash \forall x F(x)$ は **NM** の定理ではない．以下の二つの証明図の誤りを指摘せよ．

$$
(\exists E)\cfrac{\exists x F(x) \quad (\forall I)\cfrac{\overline{F(x)}^{(1)}}{\forall x F(x)}}{\forall x F(x)}(1) \qquad (\forall I)\cfrac{(\exists E)\cfrac{\exists x F(x) \quad \overline{F(x)}^{(1)}}{F(x)}(1)}{\forall x F(x)}
$$

練習問題 8.39 以下を証明せよ．

$$\forall \xi \forall \zeta \varphi \quad \vdash_{\mathbf{NM}} \quad \forall \zeta \forall \xi \varphi$$
$$\neg \forall \xi \neg \varphi \quad \vdash_{\mathbf{NM}} \quad \forall \xi \neg \neg \varphi$$

解説 8.40 自然演繹においては，以下の事実が知られている．

- ∧ と ∀ のみからなる定理は，$(\forall I)(\forall E)(\wedge I)(\wedge E)$ のみを用いて証明できる．
- ∨ と ∀ のみからなる定理を，$(\forall I)(\forall E)(\vee I)(\vee E)$ のみを用いて証明できるとは限らない．
- → と ∀ のみからなる定理を，$(\forall I)(\forall E)(\to I)(\to E)$ のみを用いて証明できるとは限らない．

以下，∀, ∃ と ∧, ∨, → との関係について，よく知られた性質を順に述べる．

定理 8.41 $\quad \forall \xi (\varphi \wedge \psi) \quad \dashv\vdash_{\mathbf{NM}} \quad \forall \xi \varphi \wedge \forall \xi \psi$
$\qquad\qquad\;\; \exists \xi (\varphi \wedge \psi) \quad \vdash_{\mathbf{NM}} \quad \exists \xi \varphi \wedge \exists \xi \psi$

練習問題 8.42 定理 8.41 を証明せよ．

練習問題 8.43 定理 8.41 の下式の逆については成り立たない．しかし，以下の特殊な場合（ただし $\xi \notin fv(\varphi)$）については成り立つことを証明せよ．

$$\varphi \wedge \exists \xi \psi \quad \vdash_{\mathbf{NM}} \quad \exists \xi (\varphi \wedge \psi)$$

定理 8.44 $\quad \forall \xi \varphi \vee \forall \xi \psi \quad \vdash_{\mathbf{NM}} \quad \forall \xi (\varphi \vee \psi)$
$\qquad\qquad\;\; \exists \xi \varphi \vee \exists \xi \psi \quad \dashv\vdash_{\mathbf{NM}} \quad \exists \xi (\varphi \vee \psi)$

練習問題 8.45 定理 8.44 を証明せよ．

練習問題 8.46 定理 8.44 の上式の逆については成り立たない．しかし，以下の特殊な場合（ただし $\xi \notin fv(\varphi)$）については成り立つことを証明せよ．

$$\forall \xi (\varphi \vee \psi) \quad \vdash_{\mathbf{NK}} \quad \varphi \vee \forall \xi \psi$$

8.4 量化

定理 8.47
$$\exists \xi \varphi \to \forall \xi \psi \quad \vdash_{\mathbf{NM}} \quad \forall \xi(\varphi \to \psi)$$
$$\exists \xi(\varphi \to \psi) \quad \vdash_{\mathbf{NM}} \quad \forall \xi \varphi \to \exists \xi \psi$$
$$\forall \xi \varphi \to \exists \xi \psi \quad \vdash_{\mathbf{NK}} \quad \exists \xi(\varphi \to \psi)$$

練習問題 8.48 定理 8.47 を証明せよ．

練習問題 8.49 定理 8.47 の第一式の逆は成り立たない．しかし，以下の特殊な場合（ただし $\xi \notin fv(\varphi)$）については成り立つことを証明せよ．

$$\forall \xi(\varphi \to \psi) \quad \dashv\vdash_{\mathbf{NM}} \quad \varphi \to \forall \xi \psi$$
$$\forall \xi(\psi \to \varphi) \quad \dashv\vdash_{\mathbf{NM}} \quad \exists \xi \psi \to \varphi$$

系 8.50 以下は定理 8.47 第二式，第三式から導かれる（ただし $\xi \notin fv(\varphi)$）．

$$\exists \xi(\varphi \to \psi) \quad \vdash_{\mathbf{NM}} \quad \varphi \to \exists \xi \psi$$
$$\exists \xi(\psi \to \varphi) \quad \vdash_{\mathbf{NM}} \quad \forall \xi \psi \to \varphi$$
$$\varphi \to \exists \xi \psi \quad \vdash_{\mathbf{NK}} \quad \exists \xi(\varphi \to \psi)$$
$$\forall \xi \psi \to \varphi \quad \vdash_{\mathbf{NK}} \quad \exists \xi(\psi \to \varphi)$$

系 8.51 練習問題 8.49 と系 8.50 において φ を $\bot$ とおくと，以下の結果がただちに得られる．

$$\forall \xi \neg \psi \quad \dashv\vdash_{\mathbf{NM}} \quad \neg \exists \xi \psi$$
$$\exists \xi \neg \psi \quad \vdash_{\mathbf{NM}} \quad \neg \forall \xi \psi$$
$$\neg \forall \xi \psi \quad \vdash_{\mathbf{NK}} \quad \exists \xi \neg \psi$$

練習問題 8.52 一般に，論理式左端に並ぶ $\forall$ と $\exists$ の順番を入れ替えることはできない．たとえば，$\forall x \exists y \varphi$ と $\exists y \forall x \varphi$ は等価ではない．しかし，以下のような特殊な場合には入れ替えが成立することを証明せよ（ただし $x \notin fv(G(y)), y \notin fv(F(x))$ とする）．

$$\forall x \exists y(F(x) \land G(y)) \quad \vdash_{\mathbf{NM}} \quad \exists y \forall x(F(x) \land G(y))$$
$$\exists y \forall x(F(x) \land G(y)) \quad \vdash_{\mathbf{NM}} \quad \forall x \exists y(F(x) \land G(y))$$
$$\forall x \exists y(F(x) \lor G(y)) \quad \vdash_{\mathbf{NK}} \quad \exists y \forall x(F(x) \lor G(y))$$
$$\exists y \forall x(F(x) \lor G(y)) \quad \vdash_{\mathbf{NM}} \quad \forall x \exists y(F(x) \lor G(y))$$

第 9 章

シーケント計算序論

　自然演繹では打ち消し操作が特殊な役割を果たしている．$\varphi \to \psi$ を演繹するためには，φ を前提として ψ を演繹できることを示すのが条件であった．しかしこの条件は，それ自身が自然演繹での演繹であり，以下のように表すことができる．

$$\varphi \vdash_{\mathbf{NM}} \psi$$

　ただし，より正確には，ψ の演繹には φ 以外の前提が用いられているかもしれないので，それを Γ とすると，

$$\varphi, \Gamma \vdash_{\mathbf{NM}} \psi$$

が成り立つとき，$\Gamma \vdash_{\mathbf{NM}} \varphi \to \psi$ が証明されたことになる．

　しかし，打ち消し操作を用いる代わりに，この二つの演繹の関係を直接記述する方法があり得る．すなわち，

$$(\to I) \frac{\varphi, \Gamma \vdash_{\mathbf{NM}} \psi}{\Gamma \vdash_{\mathbf{NM}} \varphi \to \psi}$$

という規則を $\to$ の導入規則とすることである．

　シーケント計算 (sequent calculi) とは，このように証明図の各ノードに「推論」を記す証明体系である．自然演繹では，木構造の各ノードにはその時点までに演繹されている「論理式」が記されているのに対して，シーケント計算では，その時点までに妥当性が証明されている「推論」が記されるのである．

　各ノードに記す推論を**シーケント** (sequent) と呼ぶ[*1]．シーケントは以下の形式を取る．

[*1] 古森・小野 (2010) では，シーケントに「推件式」という和訳をあてている．

$$\Gamma \Rightarrow \varphi$$

Γ はシーケントの前提を表し，有限個の論理式からなる論理式列である．φ はシーケントの帰結を表す論理式である．$\Gamma \Rightarrow \varphi$ は，$\Gamma \vdash_K \varphi$ ということを表しているが，証明体系としてシーケント計算を用いていることを明示するために，$\vdash$ の代わりに記号 $\Rightarrow$ を用いる．自然演繹の $(\to I)$ 規則は，シーケント計算では以下のような規則となる．

$$(\to I) \frac{\varphi, \Gamma \Rightarrow \psi}{\Gamma \Rightarrow \varphi \to \psi}$$

シーケント計算の利点は，自然演繹の打ち消し操作から解放され，添え字の管理をする必要がなくなることである．たとえば，$(\vee E)$ の規則：

$$(\vee E) \frac{\varphi \vee \psi \quad \begin{array}{c}\overline{\varphi}^{(i)} \\ \vdots \\ \chi\end{array} \quad \begin{array}{c}\overline{\psi}^{(i)} \\ \vdots \\ \chi\end{array}}{\chi} (i)$$

については，

$$(\vee E) \frac{\Gamma \Rightarrow \varphi \vee \psi \quad \varphi, \Delta \Rightarrow \chi \quad \psi, \Sigma \Rightarrow \chi}{\Gamma, \Delta, \Sigma \Rightarrow \chi}$$

と書くことができる．一方，打ち消し操作の必要ない規則，たとえば $(\to E)$ と $(\vee I)$ の規則：

$$(\to E) \frac{\varphi \quad \varphi \to \psi}{\psi} \qquad (\vee I) \frac{\varphi_i}{\varphi_1 \vee \varphi_2} (i=1,2)$$

に対しては，シーケント計算ではそれぞれ，

$$(\to E) \frac{\Gamma \Rightarrow \varphi \quad \Delta \Rightarrow \varphi \to \psi}{\Gamma, \Delta \Rightarrow \psi} \qquad (\vee I) \frac{\Gamma \Rightarrow \varphi_i}{\Gamma \Rightarrow \varphi_1 \vee \varphi_2} (i=1,2)$$

と書くことができる．

自然演繹と同様，以下のような証明図において，$\Gamma_1 \Rightarrow \varphi_1$ および $\Gamma_2 \Rightarrow \varphi_2$ は前提部の役割，$\Gamma \Rightarrow \varphi$ は帰結部の役割を果たしている．シーケント計算においては $\Gamma_1 \Rightarrow \varphi_1$ および $\Gamma_2 \Rightarrow \varphi_2$ を単に上段（のシーケント），$\Gamma \Rightarrow \varphi$ を単に下段（のシーケント）と呼ぶ．これは，各シーケントの内部にある前提部・帰結部と混同しやすいからである．たとえばシーケント $\Gamma \Rightarrow \varphi$ において Γ は前提部であり，φ は帰結部である．

$$(R)\frac{\Gamma_1 \Rightarrow \varphi_1 \quad \Gamma_2 \Rightarrow \varphi_2}{\Gamma \Rightarrow \varphi}$$

各ノードに論理式ではなく推論（シーケント）を書く，ということは何を意味しているだろうか．各シーケントの帰結部は論理式であるから，差は前提部にある．すなわちシーケント計算では，帰結部の論理式を証明するために前提となった論理式の集まりについて，各時点での「記録」を明記しているのである．そのことによって，前提部が異なるような（別の）証明が条件に紛れ込んでくる規則を記述することができる．

しかし，この改変によって得られる利点は主に理論的なものであり，実際の推論の利便性におけるものではない．つまり，シーケント計算を採用することによって推論が簡単になる，という類の技法ではない．シーケント計算の利点は，強力な記述力を用いて，異なる証明体系を統一的に記述できることにある．

たとえば，ヒルベルト流証明論と自然演繹との間にはどういう関係が成り立つのだろうか．一方で証明できることは，もう一方でも証明できるのだろうか？

ところが，ヒルベルト流証明論と自然演繹を直接比較することは難しい．「前提からの演繹」や「打ち消し」といった概念が，互いの証明体系におけるどのような概念に対応しているのか，そのままでは明確ではないからである．

しかしながら，両者を一度，シーケント計算として定式化し直すことによって，ヒルベルト流証明論に特有な概念，自然演繹に特有な概念を，それぞれシーケント計算という共通言語で記述し，比較することが可能になるのである．それについては 9.4 節で解説する．

9.1 自然演繹式シーケント計算

まず，自然演繹式のシーケント計算の体系を解説する．第 8 章で述べた自然演繹の各体系との違いは記法のみであり，証明体系としては同じものであるので，本節でも **NM**・**NJ**・**NK** の名称をそのまま用いる．

9.1.1 構造規則

自然演繹における証明の前提部は論理式の「集合」とみなすことができ（解説 3.50 参照），以下のような性質は暗黙に仮定されていた．

9.1 自然演繹式シーケント計算

1. **縮約** (contraction)：同一の前提が複数回現れても，同一の前提とみなす．
2. **交換** (exchange)：前提同士の順序は無関係である[*2]．
3. **弱化** (weakening)：演繹に用いられない前提があってもかまわない[*3]．

しかしシーケント計算では，自然演繹では暗黙であった前提部が明示的に記号化されているため，これらの性質を明示的に推論規則として扱う必要がある．これらを前提部（論理式列）に集合としての構造を持たせるための推論規則，という意味で**構造規則** (structural rule) と呼ぶ[*4]．

定義 9.1 （**NM**, **NJ**, **NK** の構造規則）

$$(w\Rightarrow)\frac{\Gamma \Rightarrow \chi}{\varphi, \Gamma \Rightarrow \chi} \qquad (e\Rightarrow)\frac{\Gamma, \psi, \varphi, \Delta \Rightarrow \chi}{\Gamma, \varphi, \psi, \Delta \Rightarrow \chi} \qquad (c\Rightarrow)\frac{\varphi, \varphi, \Gamma \Rightarrow \chi}{\varphi, \Gamma \Rightarrow \chi}$$

練習問題 9.2 次の推論を構造規則を用いて導け．

$$\frac{\varphi, \psi, \varphi, \chi, \psi \Rightarrow \neg\varphi}{\chi, \psi, \varphi \Rightarrow \neg\varphi} \qquad \frac{\psi \Rightarrow \neg\varphi}{\varphi, \psi, \chi, \varphi, \chi \Rightarrow \neg\varphi}$$

9.1.2 公理と論理規則

一方，真理関数のための推論規則を**論理規則** (logical rule) と呼ぶ．自然演繹式最小論理シーケント計算 **NM** は，先に挙げた構造規則に加え，以下の公理と論理規則を持つ．

定義 9.3 （**NM** の公理）

$$(ID)\overline{\varphi \Rightarrow \varphi}$$

公理名 (ID) は，同一律に由来する．(ID) は第 8 章の自然演繹には明示的には存在しなかった規則であるが，その役割は本節の例（例 9.7 や例 9.8）に

[*2] interchange または permutation とも呼ばれる．
[*3] thinning とも呼ばれる．
[*4] 構造規則の全部または一部を持たない論理を**部分構造論理** (substructural logic) という．部分構造論理には，**線形論理** (linear logic)，**適切性論理** (relevant/relevance logic)，**ファジィ論理** (fuzzy logic)，**ランベック計算** (Lambek calculi) をはじめとする重要な論理体系が含まれる．

おいて示される.

定義 9.4 (**NM** の論理規則)

$$(\to I)\frac{\varphi, \Gamma \Rightarrow \psi}{\Gamma \Rightarrow \varphi \to \psi} \qquad (\to E)\frac{\Gamma \Rightarrow \varphi \quad \Delta \Rightarrow \varphi \to \psi}{\Gamma, \Delta \Rightarrow \psi}$$

$$(\wedge I)\frac{\Gamma \Rightarrow \varphi \quad \Delta \Rightarrow \psi}{\Gamma, \Delta \Rightarrow \varphi \wedge \psi} \qquad (\wedge E)\frac{\Gamma \Rightarrow \varphi_1 \wedge \varphi_2}{\Gamma \Rightarrow \varphi_i}(i=1,2)$$

$$(\vee I)\frac{\Gamma \Rightarrow \varphi_i}{\Gamma \Rightarrow \varphi_1 \vee \varphi_2}(i=1,2) \qquad (\vee E)\frac{\Gamma \Rightarrow \varphi \vee \psi \quad \varphi, \Delta \Rightarrow \chi \quad \psi, \Sigma \Rightarrow \chi}{\Gamma, \Delta, \Sigma \Rightarrow \chi}$$

$$(\forall I)\frac{\Gamma \Rightarrow \varphi[\zeta/\xi]}{\Gamma \Rightarrow \forall \xi \varphi} \qquad (\forall E)\frac{\Gamma \Rightarrow \forall \xi \varphi}{\Gamma \Rightarrow \varphi[\tau/\xi]}$$
ただし,$\zeta \notin fv(\Gamma) \cup fv(\forall \xi \varphi)$

$$(\exists I)\frac{\Gamma \Rightarrow \varphi[\tau/\xi]}{\Gamma \Rightarrow \exists \xi \varphi} \qquad (\exists E)\frac{\Gamma \Rightarrow \exists \xi \varphi \quad \varphi[\zeta/\xi], \Delta \Rightarrow \psi}{\Gamma, \Delta \Rightarrow \psi}$$
ただし,$\zeta \notin fv(\exists \xi \varphi) \cup fv(\Delta) \cup fv(\psi)$

これらは,自然演繹における最小論理の推論規則を,シーケント計算の最小論理の推論規則として書き直したものである.

練習問題 9.5 定義 9.1・定義 9.3・定義 9.4 の構造規則・公理・推論規則と,定義 8.9・定義 8.10・定義 8.11 の推論規則との対応を確認せよ.特に,$(e\Rightarrow)(c\Rightarrow)(ID)$ と自然演繹との対応について考察せよ.

練習問題 9.6 自然演繹の体系 $\mathcal{K}$ において Γ から φ が演繹される(定義 8.4)とき,またそのときのみ,自然演繹式シーケント計算の体系 $\mathcal{K}$ において $\Gamma \Rightarrow \varphi$ を終式とする証明図が存在する(定義 9.23)ことを確認せよ.

例 9.7 (S) と (K) について,自然演繹による証明を例 8.12 で示したが,自然演繹式シーケント計算 **NM** による証明は以下のようになる.

$$(\to I)\times 3\frac{(e\Rightarrow)}{(c\Rightarrow)}\frac{(\to E)\dfrac{(ID)\varphi \Rightarrow \varphi \quad (ID)\varphi \to \psi \Rightarrow \varphi \to \psi}{\varphi, \varphi \to \psi \Rightarrow \psi} \quad (\to E)\dfrac{(ID)\varphi \Rightarrow \varphi \quad (ID)\varphi \to \psi \to \chi \Rightarrow \varphi \to \psi \to \chi}{\varphi, \varphi \to \psi \to \chi \Rightarrow \psi \to \chi}}{\dfrac{\varphi, \varphi \to \psi, \varphi \to \psi \to \chi \Rightarrow \chi}{\Rightarrow (\varphi \to \psi \to \chi) \to (\varphi \to \psi) \to (\varphi \to \chi)}}$$

9.1 自然演繹式シーケント計算

$$(\to I)\cfrac{(\to I)\cfrac{(w\Rightarrow)\cfrac{(ID)\overline{\varphi \Rightarrow \varphi}}{\psi, \varphi \Rightarrow \varphi}}{\varphi \Rightarrow \psi \to \varphi}}{\Rightarrow \varphi \to (\psi \to \varphi)}$$

例 9.8 量化子のための規則を定義 8.11 と比較すると，自然演繹式シーケント計算では，不確定名 ζ のための条件がより簡潔に記述されている．これはシーケント計算による定式化の利点の一つである．

以下は例 8.37 の自然演繹による証明を，自然演繹式シーケント計算 **NM** による証明に書き換えたものである．$(\exists E)$ 適用時の条件は $x \notin fv(\exists x F(x)) \cup fv(P \wedge \exists x F(x))$ であるが，これは例 8.37 における $(\exists E)$ 適用時の条件よりも簡潔な述べ方である．

$$(\exists E)\cfrac{(ID)\overline{\exists x(P \wedge F(x)) \Rightarrow \exists x(P \wedge F(x))} \quad (c\Rightarrow)\cfrac{(\wedge I)\cfrac{(\wedge E)\cfrac{(ID)\overline{P \wedge F(x) \Rightarrow P \wedge F(x)}}{P \wedge F(x) \Rightarrow P} \quad (\exists I)\cfrac{(\wedge E)\cfrac{(ID)\overline{P \wedge F(x) \Rightarrow P \wedge F(x)}}{P \wedge F(x) \Rightarrow F(x)}}{P \wedge F(x) \Rightarrow \exists x F(x)}}{P \wedge F(x), P \wedge F(x) \Rightarrow P \wedge \exists x F(x)}}{P \wedge F(x) \Rightarrow P \wedge \exists x F(x)}}{\exists x(P \wedge F(x)) \Rightarrow P \wedge \exists x F(x)}$$

練習問題 9.9 練習問題 7.39，定義 7.40，定義 7.42，定義 7.44，定義 7.46 の各式が **NM** の定理であることをシーケント計算によって証明せよ．

練習問題 9.10 $(DNI)(RAA)(CM)(CON1)(CON2)$ が **NM** の定理であることをシーケント計算によって証明せよ．

NJ は，自然演繹式直観主義論理シーケント計算の体系である．

定義 9.11（**NJ** の推論規則） **NJ** は，**NM** に以下の推論規則を加えた体系である．

$$(EFQ)\cfrac{\Gamma \Rightarrow \bot}{\Gamma \Rightarrow \varphi}$$

練習問題 9.12 練習問題 7.53 の各式が **NJ** の定理であることを証明せよ．

NK は，自然演繹式古典論理シーケント計算の体系である．

定義 9.13（**NK** の推論規則） **NK** は，**NM** に以下の推論規則を加えた体系である．

$$(DNE)\cfrac{\Gamma \Rightarrow \neg\neg\varphi}{\Gamma \Rightarrow \varphi}$$

練習問題 9.14 $(EFQ)(CM*)(LEM)(TND)(P)(GEM)(CON3)(CON4)$
$(DM\wedge)$ が **NK** の定理であることを証明せよ．

練習問題 9.15 定理 8.41，定理 8.44，定理 8.47 を証明せよ．また，練習問題 8.39，練習問題 8.43，練習問題 8.46，練習問題 8.49 の各式を証明せよ．

9.2 証明図と推論図

ここで，シーケント計算の体系 $\mathcal{K}$ における**証明図** (proof diagram) と**推論図** (deduction diagram) の概念を，正確に定義しておく．

定義 9.16（シーケント計算の体系 $\mathcal{K}$ における証明図）

1) **上段** n 個 $(n \geq 0)$ の $\mathcal{K}$ の証明図
   下段 $\mathcal{K}$ のシーケント
   からなる（上段，下段）の組のうち，$\mathcal{K}$ の公理または推論規則の形式であるものは，$\mathcal{K}$ の証明図である．
2) 1) 以外は $\mathcal{K}$ の証明図ではない．

定義 9.17（シーケント計算の体系 $\mathcal{K}$ における推論図）

1) **上段** n 個 $(n \geq 0)$ の $\mathcal{K}$ の推論図
   下段 $\mathcal{K}$ のシーケント
   からなる（上段，下段）の組のうち，$\mathcal{K}$ の公理または推論規則の形式であるものは，シーケント計算の証明体系 $\mathcal{K}$ の推論図である．
2) $\mathcal{K}$ のシーケントは，$\mathcal{K}$ の推論図である．
3) 1),2) 以外は $\mathcal{K}$ の推論図ではない．

例 9.18 以下は **NM** の推論図であるが，**NM** の証明図ではない（$\varphi \Rightarrow \varphi \vee \psi$ が **NM** の証明図ではないため）．

$$(\wedge I)\frac{(ID)\overline{\varphi \Rightarrow \varphi} \qquad \varphi \Rightarrow \varphi \vee \psi}{\varphi, \varphi \Rightarrow \varphi \wedge (\varphi \vee \psi)}$$

解説 9.19 証明図，推論図ともに，下段シーケントを**終式** (end sequent) とい

う．また，上段のない証明図・推論図の下段シーケントを**始式** (initial sequent) という．たとえば (ID) における $\varphi \Rightarrow \varphi$ は始式の例である．

また，次の記法で「始式が $\Gamma \Rightarrow \varphi$ であるような証明図 $\mathcal{D}$」を表すものとする．証明図 $\mathcal{D}$ が $\Gamma \Rightarrow \varphi$ を含む点に注意する．

$$\mathcal{D}$$
$$\Gamma \Rightarrow \varphi$$

なお，推論図の上部にあるシーケントを**仮定** (assumption) という．

定義 9.20 （推論図の仮定） $\mathcal{K}$ の推論図 $\mathcal{D}$ の仮定の集合 $asm(\mathcal{D})$ は，以下のように再帰的に定義される．

1) $\mathcal{D}$ が上段に推論図 $\mathcal{D}_1, \ldots, \mathcal{D}_n$ を持つ場合：$asm(\mathcal{D}) \stackrel{def}{\equiv} asm(\mathcal{D}_1) \cup \cdots \cup asm(\mathcal{D}_n)$ （ただし $n = 0$ のときは $asm(\mathcal{D}) = \{\,\}$）
2) $\mathcal{D}$ が $\mathcal{K}$ のシーケント S である場合：$asm(\mathcal{D}) \stackrel{def}{\equiv} \{S\}$

仮定の集合 $asm(\mathcal{D})$，終式 S を持つ推論図 $\mathcal{D}$ のことを「$asm(\mathcal{D})$ から S への推論図」という．

ところでヒルベルト流証明論においては，演繹定理（定理 7.17，定理 7.36）の証明に「演繹の長さ」という概念を用いた．それに対応する概念として，シーケント計算においては「証明図の深さ」という概念を定義しておく．

定義 9.21 （証明図の深さ） 証明図の深さは以下のように定義される．

1) 上段に証明図を持たない証明図の深さは 1 である．
2) 上段に証明図 $\mathcal{D}_1, \ldots, \mathcal{D}_n$ を持つ証明図の深さは，$\mathcal{D}_i$ $(1 \leq i \leq n)$ の深さを $d(\mathcal{D}_i)$ とすると，$\max(d(\mathcal{D}_1), \ldots, d(\mathcal{D}_n)) + 1$ である．

解説 9.22 ただし，証明図 $\mathcal{D}$ の終式を，構文的同値関係（解説 1.61 参照）に基づいて置き換えただけの証明図の深さは，$\mathcal{D}$ の深さと等しいものとする．

証明図・推論図の定義が与えられると，シーケント計算の体系 $\mathcal{K}$ における演繹，定理の概念は，以下のように再定義される．この定義は，ヒルベルト流証明論における定義 7.6・定義 7.10，および自然演繹における定義 8.4・定義 8.5 の定義を統一したものとなっている．

> **定義 9.23** （シーケント計算における演繹・定理）
>
> 1) $\Gamma \Rightarrow \varphi$ を終式とする $\mathcal{K}$ の証明図が存在することを，$\mathcal{K}$ において φ は Γ から**演繹可能**である，あるいは $\mathcal{K}$ においてシーケント $\Gamma \Rightarrow \varphi$ は証明可能であるといい，$\Gamma \vdash_{\mathcal{K}} \varphi$ と記す．
> 2) $\vdash_{\mathcal{K}} \varphi$ であるとき，φ は $\mathcal{K}$ の**定理**であるという．

定義 9.23 によって，証明体系の包含関係（定義 7.58），証明体系の等価性（定義 7.59），公理・推論規則の等価性（定義 7.71）の定義がシーケント計算にも適用される．

シーケント計算の体系においては，解説 8.7 で述べた派生規則は，より一般的な概念である許容規則とともに，以下のように定義される．

> **定義 9.24** （派生規則と許容規則）　R を，以下の形式の推論規則とする．
> $$(R)\frac{S_1 \quad \cdots \quad S_n}{S}$$
>
> 1) 証明体系 $\mathcal{K}$ において，$S_1, \cdots, S_n$ から S への推論図が存在するとき，R は $\mathcal{K}$ の**派生規則** (derivable rule) である，もしくは R は $\mathcal{K}$ において**派生可能** (derivable) であるという．
> 2) 証明体系 $\mathcal{K}$ において $S_1, \cdots, S_n$ が証明可能ならば S も証明可能であるとき，R は $\mathcal{K}$ の**許容規則** (admissible rule) である，もしくは R は $\mathcal{K}$ において**許容可能** (admissible) であるという[*5]．

解説 9.25　規則 R が $\mathcal{K}$ の派生規則であるならば，$\mathcal{K}$ の許容規則でもある．

解説 9.26　シーケント計算における定理とは，上段のない派生規則とみなせるので，定理は広い意味での派生規則である．

解説 9.27　推論規則 R が体系 $\mathcal{K}$ の派生規則であることを示すには，R の上段から下段への $\mathcal{K}$ の推論図が存在することを示せばよい．たとえば，カット規則は **NM** の派生規則であるが，このことは以下のような証明図によって示される．

[*5] ある推論規則が体系 $\mathcal{K}$ における許容規則であることを「体系 $\mathcal{K}$ はその推論規則について閉じている」ということもある．

9.2 証明図と推論図

$$(CUT)\frac{\Gamma \Rightarrow \varphi \quad \varphi, \Sigma \Rightarrow \psi}{\Gamma, \Sigma \Rightarrow \psi}$$

証明.

$$(\to E)\frac{\Gamma \Rightarrow \varphi \quad (\to I)\dfrac{\varphi, \Sigma \Rightarrow \psi}{\Sigma \Rightarrow \varphi \to \psi}}{\Gamma, \Sigma \Rightarrow \psi}$$

□

定理 9.28 $\mathcal{K}$ はシーケント計算の体系,R は以下の形式の公理・推論規則とする.

$$(R)\frac{S_1 \quad \cdots \quad S_n}{S}$$

このとき,以下の五つの条件は同値である.

(1) $\mathcal{K} = \mathcal{K}+\mathbf{R}$
(2) 任意のシーケント S について,$\mathcal{K}+\mathbf{R}$ において S が証明可能ならば,$\mathcal{K}$ において S が証明可能である.
(3) 任意のシーケント S について,S を終式とする $\mathcal{K}+\mathbf{R}$ の証明図 $\mathcal{D}$ から,S を終式とする $\mathcal{K}$ の証明図 $\mathscr{F}(\mathcal{D})$ への変換 $\mathscr{F}$ が存在する.
(4) 任意のシーケント S について,最下段の規則のみが R であるような S を終式とする $\mathcal{K}+\mathbf{R}$ の証明図 $\mathcal{D}$ から,S を終式とする $\mathcal{K}$ の証明図 $\mathscr{F}(\mathcal{D})$ への変換 $\mathscr{F}$ が存在する.
(5) $\mathcal{K}$ において $S_1, \cdots, S_n$ が証明可能ならば S も証明可能である.

---

(5) は公理・推論規則 R が体系 $\mathcal{K}$ の許容規則であることの定義であるから,これ以降,公理・推論規則 R が体系 $\mathcal{K}$ の許容規則であることを示すには,定理 9.28 の条件のいずれかが成立することを示せばよい.

証明. (1),(2),(3) の同値性,および (3) $\Rightarrow$ (4) は明らかであるので,練習問題 9.29 とする.以下,まず (4) $\Rightarrow$ (3) を示して (1),(2),(3),(4) 間の同値性を証明した後,(5) $\Rightarrow$ (4) と (2) $\Rightarrow$ (5) を示し,(1),(2),(3),(4) と (5) の同値性の証明とする.

(4) $\Rightarrow$ (3):$\Gamma \vdash_{\mathcal{K}+\mathbf{R}} \varphi$ を終式とする証明図を $\mathcal{D}$ とする.$\mathcal{D}$ で用いられた推論規則 R の数 n についての帰納法で証明する.

⊞ $\underline{n=0 \text{ の場合}}$:$\mathcal{D}$ は $\mathcal{K}$ の証明図なので,$\mathscr{F}$ を恒等写像とすればよい.

⊞ $0 < n$ の場合：R を k 個 ($0 \leq k < n$) 含む $\mathcal{K}$ の証明図 $\mathcal{D}$ から，$\mathcal{K}$ の証明図への変換 $\mathscr{F}$ が存在すると仮定する（帰納法の仮説：IH）．

いま，$\mathcal{D}$ の中で一番上（すなわち，そこより上では R が用いられていない）で R が用いられた $\mathcal{D}$ の部分証明図を $\mathcal{D}'$ とする．

$$\mathcal{D}' \equiv \quad (R)\dfrac{\begin{array}{ccc}\mathcal{D}_1 & & \mathcal{D}_n \\ S_1 & \cdots & S_n\end{array}}{S}$$

すなわち，$\mathcal{D}_1, \ldots, \mathcal{D}_n$ では R は用いられていないとする．このとき (4) より，S を終式とする R を含まない証明図 $\mathscr{F}(\mathcal{D}')$ が存在する．

$\mathcal{D}$ のうち，$\mathcal{D}'$ を $\mathscr{F}(\mathcal{D}')$ に置き換えて得られる証明図は $n-1$ 個の R を含むが，(IH) よりこれは R を用いない $\mathcal{K}$ の証明図に変換できる．

(5) ⇒ (4)：以下のような，最下段の規則のみが R であるような S を終式とする $\mathcal{K}+\mathbf{R}$ の証明図 $\mathcal{D}$ を考える．

$$(R)\dfrac{\begin{array}{ccc}\mathcal{D}_1 & & \mathcal{D}_n \\ S_1 & \cdots & S_n\end{array}}{S}$$

$\mathcal{D}_1, \ldots, \mathcal{D}_n$ には R は用いられていないので，これらは $\mathcal{K}$ の証明図でもある．したがって，$S_1, \ldots, S_n$ は $\mathcal{K}$ において証明可能であり，(5) より S は $\mathcal{K}$ において証明可能である．

(2) ⇒ (5)：$S_1, \ldots, S_n$ が $\mathcal{K}$ において証明可能であると仮定し，それぞれのシーケントを終式とする $\mathcal{K}$ の証明図を $\mathcal{D}_1, \ldots, \mathcal{D}_n$ とする．$\mathcal{K}$ の証明図は $\mathcal{K}+\mathbf{R}$ の証明図でもあるので，

$$(R)\dfrac{\begin{array}{ccc}\mathcal{D}_1 & & \mathcal{D}_n \\ S_1 & \cdots & S_n\end{array}}{S}$$

は $\mathcal{K}+\mathbf{R}$ の証明図である．したがって S は $\mathcal{K}+\mathbf{R}$ において証明可能であるので，(2) より S は $\mathcal{K}$ においても証明可能である． □

練習問題 9.29 定理 9.28 の証明を補完せよ．

定理 9.28 が成り立つことから，定理 7.72 は以下のように厳密な形で述べ直すことができる．

9.2 証明図と推論図

定理 9.30 $\mathcal{K}$ を証明体系，R, R' を公理・推論規則とすると，以下が成り立つ．

R と R' は $\mathcal{K}$ 上で等価である．$\iff$ R が $\mathcal{K}+\mathbf{R}'$ の許容規則であり，かつ R' が $\mathcal{K}+\mathbf{R}$ の許容規則である．

証明． ($\Rightarrow$) について：$(\mathcal{K}+\mathbf{R}')+\mathbf{R} = (\mathcal{K}+\mathbf{R})+\mathbf{R}' = (\mathcal{K}+\mathbf{R}')+\mathbf{R}' = \mathcal{K}+\mathbf{R}'$ であるから，定理 9.28 より，R は $\mathcal{K}+\mathbf{R}'$ の許容規則である．R' が $\mathcal{K}+\mathbf{R}$ の許容規則であることも同様に示される．
($\Leftarrow$) について：定理 9.28 より，$(\mathcal{K}+\mathbf{R}')+\mathbf{R} = \mathcal{K}+\mathbf{R}'$，かつ $(\mathcal{K}+\mathbf{R})+\mathbf{R}' = \mathcal{K}+\mathbf{R}$ であるから，$\mathcal{K}+\mathbf{R}' = \mathcal{K}+\mathbf{R}$ である． □

定理 9.31 次の三つの形の推論規則・公理は，**NM** 上で等価である．

$$(\alpha 1)\dfrac{\Gamma \Rightarrow \varphi}{\Gamma \Rightarrow \psi} \qquad (\alpha 2)\dfrac{}{\varphi \Rightarrow \psi} \qquad (\alpha 3)\dfrac{}{\Rightarrow \varphi \to \psi}$$

練習問題 9.32 定理 9.31 を証明せよ．

これ以降，上の三つの形式の推論規則・公理を区別せずに用いる．

例 9.33 (EFQ) には以下の二つの別形式があるが，定理 9.31 より同名の規則として用いる．

$$(EFQ)\dfrac{}{\bot \Rightarrow \varphi} \qquad (EFQ)\dfrac{}{\Rightarrow \bot \to \varphi}$$

例 9.34 (DNE) には以下の二つの別形式があるが，定理 9.31 より同名の規則として用いる．

$$(DNE)\dfrac{}{\neg\neg\varphi \Rightarrow \varphi} \qquad (DNE)\dfrac{}{\Rightarrow \neg\neg\varphi \to \varphi}$$

定理 9.35 以下の二つの $\wedge$ の論理規則は，**NM** 上で等価である．

$$(\wedge I)\dfrac{\Gamma \Rightarrow \varphi \quad \Gamma \Rightarrow \psi}{\Gamma \Rightarrow \varphi \wedge \psi} \qquad (\wedge I)\dfrac{\Gamma \Rightarrow \varphi \quad \Delta \Rightarrow \psi}{\Gamma, \Delta \Rightarrow \varphi \wedge \psi}$$

なお，左の形式の論理規則を**構造共有形**(structure sharing form)，右の形式の論理規則を**構造独立形**(structure independent form) と呼ぶ．

練習問題 9.36 定理 9.35 を証明せよ（ヒント：左の規則から右の規則を導くには $(e\Rightarrow)$ と $(w\Rightarrow)$ を，右の規則から左の規則を導くには $(e\Rightarrow)$ と $(c\Rightarrow)$ を用いる）．

9.3 ヒルベルト流シーケント計算

次に，ヒルベルト流の体系をシーケント計算として再定式化する．こちらも，第 7 章で述べたヒルベルト流の体系との違いは記法のみであるので，**HM**・**HJ**・**HK** の名称をそのまま用いる．

9.3.1 公理と推論規則

ヒルベルト流最小論理シーケント計算の体系 **HM**・**HJ**・**HK** は以下の公理と推論規則を持つ．

定義 9.37　（**HM** の公理）

$$(ID)\overline{\Rightarrow \varphi \Rightarrow \varphi}$$

$$(S)\overline{\Rightarrow (\varphi\to\psi\to\chi) \to (\varphi\to\psi) \to (\varphi\to\chi)} \qquad (K)\overline{\Rightarrow \varphi \to (\psi \to \varphi)}$$

$$(DI)\overline{\Rightarrow \varphi_i \to (\varphi_1 \vee \varphi_2)}(i=1,2) \qquad (DE)\overline{\Rightarrow (\varphi\to\chi) \to (\psi\to\chi) \to (\varphi \vee \psi\to\chi)}$$

$$(CI)\overline{\Rightarrow \psi \to \varphi \to (\varphi \wedge \psi)} \qquad (CE)\overline{\Rightarrow (\varphi_1 \wedge \varphi_2) \to \varphi_i}(i=1,2)$$

$$(UI)\overline{\Rightarrow \forall\zeta(\psi\to\varphi[\zeta/\xi]) \to (\psi\to\forall\xi\varphi)} \qquad (UE)\overline{\Rightarrow \forall\xi\varphi \to \varphi[\tau/\xi]}$$
ただし，$\zeta \notin fv(\psi) \cup fv(\forall\xi\varphi)$

$$(EI)\overline{\Rightarrow \varphi[\tau/\xi] \to \exists\xi\varphi} \qquad (EE)\overline{\Rightarrow \forall\zeta(\varphi[\zeta/\xi]\to\psi) \to (\exists\xi\varphi\to\psi)}$$
ただし，$\zeta \notin fv(\psi) \cup fv(\exists\xi\varphi)$

9.3 ヒルベルト流シーケント計算

定義 9.38（HM の推論規則）

$$(MP)\frac{\Gamma \Rightarrow \varphi \quad \Delta \Rightarrow \varphi \to \psi}{\Gamma, \Delta \Rightarrow \psi} \qquad (GEN)\frac{\Gamma \Rightarrow \varphi[\zeta/\xi]}{\Gamma \Rightarrow \forall \xi \varphi}$$

ただし，$\zeta \notin fv(\Gamma) \cup fv(\forall \xi \varphi)$

定義 9.39（HJ の公理） HJ は，HM の公理に加えて以下の公理を持つ．

$$(EFQ)\frac{}{\Rightarrow \bot \to \varphi}$$

定義 9.40（HK の公理） HK は，HM の公理に加えて以下の公理を持つ．

$$(DNE)\frac{}{\Rightarrow \neg\neg\varphi \to \varphi}$$

練習問題 9.41 定義 9.37・定義 9.38・定義 9.39・定義 9.40 の公理・推論規則と，定義 7.32・定義 7.33・定義 7.51・定義 7.21 の公理・推論規則との対応を確認せよ．特に，(ID) とヒルベルト流証明論との対応について考察せよ．

練習問題 9.42 ヒルベルト流証明論の体系 $\mathcal{K}$ において Γ から φ への演繹が存在する（定義 7.6）とき，またそのときのみ，ヒルベルト流シーケント計算の体系 $\mathcal{K}$ において $\Gamma \Rightarrow \varphi$ を終式とする証明図が存在する（定義 9.23）ことを確認せよ．また，φ が $\mathcal{K}$ の定理であることについても，定義 7.10 と定義 9.23 が一致することを確かめよ．

例 9.43 (I) の証明を以下に記す．7.2 節の例 7.12 の証明と比較すれば，ヒルベルト流シーケント計算による証明法が明らかになるだろう．

証明．
$$(MP)\frac{(K)\frac{}{\Rightarrow \varphi \to (\varphi \to \varphi)} \quad (MP)\frac{(K)\frac{}{\Rightarrow \varphi \to ((\varphi \to \varphi) \to \varphi)} \quad (S)\frac{}{\Rightarrow (\varphi \to ((\varphi \to \varphi) \to \varphi)) \to ((\varphi \to (\varphi \to \varphi)) \to (\varphi \to \varphi))}}{\Rightarrow ((\varphi \to (\varphi \to \varphi)) \to (\varphi \to \varphi))}}{\Rightarrow \varphi \to \varphi}$$
□

練習問題 9.44 ヒルベルト流シーケント計算 HM によって，$(B)(C)(W)(B')$ $(C*)$ を証明せよ．

練習問題 9.45 (MP) の定義のバリエーションとして，上の構造独立形の (MP) の代わりに，以下の構造共有形の (MP') が定義されることもある．

$$(MP')\frac{\Gamma \Rightarrow \varphi \quad \Gamma \Rightarrow \varphi \to \psi}{\Gamma \Rightarrow \psi}$$

この二つの推論規則が等価であることを証明せよ（ヒント：定理 9.35 と同様の議論である．(MP') から (MP) を導くには $(e\Rightarrow)$ と $(w\Rightarrow)$，(MP) から (MP') を導くには $(e\Rightarrow)$ と $(c\Rightarrow)$ が必要となる）．

9.3.2 演繹定理再々考

演繹定理（定理 7.17，定理 7.36）については 7.3 節および 7.6 節でヒルベルト流証明論による証明を与えたが，これがヒルベルト流シーケント計算においても成り立つことを確認しよう．

定理 9.46（演繹定理） **HM・HJ・HK** においては，任意の論理式列 Γ，論理式 φ, ψ について以下の規則は許容規則である．

$$(DT)\frac{\varphi, \Gamma \Rightarrow \psi}{\Gamma \Rightarrow \varphi \to \psi}$$

解説 9.47 ただし，$\dfrac{\Gamma \Rightarrow \varphi}{\overline{\Delta \Rightarrow \psi}}$ という形式（二重の水平線）は，$\dfrac{\Gamma \Rightarrow \varphi}{\Delta \Rightarrow \psi}$ と $\dfrac{\Delta \Rightarrow \psi}{\Gamma \Rightarrow \varphi}$ の両方が許容規則であることを表す記法とする．

以下の証明は，7.6 節の証明とまったく同じ内容であるが，7.6 節の証明の表現と比較すると以下の証明は構造が把握しやすく，また 7.6 節の証明では暗黙に前提とされていた事柄（たとえば構造規則に依存する部分など）が，明示的に使用されるという利点がある．

証明．証明体系 $\mathcal{K}$ を，**HM・HJ・HK** のいずれかとする．
$(\Uparrow)$ について：以下に示すように，$(\Uparrow)$ は $\mathcal{K}$ の派生規則である．

$$(MP)\frac{(ID)\overline{\varphi \Rightarrow \varphi} \quad \Gamma \Rightarrow \varphi \to \psi}{\varphi, \Gamma \Rightarrow \psi}$$

9.3 ヒルベルト流シーケント計算

($\Downarrow$) について：自然数 d に関する命題 $\mathfrak{P}(d)$ を「任意の論理式列 Γ, 論理式 φ, ψ について，$\varphi, \Gamma \Rightarrow \psi$ を終式とする深さ d の $\mathcal{K}$ の証明図 $\mathcal{D}$ から，$\Gamma \Rightarrow \varphi \to \psi$ を終式とする $\mathcal{K}$ の証明図 $\mathscr{F}(\mathcal{D})$ への変換 $\mathscr{F}$ が存在する」と定義する．以下，任意の自然数 d $(1 \leq d)$ について $\mathfrak{P}(d)$ が成り立つことを示す．

<u>$d = 1$ の場合</u>：$\mathcal{D}$ で用いられた規則は公理である．ところが $\varphi, \Gamma \Rightarrow \psi$ の左辺は論理式を少なくとも一つ含むため，(ID) 以外の可能性は除外される．すなわち $\varphi, \Gamma \Rightarrow \psi$ は $\varphi \Rightarrow \varphi$ であり，Γ は空列であるから，$\Gamma \Rightarrow \varphi \to \psi$ は $\Rightarrow \varphi \to \varphi$ である．これは (I) であるから，例 9.43 で示したように，$\mathcal{K}$ の証明図が存在する．

<u>$1 < d$ の場合</u>：$\mathfrak{P}(1), \ldots, \mathfrak{P}(d-1)$ が成り立つと仮定する（帰納法の仮説：IH）．以下，$\mathfrak{P}(d)$ が成り立つことを示す．$\mathcal{D}$ の最下段の推論規則は (MP) と (GEN) のいずれかである．

⊞ <u>(MP) の場合</u>：$\mathcal{D}$ の形式によって二つの場合に分けて考える（$\Gamma \equiv \Gamma', \Gamma''$ とおく）．それぞれ，$\mathscr{F}$ を以下のように定義すればよい．

$$\mathscr{F}\left((MP)\dfrac{\overset{\mathcal{D}'}{\varphi, \Gamma' \Rightarrow \chi} \quad \overset{\mathcal{D}''}{\Gamma'' \Rightarrow \chi \to \psi}}{\varphi, \Gamma', \Gamma'' \Rightarrow \psi}\right)$$

$$\overset{def}{\equiv} (MP)\dfrac{(MP)\dfrac{\overset{\mathscr{F}(\mathcal{D}')}{\Gamma' \Rightarrow \varphi \to \chi} \quad (MP)\dfrac{\overset{\mathcal{D}''}{\Gamma'' \Rightarrow \chi \to \psi} \quad (B)\overline{\Rightarrow (\chi \to \psi) \to (\varphi \to \chi) \to (\varphi \to \psi)}}{\Gamma'' \Rightarrow (\varphi \to \chi) \to (\varphi \to \psi)}}{\Gamma', \Gamma'' \Rightarrow \varphi \to \psi}}$$

$$\mathscr{F}\left((MP)\dfrac{\overset{\mathcal{D}'}{\Rightarrow \chi} \quad \overset{\mathcal{D}''}{\varphi, \Gamma \Rightarrow \chi \to \psi}}{\varphi, \Gamma \Rightarrow \psi}\right)$$

$$\overset{def}{\equiv} (MP)\dfrac{(MP)\dfrac{\overset{\mathcal{D}'}{\Rightarrow \chi} \quad (K)\overline{\Rightarrow \chi \to \varphi \to \chi}}{\Rightarrow \varphi \to \chi} \quad (MP)\dfrac{\overset{\mathscr{F}(\mathcal{D}'')}{\Gamma \Rightarrow \varphi \to \chi \to \psi} \quad (S)\overline{\Rightarrow (\varphi \to \chi \to \psi) \to (\varphi \to \chi) \to (\varphi \to \psi)}}{\Gamma \Rightarrow (\varphi \to \chi) \to (\varphi \to \psi)}}{\Gamma \Rightarrow \varphi \to \psi}$$

⊞ <u>(GEN) の場合</u>：$\mathscr{F}$ を以下のように定義すればよい．

$$\mathscr{F}\left((GEN)\dfrac{\overset{\mathcal{D}'}{\varphi, \Gamma \Rightarrow \chi[\zeta/\xi]}}{\varphi, \Gamma \Rightarrow \forall \xi \chi}\right) \quad (\zeta \notin fv(\varphi) \cup fv(\Gamma) \cup fv(\forall \xi \chi) - (\dagger))$$

$$\stackrel{def}{\equiv} (MP)\cfrac{(GEN)\cfrac{(\text{定理 5.42 (1)})\cfrac{\mathscr{F}(\mathcal{D}')}{\Gamma \Rightarrow \varphi \to \chi[\zeta/\xi]}}{\Gamma \Rightarrow (\varphi \to \chi[\zeta/\xi])[\zeta/\zeta]}}{\Gamma \Rightarrow \forall\zeta(\varphi \to \chi[\zeta/\xi])} \quad (UI)\cfrac{}{\Rightarrow \forall\zeta(\varphi\to\chi[\zeta/\xi]) \to (\varphi\to\forall\xi\chi)}}{\Gamma \Rightarrow \varphi \to \forall\xi\chi}$$

ただし,(GEN) の適用条件は $\zeta \notin fv(\Gamma) \cup fv(\forall\zeta(\varphi \to \chi[\zeta/\xi]))$ であるが,これは (†) より成立する.(UI) の使用条件 $\zeta \notin fv(\varphi) \cup fv(\forall\xi\chi)$ も (†) より成立する. □

9.3.3 構造規則

HM・**HJ**・**HK** では,定義 9.1 の構造規則 $(w\Rightarrow)(e\Rightarrow)(c\Rightarrow)$ は派生規則である.証明には,$(K)(W)(C)$ を用いる.言い換えれば,ヒルベルト流シーケント計算における $(K)(W)(C)$ は構造規則に対応した論理式といえる.

$(w\Rightarrow)$:

$$(DT)\cfrac{(MP)\cfrac{\Gamma \Rightarrow \chi \quad (K)\cfrac{}{\Rightarrow \chi \to (\varphi \to \chi)}}{\Gamma \Rightarrow \varphi \to \chi}}{\varphi, \Gamma \Rightarrow \chi}$$

$(c\Rightarrow)$:

$$(DT)\cfrac{(MP)\cfrac{(DT)\times 2\cfrac{\varphi,\varphi,\Gamma \Rightarrow \chi}{\Gamma \Rightarrow \varphi\to\varphi\to\chi} \quad (W)\cfrac{}{\Rightarrow (\varphi\to\varphi\to\chi) \to (\varphi\to\chi)}}{\Gamma \Rightarrow \varphi \to \chi}}{\varphi, \Gamma \Rightarrow \chi}$$

練習問題 9.48 (C) を用いて $(e\Rightarrow)$ が **HM** の派生規則であることを証明せよ.

9.4 HM と NM の等価性

ここまで,自然演繹とヒルベルト流証明論の体系が,いずれもシーケント計算によって再定式化できることが示された.冒頭で述べたように,シーケント計算は,異なる証明体系を比較することのできる統一的なプラットフォームを提供するのである.

その上で,本節ではヒルベルト流シーケント計算の体系 **HM** と自然演繹式シーケント計算の体系 **NM** が,それぞれ等価な体系であることを証明する.

9.4　**HM** と **NM** の等価性

シーケント計算の二つの体系が等価であることを示すには，以下の定理を用いる．

> **定理 9.49**　$\mathcal{K},\mathcal{K}'$ はシーケント計算の体系とすると，以下が成り立つ．
> $\mathcal{K}$ の公理が $\mathcal{K}'$ の定理であり，$\mathcal{K}$ の推論規則が $\mathcal{K}'$ の許容規則である．
> $\Longrightarrow \mathcal{K} \subseteq \mathcal{K}'$

証明．自然数 d に関する命題 $\mathfrak{P}(d)$ を「任意のシーケント S について，S を終式とする深さ d の $\mathcal{K}$ の証明図 $\mathcal{D}$ が存在するならば，$\mathcal{K}'$ において S は証明可能である」と定義する．任意の自然数 d ($1 \leq d$) について $\mathfrak{P}(d)$ が成り立つことを，帰納法によって証明する．いま，$\mathcal{D}$ が以下の形式であるとする．

$$\mathcal{D} \equiv \quad (R)\dfrac{\begin{array}{ccc}\mathcal{D}_1 & \cdots & \mathcal{D}_n \\ S_1 & & S_n\end{array}}{S}$$

$\underline{d=1\text{ のとき}}$：$R$ は $\mathcal{K}$ の公理であるから，仮定より，R は $\mathcal{K}'$ の定理である．したがって，S は $\mathcal{K}'$ において証明可能である．

$\underline{1 < d \text{ のとき}}$：$\mathfrak{P}(1), \ldots, \mathfrak{P}(d-1)$ が成り立つと仮定する（帰納法の仮説）．R は $\mathcal{K}$ の推論規則であるから，仮定より，R は $\mathcal{K}'$ の許容規則である．

$\mathcal{D}_1, \ldots, \mathcal{D}_n$ は，$S_1, \ldots, S_n$ を終式とする深さ d 未満の $\mathcal{K}$ の証明図であるから，帰納法の仮説より，$S_1, \ldots, S_n$ は $\mathcal{K}'$ において証明可能であるが，R は $\mathcal{K}'$ の許容規則であるから，S も $\mathcal{K}'$ において証明可能である． □

> **定理 9.50**　　　**NM** $\subseteq$ **HM**

定理 9.49 と解説 9.25 より，**HM** の公理が **NM** の定理であり，**HM** の推論規則が **NM** の派生規則であることを示せば十分である．

証明．
$(w\Rightarrow)(e\Rightarrow)(c\Rightarrow)$：9.3.3 項より，**HM** の派生規則である．
$(ID)(\to I)(\to E)(\forall I)$：**HM** の $(ID)(DT)(MP)(GEN)$ と同じ．
$(\wedge I)$：

$$(MP)\dfrac{\Gamma \Rightarrow \varphi \quad (MP)\dfrac{\Delta \Rightarrow \psi \quad (CI)\Rightarrow \psi \to \varphi \to (\varphi \wedge \psi)}{\Delta \Rightarrow \varphi \to (\varphi \wedge \psi)}}{\Gamma, \Delta \Rightarrow \varphi \wedge \psi}$$

$(\wedge E)$：
$$(MP)\dfrac{\Gamma \Rightarrow \varphi_1 \wedge \varphi_2 \qquad (CE)\dfrac{}{\Rightarrow (\varphi_1 \wedge \varphi_2) \to \varphi_i}(i=1,2)}{\Gamma \Rightarrow \varphi_i}$$

$(\vee I)$：
$$(MP)\dfrac{\Gamma \Rightarrow \varphi_i \qquad (DI)\dfrac{}{\Rightarrow \varphi_i \to (\varphi_1 \vee \varphi_2)}(i=1,2)}{\Gamma \Rightarrow \varphi_1 \vee \varphi_2}$$

$(\forall E)$：
$$(MP)\dfrac{\Gamma \Rightarrow \forall \xi \varphi \qquad (UE)\dfrac{}{\Rightarrow \forall \xi \varphi \to \varphi[\tau/\xi]}}{\Gamma \Rightarrow \varphi[\tau/\xi]}$$

$(\vee E)(\exists I)(\exists E)$ の場合は練習問題 9.51 とする. □

練習問題 9.51 定理 9.50 の証明を補完せよ.

定理 9.52　　HM $\subseteq$ NM

証明.
$(ID)(MP)(GEN)$：**NM** の $(ID)(\to E)(\forall I)$ と同じ.
$(S)(K)$：例 9.7 より **NM** の定理である.
(DI)：
$$(\to I)\dfrac{(\vee I)\dfrac{(ID)\dfrac{}{\varphi_i \Rightarrow \varphi_i}}{\varphi_i \Rightarrow \varphi_1 \vee \varphi_2}(i=1,2)}{\Rightarrow \varphi_i \to (\varphi_1 \vee \varphi_2)}$$

(UE)：
$$(\to I)\dfrac{(\forall E)\dfrac{(ID)\dfrac{}{\forall \xi \varphi \Rightarrow \forall \xi \varphi}}{\forall \xi \varphi \Rightarrow \varphi[\tau/\xi]}}{\Rightarrow \forall \xi \varphi \to \varphi[\tau/\xi]}$$

$(DE)(CI)(CE)(UI)(EI)(EE)$ の場合は練習問題 9.53 とする. □

練習問題 9.53 定理 9.52 の証明を補完せよ.

　定理 9.50 と定理 9.52 より，**NM** = **HM** であることが示された.

9.5 HJ と NJ，HK と NK の等価性

HM と NM の間の等価性が示されれば，HJ・HK と，NJ・NK の間の等価性についてもただちに示される．

定理 9.54　　　HJ = NJ　　　HK = NK

証明．定理 9.31 より，HJ の (EFQ) と NJ の (EFQ) は等価であり，また，HK の (DNE) と NK の (DNE) は等価であるため，いずれも自明である． □

第10章

ゲンツェン流シーケント計算

　自然演繹では真理関数や量化子に対して，対をなす二つの規則（導入律と除去律）を与える，という方針を採っていた．しかし否定の例に見られるように，この方針は完全に遂行されてはいない．

　この非対称性は，実はシーケントの左辺と右辺の形式の非対称性に由来する．前章では，シーケントは $\Gamma \Rightarrow \varphi$ という形式であり，左辺の Γ は有限個の論理式の列，右辺の φ は1個の論理式であった．つまり，左辺については2個以上の論理式が並ぶことがあるが，右辺についてはそうではない．

　本章では，ゲンツェンが自然演繹に代わる体系として，1934年に提唱した**ゲンツェン流シーケント計算** (Gentzen sequent calculus) を紹介する．古典論理のためのゲンツェン流シーケント計算は **LK** の名称で知られている．**LK** ではシーケントを，

$$\Gamma \Rightarrow \Delta$$

という形式に拡張する．Γ, Δ はともに0個以上の論理式の列であり，左辺と右辺は対称となる．

　シーケントの左辺 Γ に並んだ論理式は「連言」の意味を持っていたが，右辺 Δ に並んだ論理式は「選言」の意味を持つ．すなわち，

$$\varphi_1, \ldots, \varphi_m \Rightarrow \psi_n, \ldots, \psi_1$$

というシーケントは，「φ_1 かつ $\cdots$ かつ φ_m」を前提として「ψ_1 または $\cdots$ または ψ_n」が帰結される，という推論を表している．また，ゲンツェン流ではシーケントの右辺も左辺同様，以下のように論理式0個の場合が許される．

$$\Gamma \Rightarrow$$

なお，ゲンツェン流シーケント計算においても，演繹・定理の概念と記法は定義 9.23 に従うものとする．また，証明体系間の包含関係については定義 7.58 に従うが，シーケントの右辺は有限個の論理式からなるものとする．証明体系の等価性は定義 7.59 に，公理・推論規則の等価性は定義 7.71 に従う（この定義のもとでも定理 9.49 が成立することを確認せよ）．

10.1 古典論理の体系 LK

LK の統語論は **HK**・**NK** と同じである．**LK** の記号は定義 5.1，論理式の定義は定義 5.8 に従う．また，二項真理関数についても定義 3.15 の中置記法を用いるものとする．ただし $\top$, $\neg$, $\leftrightarrow$ については以下のように定義する．

定義 10.1 （$\top$, $\neg$, $\leftrightarrow$ の定義）
$$\top \stackrel{def}{\equiv} \neg\bot$$
$$\neg\varphi \stackrel{def}{\equiv} \varphi \to \bot$$
$$\varphi \leftrightarrow \psi \stackrel{def}{\equiv} (\varphi \to \psi) \wedge (\psi \to \varphi)$$

LK における公理は以下の二つである．

定義 10.2 （**LK** の公理）
$$(ID)\frac{}{\varphi \Rightarrow \varphi} \qquad (\bot\Rightarrow)\frac{}{\bot \Rightarrow}$$

LK では左辺と右辺が対称であるから，構造規則についても以下のように，左辺のための構造規則と，右辺のための構造規則が対になっている．ただし，$\Gamma, \Delta, \Sigma, \Pi$ はいずれも 0 個以上の論理式からなる任意の列とする．

定義 10.3 （**LK** の構造規則）
$$(CUT)\frac{\Gamma \Rightarrow \Pi, \varphi \quad \varphi, \Sigma \Rightarrow \Delta}{\Gamma, \Sigma \Rightarrow \Pi, \Delta}$$

$$(w\Rightarrow)\frac{\Gamma \Rightarrow \Delta}{\varphi, \Gamma \Rightarrow \Delta} \qquad (e\Rightarrow)\frac{\Gamma, \varphi, \psi, \Sigma \Rightarrow \Delta}{\Gamma, \psi, \varphi, \Sigma \Rightarrow \Delta} \qquad (c\Rightarrow)\frac{\varphi, \varphi, \Gamma \Rightarrow \Delta}{\varphi, \Gamma \Rightarrow \Delta}$$

$$(\Rightarrow w)\frac{\Gamma \Rightarrow \Delta}{\Gamma \Rightarrow \Delta, \varphi} \qquad (\Rightarrow e)\frac{\Gamma \Rightarrow \Sigma, \psi, \varphi, \Delta}{\Gamma \Rightarrow \Sigma, \varphi, \psi, \Delta} \qquad (\Rightarrow c)\frac{\Gamma \Rightarrow \Delta, \varphi, \varphi}{\Gamma \Rightarrow \Delta, \varphi}$$

定義 10.4（**LK** の論理規則）

$$(\to\Rightarrow)\frac{\Gamma \Rightarrow \Pi, \varphi \quad \psi, \Sigma \Rightarrow \Delta}{\Gamma, \varphi \to \psi, \Sigma \Rightarrow \Pi, \Delta} \qquad (\Rightarrow\to)\frac{\varphi, \Gamma \Rightarrow \Delta, \psi}{\Gamma \Rightarrow \Delta, \varphi \to \psi}$$

$$(\wedge\Rightarrow)\frac{\varphi_i, \Gamma \Rightarrow \Delta}{\varphi_1 \wedge \varphi_2, \Gamma \Rightarrow \Delta}(i=1,2) \qquad (\Rightarrow\wedge)\frac{\Gamma \Rightarrow \Delta, \varphi_1 \quad \Gamma \Rightarrow \Delta, \varphi_2}{\Gamma \Rightarrow \Delta, \varphi_1 \wedge \varphi_2}$$

$$(\vee\Rightarrow)\frac{\varphi_1, \Gamma \Rightarrow \Delta \quad \varphi_2, \Gamma \Rightarrow \Delta}{\varphi_1 \vee \varphi_2, \Gamma \Rightarrow \Delta} \qquad (\Rightarrow\vee)\frac{\Gamma \Rightarrow \Delta, \varphi_i}{\Gamma \Rightarrow \Delta, \varphi_1 \vee \varphi_2}(i=1,2)$$

$$(\forall\Rightarrow)\frac{\varphi[\tau/\xi], \Gamma \Rightarrow \Delta}{\forall\xi\varphi, \Gamma \Rightarrow \Delta} \qquad (\Rightarrow\forall)\frac{\Gamma \Rightarrow \Delta, \varphi[\zeta/\xi]}{\Gamma \Rightarrow \Delta, \forall\xi\varphi}$$
$$\zeta \notin fv(\Gamma) \cup fv(\Delta) \cup fv(\forall\xi\varphi)$$

$$(\exists\Rightarrow)\frac{\varphi[\zeta/\xi], \Gamma \Rightarrow \Delta}{\exists\xi\varphi, \Gamma \Rightarrow \Delta} \qquad (\Rightarrow\exists)\frac{\Gamma \Rightarrow \Delta, \varphi[\tau/\xi]}{\Gamma \Rightarrow \Delta, \exists\xi\varphi}$$
$$\zeta \notin fv(\exists\xi\varphi) \cup fv(\Gamma) \cup fv(\Delta)$$

このように，**LK** においては構造規則・論理規則がいずれも対をなしている．また，$\wedge$ と $\vee$ の規則，$\forall$ と $\exists$ の規則は完全な対称性を有している．

規則名において，真理関数名が $\Rightarrow$ の左側に記された規則を「左規則」，$\Rightarrow$ の右側に記された規則を「右規則」と呼ぶ．たとえば $(\wedge\Rightarrow)$ は連言の左規則，$(\Rightarrow\wedge)$ は連言の右規則という[*1]．

$(\Rightarrow\forall)(\exists\Rightarrow)$ に現れる変項 ζ は，ゲンツェン流シーケント計算における不確定名である．

また，各構造規則・論理規則において，もっとも主要な式をそれぞれの規則の**主論理式** (principal formula) と呼び，その他の式のうち，主論理式と関わりの深いものを**副論理式** (auxiliary formula) と呼ぶ．各規則における主論理式と副論理式は以下の通りである．

[*1] $(\wedge\Rightarrow)$ を $(L\wedge)$，$(\Rightarrow\wedge)$ を $(R\wedge)$ と記す体系も多い．その場合，他の真理関数についても同様の記法となる．たとえば $(\vee\Rightarrow)$ は $(L\vee)$，$(\Rightarrow\vee)$ は $(R\vee)$ となる．

10.1 古典論理の体系 LK

LK の規則	主論理式	副論理式
(ID)	φ	なし
$(\bot\Rightarrow)$	$\bot$	なし
$(CUT)(w\Rightarrow)(\Rightarrow w)(c\Rightarrow)(\Rightarrow c)$	φ	なし
$(e\Rightarrow)(\Rightarrow e)$	φ,ψ	なし
$(\rightarrow\Rightarrow)(\Rightarrow\rightarrow)$	$\varphi\rightarrow\psi$	φ,ψ
$(\land\Rightarrow)(\Rightarrow\land)$	$\varphi_1\land\varphi_2$	φ_1,φ_2
$(\lor\Rightarrow)(\Rightarrow\lor)$	$\varphi_1\lor\varphi_2$	φ_1,φ_2
$(\forall\Rightarrow)$	$\forall\xi\varphi$	$\varphi[\tau/\xi]$
$(\Rightarrow\forall)$	$\forall\xi\varphi$	$\varphi[\zeta/\xi]$
$(\exists\Rightarrow)$	$\exists\xi\varphi$	$\varphi[\zeta/\xi]$
$(\Rightarrow\exists)$	$\exists\xi\varphi$	$\varphi[\tau/\xi]$

解説 10.5 以下の証明において，$(w\Rightarrow)(c\Rightarrow)$ の右横にマークした "+" は，$(w\Rightarrow)$ や $(c\Rightarrow)$ をそれぞれ「1 回以上」適用したことを表す略記法とする．同様に，$(w\Rightarrow)(e\Rightarrow)$ の右横にマークした "*" は，$(w\Rightarrow)$ や $(e\Rightarrow)$ をそれぞれ「0 回以上」適用したことを表す略記法とする．

例 10.6

$$\cfrac{\cfrac{\cfrac{\cfrac{\cfrac{}{\varphi\Rightarrow\varphi}(ID)}{\varphi,\ldots,\varphi\Rightarrow\varphi}(w\Rightarrow)+}{\Gamma,\varphi,\ldots,\varphi\Rightarrow\varphi}(w\Rightarrow)*}{\varphi,\ldots,\varphi,\Gamma\Rightarrow\varphi}(e\Rightarrow)*}{\varphi,\Gamma\Rightarrow\varphi}(c\Rightarrow)+$$

LK においては，$\neg$ について以下の規則が派生される．

定理 10.7 ($\neg$ の論理規則)　以下は LK の派生規則である．

$$(\neg\Rightarrow)\cfrac{\Gamma\Rightarrow\Delta,\varphi}{\neg\varphi,\Gamma\Rightarrow\Delta} \qquad (\Rightarrow\neg)\cfrac{\varphi,\Gamma\Rightarrow\Delta}{\Gamma\Rightarrow\Delta,\neg\varphi}$$

証明．

$$\cfrac{\cfrac{\cfrac{\cfrac{\Gamma\Rightarrow\Delta,\varphi \qquad \cfrac{}{\bot\Rightarrow}(\bot\Rightarrow)}{\Gamma,\varphi\rightarrow\bot\Rightarrow\Delta}(\rightarrow\Rightarrow)}{\Gamma,\neg\varphi\Rightarrow\Delta}(def\,\neg)}{\neg\varphi,\Gamma\Rightarrow\Delta}(e\Rightarrow)*$$

$$(def\neg)\dfrac{(\Rightarrow\rightarrow)\dfrac{(\Rightarrow w)\dfrac{\varphi,\Gamma\Rightarrow\Delta}{\varphi,\Gamma\Rightarrow\Delta,\bot}}{\Gamma\Rightarrow\Delta,\varphi\rightarrow\bot}}{\Gamma\Rightarrow\Delta,\neg\varphi}$$
□

LK の論理規則においては $(\bot\Rightarrow)$ のみが対称性を欠いているが,以下の規則と組み合わせると対称性が保たれる.

定理 10.8 (⊤ の論理規則) 以下は **LK** の派生規則である.

$$(\Rightarrow\top)\dfrac{}{\Rightarrow\top}$$

定理 10.8 は,$\top\equiv\neg\bot\equiv\bot\rightarrow\bot$ であるから以下のように証明される.

証明.
$$(def\top)\dfrac{(\Rightarrow\rightarrow)\dfrac{(ID)\dfrac{}{\bot\Rightarrow\bot}}{\Rightarrow\bot\rightarrow\bot}}{\Rightarrow\top}$$
□

練習問題 10.9 **LK** において以下の規則が派生規則であることを証明せよ.

$$\dfrac{\Gamma\Rightarrow}{\Gamma\Rightarrow\bot}$$

例 10.10 ドゥ・モルガンの法則の **LK** での証明を見てみよう.

$$\neg(\varphi\wedge\psi)\;\vdash_{\mathbf{LK}}\;\neg\varphi\vee\neg\psi$$

LK の証明手順は非常にシンプルである.最下段のシーケントの右辺,もしくは左辺の形式を見て,適用可能な推論規則を順次適用していくだけで良い.**NK** での証明で要求されたような「試行錯誤」の余地はほとんどない.

$$(\neg\Rightarrow)\dfrac{(\Rightarrow\wedge)\dfrac{(\Rightarrow e)\dfrac{(\Rightarrow\vee)\dfrac{(\Rightarrow\neg)\dfrac{(ID)\dfrac{}{\varphi\Rightarrow\varphi}}{\Rightarrow\varphi,\neg\varphi}}{\Rightarrow\varphi,\neg\varphi\vee\neg\psi}}{\Rightarrow\neg\varphi\vee\neg\psi,\varphi}\quad(\Rightarrow e)\dfrac{(\Rightarrow\vee)\dfrac{(\Rightarrow\neg)\dfrac{(ID)\dfrac{}{\psi\Rightarrow\psi}}{\Rightarrow\psi,\neg\psi}}{\Rightarrow\psi,\neg\varphi\vee\neg\psi}}{\Rightarrow\neg\varphi\vee\neg\psi,\psi}}{\Rightarrow\neg\varphi\vee\neg\psi,\varphi\wedge\psi}}{\neg(\varphi\wedge\psi)\Rightarrow\neg\varphi\vee\neg\psi}$$

例 10.11 別の例として,パースの法則の証明を取り上げる.

$\vdash_{\mathbf{LK}}\quad ((\varphi \to \psi) \to \varphi) \to \varphi$

HK, **NK** ともに, パースの法則を証明するには否定の規則を工夫して用いる必要があったが, **LK** での証明はやはりシンプルである. ただし以下のように $(\Rightarrow c)$ を一度明示的に使わなければならない.

$$
(\Rightarrow \to) \cfrac{(\Rightarrow c) \cfrac{(\to \Rightarrow) \cfrac{(\Rightarrow \to) \cfrac{(\Rightarrow w) \cfrac{(ID)\ \overline{\varphi \Rightarrow \varphi}}{\varphi \Rightarrow \varphi, \psi}}{\Rightarrow \varphi, \varphi \to \psi} \qquad (ID)\ \overline{\varphi \Rightarrow \varphi}}{(\varphi \to \psi) \to \varphi \Rightarrow \varphi, \varphi}}{(\varphi \to \psi) \to \varphi \Rightarrow \varphi}}{\Rightarrow ((\varphi \to \psi) \to \varphi) \to \varphi}
$$

例 10.12 以下は排中律 (LEM) の **LK** での証明である.

$\vdash_{\mathbf{LK}}\quad \varphi \lor \neg\varphi$

この証明図では, 最下段の規則が $(\Rightarrow c)$ である点に注意が必要である. (LEM) の形式は右辺にしか論理式がなく, その右辺は選言の形をしているが, $(\Rightarrow c)$ ではなく $(\Rightarrow \lor)$ を適用してしまうと証明できない.

$$
(\Rightarrow c) \cfrac{(\Rightarrow \lor) \cfrac{(\Rightarrow \neg) \cfrac{(\Rightarrow \lor) \cfrac{(ID)\ \overline{\varphi \Rightarrow \varphi}}{\varphi \Rightarrow \varphi \lor \neg\varphi}}{\Rightarrow \varphi \lor \neg\varphi, \neg\varphi}}{\Rightarrow \varphi \lor \neg\varphi, \varphi \lor \neg\varphi}}{\Rightarrow \varphi \lor \neg\varphi}
$$

解説 10.13 **LK** では $(\land\Rightarrow)$ と $(\Rightarrow\lor)$ は以下の規則と等価である.

定理 10.14 ($\land, \lor$ の代替論理規則)

$$(\star\Rightarrow)\ \cfrac{\varphi, \psi, \Gamma \Rightarrow \Delta}{\varphi \land \psi, \Gamma \Rightarrow \Delta} \qquad (\Rightarrow +)\ \cfrac{\Gamma \Rightarrow \Delta, \varphi, \psi}{\Gamma \Rightarrow \Delta, \varphi \lor \psi}$$

定理 10.14 を用いれば, (LEM) の証明は以下のように直截的になる.

$$
(\Rightarrow +) \cfrac{(\Rightarrow \neg) \cfrac{(ID)\ \overline{\varphi \Rightarrow \varphi}}{\Rightarrow \varphi, \neg\varphi}}{\Rightarrow \varphi \lor \neg\varphi}
$$

練習問題 10.15 定理 10.14 が $(\wedge\Rightarrow)$ と $(\Rightarrow\vee)$ と等価であることを示せ．ただし，構造規則は用いて良いものとする．

練習問題 10.16 $(GEM)(LNC)(DM\vee)(CON3)(CON4)$ が **LK** の定理であることを証明せよ．

例 10.17 以下は例 6.31 において登場した定理である．

$$\exists y \forall x F(x,y) \vdash_{\mathbf{LK}} \forall x \exists y F(x,y)$$

この定理の証明では，規則の適用順が問題となる．以下の図に示すように，$F(u,v) \Rightarrow \exists y F(u,y)$ から $(\Rightarrow\forall)$ によって $F(u,v) \Rightarrow \forall x \exists y F(x,y)$ を導くこと，および $\forall x F(x,v) \Rightarrow F(u,v)$ から $(\exists\Rightarrow)$ によって $\exists y \forall x F(x,y) \Rightarrow F(u,v)$ を導くことはできない（それぞれ，どの条件に違反するかを確認せよ）．

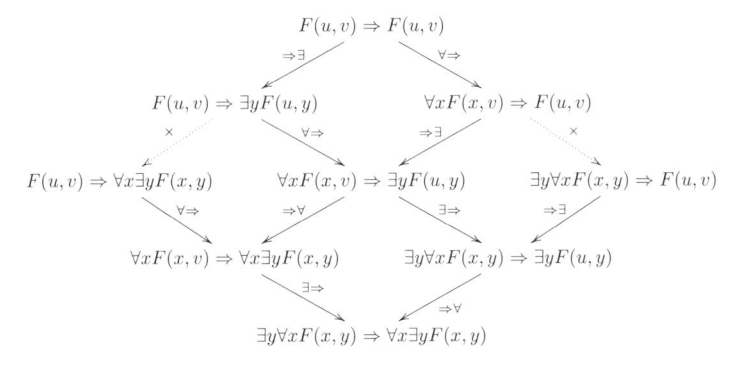

$$
\begin{array}{c}
F(u,v) \Rightarrow F(u,v) \\
\swarrow {\scriptstyle \Rightarrow\exists} \quad \searrow {\scriptstyle \forall\Rightarrow} \\
F(u,v) \Rightarrow \exists y F(u,y) \qquad \forall x F(x,v) \Rightarrow F(u,v) \\
{\scriptstyle \times} \swarrow \quad \searrow {\scriptstyle \forall\Rightarrow} \quad \swarrow {\scriptstyle \Rightarrow\exists} \quad \searrow {\scriptstyle \times} \\
F(u,v) \Rightarrow \forall x \exists y F(x,y) \quad \forall x F(x,v) \Rightarrow \exists y F(u,y) \quad \exists y \forall x F(x,y) \Rightarrow F(u,v) \\
\searrow {\scriptstyle \forall\Rightarrow} \quad \swarrow {\scriptstyle \Rightarrow\forall} \quad \searrow {\scriptstyle \exists\Rightarrow} \quad \swarrow {\scriptstyle \Rightarrow\exists} \\
\forall x F(x,v) \Rightarrow \forall x \exists y F(x,y) \qquad \exists y \forall x F(x,y) \Rightarrow \exists y F(u,y) \\
\searrow {\scriptstyle \exists\Rightarrow} \quad \swarrow {\scriptstyle \Rightarrow\forall} \\
\exists y \forall x F(x,y) \Rightarrow \forall x \exists y F(x,y)
\end{array}
$$

例 10.18 以下は練習問題 8.46 で証明した定理であるが，最下段で $(\forall\Rightarrow)$ を選択すると（以下に示すように）証明できない（上から二段目において，$(\Rightarrow\forall)$ は $u \in fv(F(u))$ であるため適用できない）．

$$
\cfrac{
  \cfrac{
    (\Rightarrow\vee) \cfrac{(ID) \overline{P \Rightarrow P}}{P \Rightarrow P \vee \forall x F(x)} \qquad
    (\Rightarrow\vee) \cfrac{\times \cfrac{(ID) \overline{F(u) \Rightarrow F(u)}}{F(u) \Rightarrow \forall x F(x)}}{F(u) \Rightarrow P \vee \forall x F(x)}
  }{(\vee\Rightarrow) \quad P \vee F(u) \Rightarrow P \vee \forall x F(x)}
}{(\forall\Rightarrow) \quad \forall x (P \vee F(x)) \Rightarrow P \vee \forall x F(x)}
$$

$(\Rightarrow\vee)$ の代わりに $(\Rightarrow+)$ を用いると，以下のような証明が可能となる．

$$
(\Rightarrow +)\cfrac{(\forall \Rightarrow)\cfrac{(\vee \Rightarrow)\cfrac{(\Rightarrow w)\cfrac{(ID)\overline{P \Rightarrow P}}{P \Rightarrow P, F(u)} \quad (\Rightarrow e)\cfrac{(\Rightarrow w)\cfrac{(ID)\overline{F(u) \Rightarrow F(u)}}{F(u) \Rightarrow F(u), P}}{F(u) \Rightarrow P, F(u)}}{P \vee F(u) \Rightarrow P, F(u)}}{\forall x(P \vee F(x)) \Rightarrow P, F(u)}}{\forall x(P \vee F(x)) \Rightarrow P, \forall x F(x)}}{\forall x(P \vee F(x)) \Rightarrow P \vee \forall x F(x)}
$$

解説 10.19 興味深いことに，この証明は以下の証明と対称になっている．練習問題 8.46 および練習問題 8.43 の証明と比較されたい．

$$
(\star \Rightarrow)\cfrac{(\exists \Rightarrow)\cfrac{(\Rightarrow \exists)\cfrac{(\Rightarrow \wedge)\cfrac{(e\Rightarrow)\cfrac{(w\Rightarrow)\cfrac{(ID)\overline{P \Rightarrow P}}{G(u), P \Rightarrow P}}{P, G(u) \Rightarrow P} \quad (w\Rightarrow)\cfrac{(ID)\overline{G(u) \Rightarrow G(u)}}{P, G(u) \Rightarrow G(u)}}{P, G(u) \Rightarrow P \wedge G(u)}}{P, G(u) \Rightarrow \exists x(P \wedge G(x))}}{P, \exists x G(x) \Rightarrow \exists x(P \wedge G(x))}}{P \wedge \exists x G(x) \Rightarrow \exists x(P \wedge G(x))}
$$

このように，**LK** の証明では，$\wedge$ と $\vee$，$\forall$ と $\exists$ の間に完全な対称性が成り立つのが特徴である．

10.2 直観主義論理の体系 **LJ**

LJ は，ゲンツェン流シーケント計算の直観主義論理版である．ヒルベルト流証明論や自然演繹においては，古典論理と直観主義論理を隔てるものは，(DNE) などの公理の有無であった．しかしゲンツェン流においては興味深いことに，直観主義シーケント計算は **LK** のシーケントの「右辺の（論理式列の）長さを高々 1（0 でも可）に制限する」ことによって得られる．

> **定義 10.20**（ゲンツェン流直観主義論理）　**LJ** は，**LK** においてシーケントの右辺の長さを高々 1 に制限した体系である．

解説 10.21 この右辺に対する制限により，**LJ** では $(\Rightarrow e)(\Rightarrow c)$ は使用できない．また，**LK** の (CUT) は，左上のシーケントが $\Gamma \Rightarrow \Pi, \varphi$ であるから，「右辺の長さが高々 1」という制限を考慮すると，Π は空列でなければならない．

同様の制限が $(\Rightarrow w)(\Rightarrow \to)(\Rightarrow \land)(\Rightarrow \lor)(\Rightarrow \forall)(\Rightarrow \exists)$ における Δ にも適用され，結果的に **LJ** の規則は以下のようになる．ただし，いずれの場合も Δ は論理式1個もしくは空列を表す（すなわち $|\Delta| \leq 1$）ものとする．

定義 10.22 （**LJ** の公理）

$$(ID)\frac{}{\varphi \Rightarrow \varphi} \qquad (\bot \Rightarrow)\frac{}{\bot \Rightarrow}$$

定義 10.23 （**LJ** の構造規則）

$$(CUT)\frac{\Gamma \Rightarrow \varphi \quad \varphi, \Sigma \Rightarrow \Delta}{\Gamma, \Sigma \Rightarrow \Delta} \qquad (\Rightarrow w)\frac{\Gamma \Rightarrow}{\Gamma \Rightarrow \varphi}$$

$$(w \Rightarrow)\frac{\Gamma \Rightarrow \Delta}{\varphi, \Gamma \Rightarrow \Delta} \qquad (e \Rightarrow)\frac{\Gamma, \varphi, \psi, \Sigma \Rightarrow \Delta}{\Gamma, \psi, \varphi, \Sigma \Rightarrow \Delta} \qquad (c \Rightarrow)\frac{\varphi, \varphi, \Gamma \Rightarrow \Delta}{\varphi, \Gamma \Rightarrow \Delta}$$

定義 10.24 （**LJ** の論理規則）

$$(\to \Rightarrow)\frac{\Gamma \Rightarrow \varphi \quad \psi, \Sigma \Rightarrow \Delta}{\Gamma, \varphi \to \psi, \Sigma \Rightarrow \Delta} \qquad (\Rightarrow \to)\frac{\varphi, \Gamma \Rightarrow \psi}{\Gamma \Rightarrow \varphi \to \psi}$$

$$(\land \Rightarrow)\frac{\varphi_i, \Gamma \Rightarrow \Delta}{\varphi_1 \land \varphi_2, \Gamma \Rightarrow \Delta}(i=1,2) \qquad (\Rightarrow \land)\frac{\Gamma \Rightarrow \varphi_1 \quad \Gamma \Rightarrow \varphi_2}{\Gamma \Rightarrow \varphi_1 \land \varphi_2}$$

$$(\lor \Rightarrow)\frac{\varphi_1, \Gamma \Rightarrow \Delta \quad \varphi_2, \Gamma \Rightarrow \Delta}{\varphi_1 \lor \varphi_2, \Gamma \Rightarrow \Delta} \qquad (\Rightarrow \lor)\frac{\Gamma \Rightarrow \varphi_i}{\Gamma \Rightarrow \varphi_1 \lor \varphi_2}(i=1,2)$$

$$(\forall \Rightarrow)\frac{\varphi[\tau/\xi], \Gamma \Rightarrow \Delta}{\forall \xi \varphi, \Gamma \Rightarrow \Delta} \qquad (\Rightarrow \forall)\frac{\Gamma \Rightarrow \varphi[\zeta/\xi]}{\Gamma \Rightarrow \forall \xi \varphi}$$
$$\zeta \notin fv(\Gamma) \cup fv(\forall \xi \varphi)$$

$$(\exists \Rightarrow)\frac{\varphi[\zeta/\xi], \Gamma \Rightarrow \Delta}{\exists \xi \varphi, \Gamma \Rightarrow \Delta} \qquad (\Rightarrow \exists)\frac{\Gamma \Rightarrow \varphi[\tau/\xi]}{\Gamma \Rightarrow \exists \xi \varphi}$$
$$\zeta \notin fv(\exists \xi \varphi) \cup fv(\Gamma) \cup fv(\Delta)$$

解説 10.25 「否定の規則の有無」と「右辺の長さ」の関係は一見はっきりし

ないが，これは **LK** において (DNE) が以下のように証明されることと関係している．

$$(\neg\Rightarrow)\cfrac{(\Rightarrow\neg)\cfrac{(ID)\overline{\varphi\Rightarrow\varphi}}{\Rightarrow\varphi,\neg\varphi}}{\neg\neg\varphi\Rightarrow\varphi}$$

$(\Rightarrow\neg)$ の適用時に，右辺に長さ 2 の論理式列が現れるが，この状態を経由せずに (DNE) を証明することはできない[*2]．したがって「右辺の長さを高々 1 に制限する」ことは，**LJ** において (DNE) が成立しないことにつながるのである．

定理 10.26　　**LJ** $\subseteq$ **LK**

証明． **LJ** の公理・推論規則はいずれも **LK** の対応する公理・推論規則の特殊な場合である．したがって **LJ** の証明図は，**LK** の証明図でもある．　□

LJ においては，定理 10.7 は以下の形式となる．

定理 10.27　（¬ の論理規則）　以下は **LJ** の派生規則である．
$$(\neg\Rightarrow)\cfrac{\Gamma\Rightarrow\varphi}{\neg\varphi,\Gamma\Rightarrow}\qquad(\Rightarrow\neg)\cfrac{\varphi,\Gamma\Rightarrow}{\Gamma\Rightarrow\neg\varphi}$$

練習問題 10.28　定理 10.27 を証明せよ．

解説 10.29　定理 10.14 の $(\star\Rightarrow)$ と $(\Rightarrow+)$ のうち，$(\star\Rightarrow)$ は **LJ** においても派生規則であるが，$(\Rightarrow+)$ はそうではない．

練習問題 10.30　(EFQ) が **LJ** の定理であることを証明せよ．

練習問題 10.31　練習問題 7.53 の各式が **LJ** の定理であることを証明せよ．

[*2] 証明は 11.1.2 項を参照のこと．

10.3　最小論理の体系 LM

LM はゲンツェン流シーケント計算の最小論理版である．**LM** は，**LJ** から規則 $(\bot\Rightarrow)$ を除くことで得られる．

> **定義 10.32**（ゲンツェン流最小論理）　**LM** は，**LJ** から $(\bot\Rightarrow)$ を除いた体系である．

解説 10.33 定理 10.27 のうち，$(\neg\Rightarrow)$ は **LM** の派生規則ではない．また，定理 10.14 のうち，$(\star\Rightarrow)$ は **LM** においても派生規則であるが，$(\Rightarrow+)$ はそうではない．

> **定理 10.34**　　**LM** $\subseteq$ **LJ**

証明．**LJ** の公理・推論規則はいずれも **LJ** の公理・推論規則である．したがって **LM** の証明図は，**LJ** の証明図でもある．　　□

解説 10.35 定義 10.32 では **LM** に $(\Rightarrow w)$ を含んでいるが，実は **LM** では $(\Rightarrow w)$ を用いることはできない．

　最上段の (ID) では，下段シーケントの右辺は空ではない．また，その他の規則において，下段シーケントの右辺が空列になりうるのは，上段シーケントの右辺が空列であるときのみである．したがって **LM** において下段シーケントの右辺が空列となることはなく，$(\Rightarrow w)$ を適用することはできない．

　したがって，定義 10.32 は以下のように述べるのと等価である．

> **定義 10.36**（ゲンツェン流最小論理）　**LM** は，**LJ** から $(\Rightarrow w)$ と $(\bot\Rightarrow)$ を除いた体系である．

また，解説 10.35 の議論からは以下の系が導かれる．

系 10.37 **LM** においては，シーケントの右辺に現れる論理式は常に一つである．

系 10.38　　$\not\vdash_{\mathbf{LM}} (EFQ)$

このことから，$\mathbf{LM} \neq \mathbf{LJ}$ であることが分かる．

練習問題 10.39 $\Gamma \vdash_{\mathbf{LM}}$ という形式の推論は $\mathbf{LM}$ においては証明できないことを示せ．

練習問題 10.40 定理 8.41，定理 8.44，定理 8.47 の各式について，$\mathbf{NK}$ の定理が $\mathbf{LK}$ の定理でもあること，$\mathbf{NM}$ の定理が $\mathbf{LM}$ の定理でもあることを証明せよ．

10.4　$\mathbf{LM}$ と $\mathbf{NM}$ の等価性

$\mathbf{LK}$ と $\mathbf{NK} \cdot \mathbf{HK}$ との等価性を示す際には，シーケントの形式の違いが障害となる．すなわち，$\mathbf{LK}$ ではシーケントの右辺の形式が拡張されているため，$\mathbf{NK}$ や $\mathbf{HK}$ との直接の比較が困難である．

$\mathbf{LJ}$ においても，右辺の長さは高々 1 に制限されているが，右辺に論理式が一つも現れない場合があるため，やはり $\mathbf{NJ} \cdot \mathbf{HJ}$ との直接の比較は面倒である．

それに対して，$\mathbf{LM}$ では系 10.37 で述べたようにシーケントの右辺に現れる論理式は常に一つであるから，$\mathbf{NM}$ で用いられるシーケントと同形式である．そこで以下では，まず $\mathbf{LM}$ と $\mathbf{NM}$ の等価性を示したのち，

$$\mathbf{LJ} = \mathbf{LM} + \mathrm{EFQ}$$
$$\mathbf{LK} = \mathbf{LM} + \mathrm{DNE}$$

を示すことにする．前章において，$\mathbf{NM}$ と $\mathbf{HM}$ の等価性は既に示されており，また $\mathbf{NJ} \cdot \mathbf{NK}$ および $\mathbf{HJ} \cdot \mathbf{HK}$ はそれぞれ，

$$\mathbf{NJ} = \mathbf{NM} + \mathrm{EFQ} \qquad \mathbf{HJ} = \mathbf{HM} + \mathrm{EFQ}$$
$$\mathbf{NK} = \mathbf{NM} + \mathrm{DNE} \qquad \mathbf{HK} = \mathbf{HM} + \mathrm{DNE}$$

と定義されていることから，$\mathbf{LJ}$ と $\mathbf{NJ} \cdot \mathbf{HJ}$，および $\mathbf{LK}$ と $\mathbf{NK} \cdot \mathbf{HK}$ の等価性が示されることになる．

> **定理 10.41**　　$\mathbf{NM} \subseteq \mathbf{LM}$

定理 9.49 と解説 9.25 より，$\mathbf{NM}$ の公理が $\mathbf{LM}$ の定理であり，$\mathbf{NM}$ の推論規則が $\mathbf{LM}$ の派生規則であることを示せばよい．

証明．

$(ID)(CUT)(w\Rightarrow)(e\Rightarrow)(c\Rightarrow)$：$\mathbf{LM}$ の同名の規則と同じ．

$(\to I)(\land I)(\lor I)(\forall I)(\exists I)$：$\mathbf{LM}$ の $(\Rightarrow\to)(\Rightarrow\land)(\Rightarrow\lor)(\Rightarrow\forall)(\Rightarrow\exists)$ と同じ．

$(\to E)$：

$$
(e\Rightarrow)* \cfrac{(CUT)\cfrac{\Delta \Rightarrow \varphi \to \psi \qquad (e\Rightarrow)*\cfrac{(\to\Rightarrow)\cfrac{\Gamma \Rightarrow \varphi \qquad (ID)\cfrac{}{\psi \Rightarrow \psi}}{\Gamma, \varphi \to \psi \Rightarrow \psi}}{\varphi \to \psi, \Gamma \Rightarrow \psi}}{\Delta, \Gamma \Rightarrow \psi}}{\Gamma, \Delta \Rightarrow \psi}
$$

$(\land E)$：

$$
(CUT)\cfrac{\Gamma \Rightarrow \varphi_1 \land \varphi_2 \qquad (\land\Rightarrow)\cfrac{(ID)\cfrac{}{\varphi_i \Rightarrow \varphi_i}}{\varphi_1 \land \varphi_2 \Rightarrow \varphi_i}\ (i=1,2)}{\Gamma \Rightarrow \varphi_i}
$$

$(\lor E)$：

$$
(CUT)\cfrac{\Gamma \Rightarrow \varphi \lor \psi \qquad (\lor\Rightarrow)\cfrac{(e\Rightarrow)*\cfrac{(w\Rightarrow)*\cfrac{\varphi, \Delta \Rightarrow \chi}{\Sigma, \varphi, \Delta \Rightarrow \chi}}{\varphi, \Delta, \Sigma \Rightarrow \chi} \qquad (e\Rightarrow)*\cfrac{(w\Rightarrow)*\cfrac{\psi, \Sigma \Rightarrow \chi}{\Delta, \psi, \Sigma \Rightarrow \chi}}{\psi, \Delta, \Sigma \Rightarrow \chi}}{\varphi \lor \psi, \Delta, \Sigma \Rightarrow \chi}}{\Gamma, \Delta, \Sigma \Rightarrow \chi}
$$

$(\forall E)$：

$$
(CUT)\cfrac{\Gamma \Rightarrow \forall \xi \varphi \qquad (\forall\Rightarrow)\cfrac{(ID)\cfrac{}{\varphi[\tau/\xi] \Rightarrow \varphi[\tau/\xi]}}{\forall \xi \varphi \Rightarrow \varphi[\tau/\xi]}}{\Gamma \Rightarrow \varphi[\tau/\xi]}
$$

$(\exists E)$：

$$
(CUT)\cfrac{\Gamma \Rightarrow \exists \xi \varphi \qquad (\exists\Rightarrow)\cfrac{\varphi[\zeta/\xi], \Delta \Rightarrow \psi}{\exists \xi \varphi, \Delta \Rightarrow \psi}}{\Gamma, \Delta \Rightarrow \psi}
$$

10.4 LM と NM の等価性

ただし $\zeta \notin fv(\exists \xi \varphi) \cup fv(\Delta) \cup fv(\psi)$ については $(\exists E)$ の条件より成立する. □

定理 10.42　　LM $\subseteq$ NM

定理 9.49 より，**LM** の公理が **NM** の定理であり，**LM** の推論規則が **NM** の派生規則であることを示せばよい．

証明．

$(ID)(CUT)(w\Rightarrow)(e\Rightarrow)(c\Rightarrow)$：**NM** の同名の規則と同じ.

$(\Rightarrow\to)(\Rightarrow\land)(\Rightarrow\lor)(\Rightarrow\forall)(\Rightarrow\exists)$：**NM** の $(\to I)(\land I)(\lor I)(\forall I)(\exists I)$ と同じ.

$(\to\Rightarrow)$：

$$(CUT)\cfrac{(\to E)\cfrac{\Gamma \Rightarrow \varphi \qquad (ID)\cfrac{}{\varphi \to \psi \Rightarrow \varphi \to \psi}}{\Gamma, \varphi \to \psi \Rightarrow \psi} \qquad \psi, \Sigma \Rightarrow \Delta}{\Gamma, \varphi \to \psi, \Sigma \Rightarrow \Delta}$$

$(\land\Rightarrow)$：

$$(CUT)\cfrac{(\land E)\cfrac{(ID)\cfrac{}{\varphi_1 \land \varphi_2 \Rightarrow \varphi_1 \land \varphi_2}}{\varphi_1 \land \varphi_2 \Rightarrow \varphi_i}(i=1,2) \qquad \varphi_i, \Gamma \Rightarrow \Delta}{\varphi_1 \land \varphi_2, \Gamma \Rightarrow \Delta}$$

$(\lor\Rightarrow)$：

$$\cfrac{(c\Rightarrow)*}{(e\Rightarrow)*}\cfrac{(\lor E)\cfrac{(ID)\cfrac{}{\varphi \lor \psi \Rightarrow \varphi \lor \psi} \qquad \varphi, \Gamma \Rightarrow \Delta \qquad \psi, \Gamma \Rightarrow \Delta}{\varphi \lor \psi, \Gamma, \Gamma \Rightarrow \Delta}}{\varphi \lor \psi, \Gamma \Rightarrow \Delta}$$

$(\forall\Rightarrow)$：

$$(CUT)\cfrac{(\forall E)\cfrac{(ID)\cfrac{}{\forall \xi \varphi \Rightarrow \forall \xi \varphi}}{\forall \xi \varphi \Rightarrow \varphi[\tau/\xi]} \qquad \varphi[\tau/\xi], \Gamma \Rightarrow \Delta}{\forall \xi \varphi, \Gamma \Rightarrow \Delta}$$

$(\exists\Rightarrow)$：

$$(\exists E)\cfrac{(ID)\cfrac{}{\exists \xi \varphi \Rightarrow \exists \xi \varphi} \qquad \varphi[\zeta/\xi], \Gamma \Rightarrow \Delta}{\exists \xi \varphi, \Gamma \Rightarrow \Delta}$$

ただし $\zeta \notin fv(\exists \xi \varphi) \cup fv(\Gamma) \cup fv(\Delta)$ については $(\exists\Rightarrow)$ の成立条件より成立する. □

定理 10.41 と定理 10.42 より，**LM** = **NM** であることが示された.

10.5 LJ と NJ の等価性

まず，準備として以下の補題を示す．

補題 10.43 任意の論理式列 Γ，論理式 φ について以下が成り立つ．

$$\Gamma \vdash_{\mathbf{LJ}} \varphi \iff \Gamma \vdash_{\mathbf{LM+EFQ}} \varphi$$

証明． $\mathbf{LM+EFQ} \subseteq \mathbf{LJ}$ について：(EFQ) は $\mathbf{LJ}$ の定理であること（練習問題 10.30），および $\mathbf{LM}$ の証明図が $\mathbf{LJ}$ の証明図でもあること（定理 10.34）より明らか．

$\mathbf{LJ} \subseteq \mathbf{LM+EFQ}$ について：自然数 d に関する命題 $\mathfrak{P}(d)$ を「任意の論理式列 Γ，論理式 φ について，$\Gamma \Rightarrow \varphi$ を終式とする深さ d の $\mathbf{LJ}$ の証明図 $\mathcal{D}$ から，$\Gamma \Rightarrow \varphi$ を終式とする $\mathbf{LM+EFQ}$ の証明図 $\mathscr{F}(\mathcal{D})$ への変換 $\mathscr{F}$ が存在し，かつ，$\Gamma \Rightarrow$ を終式とする深さ d の $\mathbf{LJ}$ の証明図 $\mathcal{D}$ から，$\Gamma \Rightarrow \varphi$ を終式とする $\mathbf{LM+EFQ}$ の証明図 $\mathscr{G}_\varphi(\mathcal{D})$ への変換 $\mathscr{G}_\varphi$ が存在する」と定義する．任意の自然数 d $(1 \leq d)$ について $\mathfrak{P}(d)$ が成り立つことを，帰納法によって証明する．

$\underline{d = 1 \text{のとき}}$：$\mathcal{D}$ の最下段の規則が (ID) のときは $\mathscr{F}$ で，$(\bot\Rightarrow)$ のときは $\mathscr{G}_\varphi$ で変換する．

$$\mathscr{F}\left((ID)\frac{}{\varphi \Rightarrow \varphi}\right) \stackrel{def}{\equiv} (ID)\frac{}{\varphi \Rightarrow \varphi} \qquad \mathscr{G}_\varphi\left((\bot\Rightarrow)\frac{}{\bot \Rightarrow}\right) \stackrel{def}{\equiv} (EFQ)\frac{}{\bot \Rightarrow \varphi}$$

$\underline{1 < d \text{のとき}}$：$\mathfrak{P}(1),\ldots,\mathfrak{P}(d-1)$ が成り立つと仮定する（帰納法の仮説）．まず，$\Gamma \Rightarrow \varphi$ を終式とする深さ d の $\mathbf{LJ}$ の証明図 $\mathcal{D}$ は，次のように $\Gamma \Rightarrow \varphi$ を終式とする $\mathbf{LM+EFQ}$ の証明図 $\mathscr{F}(\mathcal{D})$ に変換できる．

$$\mathscr{F}\left((\Rightarrow w)\frac{\begin{array}{c}\mathcal{D}'\\ \Gamma \Rightarrow\end{array}}{\Gamma \Rightarrow \varphi}\right) \stackrel{def}{\equiv} \mathscr{G}_\varphi\left(\begin{array}{c}\mathcal{D}'\\ \Gamma \Rightarrow\end{array}\right)$$

$$\mathscr{F}\left((\Box)\frac{\cdots \ \mathcal{D}_i \ \cdots}{\Gamma \Rightarrow \varphi}\right) \stackrel{def}{\equiv} (\Box)\frac{\cdots \ \mathscr{F}(\mathcal{D}_i) \ \cdots}{\Gamma \Rightarrow \varphi}(i=1,2)$$

ただし $(\Box)$ は $(ID)(\bot\Rightarrow)(\Rightarrow w)$ 以外の $\mathbf{LJ}$ の規則とする．このとき，証明図 $\mathcal{D}_i$ の下段シーケント右辺の長さはいずれも 1 であるので，$\mathscr{F}$ が適用可能である．

また，$\Gamma \Rightarrow$ を終式とする深さ d の **LJ** の証明図 $\mathcal{D}$ は，次のように $\Gamma \Rightarrow \varphi$ を終式とする **LM+EFQ** の証明図 $\mathscr{G}_\varphi(\mathcal{D})$ に変換できる．

$$\mathscr{G}_\varphi\left((\square)\frac{\cdots\ \mathcal{D}_i\ \cdots}{\Gamma \Rightarrow}\right)$$
$$\stackrel{def}{\equiv} (\square)\frac{\cdots\ \begin{cases}\mathscr{F}(\mathcal{D}_i) & (\mathcal{D}_i \text{ の右辺が空列ではない場合})\\ \mathscr{G}_\varphi(\mathcal{D}_i) & (\mathcal{D}_i \text{ の右辺が空列である場合})\end{cases}\ \cdots}{\Gamma \Rightarrow \varphi}\ (i=1,2)$$

ただし $(\square)$ は $(ID)(\bot\Rightarrow)(\Rightarrow w)(\Rightarrow\rightarrow)(\Rightarrow\wedge)(\Rightarrow\vee)(\Rightarrow\forall)(\Rightarrow\exists)$ 以外の **LJ** の規則とする．

この手続きで得られる証明図 $\mathscr{F}(\mathcal{D})$ には $(\Rightarrow w)$ と $(\bot\Rightarrow)$ が含まれておらず，したがって **LM+EFQ** の証明図であるといえる．したがって，$\Gamma \Rightarrow \varphi$ を終式とする **LJ** の証明図 $\mathcal{D}$ から，$\Gamma \Rightarrow \varphi$ を終式とする **LM+EFQ** の証明図 $\mathscr{F}(\mathcal{D})$ への変換 $\mathscr{F}$ が存在する． □

定理 10.44 任意の論理式列 Γ，論理式 φ について以下が成り立つ．

$$\Gamma \vdash_{\mathbf{NJ}} \varphi \iff \Gamma \vdash_{\mathbf{LJ}} \varphi$$

証明．**NJ** = **NM+EFQ** であることと，補題 10.43 より，**NM+EFQ** = **LM+EFQ** を示せばよいが，これは **NM** = **LM** であることと定理 9.49 より明らかである． □

解説 10.45 定理 9.54 の結果と合わせると，以下の関係が得られる．

$$\begin{array}{ccc}\Gamma \vdash_{\mathbf{LJ}} \varphi & \iff & \Gamma \vdash_{\mathbf{LM+EFQ}} \varphi \\ & & \Updownarrow \\ \Gamma \vdash_{\mathbf{NJ}} \varphi & \iff & \Gamma \vdash_{\mathbf{NM+EFQ}} \varphi \\ & & \Updownarrow \\ \Gamma \vdash_{\mathbf{HJ}} \varphi & \iff & \Gamma \vdash_{\mathbf{HM+EFQ}} \varphi\end{array}$$

10.6　グリベンコの定理

一階命題論理の論理式については，**LK** と **LJ** の間に次の関係が成り立つことが知られている．

> **定理 10.46** 一階命題論理の任意の論理式 φ について以下が成り立つ.
>
> $$\vdash_{\mathbf{LK}} \varphi \quad \Longleftrightarrow \quad \vdash_{\mathbf{LJ}} \neg\neg\varphi$$

しかしこの関係は，一階述語論理では一般に成立しない．たとえば以下のような反例が知られている．

$\vdash_{\mathbf{LK}} \quad \forall x (F(x) \vee \neg F(x))$
$\nvdash_{\mathbf{LJ}} \quad \neg\neg \forall x (F(x) \vee \neg F(x))$

しかし，**黒田否定変換** (Kuroda's negative transformation) と呼ばれる操作を通して，定理 10.46 を拡張することができる．

> **定義 10.47** （黒田否定変換） 黒田否定変換は，一階述語論理の論理式を以下のように変換する操作として定義される．φ^* は論理式 φ に黒田否定変換を適用したものである．
>
> $$(\theta(\tau_1, \ldots, \tau_n))^* \stackrel{def}{\equiv} \theta(\tau_1, \ldots, \tau_n)$$
> $$(\rho(\varphi_1, \ldots, \varphi_n))^* \stackrel{def}{\equiv} \rho(\varphi_1^*, \ldots, \varphi_n^*)$$
> $$(\forall \xi \varphi)^* \stackrel{def}{\equiv} \forall \xi (\neg\neg \varphi^*)$$
> $$(\exists \xi \varphi)^* \stackrel{def}{\equiv} \exists \xi (\varphi^*)$$

つまり黒田否定変換とは，すべての全称量化子の直後に二重否定を付加する操作である．

練習問題 10.48

1) $\vdash_{\mathbf{LK}} \varphi \iff \vdash_{\mathbf{LJ}} \varphi^*$ が成り立つことを証明せよ．
2) $\Gamma^* \vdash_{\mathbf{LJ+DNE}} \varphi^* \implies \Gamma \vdash_{\mathbf{LJ+DNE}} \varphi$ が成り立つことを証明せよ．
3) $(\varphi[\tau/\xi])^* \equiv \varphi^*[\tau/\xi]$ であることを証明せよ．

定理 10.46 を一階述語論理に拡張したものが，以下の定理 10.49 である．

> **定理 10.49** 一階述語論理の任意の論理式 φ について以下が成り立つ.
>
> $$\vdash_{\mathbf{LK}} \varphi \quad \Longleftrightarrow \quad \vdash_{\mathbf{LJ}} \neg\neg\varphi^*$$

10.6 グリベンコの定理

定理 10.49 は，**グリベンコの定理** (Glivenko's theorem) と呼ばれる定理の特殊な場合である．定理 10.49 の証明は，グリベンコの定理において Γ を空列，Δ を φ とおけば，ただちに得られる（$\neg\varphi^* \vdash_{\mathbf{LJ}} \bot \iff \vdash_{\mathbf{LJ}} \neg\neg\varphi^*$）．

定理 10.50 （グリベンコの定理） 一階述語論理において，任意の論理式列 Γ, Δ について以下が成り立つ．

$$\Gamma \vdash_{\mathbf{LK}} \Delta \iff \neg\Delta^*, \Gamma^* \vdash_{\mathbf{LJ}} \bot$$

ただし，$\Gamma \equiv \varphi_1, \ldots, \varphi_n$ とすると，$\Gamma^* \stackrel{def}{\equiv} \varphi_1^*, \ldots, \varphi_n^*$ である．

証明．($\Longleftarrow$) について：自然数 n に関する命題 $\mathfrak{P}(n)$ を「任意の論理式列 Γ, Δ（ただし $|\Delta| = n$）について，$\Gamma \vdash_{\mathbf{LK}} \Delta \Longleftarrow \neg\Delta^*, \Gamma^* \vdash_{\mathbf{LJ}} \bot$ が成り立つ」と定義する．任意の自然数 n $(0 \leq n)$ について $\mathfrak{P}(n)$ が成り立つことを，帰納法によって証明する．

$n = 0$ の場合：仮定より $\Gamma^* \vdash_{\mathbf{LJ}} \bot$ であるが，$\mathbf{LJ}$ の証明図は $\mathbf{LK}$ の証明図でもある（定理 10.26）ので，$\Gamma^* \Rightarrow \bot$ を終式とする $\mathbf{LK}$ の証明図 $\mathcal{D}$ が存在する．$\Gamma^* = \varphi_1^*, \ldots, \varphi_m^*$ とおくと，$\Gamma \Rightarrow$ には以下のような $\mathbf{LK}$ の証明図が存在する．

$$\cfrac{\cfrac{\cfrac{(練10.48\ 1))\ \overline{\varphi_1 \Rightarrow \varphi_1^*} \quad (def\Gamma)\cfrac{\mathcal{D}}{\varphi_1^*, \ldots, \varphi_m^* \Rightarrow \bot}}{\varphi_1, \varphi_2^*, \ldots, \varphi_m^* \Rightarrow \bot}(CUT)}{\vdots}(CUT)(e\Rightarrow)}{\cfrac{\varphi_1, \ldots, \varphi_m \Rightarrow \bot}{\cfrac{\Gamma \Rightarrow \bot}{\Gamma \Rightarrow}(CUT)}(def\Gamma)} \quad \cfrac{}{\bot \Rightarrow}(\bot\Rightarrow)$$

$0 < n$ の場合：$\mathfrak{P}(n-1)$ が成り立つと仮定する（帰納法の仮説：IH）．

いま，$\neg\Delta^*, \Gamma^* \Rightarrow \bot$ を終式とする $\mathbf{LJ}$ の証明図 $\mathcal{D}$ が存在すると仮定する．$\Delta = \Sigma, \delta$ とおくと，$\neg\delta^*, \neg\Sigma^*, \Gamma^* \vdash_{\mathbf{LJ}} \bot$ である．$|\Sigma| = |\Delta| - 1$ であるから，$\Gamma \Rightarrow \Delta$ を終式とする以下のような $\mathbf{LK}$ の証明図が存在する．

$$\cfrac{\cfrac{\cfrac{IH\left((e\Rightarrow)^*\cfrac{\cfrac{\mathcal{D}}{\neg\delta^*, \neg\Sigma^*, \Gamma^* \Rightarrow \bot}}{\neg\Sigma^*, \neg\delta^*, \Gamma^* \Rightarrow \bot}\right)}{\cfrac{\neg\delta, \Gamma \Rightarrow \Sigma \quad ((\neg\delta)^* \equiv \neg\delta^* \ より)}{\Gamma \Rightarrow \Sigma, \neg\neg\delta}(\Rightarrow\neg)} \quad (DNE)\cfrac{}{\neg\neg\delta \Rightarrow \delta}}{\cfrac{\Gamma \Rightarrow \Sigma, \delta}{\Gamma \Rightarrow \Delta}(def\Delta)}(CUT)}$$

($\Rightarrow$) について：自然数 d に関する命題 $\mathfrak{P}(d)$ を「任意の論理式列 Γ, Δ について，$\Gamma \Rightarrow \Delta$ を終式とする深さ d の **LK** の証明図 $\mathcal{D}$ が存在するとき，$\neg\Delta^*, \Gamma^* \Rightarrow \bot$ を終式とする **LJ** の証明図が存在する」と定義する．任意の自然数 d $(1 \leq d)$ について $\mathfrak{P}(d)$ が成り立つことを，帰納法によって証明する．
$\underline{d = 1 \text{ の場合}}$：$\mathcal{D}$ の最下段の規則によって場合分けを行う．

$$\mathcal{D} \equiv \; (ID)\dfrac{}{\varphi \Rightarrow \varphi} \quad \text{のとき}^{*3}: \quad (\Rightarrow w)\dfrac{(\neg\Rightarrow)\dfrac{(ID)\dfrac{}{\varphi^* \Rightarrow \varphi^*}}{\neg\varphi^*, \varphi^* \Rightarrow}}{\neg\varphi^*, \varphi^* \Rightarrow \bot}$$

$$\mathcal{D} \equiv \; (\bot\Rightarrow)\dfrac{}{\bot \Rightarrow} \quad \text{のとき}: \quad (ID)\dfrac{}{\bot^* \Rightarrow \bot}$$

$\underline{1 < d \text{ の場合}}$：$\mathfrak{P}(1), \ldots, \mathfrak{P}(d-1)$ が成り立つと仮定する（帰納法の仮説：IH）．以下，$\mathfrak{P}(d)$ が成り立つことを示す．$\mathcal{D}$ の最下段の規則によって場合分けを行う．

$$\mathcal{D} \equiv \; (CUT)\dfrac{\overset{\mathcal{D}'}{\Gamma \Rightarrow \Pi, \varphi} \quad \overset{\mathcal{D}''}{\varphi, \Sigma \Rightarrow \Delta}}{\Gamma, \Sigma \Rightarrow \Pi, \Delta} \quad \text{のとき}:$$

$$(e\Rightarrow)*\dfrac{(CUT)\dfrac{(\Rightarrow\rightarrow)\dfrac{(e\Rightarrow)*\dfrac{{}^{IH}\left(\begin{array}{c}\mathcal{D}''\\ \varphi, \Sigma \Rightarrow \Delta\end{array}\right)}{\neg\Delta^*, \varphi^*, \Sigma^* \Rightarrow \bot}}{\varphi^*, \neg\Delta^*, \Sigma^* \Rightarrow \bot}}{\neg\Delta^*, \Sigma^* \Rightarrow \neg\varphi^*} \quad {}^{IH}\left(\begin{array}{c}\mathcal{D}'\\ \Gamma \Rightarrow \Pi, \varphi\end{array}\right)}{\neg\Delta^*, \Sigma^*, \neg\Pi^*, \Gamma^* \Rightarrow \bot}}{\neg\Delta^*, \neg\Pi^*, \Gamma^*, \Sigma^* \Rightarrow \bot}$$

$$\mathcal{D} \equiv \; (w\Rightarrow)\dfrac{\overset{\mathcal{D}'}{\Gamma \Rightarrow \Delta}}{\varphi, \Gamma \Rightarrow \Delta} \quad \text{のとき}: \quad (e\Rightarrow)*\dfrac{(w\Rightarrow)\dfrac{{}^{IH}\left(\begin{array}{c}\mathcal{D}'\\ \Gamma \Rightarrow \Delta\end{array}\right)}{\neg\Delta^*, \Gamma^* \Rightarrow \bot}}{\varphi^*, \neg\Delta^*, \Gamma^* \Rightarrow \bot}}{\neg\Delta^*, \varphi^*, \Gamma^* \Rightarrow \bot}$$

$(e\Rightarrow)(c\Rightarrow)(\Rightarrow w)(\Rightarrow e)(\Rightarrow c)$ の場合については練習問題 10.51 とする．

---

*3 この証明は **LM** では成立しない．したがって，グリベンコの定理は **LK** と **LM** の間では成り立たない．

10.6 グリベンコの定理

$\mathcal{D} \equiv (\to\Rightarrow) \dfrac{\overset{\mathcal{D}'}{\Gamma \Rightarrow \Pi, \varphi} \quad \overset{\mathcal{D}''}{\psi, \Sigma \Rightarrow \Delta}}{\Gamma, \varphi \to \psi, \Sigma \Rightarrow \Pi, \Delta}$ のとき：

$$(e\Rightarrow)*\cfrac{(CUT)\cfrac{(CON1)\cfrac{}{\varphi^* \to \psi^* \Rightarrow \neg\psi^* \to \neg\varphi^*} \quad (e\Rightarrow)*\cfrac{(\to\to)\cfrac{(\Rightarrow\to)\cfrac{(e\Rightarrow)*\cfrac{IH\binom{\mathcal{D}''}{\psi,\Sigma\Rightarrow\Delta}}{\neg\Delta^*,\psi^*,\Sigma^*\Rightarrow\bot}}{\psi^*,\neg\Delta^*,\Sigma^*\Rightarrow\bot}}{\neg\Delta^*,\Sigma^*\Rightarrow\neg\psi^*} \quad IH\binom{\mathcal{D}'}{\Gamma\Rightarrow\Pi,\varphi}}{\neg\Delta^*,\Sigma^*,\neg\psi^*\to\neg\varphi^*,\neg\Pi^*,\Gamma^*\Rightarrow\bot}\ \neg\Pi^*,\neg\varphi^*,\Gamma^*\Rightarrow\bot}{\neg\psi^*\to\neg\varphi^*,\neg\Pi^*,\neg\Delta^*,\Gamma^*,\Sigma^*\Rightarrow\bot}}{\varphi^*\to\psi^*,\neg\Pi^*,\neg\Delta^*,\Gamma^*,\Sigma^*\Rightarrow\bot}}{\neg\Delta^*,\neg\Pi^*,\Gamma^*,(\varphi\to\psi)^*,\Sigma^*\Rightarrow\bot \quad ((\varphi\to\psi)^*\equiv\varphi^*\to\psi^*\ \text{より})}$$

$\mathcal{D} \equiv (\Rightarrow\land) \dfrac{\overset{\mathcal{D}'}{\Gamma \Rightarrow \Delta, \varphi} \quad \overset{\mathcal{D}''}{\Gamma \Rightarrow \Delta, \psi}}{\Gamma \Rightarrow \Delta, \varphi \land \psi}$ のとき：

$$\overset{(e\Rightarrow)*}{(e\Rightarrow)*}\cfrac{(CUT)\cfrac{(\Rightarrow\neg)\cfrac{(CUT)\cfrac{(e\Rightarrow)\cfrac{(\neg\Rightarrow)\cfrac{(\Rightarrow\land)\cfrac{(ID)\cfrac{}{\varphi^*\Rightarrow\varphi^*}\ (ID)\cfrac{}{\psi^*\Rightarrow\psi^*}}{\varphi^*,\psi^*\Rightarrow\varphi^*\land\psi^*}}{\neg(\varphi^*\land\psi^*),\varphi^*,\psi^*\Rightarrow}}{\neg(\varphi\land\psi)^*,\psi^*\Rightarrow\neg\varphi^*\quad(\neg(\varphi\land\psi)\equiv\neg(\varphi^*\land\psi^*)\ \text{より})}\ IH\binom{\mathcal{D}'}{\Gamma\Rightarrow\Delta,\varphi}}{\neg\varphi^*,\neg\Delta^*,\Gamma^*\Rightarrow\bot}}{\neg(\varphi\land\psi)^*,\psi^*,\neg\Delta^*,\Gamma^*\Rightarrow\bot}}{\neg(\varphi\land\psi)^*,\neg\Delta^*,\Gamma^*\Rightarrow\neg\psi^*}\ IH\binom{\mathcal{D}''}{\Gamma\Rightarrow\Delta,\psi}}{\neg\psi^*,\neg\Delta^*,\Gamma^*\Rightarrow\bot}}{\neg(\varphi\land\psi)^*,\neg\Delta^*,\Gamma^*\Rightarrow\bot}$$

$(\Rightarrow\to)(\land\Rightarrow)(\lor\Rightarrow)(\Rightarrow\lor)$ の場合については練習問題 10.51 とする．

$\mathcal{D} \equiv (\forall\Rightarrow) \dfrac{\overset{\mathcal{D}'}{\varphi[\tau/\xi], \Gamma \Rightarrow \Delta}}{\forall\xi\varphi, \Gamma \Rightarrow \Delta}$ のとき：

$$(e\Rightarrow)*\cfrac{(\forall\Rightarrow)\cfrac{(e\Rightarrow)*\cfrac{(\to\Rightarrow)\cfrac{(e\Rightarrow)*\cfrac{IH\binom{\mathcal{D}'}{\varphi[\tau/\xi],\Gamma\Rightarrow\Delta}}{\neg\Delta^*,(\varphi[\tau/\xi])^*,\Gamma^*\Rightarrow\bot}}{\neg\Delta^*,\Gamma^*\Rightarrow\neg(\varphi[\tau/\xi])^*}\ (ID)\cfrac{}{\bot\Rightarrow\bot}}{\neg\Delta^*,\Gamma^*,\neg\neg(\varphi[\tau/\xi])^*\Rightarrow\bot}}{\neg\neg\varphi^*[\tau/\xi],\neg\Delta^*,\Gamma^*\Rightarrow\bot\quad(\text{練習問題 10.48 3})\ \text{より}}}{\forall\xi(\neg\neg\varphi^*),\neg\Delta^*,\Gamma^*\Rightarrow\bot}}{\neg\Delta^*,(\forall\xi\varphi)^*,\Gamma^*\Rightarrow\bot\quad((\forall\xi\varphi)^*\equiv\forall\xi(\neg\neg\varphi^*)\ \text{より})}$$

$\mathcal{D} \equiv (\Rightarrow\forall) \dfrac{\overset{\mathcal{D}'}{\Gamma \Rightarrow \Delta, \varphi[\zeta/\xi]}}{\Gamma \Rightarrow \Delta, \forall\xi\varphi}$ のとき：

$$(e\Rightarrow)*\cfrac{(\to\Rightarrow)\cfrac{(\Rightarrow\forall)\cfrac{(\Rightarrow\neg)\cfrac{IH\binom{\mathcal{D}'}{\Gamma\Rightarrow\Delta,\varphi[\zeta/\xi]}}{\neg(\varphi^*[\zeta/\xi]),\neg\Delta^*,\Gamma^*\Rightarrow\bot\quad(\text{練習問題 10.48 3})\ \text{より}}}{\neg\Delta^*,\Gamma^*\Rightarrow(\neg\neg\varphi^*)[\zeta/\xi]\quad(\neg\neg(\varphi[\zeta/\xi])\equiv(\neg\neg\varphi^*)[\zeta/\xi]\ \text{より})}}{\neg\Delta^*,\Gamma^*\Rightarrow\forall\xi(\neg\neg\varphi^*)}\ (ID)\cfrac{}{\bot\Rightarrow\bot}}{\neg\Delta^*,\Gamma^*,\neg(\forall\xi\varphi)^*\Rightarrow\bot\quad((\forall\xi\varphi)^*\equiv\forall\xi(\neg\neg\varphi^*)\ \text{より})}}{\neg(\forall\xi\varphi)^*,\neg\Delta^*,\Gamma^*\Rightarrow\bot}$$

($\exists\Rightarrow$)($\Rightarrow\exists$) の場合については練習問題 10.51 とする. □

練習問題 10.51 定理 10.50 の証明を補完せよ.

10.7 LK と NK の等価性

グリベンコの定理の帰結として,以下が得られる.

定理 10.52 任意の論理式列 Γ, Δ(ただし Δ の長さは高々 1)について以下が成り立つ.
$$\Gamma \vdash_{\mathbf{LK}} \Delta \iff \Gamma \vdash_{\mathbf{LJ+DNE}} \Delta$$

証明. ($\Leftarrow$) について:(DNE) は **LK** の定理であること(解説 10.25),および **LJ** の証明図が **LK** の証明図でもあること(定理 10.26)より明らか.

($\Rightarrow$) について:$\Gamma \vdash_{\mathbf{LK}} \Delta$ とすると,グリベンコの定理(定理 10.50)より $\neg\Delta^*, \Gamma^* \Rightarrow \bot$ を終式とする **LJ** の証明図 $\mathcal{D}$ が存在することから,

$$(CUT)\cfrac{\cfrac{\mathcal{D}}{\neg\Delta^*, \Gamma^* \Rightarrow \bot} \quad (\bot\Rightarrow)\cfrac{}{\bot \Rightarrow}}{(\Rightarrow\neg)\cfrac{\neg\Delta^*, \Gamma^* \Rightarrow}{\Gamma^* \Rightarrow \neg\neg\Delta^*} \quad (DNE)\cfrac{}{\neg\neg\Delta^* \Rightarrow \Delta^*}}$$
$$(CUT)\cfrac{}{\Gamma^* \Rightarrow \Delta^*}$$

という **LJ+DNE** の証明図が存在する.したがって,練習問題 10.48 2) より $\Gamma \vdash_{\mathbf{LJ+DNE}} \varphi$ である. □

定理 10.53 任意の論理式列 Γ,論理式 φ について以下が成り立つ.
$$\Gamma \vdash_{\mathbf{LJ+DNE}} \varphi \iff \Gamma \vdash_{\mathbf{LM+DNE}} \varphi$$

証明. 補題 10.43 より $\Gamma \vdash_{\mathbf{LJ}} \varphi \iff \Gamma \vdash_{\mathbf{LM+EFQ}} \varphi$ であるから,定理 9.49 より,(EFQ) が **LM+DNE** の派生規則であることを示せば十分である. □

練習問題 10.54 定理 10.53 の証明を完成せよ.

解説 10.55 定理 10.52, 定理 10.53 と前章までの結果を合わせると,次の関係が得られる.

$$\Gamma \vdash_{\mathbf{LK}} \varphi \quad \Longleftrightarrow \quad \Gamma \vdash_{\mathbf{LM+DNE}} \varphi$$
$$\Updownarrow$$
$$\Gamma \vdash_{\mathbf{NK}} \varphi \quad \Longleftrightarrow \quad \Gamma \vdash_{\mathbf{NM+DNE}} \varphi$$
$$\Updownarrow$$
$$\Gamma \vdash_{\mathbf{HK}} \varphi \quad \Longleftrightarrow \quad \Gamma \vdash_{\mathbf{HM+DNE}} \varphi$$

10.8 代入補題

ゲンツェン流シーケント計算では，終式に現れる自由変項を任意の項に置き換えた証明図も，やはりゲンツェン流シーケント計算の証明図となる．このことは以下の**代入補題** (substitution lemma) によって保証されている．

> **補題 10.56**（**LK** の代入補題） $\mathcal{K}$ を **LK**, **LJ**, **LM** のいずれかとする．任意の項 τ，変項 ξ について，任意のシーケント S を終式とする深さ d の $\mathcal{K}$ の証明図 $\mathcal{D}$ について，$S[\tau/\xi]$ を終式とする深さ d の $\mathcal{K}$ の証明図 $\mathscr{S}_{\tau/\xi}(\mathcal{D})$ への変換 $\mathscr{S}_{\tau/\xi}$ が存在する．

ただし，論理式列，シーケントに対する項の代入は，以下のように定義されるものとする．
$$(\varphi_1, \ldots, \varphi_n)[\tau/\xi] \stackrel{def}{\equiv} \varphi_1[\tau/\xi], \ldots, \varphi_n[\tau/\xi]$$
$$(\Gamma \Rightarrow \Delta)[\tau/\xi] \stackrel{def}{\equiv} \Gamma[\tau/\xi] \Rightarrow \Delta[\tau/\xi]$$

代入補題は，次章「カット除去定理」の証明において重要な役割を果たすことになる．証明の準備として，代入の計算に関する補題を二つ用意しておく．

> **補題 10.57** $\xi \notin fv(\sigma), \xi \not\equiv \zeta$ を満たす任意の変項 ξ, ζ，項 τ, σ, τ' について，以下が成り立つ．
> $$\tau'[\tau/\xi][\sigma/\zeta] \equiv \tau'[\sigma/\zeta][\tau[\sigma/\zeta]/\xi]$$

証明. 項 τ' が名前 α のとき，変項 $\xi, \zeta (\not\equiv \xi), \upsilon (\not\equiv \xi, \zeta)$ のときについて示す．

$$\alpha[\tau/\xi][\sigma/\zeta] \equiv \alpha[\sigma/\zeta] \equiv \alpha$$
$$\alpha[\sigma/\zeta][\tau[\sigma/\zeta]/\xi] \equiv \alpha[\tau[\sigma/\zeta]/\xi] \equiv \alpha$$
$$\xi[\tau/\xi][\sigma/\zeta] \equiv \tau[\sigma/\zeta]$$
$$\xi[\sigma/\zeta][\tau[\sigma/\zeta]/\xi] \equiv \xi[\tau[\sigma/\zeta]/\xi] \equiv \tau[\sigma/\zeta] \quad (\xi \not\equiv \zeta \text{ より})$$

$$\begin{array}{rcl@{\quad}l}
\zeta[\tau/\xi][\sigma/\zeta] & \equiv & \zeta[\sigma/\zeta] \quad\equiv\quad \sigma & (\xi \not\equiv \zeta \text{ より}) \\
\zeta[\sigma/\zeta][\tau[\sigma/\zeta]/\xi] & \equiv & \sigma[\tau[\sigma/\zeta]/\xi] \quad\equiv\quad \sigma & \\
& & \multicolumn{2}{l}{(\xi \notin fv(\sigma), \text{定理 } 5.42\ (2)\ \text{より})} \\
v[\tau/\xi][\sigma/\zeta] & \equiv & v[\sigma/\zeta] \quad\equiv\quad v & (v \not\equiv \xi, \zeta \text{ より}) \\
v[\sigma/\zeta][\tau[\sigma/\zeta]/\xi] & \equiv & v[\tau[\sigma/\zeta]/\xi] \quad\equiv\quad v & (v \not\equiv \xi, \zeta \text{ より}) \quad\square
\end{array}$$

補題 10.58 $\xi \notin fv(\sigma)$, $\xi \not\equiv \zeta$, $\zeta \notin bv(\varphi[\tau/\xi])$ かつ $fv(\sigma) \cap bv(\varphi[\tau/\xi]) = \{\ \}$ を満たす任意の変項 ξ, ζ, 項 τ, σ, 論理式 φ について,以下が成り立つ.

$$\varphi[\tau/\xi][\sigma/\zeta] \quad\equiv\quad \varphi[\sigma/\zeta][\tau[\sigma/\zeta]/\xi]$$

証明. 自然数 d に関する命題 $\mathfrak{P}(d)$ を「$\xi \notin fv(\sigma)$, $\xi \not\equiv \zeta$, $\zeta \notin bv(\varphi[\tau/\xi])$ かつ $fv(\sigma) \cap bv(\varphi[\tau/\xi]) = \{\ \}$—(†) を満たす任意の変項 ξ, ζ, 項 τ, σ, 深さ d の論理式 φ について,$\varphi[\tau/\xi][\sigma/\zeta] \equiv \varphi[\sigma/\zeta][\tau[\sigma/\zeta]/\xi]$ が成り立つ」と定義する. 任意の自然数 d について $\mathfrak{P}(d)$ が成り立つことを,帰納法によって証明する.

$\underline{d = 1 \text{ の場合}}$:$\varphi$ は基本述語である.

$$\begin{array}{rcl}
\theta(\tau_1, \ldots, \tau_n)[\tau/\xi][\sigma/\zeta] & \equiv & \theta(\tau_1[\tau/\xi], \ldots, \tau_n[\tau/\xi])[\sigma/\zeta] \\
& \equiv & \theta(\tau_1[\tau/\xi][\sigma/\zeta], \ldots, \tau_n[\tau/\xi][\sigma/\zeta]) \\
& \equiv & \theta(\tau_1[\sigma/\zeta][\tau[\sigma/\zeta]/\xi], \ldots, \tau_n[\sigma/\zeta][\tau[\sigma/\zeta]/\xi]) \\
& & \quad (\xi \notin fv(\sigma), \xi \not\equiv \zeta, \text{補題 } 10.57 \text{ より}) \\
& \equiv & \theta(\tau_1[\sigma/\zeta], \ldots, \tau_n[\sigma/\zeta])[\tau[\sigma/\zeta]/\xi] \\
& \equiv & \theta(\tau_1, \ldots, \tau_n)[\sigma/\zeta][\tau[\sigma/\zeta]/\xi]
\end{array}$$

$\underline{1 < d \text{ の場合}}$:$\mathfrak{P}(1), \ldots, \mathfrak{P}(d-1)$ が成り立つと仮定する(帰納法の仮説:IH). 以下,$\mathfrak{P}(d)$ が成り立つことを示す. (IH) を用いるためには,$\mathfrak{P}(d)$ において変項 ξ, ζ が条件 (†) を満たすとき,$\mathfrak{P}(1), \ldots, \mathfrak{P}(d-1)$ においても条件 (†) も満たしていることを示す必要があるが,証明は練習問題 10.59 とする. $1 < d$ より,φ は複合論理式もしくは量化論理式である.

⊞ 複合論理式の場合:

$$\begin{array}{rcl}
& & \rho(\varphi_1, \ldots, \varphi_n)[\tau/\xi][\sigma/\zeta] \\
& \equiv & \rho(\varphi_1[\tau/\xi], \ldots, \varphi_n[\tau/\xi])[\sigma/\zeta] \\
& \equiv & \rho(\varphi_1[\tau/\xi][\sigma/\zeta], \ldots, \varphi_n[\tau/\xi][\sigma/\zeta]) \\
& \equiv & \rho(\varphi_1[\sigma/\zeta][\tau[\sigma/\zeta]/\xi], \ldots, \varphi_n[\sigma/\zeta][\tau[\sigma/\zeta]/\xi]) \quad (IH \text{ より})
\end{array}$$

10.8 代入補題

$$\begin{aligned}
&\equiv \rho(\varphi_1[\sigma/\zeta],\ldots,\varphi_n[\sigma/\zeta])[\tau[\sigma/\zeta]/\xi] \\
&\equiv \rho(\varphi_1,\ldots,\varphi_n)[\sigma/\zeta][\tau[\sigma/\zeta]/\xi]
\end{aligned}$$

⊞ <u>量化論理式の場合</u>：$\varphi \equiv \forall\xi\psi$ の場合は以下のように成立する．

$$\begin{aligned}
(\forall\xi\psi)[\tau/\xi][\sigma/\zeta] &\equiv (\forall\xi\psi)[\sigma/\zeta] \\
&\equiv \forall\xi(\psi[\sigma/\zeta]) && (\xi \notin fv(\sigma) \text{ より}) \\
&\equiv (\forall\xi(\psi[\sigma/\zeta]))[\tau[\sigma/\zeta]/\xi] \\
&\equiv (\forall\xi\psi)[\sigma/\zeta][\tau[\sigma/\zeta]/\xi] && (\xi \notin fv(\sigma) \text{ より})
\end{aligned}$$

条件 $\zeta \notin bv(\varphi[\tau/\xi])$ より，$\varphi \equiv \forall\zeta\psi$ の場合はありえない．したがって以下，$\varphi \equiv \forall\xi'\psi$（ただし $\xi' \not\equiv \xi, \zeta$）の場合のみ考える．このとき，$(\forall\xi'\psi)[\tau/\xi] \equiv \forall\xi'(\psi[\tau/\xi])$ であるから，条件 $fv(\sigma) \cap bv(\forall\xi'(\psi[\tau/\xi])) = \{\}$ より，$\xi' \notin fv(\sigma)$ である．

⊟ <u>$\xi \notin fv(\psi)$ の場合</u>：練習問題 5.41 より，

$$fv(\forall\xi'(\psi[\sigma/\zeta])) = \begin{cases} ((fv(\psi) - \{\zeta\}) \cup fv(\sigma)) - \{\xi'\} & (\zeta \in fv(\psi)) \\ fv(\psi) - \{\xi'\} & (\zeta \notin fv(\psi)) \end{cases}$$

のいずれかであるが，(†) より $\xi \notin fv(\sigma)$，かつ $\xi \notin fv(\psi)$ であるから，いずれの場合も $\xi \notin fv(\forall\xi'(\psi[\sigma/\zeta]))$ である．したがって以下が成立する．

$$\begin{aligned}
&(\forall\xi'\psi)[\tau/\xi][\sigma/\zeta] \\
&\equiv (\forall\xi'(\psi[\tau/\xi]))[\sigma/\zeta] && (\xi \notin fv(\psi) \text{ より}) \\
&\equiv (\forall\xi'\psi)[\sigma/\zeta] && (\xi \notin fv(\psi), \text{定理 5.42 (2) より}) \\
&\equiv \forall\xi'(\psi[\sigma/\zeta]) && (\xi' \notin fv(\sigma) \text{ より}) \\
&\equiv (\forall\xi'(\psi[\sigma/\zeta]))[\tau[\sigma/\zeta]/\xi] && (\xi \notin fv(\forall\xi'(\psi[\sigma/\zeta])) \text{ より}) \\
&\equiv (\forall\xi'\psi)[\sigma/\zeta][\tau[\sigma/\zeta]/\xi] && (\xi' \notin fv(\sigma) \text{ より})
\end{aligned}$$

⊟ <u>$\xi' \notin fv(\tau)$ の場合</u>：練習問題 5.40 より，

$$fv(\tau[\sigma/\zeta]) = \begin{cases} (fv(\tau) - \{\zeta\}) \cup fv(\sigma) & (\zeta \in fv(\tau)) \\ fv(\tau) & (\zeta \notin fv(\tau)) \end{cases}$$

のいずれかであるが，$\xi' \notin fv(\tau)$ と $\xi' \notin fv(\sigma)$ より，いずれの場合にも $\xi' \notin fv(\tau[\sigma/\zeta])$ が成り立つ．したがって，以下が成立する．

$$\begin{aligned}
(\forall\xi'\psi)[\tau/\xi][\sigma/\zeta] &\equiv (\forall\xi'(\psi[\tau/\xi]))[\sigma/\zeta] && (\xi' \notin fv(\tau) \text{ より}) \\
&\equiv \forall\xi'(\psi[\tau/\xi][\sigma/\zeta]) && (\xi' \notin fv(\sigma) \text{ より}) \\
&\equiv \forall\xi'(\psi[\sigma/\zeta][\tau[\sigma/\zeta]/\xi]) && (IH \text{ より})
\end{aligned}$$

$$\equiv \ (\forall \xi'(\psi[\sigma/\zeta]))[\tau[\sigma/\zeta]/\xi] \quad (\xi' \notin fv(\tau[\sigma/\zeta]) \ \text{より})$$
$$\equiv \ (\forall \xi'\psi)[\sigma/\zeta][\tau[\sigma/\zeta]/\xi] \quad (\xi' \notin fv(\sigma) \ \text{より})$$

□ $\xi \in fv(\psi)$ かつ $\xi' \in fv(\tau)$ の場合：$(\forall \xi'\psi)[\tau/\xi] \equiv \forall \xi''(\psi[\xi''/\xi'][\tau/\xi])$ であるから（ただし $\xi'' \notin fv(\psi) \cup fv(\tau)$），条件 $fv(\sigma) \cap bv(\forall \xi''(\psi[\xi''/\xi'][\tau/\xi])) = \{\ \}$ より，$\xi'' \notin fv(\sigma)$ である．練習問題 5.40 より，

$$fv(\tau[\sigma/\zeta]) = \begin{cases} (fv(\tau) - \{\zeta\}) \cup fv(\sigma) & (\zeta \in fv(\tau)) \\ fv(\tau) & (\zeta \notin fv(\tau)) \end{cases}$$

のいずれかであるが，$\xi'' \notin fv(\tau)$ と $\xi'' \notin fv(\sigma)$ より，いずれの場合にも $\xi'' \notin fv(\tau[\sigma/\zeta])$ が成り立つ．したがって，以下が成立する．

$$(\forall \xi'\psi)[\tau/\xi][\sigma/\zeta]$$
$$\equiv \ (\forall \xi''(\psi[\xi''/\xi'][\tau/\xi]))[\sigma/\zeta]$$
$$\equiv \ \forall \xi''(\psi[\xi''/\xi'][\tau/\xi][\sigma/\zeta]) \quad (\xi'' \notin fv(\sigma) \ \text{より})$$
$$\equiv \ \forall \xi''(\psi[\xi''/\xi'][\sigma/\zeta][\tau[\sigma/\zeta]/\xi]) \quad (IH \ \text{より})$$
$$\equiv \ (\forall \xi''(\psi[\xi''/\xi'][\sigma/\zeta]))[\tau[\sigma/\zeta]/\xi] \quad (\xi'' \notin fv(\tau[\sigma/\zeta]) \ \text{より})$$
$$\equiv \ (\forall \xi''(\psi[\xi''/\xi']))[\sigma/\zeta][\tau[\sigma/\zeta]/\xi] \quad (\xi'' \notin fv(\sigma) \ \text{より})$$
$$\equiv \ (\forall \xi'\psi)[\sigma/\zeta][\tau[\sigma/\zeta]/\xi] \quad (\xi'' \notin fv(\psi), \ \text{定義} \ 5.25 \ \text{より}) \quad \square$$

練習問題 10.59 補題 10.58 の証明を補完せよ．

さて，いよいよ本節冒頭で述べた **LK** の代入補題を証明する．まずは，変項の代入に限られた，特殊な場合について述べる．

定義 10.60 （$\mathfrak{SubV}$ 述語） 自然数 d に関する命題 $\mathfrak{SubV}(d)$ を「任意の深さ d の **LK** の証明図 $\mathcal{D}$，変項 ξ, ζ について，もし $\mathcal{D}$ に現れる任意のシーケント S について $\xi \notin bv(S), \zeta \notin bv(S) \cup fv(S)$ ならば，$\mathcal{D}$ の各シーケント S を $S[\zeta/\xi]$ に置き換えた証明図 $\mathscr{S}_{\zeta/\xi}(\mathcal{D})$ は，深さ d の **LK** の証明図である」と定義する．

ただし，シーケント S に対する自由変項の集合 $fv(S)$，束縛変項の集合 $bv(S)$ は，以下のように定義される．

$$fv(\Gamma \Rightarrow \Delta) \stackrel{def}{\equiv} fv(\Gamma) \cup fv(\Delta)$$
$$bv(\Gamma \Rightarrow \Delta) \stackrel{def}{\equiv} bv(\Gamma) \cup bv(\Delta)$$

10.8 代入補題

補題 10.61 (**LK** における変項の代入補題)　任意の自然数 d $(1 \leq d)$ について $\mathfrak{Sub}\mathfrak{V}(d)$ が成り立つ.

この補題は, **LK** においては証明図に現れる自由変項を, 他の(適切に選んだ)自由変項に置き換えることができることを意味している.

証明. d に関する帰納法で証明する.

<u>$d = 1$ の場合</u>: $\mathcal{D}$ の最下段の規則によって場合分けを行う.

$$\mathscr{S}_{\zeta/\xi}\left((ID)\overline{\varphi \Rightarrow \varphi}\right) \stackrel{def}{\equiv} (ID)\overline{\varphi[\zeta/\xi] \Rightarrow \varphi[\zeta/\xi]}$$

$$\mathscr{S}_{\zeta/\xi}\left((\bot\Rightarrow)\overline{\bot \Rightarrow}\right) \stackrel{def}{\equiv} (\bot\Rightarrow)\overline{\bot \Rightarrow} \quad (\equiv \bot[\zeta/\xi] \Rightarrow)$$

<u>$1 < d$ の場合</u>: $\mathfrak{Sub}\mathfrak{V}(1), \ldots, \mathfrak{Sub}\mathfrak{V}(d-1)$ が成り立つと仮定する (帰納法の仮説: *IH*). 以下, $\mathfrak{Sub}\mathfrak{V}(d)$ が成り立つことを示す. $\mathcal{D}$ の最下段の規則によって場合分けを行う.

構造規則, および論理規則のうち $(\rightarrow\Rightarrow)(\Rightarrow\rightarrow)(\wedge\Rightarrow)(\Rightarrow\wedge)(\vee\Rightarrow)(\Rightarrow\vee)$ の場合はほぼ自明であるので, 練習問題 10.62 とする. ここでは $(\wedge\Rightarrow)$ の場合のみ示す.

$$\mathscr{S}_{\zeta/\xi}\left((\Rightarrow\wedge)\dfrac{\begin{array}{cc}\mathcal{D}' & \mathcal{D}'' \\ \Gamma \Rightarrow \Delta, \varphi & \Gamma \Rightarrow \Delta, \psi\end{array}}{\Gamma \Rightarrow \Delta, \varphi \wedge \psi}\right) \stackrel{def}{\equiv} (\Rightarrow\wedge)\dfrac{\begin{array}{cc}\mathscr{S}_{\zeta/\xi}(\mathcal{D}') & \mathscr{S}_{\zeta/\xi}(\mathcal{D}'') \\ \Gamma[\zeta/\xi] \Rightarrow \Delta[\zeta/\xi], \varphi[\zeta/\xi] & \Gamma[\zeta/\xi] \Rightarrow \Delta[\zeta/\xi], \psi[\zeta/\xi]\end{array}}{\begin{array}{c}\Gamma[\zeta/\xi] \Rightarrow \Delta[\zeta/\xi], \varphi[\zeta/\xi] \wedge \psi[\zeta/\xi] \\ \equiv \Gamma[\zeta/\xi] \Rightarrow \Delta[\zeta/\xi], (\varphi \wedge \psi)[\zeta/\xi]\end{array}}$$

ただし, 以下の二点には注意する. 他の論理規則の場合も同様である.

- $\mathcal{D}$ と $\mathscr{S}_{\zeta/\xi}(\mathcal{D})$ の深さが同じであることは, $\mathcal{D}'$ と $\mathcal{D}''$ の *IH* による.
- 帰納法の仮説が $\mathcal{D}', \mathcal{D}''$ に適用される際, 変項 ξ, ζ が条件を満たすことは, $\mathcal{D}', \mathcal{D}''$ が $\mathcal{D}$ の部分証明図であることによる.

量化子が関わる規則の場合は, 少々事情が複雑になる. まず, $\mathcal{D}$ の最下段の規則が $(\Rightarrow\forall)$ の場合は, $\mathcal{D}$ は以下の形式である.

$$\mathcal{D} \equiv (\Rightarrow\forall)\dfrac{\begin{array}{c}\mathcal{D}' \\ \Gamma \Rightarrow \Delta, \varphi[\zeta'/\xi']\end{array}}{\Gamma \Rightarrow \Delta, \forall\xi'\varphi} \qquad (\zeta' \notin fv(\Gamma) \cup fv(\Delta) \cup fv(\forall\xi'\varphi)) \text{—} (\dagger)$$

このとき，IH より，以下のような深さ $d-1$ の証明図が存在する．
$$\mathscr{S}_{\zeta/\xi}(\mathcal{D}')$$
$$\Gamma[\zeta/\xi] \Rightarrow \Delta[\zeta/\xi], \varphi[\zeta'/\xi'][\zeta/\xi] \quad\quad —(\ddagger)$$
$$\equiv \Gamma[\zeta/\xi] \Rightarrow \Delta[\zeta/\xi], \varphi[\zeta/\xi][\zeta'[\zeta/\xi]/\xi']$$

ここで $\mathfrak{SubV}(d)$ における変項 ξ, ζ についての条件より，以下が成立している．

1) ξ についての条件より，
   a) $\xi \notin bv(\Gamma) \cup bv(\Delta) \cup bv(\forall \xi' \varphi)$
   b) $\xi \notin bv(\Gamma) \cup bv(\Delta) \cup bv(\varphi[\zeta'/\xi'])$
2) ζ についての条件より，
   a) $\zeta \notin bv(\Gamma) \cup bv(\Delta) \cup bv(\forall \xi' \varphi)$
   b) $\zeta \notin bv(\Gamma) \cup bv(\Delta) \cup bv(\varphi[\zeta'/\xi'])$
   c) $\zeta \notin fv(\Gamma) \cup fv(\Delta) \cup fv(\forall \xi' \varphi)$
   d) $\zeta \notin fv(\Gamma) \cup fv(\Delta) \cup fv(\varphi[\zeta'/\xi'])$
3) $bv(\forall \xi' \varphi) = bv(\varphi) \cup \{\xi'\}$ であるから，
   a) 1)a) $\Longrightarrow \xi \notin bv(\forall \xi' \varphi) \Longrightarrow \xi \notin \{\xi'\} \iff \xi \not\equiv \xi'$
   b) 2)a) $\Longrightarrow \zeta \notin bv(\forall \xi' \varphi) \Longrightarrow \zeta \notin \{\xi'\} \iff \zeta \not\equiv \xi'$

また，($\ddagger$) における同値性 $\varphi[\zeta'/\xi'][\zeta/\xi] \equiv \varphi[\zeta/\xi][\zeta'[\zeta/\xi]/\xi']$ は補題 10.58 による．補題 10.58 の適用条件が成立する根拠は以下の通り．

a) $\xi' \notin fv(\zeta) \iff \xi' \notin \{\zeta\} \iff \xi' \not\equiv \zeta \Longleftarrow$ 3)b)
b) $\xi' \not\equiv \xi \Longleftarrow$ 3)a)
c) $\xi \notin bv(\varphi[\zeta'/\xi']) \Longleftarrow$ 1)b)
d) $fv(\zeta) \cap bv(\varphi[\zeta'/\xi']) = \{\,\} \iff \zeta \notin bv(\varphi[\zeta'/\xi']) \Longleftarrow$ 2)b)

3) より，ξ' は ξ, ζ とは異なる変項と仮定してよいので，以下，三つの場合に分けて考える．

⊞ <u>$\xi' \notin fv(\varphi)$ の場合</u>：練習問題 5.41 より，
$$fv(\varphi[\zeta/\xi]) \equiv \begin{cases} (fv(\varphi) - \{\xi\}) \cup fv(\zeta) & (\xi \in fv(\varphi)) \\ fv(\varphi) & (\xi \notin fv(\varphi)) \end{cases}$$

のいずれかであるが，$\xi' \notin fv(\varphi)$, かつ 3)b) より $\xi' \not\equiv \zeta$ であるから，いずれの場合も $\xi' \notin fv(\varphi[\zeta/\xi])$ である—($\star$)．したがって，$v \notin fv(\Gamma[\zeta/\xi]) \cup$

10.8 代入補題

$fv(\Delta[\zeta/\xi]) \cup fv(\forall \xi'(\varphi[\zeta/\xi]))$ かつ $v \not\equiv \xi$ ―($\star\star$) を満たす変項 v を選ぶと, $\mathscr{S}_{\zeta/\xi}(\mathcal{D})$ は以下のように構成できる.

$$\mathscr{S}_{\zeta/\xi}(\mathcal{D}) \stackrel{def}{\equiv} (\Rightarrow\forall) \dfrac{\begin{array}{c}\mathscr{S}_{\zeta/\xi}(\mathcal{D}') \\ \Gamma[\zeta/\xi] \Rightarrow \Delta[\zeta/\xi], \varphi[\zeta/\xi][\zeta'[\zeta/\xi]/\xi'] \\ \equiv \Gamma[\zeta/\xi] \Rightarrow \Delta[\zeta/\xi], \varphi[\zeta/\xi] \quad (\because (\star), \text{定理 } 5.42\ (2)) \\ \equiv \Gamma[\zeta/\xi] \Rightarrow \Delta[\zeta/\xi], \varphi[\zeta/\xi][v/\xi'] \quad (\because (\star\star), \text{定理 } 5.42\ (2))\end{array}}{\begin{array}{c}\Gamma[\zeta/\xi] \Rightarrow \Delta[\zeta/\xi], \forall \xi'(\varphi[\zeta/\xi]) \\ \equiv \Gamma[\zeta/\xi] \Rightarrow \Delta[\zeta/\xi], (\forall \xi'\varphi)[\zeta/\xi] \quad (\because 3)b))\end{array}}$$

⊞ $\underline{\zeta' \equiv \xi \text{ の場合}}$:

$\varphi[\zeta/\xi][\zeta'[\zeta/\xi]/\xi'] \equiv \varphi[\zeta/\xi][\zeta/\xi']$ であるから,

$$\mathscr{S}_{\zeta/\xi}(\mathcal{D}) \stackrel{def}{\equiv} (\Rightarrow\forall) \dfrac{\begin{array}{c}\mathscr{S}_{\zeta/\xi}(\mathcal{D}') \\ \Gamma[\zeta/\xi] \Rightarrow \Delta[\zeta/\xi], \varphi[\zeta/\xi][\zeta'[\zeta/\xi]/\xi'] \\ \equiv \Gamma[\zeta/\xi] \Rightarrow \Delta[\zeta/\xi], \varphi[\zeta/\xi][\zeta/\xi'] \quad (\because \zeta' \equiv \xi)\end{array}}{\begin{array}{c}\Gamma[\zeta/\xi] \Rightarrow \Delta[\zeta/\xi], \forall \xi'(\varphi[\zeta/\xi]) \\ \equiv \Gamma[\zeta/\xi] \Rightarrow \Delta[\zeta/\xi], (\forall \xi'\varphi)[\zeta/\xi] \quad (\because \xi' \not\equiv \zeta)\end{array}}$$

($\Rightarrow\forall$) の適用条件については, まず, $\zeta' \equiv \xi$ と (†) より, $\xi \notin fv(\Gamma) \cup fv(\Delta) \cup fv(\forall \xi'\varphi)$ であるから, $\xi \notin fv(\Gamma)$, $\xi \notin fv(\Delta)$, $\xi \notin fv(\varphi) - \{\xi'\}$ である. 一方, 3)a) より $\xi \not\equiv \xi'$ であるから, $\xi \notin fv(\varphi)$ である. したがって, $\Gamma[\zeta/\xi] \equiv \Gamma$, $\Delta[\zeta/\xi] \equiv \Delta$, $\varphi[\zeta/\xi] \equiv \varphi$ である.

よって, ($\Rightarrow\forall$) の適用条件は,

$$\begin{array}{rl} & \zeta \notin fv(\Gamma[\zeta/\xi]) \cup fv(\Delta[\zeta/\xi]) \cup fv(\forall \xi'(\varphi[\zeta/\xi])) \\ \Longleftrightarrow & \zeta \notin fv(\Gamma) \cup fv(\Delta) \cup fv(\forall \xi'\varphi) \end{array}$$

となるが, これは 2)c) より成立する.

⊞ $\underline{\xi' \in fv(\varphi) \text{ かつ } \zeta' \not\equiv \xi \text{ の場合}}$:

$\varphi[\zeta/\xi][\zeta'[\zeta/\xi]/\xi'] \equiv \varphi[\zeta/\xi][\zeta'/\xi']$ であるから,

$$\mathscr{S}_{\zeta/\xi}(\mathcal{D}) \stackrel{def}{\equiv} (\Rightarrow\forall) \dfrac{\begin{array}{c}\mathscr{S}_{\zeta/\xi}(\mathcal{D}') \\ \Gamma[\zeta/\xi] \Rightarrow \Delta[\zeta/\xi], \varphi[\zeta/\xi][\zeta'[\zeta/\xi]/\xi'] \\ \equiv \Gamma[\zeta/\xi] \Rightarrow \Delta[\zeta/\xi], \varphi[\zeta/\xi][\zeta'/\xi']\end{array}}{\begin{array}{c}\Gamma[\zeta/\xi] \Rightarrow \Delta[\zeta/\xi], \forall \xi'(\varphi[\zeta/\xi]) \\ \equiv \Gamma[\zeta/\xi] \Rightarrow \Delta[\zeta/\xi], (\forall \xi'\varphi)[\zeta/\xi] \quad (\because \xi' \not\equiv \zeta)\end{array}}$$

($\Rightarrow\forall$) の適用条件については，(†) より，$\zeta' \notin fv(\Gamma) \cup fv(\Delta) \cup fv(\forall\xi'\varphi)$ であるから，$\zeta' \notin fv(\Gamma), \zeta' \notin fv(\Delta), \zeta' \notin fv(\varphi) - \{\xi'\}$ である．一方，練習問題 5.41 より，

$$fv(\Gamma[\zeta/\xi]) = \begin{cases} (fv(\Gamma) - \{\xi\}) \cup fv(\zeta) & (\xi \in fv(\Gamma) \text{ のとき}) \\ fv(\Gamma) & (\xi \notin fv(\Gamma) \text{ のとき}) \end{cases}$$

$$fv(\Delta[\zeta/\xi]) = \begin{cases} (fv(\Delta) - \{\xi\}) \cup fv(\zeta) & (\xi \in fv(\Delta) \text{ のとき}) \\ fv(\Delta) & (\xi \notin fv(\Delta) \text{ のとき}) \end{cases}$$

$$fv(\forall\xi'(\varphi[\zeta/\xi])) = fv(\varphi[\zeta/\xi]) - \{\xi'\}$$
$$= \begin{cases} (fv(\varphi) - \{\xi\}) \cup fv(\zeta) - \{\xi'\} & (\xi \in fv(\varphi) \text{ のとき}) \\ fv(\varphi) - \{\xi'\} & (\xi \notin fv(\varphi) \text{ のとき}) \end{cases}$$

が成立している．ところが，

$$\begin{aligned} \zeta &\notin fv(\varphi[\zeta'/\xi']) & (\text{(2)d) より}) \\ &= (fv(\varphi) - \{\xi'\}) \cup fv(\zeta') & (\text{練習問題 5.41，} \xi' \in fv(\varphi) \text{ より}) \end{aligned}$$

より $\zeta' \not\equiv \zeta$ であり—($\star\star\star$)，また $\zeta' \not\equiv \xi$ より，

$$(fv(\varphi) - \{\xi\}) \cup fv(\zeta) - \{\xi'\} = (fv(\varphi) - \{\xi\} - \{\xi'\}) \cup \{\zeta\}$$

であるから，$\zeta' \notin fv(\Gamma[\zeta/\xi]), \zeta' \notin fv(\Delta[\zeta/\xi]), \zeta' \notin fv(\forall\xi'(\varphi[\zeta/\xi]))$ が成り立つ．したがって，($\Rightarrow\forall$) の適用条件：

$$\zeta' \notin fv(\Gamma[\zeta/\xi]) \cup fv(\Delta[\zeta/\xi]) \cup fv(\forall\xi'(\varphi[\zeta/\xi]))$$

が成立する．

$\mathcal{D}$ の最下段の規則が ($\forall\Rightarrow$) の場合には，$\mathscr{S}_{\zeta/\xi}$ を以下のように定義すればよい．

$$\mathscr{S}_{\zeta/\xi}\left(\genfrac{}{}{0.5pt}{}{\mathcal{D}'}{\dfrac{\varphi[\tau/\xi'],\Gamma \Rightarrow \Delta}{\forall\xi'\varphi,\Gamma \Rightarrow \Delta}}(\forall\Rightarrow)\right) \overset{def}{\equiv} (\forall\Rightarrow)\dfrac{\begin{array}{c}\mathscr{S}_{\zeta/\xi}(\mathcal{D}') \\ \varphi[\tau/\xi'][\zeta/\xi],\Gamma[\zeta/\xi] \Rightarrow \Delta[\zeta/\xi] \\ \equiv \varphi[\zeta/\xi][\tau[\zeta/\xi]/\xi'],\Gamma[\zeta/\xi] \Rightarrow \Delta[\zeta/\xi]\end{array}}{\begin{array}{c}\forall\xi'(\varphi[\zeta/\xi]),\Gamma[\zeta/\xi] \Rightarrow \Delta[\zeta/\xi] \\ \equiv (\forall\xi'\varphi)[\zeta/\xi]),\Gamma[\zeta/\xi] \Rightarrow \Delta[\zeta/\xi]\end{array}}$$

ただし，以下の条件が成立することを示す必要があるが，証明は ($\Rightarrow\forall$) の場合とほぼ同様であるので，詳細は練習問題 10.62 とする．

- ξ,ζ はいずれも ξ' とは異なる変項である．

- $\varphi[\tau/\xi'][\zeta/\xi] \equiv \varphi[\zeta/\xi][\tau[\zeta/\xi]/\xi']$ は補題 10.58 と，補題 10.58 の適用条件（以下）が成立することによる．
    a) $\xi' \notin fv(\zeta)$
    b) $\xi' \not\equiv \xi$
    c) $\xi \notin bv(\varphi[\tau/\xi'])$
    d) $fv(\zeta) \cap bv(\varphi[\tau/\xi']) = \{\}$
- $\forall \xi'(\varphi[\zeta/\xi]) \equiv (\forall \xi' \varphi)[\zeta/\xi]$

$\mathcal{D}$ の最下段の規則が $(\exists\Rightarrow)(\Rightarrow\exists)$ の場合は，それぞれ $(\Rightarrow\forall)(\forall\Rightarrow)$ の場合と同様である（練習問題 10.62 とする）． $\square$

練習問題 10.62 補題 10.61 の証明を補完せよ．

さて，補題 10.61 を用いると，本節冒頭で述べた代入補題の一歩手前の定理を証明することができる．

定義 10.63 （$\mathfrak{Sub}\mathfrak{T}$ 述語） 自然数 d に関する命題 $\mathfrak{Sub}\mathfrak{T}(d)$ を「任意の深さ d の **LK** の証明図 $\mathcal{D}$，項 τ，変項 ξ について，もし $\mathcal{D}$ に現れる任意のシーケント S について $\xi \notin bv(S), fv(\tau) \cap bv(S) = \{\}$ であり，かつ $\mathcal{D}$ に現れる任意の不確定名 ζ について $\zeta \not\equiv \xi, \zeta \notin fv(\tau)$ ならば，$\mathcal{D}$ の各シーケント S を $S[\tau/\xi]$ に置き換えた証明図 $\mathscr{S}_{\tau/\xi}(\mathcal{D})$ は，深さ d の **LK** の証明図である」と定義する．

補題 10.64 （**LK** における項の代入補題） 任意の自然数 d $(1 \leq d)$ について $\mathfrak{Sub}\mathfrak{T}(d)$ が成り立つ．

証明．補題 10.61 同様，**LK** の証明図 $\mathcal{D}$ の深さ d に関する帰納法で証明する．$\zeta \notin bv(S)$ を用いるところで $fv(\tau) \cap bv(S) = \{\}$ を用いる以外は補題 10.61 の証明とほぼ同じであるが，以下の点のみ異なる．

ξ は「$\mathcal{D}$ に現れる任意の不確定名 ζ について $\zeta \not\equiv \xi$」という制約から，補題 10.61 の場合分けにおいて必要であった，$\mathcal{D}$ の最下段の規則が $(\Rightarrow\forall)$ のとき「$\zeta' \equiv \xi$ の場合」は存在しない[*4]．$(\exists\Rightarrow)$ の場合も同様である．また $(\star\star\star)$

[*4] 補題 10.61 の場合は $\mathcal{D}$ の $(\Rightarrow\forall)$ における不確定名 ζ が $\mathscr{S}_{\zeta/\xi}(\mathcal{D})$ の $(\Rightarrow\forall)$ においても不確定名の役割を果たしたが，補題 10.64 では変項 ζ の代わりに項 τ を用いているため，

については，$\zeta \notin fv(\tau)$ という制約から成立する． □

練習問題 10.65 補題 10.64 の証明を完成せよ．

さて，本節冒頭で述べた **LK** の代入補題を証明する準備が整った．任意の項 τ と変項 ξ について，シーケント S を終式とする **LK** の証明図 $\mathcal{D}$ を $S[\tau/\xi]$ を終式とする **LK** の証明図に変換することを考えると，補題 10.64（項の代入補題）より，以下の条件に抵触しない場合には，単に $\mathcal{D}$ のすべてのシーケント S を $S[\tau/\xi]$ に置き換えればよい．

> ξ，もしくは τ に含まれる自由変項が，$\mathcal{D}$ において 1) 束縛変項として現れているか，2) 不確定名として現れている．

しかし，上の条件 1) に抵触する場合は，問題の束縛変項を定義 5.25（α 変換）に従ってあらかじめ別の変項に置き換えることによって，補題 10.64 が適用可能となる．また，上の条件 2) に抵触する場合も，問題の不確定名を補題 10.61（変項の代入補題）によってあらかじめ別の変項に置き換えることによって，補題 10.64 が適用可能となる[*5]．したがって，代入補題は補題 10.56 のように一般的な形で述べることができる．

> **補題 10.56**（**LK** における代入補題：再掲） 任意の項 τ，変項 ξ について，任意のシーケント S を終式とする深さ d の **LK** の証明図 $\mathcal{D}$ について，$S[\tau/\xi]$ を終式とする深さ d の **LK** の証明図 $\mathscr{S}_{\tau/\xi}(\mathcal{D})$ への変換 $\mathscr{S}_{\tau/\xi}$ が存在する．

証明． 1) $\mathcal{D}$ に現れるシーケント S のうち，$\xi \in bv(S)$ もしくは $fv(\tau) \cap bv(S) \neq \{\}$ —(†) を満たすものが存在する場合は，$bv(S)$ に含まれる変項 ξ_i の中に，$\xi_i \equiv \xi$ もしくは $\xi_i \in fv(\tau)$ を満たすものが存在し，S には $\forall \xi_i \varphi$ もしくは $\exists \xi_i \varphi$ という形式の部分論理式を持つ論理式が現れている．ここで，

$$\nu_i \notin fv(\varphi) \qquad \nu_i \not\equiv \xi \qquad \nu_i \notin fv(\tau)$$

同じ方針では証明できない．逆に，ζ を $(\Rightarrow \forall)$ における不確定名として用いるために必要だった条件 $\zeta \notin fv(S)$ の必要はなくなっている．

[*5] 補題 10.61 は，補題 10.64（項の代入補題）のような不確定名についての制約を持たない．

10.8 代入補題

を満たす変項 ν_i を選び，上の部分論理式を定義 5.25 により $\forall \nu_i(\varphi[\nu_i/\xi_i])$ もしくは $\exists \nu_i(\varphi[\nu_i/\xi_i])$ に置き換えることによって得られる証明図は，深さ d の **LK** の証明図である．

同様の置き換えを繰り返し適用すると，(†) を満たすシーケントを含まない証明図 $\mathcal{D}'$ が得られる．

2) $\mathcal{D}'$ に現れる不確定名 ζ_i のうち，$\zeta_i \equiv \xi$ もしくは $\zeta_i \in fv(\tau)$ を満たし，かつ $\mathcal{D}'$ のいずれかのシーケント S' において $\zeta_i \in bv(S')$—(‡) を満たす（ために 3) の手続きが適用できない）ζ_i が存在する場合は，S' には $\forall \zeta_i \varphi$ もしくは $\exists \zeta_i \varphi$ という形式の部分論理式を持つ論理式が現れる．ここで，

$$\mu_i \not\equiv \zeta_i \qquad \mu_i \notin fv(\varphi) \qquad \mu_i \not\equiv \xi \qquad \mu_i \notin fv(\tau)$$

を満たす変項 μ_i を選び，上の部分論理式を定義 5.25 により $\forall \mu_i(\varphi[\mu_i/\zeta_i])$ もしくは $\exists \mu_i(\varphi[\mu_i/\zeta_i])$ に置き換えることによって得られる証明図は，深さ d の **LK** の証明図である．

同様の置き換えを繰り返し適用すると，(‡) を満たす不確定名を含まない証明図 $\mathcal{D}''$ が得られる．

3) $\mathcal{D}''$ に現れる不確定名 ζ_i のうち，$\zeta_i \equiv \xi$ もしくは $\zeta_i \in fv(\tau)$—($\star$) を満たす ζ_i が存在する場合は，$\mathcal{D}''$ に現れる任意のシーケント S'' について，

$$\upsilon_i \notin bv(S'') \cup fv(S'') \qquad \upsilon_i \not\equiv \xi \qquad \upsilon_i \notin fv(\tau)$$

を満たす変項 υ_i を選べば，2) より $\mathcal{D}''$ に現れる任意のシーケント S'' について $\zeta_i \notin bv(S'')$ であるから，補題 10.61 より，証明図 $\mathcal{D}''$ の中の各シーケント S'' を $S''[\upsilon_i/\zeta_i]$ で置き換えることで得られる証明図 $\mathcal{S}_{\upsilon_i/\zeta_i}(\mathcal{D}'')$ は深さ d の **LK** の証明図である．

同様の置き換えを繰り返し適用すると，($\star$) を満たす不確定名を含まない証明図 $\mathcal{D}'''$ が得られる．

4) 証明図 $\mathcal{D}'''$ においては，$\mathcal{D}'''$ に現れる任意のシーケント S''' について $\xi \notin bv(S'''), fv(\tau) \cap bv(S''') = \{\}$ であり，かつ $\mathcal{D}'''$ に現れる任意の不確定名 ζ''' について $\zeta''' \not\equiv \xi, \zeta''' \notin fv(\tau)$ であるので，補題 10.64 より，$\mathcal{D}'''$ の各シーケント S''' を $S'''[\tau/\xi]$ に置き換えることで得られる証明図 $\mathcal{S}_{\tau/\xi}(\mathcal{D}''')$ は，深さ d の **LK** の証明図である． □

解説 10.66 証明図 $\mathcal{D}$ から証明図 $\mathcal{S}_{\tau/\xi}(\mathcal{D}''')$ への変換において，ξ が $\mathcal{D}$ において不確定名として現れている場合は，上記の証明が示すように，$\mathcal{D}$ 中の ξ は

あらかじめ別の変項に置き換えられる．これは，元の証明図 $\mathcal{D}$ における ξ の位置に（変項ではない）項を代入することはできない，ということを意味している．

しかし，証明図の最下段において，変項 ξ が不確定名であることはあり得ない[*6]．したがって，補題 10.56 においては「ξ が不確定名ではない」という制限は必要ない．

最後に，代入補題が **LJ** と **LM** においても成り立つことを確認する．

補題 10.67（**LJ** における代入補題） 任意の項 τ，変項 ξ について，任意のシーケント S を終式とする深さ d の **LJ** の証明図 $\mathcal{D}$ について，$S[\tau/\xi]$ を終式とする深さ d の **LJ** の証明図 $\mathscr{S}_{\tau/\xi}(\mathcal{D})$ への変換 $\mathscr{S}_{\tau/\xi}$ が存在する．

証明．代入補題は補題 10.61，補題 10.64，補題 10.56 のいずれの証明においても，右辺の長さを高々 1 に制限すれば，**LJ** の代入補題の証明となることは明らか． □

補題 10.68（**LM** における代入補題） 任意の項 τ，変項 ξ について，任意のシーケント S を終式とする深さ d の **LM** の証明図 $\mathcal{D}$ について，$S[\tau/\xi]$ を終式とする深さ d の **LM** の証明図 $\mathscr{S}_{\tau/\xi}(\mathcal{D})$ への変換 $\mathscr{S}_{\tau/\xi}$ が存在する．

証明．また，**LK** の代入補題の証明において，$(\bot\Rightarrow)$ は，最下段の規則が $(\bot\Rightarrow)$ である証明図を変換する場合にしか用いられないので，元の証明図に $(\bot\Rightarrow)$ が含まれなければ $(\bot\Rightarrow)$ を用いずに証明できる．したがって，代入補題は **LM** についても成立する． □

[*6] $\mathcal{D}$ がより大きな証明図の部分証明図であり，その中で ξ が不確定名であることはあり得る（$\mathcal{D}$ の直後に $(\Rightarrow\forall)$ もしくは $(\exists\Rightarrow)$ が用いられている場合）．

第 11 章

カット除去定理

ゲンツェン流シーケント計算の**カット除去定理** (cut elimination theorem) とは，ゲンツェンによって 1934 年に発見され，別名，**基本定理** (fundamental theorem) とも呼ばれるきわめて重要な定理である．

> **定義 11.1** （ゲンツェン流シーケント計算 $\mathcal{K}$ のカット除去定理）　$\mathcal{K}$ の任意のシーケント S について，S を終式とする $\mathcal{K}$ の証明図 $\mathcal{D}$ が存在するならば，S を終式とする $\mathcal{K}$–**CUT** の証明図が存在する．ただし $\mathcal{D}$ に現れる自由変項は，$\mathcal{D}$ において束縛変項としては現れないとする．

> **定理 11.2** **LK**・**LJ**・**LM** において，カット除去定理が成り立つ．

解説 11.3　「$\mathcal{D}$ に現れる自由変項は，$\mathcal{D}$ において束縛変項としては現れない」という但し書きによって，たとえば次のシーケントを含む証明図にはカット除去規則が適用できない（自由変項 x, y が束縛変項としても現れるため）．

$$\forall x \forall y (F(x, y)) \Rightarrow F(x, y)$$

しかしこの問題は，定義 5.25 によって束縛変項を入れ替えることで解決するため，本質的な制限とはならない．

解説 11.4　ゲンツェン流シーケント計算の体系はいずれも (CUT) を含むことから，$\mathcal{K} = \mathcal{K}$–**CUT**+**CUT** である．したがってカット除去定理とは，任意のシーケント S について，S が $\mathcal{K}$–**CUT**+**CUT** において証明可能ならば，S が $\mathcal{K}$–**CUT** において証明可能である，と述べていることになる．した

がって定理 9.28 より，$\mathcal{K}$ においてカット除去定理が成り立つのは，$\mathcal{K}$–**CUT** において (CUT) 規則が許容規則であるときである．

カット除去定理の証明は 11.2 節以降で解説するが，まずはカット除去定理の重要性を示すいくつかの応用例を紹介したい．

11.1 カット除去定理の応用

11.1.1 無矛盾性

カット除去定理の一つ目の応用例として，**LK**・**LJ** の無矛盾性証明がある．

定理 11.5 （**LK**・**LJ** の無矛盾性）

$$\not\vdash_{\mathbf{LK}} \bot \qquad\qquad \not\vdash_{\mathbf{LJ}} \bot$$

証明．$\vdash_{\mathbf{LK}} \bot$ であると仮定する．すなわち，$\Rightarrow \bot$ を終式とする **LK** の証明図 $\mathcal{D}$ が存在する．すると，$\Rightarrow$ を終式とする以下のような **LK** の証明図が存在する．

$$(CUT)\dfrac{\overset{\mathcal{D}}{\Rightarrow \bot} \quad (\bot\Rightarrow)\dfrac{}{\bot \Rightarrow}}{\Rightarrow}$$

LK のカット除去定理により，$\Rightarrow$ には **LK**–**CUT** の証明図が存在する．しかしこのことは，**LK** の推論規則において，下段が $\Rightarrow$ になりうる規則は (CUT) のみであることと矛盾する．したがって，$\not\vdash_{\mathbf{LK}} \bot$ である．**LJ** についても同様． □

このように「**LK**・**LJ** は矛盾しない」という重要な結果が，カット除去定理を用いることで，数行で証明できるのである．

また，定理 11.5 とこれまでの議論を合わせると，**NJ**・**NK** および **HJ**・**HK** の無矛盾性も示されたことになる．かくしてこれまでに導入された直観主義論理・古典論理のための証明体系は，すべて無矛盾であることが明らかになるのである．

11.1.2 公理の独立性

カット除去定理の二つ目の応用例として，公理の独立性の証明がある．

前章での議論によって，$\mathbf{LJ} \subseteq \mathbf{LK}$ であることは示したが，$\mathbf{LJ} \subset \mathbf{LK}$ であることを示すためには，(DNE) が $\mathbf{LJ}$ において証明可能ではないこと（$\mathbf{LJ}$ と (DNE) の独立性）を示さなければならない．

これを，$\mathbf{LJ}$ のカット除去定理を用いて証明することができる．まず，準備として以下の補題を示す．

補題 11.6 $\mathbf{LJ}$ で証明可能なシーケントは，次のいずれかである．

1) 両辺がいずれも空ではない．
2) 右辺か左辺の少なくとも一方に複合論理式または量化論理式を含む．

証明．$\mathbf{LJ}$ のカット除去定理より，$\mathbf{LJ}$ で証明可能なシーケントには，$\mathbf{LJ}$–$\mathbf{CUT}$ の証明図が存在する．ところが，

- $\mathbf{LJ}$ の公理の下段はいずれも 1),2) のいずれかである．
- $\mathbf{LJ}$ の論理規則においては，下段のシーケントは常に右辺か左辺の少なくとも一方に複合論理式または量化論理式を含む．
- $\mathbf{LJ}$ の (CUT) 以外の構造規則においては，上段のシーケントが 1),2) のいずれかならば，下段のシーケントも 1),2) のいずれかである．

であることから，補題 11.6 が成立する． □

系 11.7 $\mathbf{LJ}$ においては，以下の二つのシーケントは証明可能ではない[*1]．

$$\Rightarrow \varphi \qquad \varphi \Rightarrow$$

証明．補題 11.6 より明らか． □

定理 11.8 （$\mathbf{LJ}$ と (LEM) の独立性） $\nvdash_{\mathbf{LJ}} \varphi \vee \neg \varphi$

[*1] 系 11.7 は「$\varphi \Rightarrow$ が証明可能であるような論理式 φ は存在しない」という意味ではない．

証明. $\vdash_{\mathbf{LJ}} \varphi \vee \neg\varphi$ と仮定すると，**LJ** のカット除去定理により，$\Rightarrow \varphi \vee \neg\varphi$ に至るカット無しの **LJ** の証明図 $\mathcal{D}$ が存在する．左辺が空列であることから，$\mathcal{D}$ は以下のいずれかの形式でなければならない．

$$(\Rightarrow w)\frac{\mathcal{D}'}{\Rightarrow \varphi \vee \neg\varphi} \qquad (\Rightarrow \vee)\frac{\overset{\mathcal{D}'}{\Rightarrow \varphi}}{\Rightarrow \varphi \vee \neg\varphi} \qquad (\Rightarrow \vee)\frac{\overset{\mathcal{D}'}{\Rightarrow \neg\varphi}}{\Rightarrow \varphi \vee \neg\varphi}$$

定理 11.5 の証明より，$\Rightarrow$ は証明可能ではない．また，系 11.7 より $\Rightarrow \varphi$ は証明可能ではない．したがって，$\mathcal{D}'$ は $\Rightarrow \neg\varphi$ に至る証明図でなければならない．$\neg\varphi \equiv \varphi \to \bot$ より，同様の議論によって，$\mathcal{D}'$ は以下のいずれかの形式でなければならない．

$$(\Rightarrow w)\frac{\overset{\mathcal{D}''}{\Rightarrow}}{\Rightarrow \varphi \to \bot} \qquad (\Rightarrow \to)\frac{\varphi \Rightarrow \bot}{\Rightarrow \varphi \to \bot}$$

$\Rightarrow$ は証明可能ではないので，$\mathcal{D}''$ は $\varphi \Rightarrow \bot$ に至る証明図である．ところが，このとき以下のような $\varphi \Rightarrow$ を終式とする **LJ** の証明図が存在することになり，これは系 11.7 と矛盾する．

$$(CUT)\frac{\overset{\mathcal{D}''}{\varphi \Rightarrow \bot} \quad (\bot \Rightarrow)\frac{}{\bot \Rightarrow}}{\varphi \Rightarrow}$$

$\square$

定理 11.9 （**LJ** と (DNE) の独立性） $\quad \neg\neg\varphi \not\vdash_{\mathbf{LJ}} \varphi$

証明. 例 10.12 より (LEM) は **LK** の定理であるから，定理 10.52 より **LJ**+**DNE** の定理でもある．(DNE) が **LJ** の定理であると仮定すると，(LEM) は **LJ** の定理ということになるが，これは定理 11.8 と矛盾する． $\square$

練習問題 11.10 $\vdash_{\mathbf{LJ}} \varphi \vee \psi$ ならば，$\vdash_{\mathbf{LJ}} \varphi$ または $\vdash_{\mathbf{LJ}} \psi$ が成立することを，**LJ** のカット除去定理を用いて証明せよ．

11.2 証明の準備

以下ではまず **LM** のカット除去定理を証明する．**LM** のカット除去定理は，解説 11.4 より $\mathcal{K} = \mathcal{K}-\mathbf{CUT}+\mathbf{CUT}$ であること，および定理 9.28

(3),(4) より，最下段の規則のみが (CUT) であるような **LM** の証明図 $\mathcal{D}$ から，**LM**–**CUT** の証明図 $\mathscr{C}(\mathcal{D})$ への変換 $\mathscr{C}$ が存在することと同値である．

これまで，そのような変換が存在することを示すには，定義 5.34 で「論理式の深さ」，定義 9.21 で「証明図の深さ」という概念を導入し，数学的帰納法を用いてきた．しかしカット除去定理の証明の場合は，単純に論理式や証明図の深さに関する帰納法を用いようとしても，カット規則の自由度の高さに由来する不都合が生じるのである．

LM，および **LJ** のカット規則は以下のようなものであった．ここで，Σ には別の φ が含まれている可能性がある．$\varphi, \Sigma \Rightarrow \Delta$ の証明図における最下段の規則によって場合分けを行おうとすると，その規則の主論理式が φ, Σ の左側の φ なのか，それとも Σ の側に含まれている φ なのかによって，さらに場合分けをしなければならない．カット規則は下段にほとんど形式的な制約を持たないため，場合分けが煩雑になってしまうのである．

$$(CUT) \frac{\Gamma \Rightarrow \varphi \quad \varphi, \Sigma \Rightarrow \Delta}{\Gamma, \Sigma \Rightarrow \Delta}$$

そのため，カット除去の証明に先立って，いくつかの準備を行う．

11.2.1　論理式列

シーケント計算においては，論理式列を集合とは区別し，集合的性質については構造規則を用いて明示的に扱う，と 9.1.1 項で述べた．しかしそれ以降も，たとえば「ある論理式が論理式列に含まれる」といった表現においては，論理式列を暗黙に集合として扱っていたのであるが．本節ではこれらの概念を厳密に定義しておく．まず，論理式が論理式列の要素であることは以下の規則によって再帰的に定義される．

$$\varphi \in (\varphi, \Gamma)$$
$$\varphi \in \Gamma \Longrightarrow \varphi \in (\psi, \Gamma)$$

次に，論理式列の間の包含関係 $\subseteq$ は，以下の規則によって再帰的に定義される．

$$() \subseteq ()$$
$$\Gamma \subseteq \Gamma' \Longrightarrow \Gamma \subseteq (\varphi, \Gamma')$$
$$\Gamma \subseteq \Gamma' \Longrightarrow (\varphi, \Gamma) \subseteq (\varphi, \Gamma')$$

そして $\Sigma[\Gamma/\varphi]$ とは，論理式列 Σ の中に現れる φ をいずれも Γ に置き換え

た論理式列を表し，以下のように再帰的に定義されるものとする．

$$\{\}[\Gamma/\varphi] \stackrel{def}{\equiv} \{\}$$
$$(\varphi, \Sigma')[\Gamma/\varphi] \stackrel{def}{\equiv} \Gamma, \Sigma'[\Gamma/\varphi]$$
$$(\psi, \Sigma')[\Gamma/\varphi] \stackrel{def}{\equiv} \psi, \Sigma'[\Gamma/\varphi]$$

練習問題 11.11 列の置き換えについて，以下の性質が成り立つことを，列の長さに関する帰納法で証明せよ．ただし $\Sigma - \{\varphi\}$ は，列 Σ からすべての φ を取り除いた列とする．

$$(\Sigma - \{\varphi\})[\Gamma/\varphi] \equiv \Sigma - \{\varphi\}$$
$$(\Sigma, \varphi, \Sigma')[\Gamma/\varphi] \equiv \Sigma[\Gamma/\varphi], \Gamma, \Sigma'[\Gamma/\varphi]$$
$$(\Sigma, \Sigma')[\Gamma/\varphi] \equiv \Sigma[\Gamma/\varphi], \Sigma'[\Gamma/\varphi]$$
$$\Sigma[\varphi/\varphi] \equiv \Sigma$$
$$\Sigma[\Gamma/\varphi] \equiv \Sigma \quad (ただし \varphi \notin \Sigma のとき)$$
$$\Gamma \subseteq \Sigma[\Gamma/\varphi] \quad (ただし \varphi \in \Sigma のとき)$$

以下，練習問題 11.11 の結果は断りなく用いることがある．

11.2.2 ミックス規則

次に，**ミックス規則** (mixture) というカット規則を少しだけ変形した規則を定義する．

定義 11.12 （ミックス規則）
$$(MIX)\frac{\Gamma \Rightarrow \varphi \quad \Sigma \Rightarrow \Delta}{\Sigma[\Gamma/\varphi] \Rightarrow \Delta}$$

以下ではミックス規則のことを単に (MIX) と記す．(MIX) の主論理式は φ である．

補題 11.13 **LM−CUT**，および **LJ−CUT** 上で (CUT) と (MIX) は等価である．

証明．まず，(CUT) が **LM−CUT+MIX** の派生規則であることを示す．

11.2 証明の準備

$$(MIX)\cfrac{\Gamma \Rightarrow \varphi \quad {}^{(e\Rightarrow)*}_{(c\Rightarrow)*}\cfrac{\varphi, \Sigma \Rightarrow \Delta}{\varphi, \Sigma - \{\varphi\} \Rightarrow \Delta}}{\cfrac{\varphi[\Gamma/\varphi], (\Sigma - \{\varphi\})[\Gamma/\varphi] \Rightarrow \Delta}{{}^{(w\Rightarrow)*}_{(e\Rightarrow)*}\cfrac{\equiv \Gamma, \Sigma - \{\varphi\} \Rightarrow \Delta \quad (\because \text{練 11.11})}{\Gamma, \Sigma \Rightarrow \Delta}}}$$

次に，(MIX) が **LM−CUT+CUT**($=$ **LM**) の許容規則であることを示す．

$\varphi \notin \Sigma$ の場合：
$$\Sigma \Rightarrow \Delta$$
$$(\equiv \Sigma[\Gamma/\varphi] \Rightarrow \Delta)$$

$\varphi \in \Sigma$ の場合：
$$(CUT)\cfrac{\Gamma \Rightarrow \varphi \quad {}^{(e\Rightarrow)*}_{(c\Rightarrow)*}\cfrac{\Sigma \Rightarrow \Delta}{\varphi, \Sigma - \{\varphi\} \Rightarrow \Delta}}{{}^{(w\Rightarrow)*}_{(e\Rightarrow)*}\cfrac{\Gamma, \Sigma - \{\varphi\} \Rightarrow \Delta}{\Sigma[\Gamma/\varphi] \Rightarrow \Delta}}$$

したがって，解説 9.25 と定理 9.30 より，**LM−CUT** 上で (CUT) と (MIX) は等価である．**LJ** についても同様． □

よって，以下の関係が導かれる．

$$\begin{aligned}\textbf{LM} \ &= \ \textbf{LM−CUT+CUT} \quad \text{(解説 11.4 より)} \\ &= \ \textbf{LM−CUT+MIX} \quad \text{(補題 11.13 より)}\end{aligned}$$

したがって，**LM** のカット除去定理，つまり **LM** = **LM−CUT** が成り立つには，**LM−CUT** = **LM−CUT+MIX** が成り立つこと，すなわち **LM−CUT** において (MIX) が許容規則であることが必要十分である．

以上の考察と定理 9.28 より，**LM** のカット除去定理の証明は，以下の補題の証明に帰着する．

補題 11.14 **LM** の任意のシーケント S について，最下段の推論規則のみが (MIX) である S を終式とする **LM−CUT+MIX** の証明図 $\mathcal{D}$ から，S を終式とする **LM−CUT** の証明図 $\mathscr{F}(\mathcal{D})$ への変換 $\mathscr{F}$ が存在する．

11.2.3 証明図の経路と階数

最後に，証明図における**経路**(path) という概念を導入する．これは直観的には，証明図を下から上に辿る道筋である．

> **定義 11.15** （証明図の経路） 証明図 $\mathcal{D}$ において，シーケント S に至る経路とは，以下のように再帰的に定義されるシーケントの列である．
>
> 1. $\mathcal{D} \equiv \dfrac{}{S}$ のとき：S は S に至る経路である．
>
> 2. $\mathcal{D} \equiv \dfrac{\cdots \quad \mathcal{D}' \atop S' \quad \cdots}{S}$ のとき：$\mathscr{P}$ が証明図 $\mathcal{D}'$ において S' に至る経路ならば，$(\mathscr{P}, S)$ は S に至る経路である．

「経路」の概念は，第三の準備として，最下段の推論規則のみが (MIX) であるような証明図における右側／左側の**階数** (rank) という概念を導入するために用いられる．

> **定義 11.16** （経路の右側の φ に関する階数） 経路 $\mathscr{P} \equiv (S_1, \ldots, S_n)$ の，右側の φ に関する階数は，以下のように定義される．
>
> - S_n が右辺に φ を含まない場合：0
> - S_n が右辺に φ を含む場合：
> $n = 1$ の場合　1
> $1 < n$ の場合　経路 $(S_1, \ldots, S_{n-1})$ の右側の φ に関する階数 $+\, 1$

> **定義 11.17** （経路の左側の φ に関する階数） 経路 $\mathscr{P} \equiv (S_1, \ldots, S_n)$ の，左側の φ に関する階数は，以下のように定義される．
>
> - S_n が左辺に φ を含まない場合：0
> - S_n が左辺に φ を含む場合：
> $n = 1$ の場合　1
> $1 < n$ の場合　経路 $(S_1, \ldots, S_{n-1})$ の左側の φ に関する階数 $+\, 1$

証明図の階数とは，終式から，

1) 左の経路を上に辿ったとき，主論理式が右辺に連続で現れる回数
2) 右の経路を上に辿ったとき，主論理式が左辺に連続で現れる回数

のうち最大のものである．正確には，以下のように定義される．

> **定義 11.18**（証明図の階数） $\mathcal{D}$ を，以下のような **LM・LJ** の証明図とする．
> $$\mathcal{D} \equiv \quad (MIX)\frac{\overset{\mathcal{D}_\heartsuit}{\Gamma \Rightarrow \varphi} \quad \overset{\mathcal{D}_\diamond}{\Sigma \Rightarrow \Delta}}{\Sigma[\Gamma/\varphi] \Rightarrow \Delta}$$
>
> - 証明図 $\mathcal{D}_\heartsuit$ の $\Gamma \Rightarrow \varphi$ に至る経路の，右側の φ に関する階数のうち最大のものを，$\mathcal{D}$ の左の階数という．
> - 証明図 $\mathcal{D}_\diamond$ の $\Sigma \Rightarrow \Delta$ に至る経路の，左側の φ に関する階数のうち最大のものを，$\mathcal{D}$ の右の階数という．
> - 証明図 $\mathcal{D}$ の左の階数と右の階数のうち，大きい方を $\mathcal{D}$ の階数という．

11.2.4 証明の構想

補題 11.14 の証明においては，定義 11.18 の証明図 $\mathcal{D}$ の「階数」と，主論理式の「深さ」の両方を用いた二重帰納法を用いる．

> **定義 11.19**（$\mathfrak{Cut}$ 述語） 自然数 d, r に関する命題 $\mathfrak{Cut}(d, r)$ を「最下段の推論規則のみが (MIX) であり，主論理式の深さが d，階数が r の **LM−CUT+MIX** の証明図 $\mathcal{D}$ から，**LM−CUT** の証明図 $\mathscr{C}(\mathcal{D})$ への変換 $\mathscr{C}$ が存在する」と定義する．

解説 11.20 $\mathcal{D}$ の φ に関する左の階数は 1 以上であり，$\mathcal{D}$ の φ に関する右の階数は 0 以上である．右の階数が 0 となるのは $\varphi \notin \Sigma$ のときであるが，このときは左の階数によらず，$\mathscr{C}$ を以下のように定義すればよい．

$$\mathscr{C}\left((MIX)\frac{\overset{\mathcal{D}_\heartsuit}{\Gamma \Rightarrow \varphi} \quad \overset{\mathcal{D}_\diamond}{\Sigma \Rightarrow \Delta}}{\Sigma[\Sigma/\varphi] \Rightarrow \Delta}\right) \overset{def}{\equiv} \overset{\mathcal{D}_\diamond}{\Sigma \Rightarrow \Delta} \\ (\equiv \Sigma[\Gamma/\varphi] \Rightarrow \Delta)$$

したがって，右の階数が 1 以上 ($\varphi \in \Sigma$) の場合のみを考慮すれば十分である．

解説 11.21 $\varphi \in \Gamma$ のときは，φ の深さ，$\mathcal{D}$ の左右の階数によらず，$\mathscr{C}$ を以下のように定義すればよい ($\varphi \in \Sigma$ より)．

$$\mathscr{C}\left(_{(MIX)}\dfrac{\mathcal{D}_\heartsuit\quad\quad \mathcal{D}_\diamondsuit}{\dfrac{\Gamma',\varphi,\Gamma''\Rightarrow\varphi\quad \Sigma\Rightarrow\Delta}{\Sigma[\Gamma',\varphi,\Gamma''/\varphi]\Rightarrow\Delta}}\right) \stackrel{def}{=} {}_{(w\Rightarrow)*}^{(e\Rightarrow)*}\dfrac{{}_{(w\Rightarrow)*}^{(c\Rightarrow)*}\dfrac{{}_{(e\Rightarrow)*}\dfrac{\mathcal{D}_\diamondsuit}{\Sigma\Rightarrow\Delta}}{\varphi,\Sigma-\{\varphi\}\Rightarrow\Delta}}{\dfrac{\Gamma',\varphi,\Gamma'',\Sigma-\{\varphi\}\Rightarrow\Delta}{\Sigma[\Gamma',\varphi,\Gamma''/\varphi]\Rightarrow\Delta}}$$

したがって，以下では $\varphi \notin \Gamma$ の場合のみを考える．

解説 11.22 補題 11.14 が成立するためには，任意の自然数 d, r ($1 \leq d, 1 \leq r$) について $\mathfrak{Cut}(d, r)$ が成り立つことを証明すればよい．次節以降，以下の三つの補題が成立することを示す．

補題 11.23	$\mathfrak{Cut}(1,1)$
補題 11.24	$\forall d \geq 1, \forall r \geq 2\ (\mathfrak{Cut}(d,1),\ldots,\mathfrak{Cut}(d,r-1) \Longrightarrow \mathfrak{Cut}(d,r))$
補題 11.26	$\forall d \geq 2\ (\forall r \geq 1\ (\mathfrak{Cut}(1,r),\ldots,\mathfrak{Cut}(d-1,r)) \Longrightarrow \mathfrak{Cut}(d,1))$

これらを合わせると，補題 11.14 は以下のように証明される[*2]．

$$\begin{array}{c}
\boxed{\mathfrak{Cut}(1,1) \xrightarrow{\text{補題 11.24}} \mathfrak{Cut}(1,2) \xrightarrow{\text{補題 11.24}} \cdots \xrightarrow{\text{補題 11.24}} \mathfrak{Cut}(1,r)\cdots}\\
\downarrow\text{補題 11.26}\\
\boxed{\mathfrak{Cut}(2,1) \xrightarrow{\text{補題 11.24}} \mathfrak{Cut}(2,2) \xrightarrow{\text{補題 11.24}} \cdots \xrightarrow{\text{補題 11.24}} \mathfrak{Cut}(2,r)\cdots}\\
\downarrow\text{補題 11.26}\\
\vdots\\
\downarrow\text{補題 11.26}\\
\boxed{\mathfrak{Cut}(d,1) \xrightarrow{\text{補題 11.24}} \mathfrak{Cut}(d,2) \xrightarrow{\text{補題 11.24}} \cdots \xrightarrow{\text{補題 11.24}} \mathfrak{Cut}(d,r)\cdots}
\end{array}$$

[*2] 厳密には，ここで用いている証明法は，自然数の組 (d, r) の辞書式順序に関する**超限帰納法** (transfinite induction) と呼ばれるものである．

11.3 LM のカット除去定理の証明

$\mathcal{D}_\heartsuit$ と $\mathcal{D}_\diamondsuit$ の最下段の規則を，それぞれ $\heartsuit, \diamondsuit$ とする．

補題 11.23 $\mathfrak{Cut}(1,1)$ が成り立つ．

解説 11.20 より，$\mathcal{D}$ は左右ともに階数が 1 である場合のみを考える．

証明．$\heartsuit$ と $\diamondsuit$ によって場合分けを行う．それぞれ $\mathscr{C}$ を以下のように定義すればよい．

⊟ $\heartsuit \equiv (ID)$ の場合：

$$\mathscr{C}\left((MIX)\cfrac{(ID)\overline{\varphi \Rightarrow \varphi} \quad \begin{array}{c}\mathcal{D}_\diamondsuit\\\Sigma \Rightarrow \Delta\end{array}}{\Sigma[\varphi/\varphi] \Rightarrow \Delta}\right) \stackrel{def}{\equiv} \begin{array}{c}\mathcal{D}_\diamondsuit\\\Sigma \Rightarrow \Delta\\(\equiv \Sigma[\varphi/\varphi] \Rightarrow \Delta)\end{array}$$

⊟ $\diamondsuit \equiv (ID)$ の場合：

$$\mathscr{C}\left((MIX)\cfrac{\begin{array}{c}\mathcal{D}_\heartsuit\\\Gamma \Rightarrow \varphi\end{array} \quad (ID)\overline{\varphi \Rightarrow \varphi}}{\varphi[\Gamma/\varphi] \Rightarrow \varphi}\right) \stackrel{def}{\equiv} \begin{array}{c}\mathcal{D}_\heartsuit\\\Gamma \Rightarrow \varphi\\(\equiv \varphi[\Gamma/\varphi] \Rightarrow \varphi)\end{array}$$

$\heartsuit, \diamondsuit$ が構造規則の場合は，$\mathcal{D}$ の階数が 1 であるという仮定から，$\heartsuit \equiv (\Rightarrow w)$ または $\diamondsuit \equiv (w\Rightarrow)$ の場合に限られる．それ以外の構造規則では，下段に現れる論理式は必ず上段にも現れるからである．

⊟ $\heartsuit \equiv (\Rightarrow w)$ の場合：

$$\mathscr{C}\left((MIX)\cfrac{(\Rightarrow w)\cfrac{\begin{array}{c}\mathcal{D}_{\heartsuit'}\\\Gamma \Rightarrow\end{array}}{\Gamma \Rightarrow \varphi} \quad \begin{array}{c}\mathcal{D}_\diamondsuit\\\Sigma \Rightarrow \Delta\end{array}}{\Sigma[\Gamma/\varphi] \Rightarrow \Delta}\right) \stackrel{def}{\equiv} \begin{array}{c}(w\Rightarrow)*\\(e\Rightarrow)*\end{array}\cfrac{(\Rightarrow w)*\cfrac{\begin{array}{c}\mathcal{D}_{\heartsuit'}\\\Gamma \Rightarrow\end{array}}{\Gamma \Rightarrow \Delta}}{\Sigma[\Gamma/\varphi] \Rightarrow \Delta} \quad (\because \varphi \in \Sigma)$$

⊟ $\diamondsuit \equiv (w\Rightarrow)$ の場合：右の階数が 1 であることから，$(w\Rightarrow)$ の主論理式のみが φ である（Σ' には φ が含まれていない）場合のみ考慮すればよい．

$$\mathscr{C}\left((MIX)\cfrac{\begin{array}{c}\mathcal{D}_\heartsuit\\\Gamma \Rightarrow \varphi\end{array} \quad (w\Rightarrow)\cfrac{\begin{array}{c}\mathcal{D}_{\diamondsuit'}\\\Sigma' \Rightarrow \Delta\end{array}}{\varphi, \Sigma' \Rightarrow \Delta}}{(\varphi, \Sigma')[\Gamma/\varphi] \Rightarrow \Delta}\right) \stackrel{def}{\equiv} (w\Rightarrow)*\cfrac{\begin{array}{c}\mathcal{D}_{\diamondsuit'}\\\Sigma' \Rightarrow \Delta\end{array}}{\Gamma, \Sigma' \Rightarrow \Delta}\\(\equiv (\varphi, \Sigma')[\Gamma/\varphi] \Rightarrow \Delta)$$

♡ が論理規則ということはあり得ない．なぜなら ♡ が論理規則ならば，下段に現れて上段に現れないのは主論理式だけであり，また $\mathcal{D}$ の左の階数が 1 であることから，(MIX) の主論理式は ♡ の主論理式でなければならない．ところが論理規則の主論理式はいずれも深さ 2 以上であり，これは (MIX) の主論理式の深さが 1 であるという仮定に反する．◇ についても同様である． □

> **補題 11.24** 任意の自然数 $d\,(\geq 1), r\,(\geq 2)$ について，$\mathfrak{Cut}(d,1),\ldots,\mathfrak{Cut}(d,r-1)$ が成り立つならば，$\mathfrak{Cut}(d,r)$ が成り立つ．

(MIX) の階数が 2 以上の場合は，左右で階数がより小さい場合に帰着させる．ただし，(MIX) の主論理式と ◇ の主論理式が一致する場合とそうではない場合に分けて考える必要がある．

証明．⊞ 右の階数 ≥ 左の階数の場合：それぞれ $\mathscr{C}$ を以下のように定義すればよい．
⊟ ◇ ≡ $(w\Rightarrow)$ の場合：
1) (MIX) の主論理式 φ と $(w\Rightarrow)$ の主論理式 ψ が異なる場合：

$$\mathscr{C}\left(\underset{(MIX)}{\dfrac{\begin{array}{cc}\mathcal{D}_\heartsuit & \begin{array}{c}\mathcal{D}_{\diamondsuit'}\\ \Sigma'\Rightarrow\Delta\end{array}\\ \Gamma\Rightarrow\varphi & \overset{(w\Rightarrow)}{\psi,\Sigma'\Rightarrow\Delta}\end{array}}{\psi,\Sigma'[\Gamma/\varphi]\Rightarrow\Delta}}\right)$$

$$\overset{def}{\equiv}(w\Rightarrow)\dfrac{\mathscr{C}\left(\underset{(MIX)}{\dfrac{\mathcal{D}_\heartsuit\quad \mathcal{D}_{\diamondsuit'}}{\Sigma'[\Gamma/\varphi]\Rightarrow\Delta}\;\;\dfrac{\Gamma\Rightarrow\varphi\quad \Sigma'\Rightarrow\Delta}{}}\right)}{\psi,\Sigma'[\Gamma/\varphi]\Rightarrow\Delta}$$

2) (MIX) の主論理式 φ と $(w\Rightarrow)$ の主論理式 φ が一致している場合：

$$\mathscr{C}\left(\underset{(MIX)}{\dfrac{\begin{array}{cc}\mathcal{D}_\heartsuit & \begin{array}{c}\mathcal{D}_{\diamondsuit'}\\ \Sigma'\Rightarrow\Delta\end{array}\\ \Gamma\Rightarrow\varphi & \overset{(w\Rightarrow)}{\varphi,\Sigma'\Rightarrow\Delta}\end{array}}{\Gamma,\Sigma'[\Gamma/\varphi]\Rightarrow\Delta}}\right)$$

$$\overset{def}{\equiv}(w\Rightarrow)*\dfrac{\mathscr{C}\left(\underset{(MIX)}{\dfrac{\mathcal{D}_\heartsuit\quad \mathcal{D}_{\diamondsuit'}}{\Sigma'[\Gamma/\varphi]\Rightarrow\Delta}\;\;\dfrac{\Gamma\Rightarrow\varphi\quad \Sigma'\Rightarrow\Delta}{}}\right)}{\Gamma,\Sigma'[\Gamma/\varphi]\Rightarrow\Delta}$$

11.3 LM のカット除去定理の証明

いずれの場合も，右辺の (MIX) は右の階数が左辺の (MIX) よりも 1 小さいので，前提 $\mathfrak{Cut}(d, r-1)$ より $\mathscr{C}$ が適用可能である．

$\Diamond$ がその他の構造規則，すなわち $(e\Rightarrow)(c\Rightarrow)(\Rightarrow w)$ のいずれかである場合も同様に証明できる（練習問題 11.25 とする）．一方，$\Diamond$ が論理規則である場合には，少々注意が必要である．

⊟ $\Diamond \equiv (\rightarrow\Rightarrow)$ の場合：

1) (MIX) の主論理式 φ と $(\rightarrow\Rightarrow)$ の主論理式 $\psi \rightarrow \chi$ が異なる場合：

$$\mathscr{C}\left(\underset{(MIX)}{\dfrac{\begin{array}{cc}\mathcal{D}_\heartsuit & \begin{array}{cc}\mathcal{D}_{\Diamond'} & \mathcal{D}_{\Diamond''} \\ \Sigma'\Rightarrow \psi & \chi, \Sigma''\Rightarrow \Delta\end{array} \\ \Gamma \Rightarrow \varphi & \overset{(\rightarrow\Rightarrow)}{\Sigma',\psi\rightarrow\chi,\Sigma''\Rightarrow\Delta}\end{array}}{\Sigma'[\Gamma/\varphi],\psi\rightarrow\chi,\Sigma''[\Gamma/\varphi]\Rightarrow\Delta}}\right)$$

$$\overset{def}{\equiv} \underset{(\rightarrow\Rightarrow)}{\dfrac{\mathscr{C}\left(\underset{(MIX)}{\dfrac{\mathcal{D}_\heartsuit \quad \mathcal{D}_{\Diamond'}}{\Gamma\Rightarrow\varphi \quad \Sigma'\Rightarrow\psi}}{\Sigma'[\Gamma/\varphi]\Rightarrow\psi}\right) \quad \mathscr{C}\left(\underset{(MIX)}{\dfrac{\mathcal{D}_\heartsuit \quad \mathcal{D}_{\Diamond''}}{\Gamma\Rightarrow\varphi \quad \chi,\Sigma''\Rightarrow\Delta}}{\chi,\Sigma''[\Gamma/\varphi]\Rightarrow\Delta}\right)}{\Sigma'[\Gamma/\varphi],\psi\rightarrow\chi,\Sigma''[\Gamma/\varphi]\Rightarrow\Delta}}$$

ただし，これは $\varphi \not\equiv \chi$ である場合に限られる．$\varphi \equiv \chi$ の場合（以下）は，χ は右側の (MIX) によって Γ に置き換わってしまう．χ は $(\rightarrow\Rightarrow)$ により $\psi \rightarrow \chi$ を作るのに必要であるため，以下のように $(w\Rightarrow)$ を用いて補う必要がある．

$$\underset{\begin{array}{c}(e\Rightarrow)*\\(c\Rightarrow)*\\(e\Rightarrow)\end{array}}{\dfrac{\underset{(\rightarrow\Rightarrow)}{\dfrac{\mathscr{C}\left(\underset{(MIX)}{\dfrac{\mathcal{D}_\heartsuit \quad \mathcal{D}_{\Diamond'}}{\Gamma\Rightarrow\varphi \quad \Sigma'\Rightarrow\psi}}{\Sigma'[\Gamma/\varphi]\Rightarrow\psi}\right) \quad \underset{(w\Rightarrow)}{\dfrac{\mathscr{C}\left(\underset{(MIX)}{\dfrac{\mathcal{D}_\heartsuit \quad \mathcal{D}_{\Diamond''}}{\Gamma\Rightarrow\varphi \quad \varphi,\Sigma''\Rightarrow\Delta}}{\Gamma,\Sigma''[\Gamma/\varphi]\Rightarrow\Delta}\right)}{\varphi,\Gamma,\Sigma''[\Gamma/\varphi]\Rightarrow\Delta}}}{\Sigma'[\Gamma/\varphi],\psi\rightarrow\varphi,\Gamma,\Sigma''[\Gamma/\varphi]\Rightarrow\Delta}}}{\Sigma'[\Gamma/\varphi],\psi\rightarrow\varphi,\Sigma''[\Gamma/\varphi]\Rightarrow\Delta}}$$

ここで，最下段が $(e\Rightarrow)$ と $(c\Rightarrow)$ によって導出できる理由は以下の通りである．$\mathcal{D}$ の右の階数は 2 以上であるから，Σ' と Σ'' のいずれか（あるいは両方）には φ が含まれているはずである．したがって，$\Sigma'[\Gamma/\varphi]$ と $\Sigma''[\Gamma/\varphi]$ のいずれか（あるいは両方）には Γ が含まれている．

2) (MIX) の主論理式 $\psi \rightarrow \chi$ と $(\rightarrow\Rightarrow)$ の主論理式 $\psi \rightarrow \chi$ が一致している場合：

$$\mathscr{C}\left(_{(MIX)}\cfrac{\mathcal{D}_\heartsuit\quad\Gamma\Rightarrow\psi\rightarrow\chi \quad(\rightarrow\Rightarrow)\cfrac{\mathcal{D}_{\diamondsuit'}\quad\mathcal{D}_{\diamondsuit''}}{\Sigma',\psi\rightarrow\chi,\Sigma''\Rightarrow\Delta}}{\Sigma'[\Gamma/\psi\rightarrow\chi],\Gamma,\Sigma''[\Gamma/\psi\rightarrow\chi]\Rightarrow\Delta}\right)$$

$$\stackrel{def}{\equiv}\mathscr{C}\left(_{(MIX)}\cfrac{\mathcal{D}_\heartsuit\quad\Gamma\Rightarrow\psi\rightarrow\chi\quad(\rightarrow\Rightarrow)\cfrac{\mathscr{C}\left(_{(MIX)}\cfrac{\mathcal{D}_\heartsuit\quad\mathcal{D}_{\diamondsuit'}}{\Gamma\Rightarrow\psi\rightarrow\chi\quad\Sigma'\Rightarrow\psi}{\Sigma'[\Gamma/\psi\rightarrow\chi]\Rightarrow\psi}\right)\quad\mathscr{C}\left(_{(MIX)}\cfrac{\mathcal{D}_\heartsuit\quad\mathcal{D}_{\diamondsuit''}}{\Gamma\Rightarrow\psi\rightarrow\chi\quad\chi,\Sigma''\Rightarrow\Delta}{\chi,\Sigma''[\Gamma/\psi\rightarrow\chi]\Rightarrow\Delta}\right)}{\Sigma'[\Gamma/\psi\rightarrow\chi],\psi\rightarrow\chi,\Sigma''[\Gamma/\psi\rightarrow\chi]\Rightarrow\Delta}}{\Sigma'[\Gamma/\psi\rightarrow\chi],\Gamma,\Sigma''[\Gamma/\psi\rightarrow\chi]\Rightarrow\Delta}\right)$$

内側の二つの (MIX) については，それぞれ右の階数が元の (MIX) の階数より 1 小さいので，前提より (MIX) のない証明図が得られる．外側の (MIX) については，左の階数は元の (MIX) と同じであり，また右の階数は，解説 11.21 より $\psi\rightarrow\chi\notin\Gamma$ であるから 1 である．よって，階数は元の (MIX) より小さい．したがって前提 $\mathfrak{Cut}(d,1),\ldots,\mathfrak{Cut}(d,r-1)$ より，やはり $\mathscr{C}$ が適用可能である．

その他の論理規則については，練習問題 11.25 とする．

⊞ 右の階数 ≤ 左の階数の場合：「左の階数 ≤ 右の階数」の場合と同様に証明できる．以下，$(\rightarrow\Rightarrow)$ の場合のみ示す．

⊟ $\heartsuit\equiv(\rightarrow\Rightarrow)$ の場合：

$$\mathscr{C}\left(_{(MIX)}\cfrac{(\rightarrow\Rightarrow)\cfrac{\mathcal{D}_{\heartsuit'}\quad\mathcal{D}_{\heartsuit''}}{\Gamma\Rightarrow\psi\quad\chi,\Gamma'\Rightarrow\varphi}{\Gamma,\psi\rightarrow\chi,\Gamma'\Rightarrow\varphi}\quad\mathcal{D}_\diamondsuit\atop\Sigma\Rightarrow\Delta}{\Sigma[\Gamma,\psi\rightarrow\chi,\Gamma'/\varphi]\Rightarrow\Delta}\right)$$

$$\stackrel{def}{\equiv}{(w\Rightarrow)*\atop(e\Rightarrow)*}\cfrac{(\rightarrow\Rightarrow)\cfrac{\mathcal{D}_{\heartsuit'}\atop\Gamma\Rightarrow\psi\quad{(e\Rightarrow)*\atop(c\Rightarrow)*}\cfrac{\mathscr{C}\left(_{(MIX)}\cfrac{\mathcal{D}_{\heartsuit''}\quad\mathcal{D}_\diamondsuit}{\chi,\Gamma'\Rightarrow\varphi\quad\Sigma\Rightarrow\Delta}{\Sigma[\chi,\Gamma'/\varphi]\Rightarrow\Delta}\right)}{\chi,\Sigma[\Gamma'/\varphi]\Rightarrow\Delta}}{\Gamma,\psi\rightarrow\chi,\Sigma[\Gamma'/\varphi]\Rightarrow\Delta}}{\Sigma[\Gamma,\psi\rightarrow\chi,\Gamma'/\varphi]\Rightarrow\Delta}$$

(MIX) は，左の階数が元の (MIX) より 1 小さいので，前提 $\mathfrak{Cut}(d,r-1)$ より $\mathscr{C}$ が適用可能である．

その他の場合は練習問題 11.25 とする． □

練習問題 11.25 補題 11.24 の証明を補完せよ．

11.3 LM のカット除去定理の証明

補題 11.26 任意の自然数 $d\ (\geq 2)$ について以下が成り立つ．すなわち，任意の自然数 $r\ (\geq 1)$ について $\mathfrak{Cut}(1,r),\ldots,\mathfrak{Cut}(d-1,r)$ が成り立つならば，$\mathfrak{Cut}(d,1)$ が成り立つ．

解説 11.20 より，$\mathcal{D}$ は左右ともに階数が 1 である場合のみを考える．

証明． $\heartsuit$ または $\diamondsuit$ が (ID) もしくは構造規則である場合は，補題 11.23 の証明と同様なので，以下，$\heartsuit$ と $\diamondsuit$ は (ID) や構造規則ではないものとする．それぞれ，$\mathscr{C}$ を以下のように定義する．

☐ $\heartsuit \equiv (\Rightarrow \to)$ の場合：このとき，$\mathcal{D}$ は以下の形式である．

$$\mathcal{D} \equiv \ (MIX)\dfrac{(\Rightarrow\to)\dfrac{\mathcal{D}_{\heartsuit'}}{\Gamma \Rightarrow \varphi \to \psi} \quad \mathcal{D}_{\diamondsuit}}{\Sigma[\Gamma/\varphi \to \psi] \Rightarrow \Delta}$$

ここで，$\mathcal{D}$ の右の階数が 1 であることから，(MIX) の主論理式 $\varphi \to \psi$ は $\Sigma \Rightarrow \Delta$ より上には現れない．**LM** において，下段左辺に現れる $\varphi \to \psi$ という形式の論理式が上段左辺に現れない規則は，$(ID)(w\Rightarrow)(\to\Rightarrow)$ のみである．いま，$\diamondsuit$ は $(ID)(w\Rightarrow)$ ではないので，$(\to\Rightarrow)$ の場合のみ考えればよい．また，右の階数が 1 であることから，Σ には (MIX) の主論理式以外の $\varphi \to \psi$ は含まれていないので，$\Sigma \equiv \Sigma', \varphi \to \psi, \Sigma''$ とおける（$\varphi \to \psi \notin \Sigma', \Sigma''$）．このとき，$\Sigma[\Gamma/\varphi \to \psi] \equiv \Sigma', \Gamma, \Sigma''$ であるから，$\mathscr{C}$ を以下のように定義すればよい．

$$\mathscr{C}\left((MIX)\dfrac{(\Rightarrow\to)\dfrac{\mathcal{D}_{\heartsuit'}}{\varphi,\Gamma \Rightarrow \psi} \quad (\to\Rightarrow)\dfrac{\mathcal{D}_{\diamondsuit'} \quad \mathcal{D}_{\diamondsuit''}}{\Sigma' \Rightarrow \varphi \quad \psi, \Sigma'' \Rightarrow \Delta}}{\Sigma', \varphi \to \psi, \Sigma'' \Rightarrow \Delta} \right)$$

$$\stackrel{def}{\equiv} \mathscr{C}\left(\genfrac{}{}{}{}{(w\Rightarrow)*}{(e\Rightarrow)*}\dfrac{(MIX)\dfrac{\mathscr{C}\left((MIX)\dfrac{\mathcal{D}_{\diamondsuit'} \quad \genfrac{}{}{}{}{(e\Rightarrow)*}{(c\Rightarrow)*}\dfrac{\varphi,\Gamma \Rightarrow \psi}{\varphi, \Gamma - \{\varphi\} \Rightarrow \psi}}{\Sigma', \Gamma - \{\varphi\} \Rightarrow \psi}\right) \quad \genfrac{}{}{}{}{(e\Rightarrow)*}{(c\Rightarrow)*}\dfrac{\mathcal{D}_{\diamondsuit''}}{\psi, \Sigma'' - \{\psi\} \Rightarrow \Delta}}{\Sigma', \Gamma - \{\varphi\}, \Sigma'' - \{\psi\} \Rightarrow \Delta}}{\Sigma', \Gamma, \Sigma'' \Rightarrow \Delta} \right)$$

この二つの (MIX) は，いずれも主論理式の深さが $\varphi \to \psi$ より小さいので，前提 $\mathfrak{Cut}(1,r),\ldots,\mathfrak{Cut}(d-1,r)$ より $\mathscr{C}$ が適用可能である．

□ $♡ \equiv (\Rightarrow \wedge)$ の場合：このとき，$\mathcal{D}$ は以下の形式である．

$$\mathcal{D} \equiv \quad (MIX)\dfrac{(\Rightarrow \wedge)\dfrac{\mathcal{D}_{♡_1} \quad \mathcal{D}_{♡_2}}{\Gamma \Rightarrow \varphi_1 \quad \Gamma \Rightarrow \varphi_2} \quad \mathcal{D}_{\diamondsuit}}{\Sigma[\Gamma/\varphi_1 \wedge \varphi_2] \Rightarrow \Delta}$$

$\mathcal{D}$ の右の階数が 1 であることから，$♡ \equiv (\Rightarrow \rightarrow)$ のときと同様の議論により，$\diamondsuit \equiv (\wedge \Rightarrow)$ であるが，$(\wedge \Rightarrow)$ の主論理式は (MIX) の主論理式 $\varphi_1 \wedge \varphi_2$ であり，Σ にはそれ以外の $\varphi_1 \wedge \varphi_2$ は現れない．したがって $\Sigma \equiv \varphi_1 \wedge \varphi_2, \Sigma'$（ただし $\varphi_1 \wedge \varphi_2 \notin \Sigma'$）とおくことができ，$\mathscr{C}$ は以下のように定義すればよい．

$$\mathscr{C}\left((MIX)\dfrac{(\Rightarrow\wedge)\dfrac{\mathcal{D}_{♡_1} \quad \mathcal{D}_{♡_2}}{\Gamma \Rightarrow \varphi_1 \quad \Gamma \Rightarrow \varphi_2}}{\Gamma \Rightarrow \varphi_1 \wedge \varphi_2} \quad (\wedge\Rightarrow)\dfrac{\dfrac{\mathcal{D}_{\diamondsuit_i}}{\varphi_i, \Sigma' \Rightarrow \Delta}}{\varphi_1 \wedge \varphi_2, \Sigma' \Rightarrow \Delta}(i=1,2) \right)$$

$$\stackrel{def}{\equiv} \mathscr{C}\left((MIX)\dfrac{\mathcal{D}_{♡_i} \quad \mathcal{D}_{\diamondsuit_i}}{\Gamma \Rightarrow \varphi_i \quad \varphi_i, \Sigma' \Rightarrow \Delta}{\Gamma, \Sigma' \Rightarrow \Delta}(i=1,2) \right)$$

この (MIX) は，主論理式の深さが $\varphi_1 \wedge \varphi_2$ より小さいので，前提 $\mathfrak{Cut}(1,r), \ldots, \mathfrak{Cut}(d-1,r)$ より $\mathscr{C}$ が適用可能である．$\mathcal{D}_{\diamondsuit_i}$ の最下段が $\Sigma', \varphi_2 \Rightarrow \Delta$ の場合も同様である．

□ $♡ \equiv (\Rightarrow \vee)$ の場合：このとき，$\mathcal{D}$ は以下の形式である．

$$\mathcal{D} \equiv \quad (MIX)\dfrac{(\Rightarrow\vee)\dfrac{\mathcal{D}_{♡_i}}{\Gamma \Rightarrow \varphi_i}}{\Gamma \Rightarrow \varphi_1 \vee \varphi_2}(i=1,2) \quad \dfrac{\mathcal{D}_{\diamondsuit}}{\Sigma \Rightarrow \Delta}}{\Sigma[\Gamma/\varphi_1 \vee \varphi_2] \Rightarrow \Delta}$$

$\mathcal{D}$ の右の階数が 1 であることから，$♡ \equiv (\Rightarrow \rightarrow)$ のときと同様の議論により，$\diamondsuit \equiv (\vee \Rightarrow)$ であり，$(\vee \Rightarrow)$ の主論理式は (MIX) の主論理式 $\varphi_1 \vee \varphi_2$ であり，Σ にはそれ以外の $\varphi_1 \vee \varphi_2$ は現れない．したがって $\Sigma \equiv \varphi_1 \vee \varphi_2, \Sigma'$（ただし $\varphi_1 \vee \varphi_2 \notin \Sigma'$）とおくことができる．$\mathscr{C}$ の定義は練習問題 11.27 とする．

□ $♡ \equiv (\Rightarrow \forall)$ の場合：このとき，$\mathcal{D}$ は以下の形式である（ただし $\zeta \notin fv(\Gamma) \cup fv(\forall \xi \varphi)$—(†))．

11.3 LM のカット除去定理の証明

$$\mathcal{D} \equiv \quad (MIX)\dfrac{(\Rightarrow\forall)\dfrac{\overset{\mathcal{D}_{\heartsuit'}}{\Gamma \Rightarrow \varphi[\zeta/\xi]}}{\Gamma \Rightarrow \forall\xi\varphi} \quad \overset{\mathcal{D}_{\diamondsuit}}{\Sigma \Rightarrow \Delta}}{\Sigma[\Gamma/\forall\xi\varphi] \Rightarrow \Delta}$$

$\mathcal{D}$ の右の階数が 1 であることから，$\heartsuit \equiv (\Rightarrow\to)$ のときと同様の議論により，$\diamondsuit \equiv (\forall\Rightarrow)$ であるが，$(\forall\Rightarrow)$ の主論理式は (MIX) の主論理式 $\forall\xi\varphi$ であり，Σ にはそれ以外の $\forall\xi\varphi$ は現れない．したがって，$\Sigma \equiv \forall\xi\varphi, \Sigma'$（ただし $\forall\xi\varphi \notin \Sigma'$）とおくことができ，$\mathcal{C}$ は以下のように定義すればよい．

$$\mathcal{C}\left((MIX)\dfrac{(\Rightarrow\forall)\dfrac{\overset{\mathcal{D}_{\heartsuit'}}{\Gamma \Rightarrow \varphi[\zeta/\xi]}}{\Gamma \Rightarrow \forall\xi\varphi} \quad (\forall\Rightarrow)\dfrac{\overset{\mathcal{D}_{\diamondsuit'}}{\varphi[\tau/\xi], \Sigma' \Rightarrow \Delta}}{\forall\xi\varphi, \Sigma' \Rightarrow \Delta}}{\Gamma, \Sigma' \Rightarrow \Delta}\right)$$

$$\overset{def}{\equiv} \mathcal{C}\left((MIX)\dfrac{\overset{\mathscr{S}_{\tau/\zeta}(\mathcal{D}_{\heartsuit'})}{\Gamma \Rightarrow \varphi[\tau/\xi]} \quad \overset{\mathcal{D}_{\diamondsuit'}}{\varphi[\tau/\xi], \Sigma' \Rightarrow \Delta}}{\Gamma, \Sigma' \Rightarrow \Delta}\right)$$

この (MIX) は主論理式の深さが $\forall\xi\varphi$ より 1 小さいので，前提 $\mathfrak{Cut}(d-1, r)$ より $\mathcal{C}$ が適用可能である．

ただし，$\Gamma \Rightarrow \varphi[\zeta/\xi]$ の証明図 $\mathcal{D}_{\heartsuit'}$ から，同じ深さの $\Gamma \Rightarrow \varphi[\tau/\xi]$ の証明図 $\mathscr{S}_{\tau/\zeta}(\mathcal{D}_{\heartsuit'})$ への変換は **LM** の代入補題（補題 10.68）による．ここで，$\mathscr{S}_{\tau/\zeta}(\mathcal{D}_{\heartsuit'})$ の終式は $\Gamma[\tau/\zeta] \Rightarrow \varphi[\zeta/\xi][\tau/\zeta]$ であるが，(†) より $\zeta \notin fv(\Gamma)$ であるから，定理 5.42 (1) より $\Gamma[\tau/\zeta] \equiv \Gamma$ である．また，(†) より $\zeta \notin fv(\varphi) - \{\xi\}$ であるが，カット除去定理の条件「$\mathcal{D}$ に現れる自由変項は，$\mathcal{D}$ において束縛変項として現れない」（解説 11.3 参照）より $\zeta \not\equiv \xi$ であるから $\zeta \notin fv(\varphi)$ である．したがって定理 5.42 (3) より $\varphi[\zeta/\xi][\tau/\zeta] \equiv \varphi[\tau/\xi]$ である．

□ $\heartsuit \equiv (\Rightarrow\exists)$ の場合：このとき，$\mathcal{D}$ は以下の形式である．

$$\mathcal{D} \equiv \quad (MIX)\dfrac{(\Rightarrow\exists)\dfrac{\overset{\mathcal{D}_{\heartsuit'}}{\Gamma \Rightarrow \varphi[\tau/\xi]}}{\Gamma \Rightarrow \exists\xi\varphi} \quad \overset{\mathcal{D}_{\diamondsuit}}{\Sigma \Rightarrow \Delta}}{\Sigma[\Gamma/\exists\xi\varphi] \Rightarrow \Delta}$$

この場合については練習問題 11.27 とする（ただし $\heartsuit \equiv (\Rightarrow\forall)$ の場合と同様，**LM** の代入補題を用いる）． ☐

練習問題 11.27 補題 11.26 の証明を補完せよ．

以上，補題 11.14，補題 11.24，補題 11.26 を合わせると，**LM** のカット除去定理が証明される．

解説 11.28 **LM** における (MIX) の除去とは，証明を遡れば，以下のような過程を経て行われることになる．すなわち，階数 r，主論理式の深さ d の証明図 $\mathcal{D}$ が与えられたら，まず主論理式の形式を保ったまま，左右の階数をそれぞれ 1 まで下げる．これは，代入のポイントを証明図の上の方にずらしていくことに相当する．途中でもし階数が 0 になったら，その時点で (MIX) は除去される．

次に，深さ d が 1 より大きい場合は，証明図を真部分論理式の (MIX) からなる証明図によって組み替えて，d より小さい場合に帰着させる．このとき，それぞれの (MIX) の階数は上がる可能性があるが，その階数は上と同じ手順を踏むことによって，再び 1 まで下げることができる．

以上を繰り返して，左右の階数が 1 の証明図のうち，変換先に再帰のない規則に辿り着いたら，変換は終了するのである．

練習問題 11.29 解説 11.3 のシーケントを含む証明図にカット除去が適用できない理由を，補題 11.26 の証明に照らし合わせて考えよ．

練習問題 11.30 (MIX) の代わりに，次のような規則を考える．ただし，$\varphi \notin \Sigma$ とする．

$$\frac{\Gamma \Rightarrow \varphi \qquad \varphi, \ldots, \varphi, \Sigma \Rightarrow \Delta}{\Gamma, \Sigma \Rightarrow \Delta}$$

1. **LM–CUT** 上で，上記の規則と (CUT) 規則が等価であることを示せ．
2. **LM** のカット除去証明に (MIX) ではなく上記の規則を用いた場合，$(e\Rightarrow)$ の扱いにおいて生じる問題について考察せよ．

練習問題 11.31 (MIX) の代わりに，次のような規則を考える．ただし，$\varphi \notin \Sigma, \Sigma'$ とする．

$$\frac{\Gamma \Rightarrow \varphi \qquad \Sigma, \varphi, \Sigma' \Rightarrow \Delta}{\Gamma, \Sigma \Rightarrow \Delta}$$

1. **LM–CUT** 上で，上記の規則と (CUT) 規則が等価であることを示せ．
2. **LM** のカット除去証明に (MIX) ではなく上記の規則を用いた場合，$(c\Rightarrow)$ の扱いにおいて生じる問題について考察せよ．

11.4 **LJ** のカット除去定理の証明

証明. **LM** のカット除去定理の証明の場合分けに，$(\bot \Rightarrow)$ が使用される場合を加える．$\mathcal{D}$ を最下段の推論規則のみが (MIX) であるような以下のような証明図とする．

$$\mathcal{D} \equiv (MIX)\frac{\overset{\mathcal{D}_\heartsuit}{\Gamma \Rightarrow \varphi} \quad \overset{\mathcal{D}_\diamondsuit}{\Sigma \Rightarrow \Delta}}{\Sigma[\Gamma/\varphi] \Rightarrow \Delta}$$

⊟ $\heartsuit \equiv (\bot \Rightarrow)$ の場合：(MIX) の主論理式は空ではないので，これはあり得ない．

⊟ $\diamondsuit \equiv (\bot \Rightarrow)$ の場合：すなわち (MIX) の主論理式は $\bot$ であり，$\mathcal{D}$ は以下の形式である．

$$\mathcal{D} \equiv (MIX)\frac{\overset{\mathcal{D}_\heartsuit}{\Gamma \Rightarrow \bot} \quad (\bot \Rightarrow)\overline{\bot \Rightarrow}}{\Gamma \Rightarrow}$$

⊞ $\mathcal{D}$ の左右の階数がいずれも 1 の場合：$\heartsuit$ の下段右辺が $\bot$ であり，これが上段右辺には現れないことから，$\heartsuit$ は $(ID)(\Rightarrow w)$ のいずれかでなければならないが，これらの場合は **LM** のカット除去定理の証明に既に含まれている．

⊞ $\mathcal{D}$ の右の階数が 2 以上の場合：これは $(\bot \Rightarrow)$ の形式から，あり得ない．

⊞ $\mathcal{D}$ の左の階数が 2 以上の場合：$\mathcal{D}_\heartsuit$ は以下の形式である．

$$\mathcal{D}_\heartsuit \equiv (\heartsuit)\frac{\overset{\mathcal{D}_{\heartsuit'}}{\Gamma' \Rightarrow \bot}}{\Gamma \Rightarrow \bot}$$

この場合，$\heartsuit$ は上段右辺と下段右辺が同一の推論規則であることから，$\mathscr{C}$ は以下のように定義できる．

$$\mathscr{C}\left((MIX)\frac{(\heartsuit)\frac{\overset{\mathcal{D}_{\heartsuit'}}{\Gamma' \Rightarrow \bot}}{\Gamma \Rightarrow \bot} \quad (\bot \Rightarrow)\overline{\bot \Rightarrow}}{\Gamma \Rightarrow}\right) \overset{def}{\equiv} (\heartsuit)\frac{\mathscr{C}\left((MIX)\frac{\overset{\mathcal{D}_{\heartsuit'}}{\Gamma' \Rightarrow \bot} \quad (\bot \Rightarrow)\overline{\bot \Rightarrow}}{\Gamma' \Rightarrow}\right)}{\Gamma \Rightarrow}$$

□

11.5 LKのカット除去定理の証明

LKのカット除去定理の証明には，LJのカット除去定理とグリベンコの定理を用いる．まず準備として，補題を二つ用意する．

補題 11.32 以下は LK–CUT の許容規則である．

$$(\Rightarrow -\neg)\frac{\Gamma \Rightarrow \Delta}{\varphi, \Gamma \Rightarrow \Delta - \{\neg\varphi\}} \qquad (-\neg \Rightarrow)\frac{\Gamma \Rightarrow \Delta}{\Gamma - \{\neg\varphi\} \Rightarrow \Delta, \varphi} \qquad (\Rightarrow -\bot)\frac{\Gamma \Rightarrow \Delta}{\Gamma \Rightarrow \Delta - \{\bot\}}$$

練習問題 11.33 帰納法を用いて，補題 11.32 を証明せよ．

補題 11.34 以下は LK–CUT の許容規則である．

$$\frac{\Gamma^* \Rightarrow \Delta^*}{\Gamma \Rightarrow \Delta}$$

証明．自然数 d に関する命題 $\mathfrak{P}(d)$ を「任意の論理式列 Γ, Δ について，$\Gamma^* \Rightarrow \Delta^*$ を終式とする深さ d の **LK–CUT** の証明図 $\mathcal{D}$ から，$\Gamma \Rightarrow \Delta$ を終式とする **LK–CUT** の証明図 $\mathscr{F}(\mathcal{D})$ への変換 $\mathscr{F}$ が存在する」と定義する．任意の自然数 d $(1 \leq d)$ について $\mathfrak{P}(d)$ が成り立つことを示す．

$\underline{d = 1 \text{の場合}}$：$\mathcal{D}$ の最下段の規則は (ID) または $(\bot \Rightarrow)$ であるが，いずれの場合も $\mathfrak{P}(1)$ が成り立つことは自明．

$\underline{1 < d \text{の場合}}$：$\mathfrak{P}(1), \ldots, \mathfrak{P}(d-1)$ が成り立つと仮定する（帰納法の仮説：IH）．$\mathcal{D}$ の最下段の規則によって，それぞれ $\mathscr{F}$ を次のように定義すればよい．

$$\mathscr{F}\left((\rightarrow \Rightarrow)\frac{\overset{\mathcal{D}'}{\varphi^*, \Gamma^* \Rightarrow \Delta^*, \psi^*}}{\Gamma^* \Rightarrow \Delta^*, \varphi^* \rightarrow \psi^*}\right) \overset{def}{\equiv} (\rightarrow \Rightarrow)\frac{\overset{\mathscr{F}(\mathcal{D}')}{\varphi, \Gamma \Rightarrow \Delta, \psi}}{\Gamma \Rightarrow \Delta, \varphi \rightarrow \psi}$$

$$\mathscr{F}\left((\Rightarrow \forall)\frac{\overset{\mathcal{D}'}{\Gamma^* \Rightarrow \Delta^*, (\neg\neg\varphi[\zeta/\xi])^*}}{\equiv \Gamma^* \Rightarrow \Delta^*, (\neg\neg\varphi^*)[\zeta/\xi]}\right) \overset{def}{\equiv} (\Rightarrow \forall)\frac{(\Rightarrow -\neg)\frac{\overset{\mathscr{F}(\mathcal{D}')}{\Gamma \Rightarrow \Delta, \neg\neg\varphi[\zeta/\xi]}}{\neg\varphi[\zeta/\xi], \Gamma - \{\neg\neg\varphi[\zeta/\xi]\} \Rightarrow \Delta}}{\Gamma - \{\neg\neg\varphi[\zeta/\xi]\} \Rightarrow \Delta - \{\neg\varphi[\zeta/\xi]\}, \varphi[\zeta/\xi]}$$
$$\frac{\Gamma - \{\neg\neg\varphi[\zeta/\xi]\} \Rightarrow \Delta - \{\neg\varphi[\zeta/\xi]\}, \forall\xi\varphi}{\Gamma \Rightarrow \Delta, \forall\xi\varphi}$$

11.5 **LK** のカット除去定理の証明

その他の場合は練習問題 11.35 とする. □

練習問題 11.35 補題 11.34 の証明を補完せよ.

最後に，**LK** のカット除去定理を証明する.

証明. 自然数 k に関する命題 $\mathfrak{P}(k)$ を「任意の論理式列 Γ, Δ（ただし $|\Delta| = k$）について，$\Gamma \Rightarrow \Delta$ を終式とする **LK** の証明図 $\mathcal{D}$ が存在するならば，$\Gamma \Rightarrow \Delta$ を終式とする **LK**–**CUT** の証明図が存在する．ただし $\mathcal{D}$ に現れる自由変項は，$\mathcal{D}$ において束縛変項としては現れないとする」と定義する．以下，任意の k $(1 \leq k)$ について $\mathfrak{P}(k)$ が成り立つことを示す.

$\underline{k = 0 \text{ の場合}}$：

1. $\Gamma \vdash_{\mathbf{LK}}$ と仮定する.
2. グリベンコの定理より，$\Gamma^* \vdash_{\mathbf{LJ}} \bot$ である.
3. **LJ** のカット除去定理より，$\Gamma^* \Rightarrow \bot$ を終式とする **LJ**–**CUT** の証明図が存在する.
4. **LJ**–**CUT** の証明図は **LK**–**CUT** の証明図でもあるから，$\Gamma^* \Rightarrow \bot$ を終式とする **LK**–**CUT** の証明図が存在する.
5. 補題 11.34 より，$\Gamma \Rightarrow \bot$ を終式とする **LK**–**CUT** の証明図が存在する.
6. 補題 11.32 ($\Rightarrow$–$\bot$) より，$\Gamma \Rightarrow$ を終式とする **LK**–**CUT** の証明図が存在する.

$\underline{0 < k \text{ の場合}}$：$\mathfrak{P}(k-1)$ が成り立つと仮定する（帰納法の仮説：IH）．以下，$\mathfrak{P}(k)$ が成り立つことを示す．$\Delta \equiv \Sigma, \psi$ とおく．

1. $\Gamma \vdash_{\mathbf{LK}} \Sigma, \psi$ であると仮定する.
2. ($\neg \Rightarrow$) より，$\neg \psi, \Gamma \vdash_{\mathbf{LK}} \Sigma$ である.
3. $|\Sigma| = k-1$ であるから，IH より，$\neg \psi, \Gamma \Rightarrow \Sigma$ を終式とする **LK**–**CUT** の証明図が存在する.
4. 補題 11.32 ($-\neg\Rightarrow$) より，$\Gamma \Rightarrow \Sigma, \psi$ を終式とする **LK**–**CUT** の証明図が存在する. □

第 12 章

タブロー式シーケント計算

12.1 タブローからシーケント計算へ

自然演繹に対応するシーケント計算があるように,タブローに対応するシーケント計算が存在する.タブローにおける木構造の操作は,シーケント計算の形式で表すには不向きであるように見えるかもしれない.しかし,自然演繹をシーケント計算に書き換えた際に,木構造の各ノードが「論理式」から「推論」に置き換わったことを思い出されたい.タブローに対しても同様の考え方を適用することができる.

タブローによる証明の途中,ある枝(式の並び)の状態を考える.いま,タブローの規則を適用しようとしている論理式が $\varphi \wedge \psi$ であり,その上の論理式の列を Γ,その下の論理式の列を Δ とする.

$$
\Gamma \\
\varphi \wedge \psi \\
\Delta
$$

この状態は「$\Gamma, \varphi \wedge \psi, \Delta$ は充足可能である」ことを表している (6.1 節参照).
これに対して,$(\wedge)$ 規則(定義 6.24 参照.以下再掲)は「もし $\Delta, \varphi \wedge \psi, \Gamma$ が充足可能ならば,$\varphi, \psi, \Delta, \varphi \wedge \psi, \Gamma$ も充足可能である」という保証に基づくものであった.

12.1 タブローからシーケント計算へ

$$
\begin{array}{cc}
\varphi \wedge \psi & \neg(\varphi \wedge \psi) \\
| & \diagup \diagdown \\
\varphi & \neg\varphi \quad \neg\psi \\
\psi &
\end{array}
$$

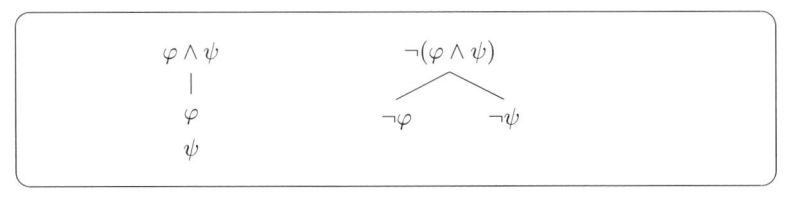

したがって，$(\wedge)$ 規則の適用とは，この途中状態を前提とした以下のような演繹であると考えることができる．

$$
\left.\begin{array}{c}\Gamma \\ \varphi \wedge \psi \\ \Delta\end{array}\right\} \text{が充足可能である．} \quad \Longrightarrow \quad \left.\begin{array}{c}\Gamma \\ \varphi \wedge \psi \\ \Delta \\ \varphi \\ \psi\end{array}\right\} \text{が充足可能である．}
$$

この対偶を取ると，

$$
\left.\begin{array}{c}\Gamma \\ \varphi \wedge \psi \\ \Delta \\ \varphi \\ \psi\end{array}\right\} \text{が充足不能である．} \quad \Longrightarrow \quad \left.\begin{array}{c}\Gamma \\ \varphi \wedge \psi \\ \Delta\end{array}\right\} \text{が充足不能である．}
$$

となるが，これは以下のように書くのと同じことである．

$$
\varphi, \psi, \Delta, \varphi \wedge \psi, \Gamma \vDash \quad \Longrightarrow \quad \Delta, \varphi \wedge \psi, \Gamma \vDash
$$

これを縦に書くと，以下のようになる．

$$
\frac{\varphi, \psi, \Delta, \varphi \wedge \psi, \Gamma \vDash}{\Delta, \varphi \wedge \psi, \Gamma \vDash}
$$

証明論の立場に立っていることを明示するために，$\vDash$ の代わりに $\Rightarrow$ を用いることにすると，$(\wedge)$ 規則は以下のようなシーケント計算の規則とみなすことができる．

$$
(\wedge) \frac{\varphi, \psi, \Delta, \varphi \wedge \psi, \Gamma \Rightarrow}{\Delta, \varphi \wedge \psi, \Gamma \Rightarrow}
$$

問題は，分岐のあるタブローである．たとえば $(\neg \wedge)$ 規則の適用は，以下のように捉えることができる．

$$
\left.\begin{array}{c} \Gamma \\ \neg(\varphi \wedge \psi) \\ \Delta \end{array}\right\} \text{が充足可能である．}
$$

$$
\Longrightarrow \quad \left.\begin{array}{c} \Gamma \\ \neg(\varphi \wedge \psi) \\ \Delta \\ \diagup\diagdown \\ \neg\varphi \quad \neg\psi \end{array}\right\} \text{が充足可能である．}
$$

$$
\Longleftrightarrow \quad \left.\begin{array}{c} \Gamma \\ \neg(\varphi \wedge \psi) \\ \Delta \\ \neg\varphi \end{array}\right\} \text{が充足可能である．} \quad \textbf{または} \quad \left.\begin{array}{c} \Gamma \\ \neg(\varphi \wedge \psi) \\ \Delta \\ \neg\psi \end{array}\right\} \text{が充足可能である．}
$$

これの対偶を取ると，

$$
\left.\begin{array}{c} \Gamma \\ \neg(\varphi \wedge \psi) \\ \Delta \\ \neg\varphi \end{array}\right\} \text{が充足不能である．} \quad \textbf{かつ} \quad \left.\begin{array}{c} \Gamma \\ \neg(\varphi \wedge \psi) \\ \Delta \\ \neg\psi \end{array}\right\} \text{が充足不能である．}
$$

$$
\Longrightarrow \quad \left.\begin{array}{c} \Gamma \\ \neg(\varphi \wedge \psi) \\ \Delta \end{array}\right\} \text{が充足不能である．}
$$

となるが，これは以下のように書くのと同じことである．

$$\neg\varphi, \Delta, \neg(\varphi \wedge \psi), \Gamma \vDash \quad \neg\psi, \Delta, \neg(\varphi \wedge \psi), \Gamma \vDash \quad \Longrightarrow \quad \Delta, \neg(\varphi \wedge \psi), \Gamma \vDash$$

縦に書くと，以下のようになる．

$$\frac{\neg\varphi, \Delta, \neg(\varphi \wedge \psi), \Gamma \Rightarrow \quad \neg\psi, \Delta, \neg(\varphi \wedge \psi), \Gamma \Rightarrow}{\Delta, \neg(\varphi \wedge \psi), \Gamma \Rightarrow}$$

このように，タブローの規則はシーケント計算の形式で書き直すことができるのである．さらに，構造規則の交換規則が使用可能であるとすれば，上の規則を以下のように少々単純化することができる．

$$(\neg\wedge)\frac{\neg\varphi,\neg(\varphi\wedge\psi),\Gamma\Rightarrow \qquad \neg\psi,\neg(\varphi\wedge\psi),\Gamma\Rightarrow}{\neg(\varphi\wedge\psi),\Gamma\Rightarrow}$$

ここではタブローでの交換規則を (e) と記すことにする．交換規則があれば，上の規則から以下のように元の規則を導出することができるからである．

$$(e)*\cfrac{(\neg\wedge)\cfrac{(e)*\cfrac{\neg\varphi,\Delta,\neg(\varphi\wedge\psi),\Gamma\Rightarrow}{\neg\varphi,\neg(\varphi\wedge\psi),\Delta,\Gamma\Rightarrow} \qquad (e)*\cfrac{\neg\psi,\Delta,\neg(\varphi\wedge\psi),\Gamma\Rightarrow}{\neg\psi,\neg(\varphi\wedge\psi),\Delta,\Gamma\Rightarrow}}{\neg(\varphi\wedge\psi),\Delta,\Gamma\Rightarrow}}{\Delta,\neg(\varphi\wedge\psi),\Gamma\Rightarrow}$$

これは，タブローにおける推論規則は，その適用条件として枝上の論理式の順序に言及しないことと対応している．

12.2 公理と推論規則

以上の考察より，タブロー式シーケント計算 **TAB** の体系が導かれる．**TAB** の公理と推論規則は以下の通りである．シーケントの右辺の長さは高々 1 とする．

(BS) は**基本式** (basic sequent) と呼ばれる公理である．基本式の意味するところは，$\neg\varphi$ と φ が同じ枝上に現れたら，その枝は閉じるということである．

定義 12.1（**TAB** の公理）

$$(BS)\frac{}{\neg\varphi,\varphi,\Gamma\Rightarrow}$$

TAB の構造規則は，交換規則のみとする．

定義 12.2（**TAB** の構造規則）

$$(e)\frac{\Delta,\psi,\varphi,\Gamma\Rightarrow}{\Delta,\varphi,\psi,\Gamma\Rightarrow}$$

その他のタブローの規則は，以下のような論理規則に対応する．

定義 12.3 （**TAB** の論理規則）

$$(\neg\neg)\frac{\varphi,\neg\neg\varphi,\Gamma\Rightarrow}{\neg\neg\varphi,\Gamma\Rightarrow} \qquad (\bot)\frac{}{\bot,\Gamma\Rightarrow}$$

$$(\wedge)\frac{\varphi,\psi,\varphi\wedge\psi,\Gamma\Rightarrow}{\varphi\wedge\psi,\Gamma\Rightarrow} \qquad (\neg\wedge)\frac{\neg\varphi,\neg(\varphi\wedge\psi),\Gamma\Rightarrow \quad \neg\psi,\neg(\varphi\wedge\psi),\Gamma\Rightarrow}{\neg(\varphi\wedge\psi),\Gamma\Rightarrow}$$

$$(\vee)\frac{\varphi,\varphi\vee\psi,\Gamma\Rightarrow \quad \psi,\varphi\vee\psi,\Gamma\Rightarrow}{\varphi\vee\psi,\Gamma\Rightarrow} \qquad (\neg\vee)\frac{\neg\varphi,\neg\psi,\neg(\varphi\vee\psi),\Gamma\Rightarrow}{\neg(\varphi\vee\psi),\Gamma\Rightarrow}$$

$$(\to)\frac{\neg\varphi,\varphi\to\psi,\Gamma\Rightarrow \quad \psi,\varphi\to\psi,\Gamma\Rightarrow}{\varphi\to\psi,\Gamma\Rightarrow} \qquad (\neg\to)\frac{\varphi,\neg\psi,\neg(\varphi\to\psi),\Gamma\Rightarrow}{\neg(\varphi\to\psi),\Gamma\Rightarrow}$$

$$(\forall)\frac{\varphi[\tau/\xi],\forall\xi\varphi,\Gamma\Rightarrow}{\forall\xi\varphi,\Gamma\Rightarrow} \qquad (\neg\forall)\frac{\neg\varphi[\zeta/\xi],\neg\forall\xi\varphi,\Gamma\Rightarrow}{\neg\forall\xi\varphi,\Gamma\Rightarrow}$$
τ は任意の項． $\qquad\qquad\qquad\qquad$ ζ は変項．ただし，
$\qquad\qquad\qquad\qquad\qquad\qquad\qquad\qquad\zeta\notin fv(\Gamma)\cup fv(\neg\forall\xi\varphi).$

$$(\exists)\frac{\varphi[\zeta/\xi],\exists\xi\varphi,\Gamma\Rightarrow}{\exists\xi\varphi,\Gamma\Rightarrow} \qquad (\neg\exists)\frac{\neg\varphi[\tau/\xi],\neg\exists\xi\varphi,\Gamma\Rightarrow}{\neg\exists\xi\varphi,\Gamma\Rightarrow}$$
ζ は変項．ただし， $\qquad\qquad\qquad$ τ は任意の項．
$\zeta\notin fv(\Gamma)\cup fv(\exists\xi\varphi).$

練習問題 12.4 上の各規則と，6.5 節のタブロー規則の対応を確かめよ．

6.5 節の規則には $\top$ のための規則があったが，ここでは $\top\stackrel{def}{\equiv}\neg\bot$ と定義し，$\top$ のための規則は以下のように **TAB** における派生規則として証明する．

$$(def\top)\frac{(\neg\neg)\dfrac{(\bot)\overline{\bot,\neg\neg\bot,\Gamma\Rightarrow}}{\neg\neg\bot,\Gamma\Rightarrow}}{\neg\top,\Gamma\Rightarrow}$$

また，ゲンツェン流シーケント計算のときと同様，**TAB** の規則における主論理式，副論理式を以下のように定義する．

12.2 公理と推論規則

TAB の規則	主論理式	副論理式
(BS)	$\varphi, \neg\varphi$	なし
(e)	φ, ψ	なし
$(\neg\neg)$	$\neg\neg\varphi$	φ
$(\bot)$	$\bot$	なし
$(\wedge)$	$\varphi \wedge \psi$	φ, ψ
$(\neg\wedge)$	$\neg(\varphi \wedge \psi)$	$\neg\varphi, \neg\psi$
$(\vee)$	$\varphi \vee \psi$	φ, ψ
$(\neg\vee)$	$\neg(\varphi \vee \psi)$	$\neg\varphi, \neg\psi$
$(\to)$	$\varphi \to \psi$	$\neg\varphi, \psi$
$(\neg\to)$	$\varphi \to \psi$	$\varphi, \neg\psi$
$(\forall)$	$\forall \xi \varphi$	$\varphi[\tau/\xi]$
$(\neg\forall)$	$\neg\forall \xi \varphi$	$\neg\varphi[\zeta/\xi]$
$(\exists)$	$\exists \xi \varphi$	$\varphi[\zeta/\xi]$
$(\neg\exists)$	$\neg\exists \xi \varphi$	$\neg\varphi[\tau/\xi]$

解説 12.5 **TAB** の公理と推論規則においては，右辺が空のシーケントのみが現れる．したがって，これらを組み合わせた証明図において，シーケントの右辺は常に空である．Γ から φ への演繹を **TAB** によって証明することを考えると，定義 9.23 より，$\Gamma \vdash_{\mathbf{TAB}} \varphi \iff \Gamma \Rightarrow \varphi$ を終式とする **TAB** の証明図が存在すること，であるから，**TAB** における $\Gamma \Rightarrow \varphi$ という形式のシーケントについて別途定義する必要がある．

第 6 章のタブローにおいては，$\Gamma \vdash_{\mathbf{TAB}} \varphi$ とは「$\neg\varphi, \Gamma$ を根とするタブローが閉じること」であり，これは **TAB** においては「$\neg\varphi, \Gamma \Rightarrow$ を終式とする **TAB** の証明図が存在すること」に相当する．したがって，**TAB** においては $\Gamma \Rightarrow \varphi \stackrel{def}{\equiv} \neg\varphi, \Gamma \Rightarrow$ と定義すれば良いことになる．

しかし，ここでは **LK** との比較の都合上，シーケントの左辺を φ に限定せず，より一般的な定義を与える．第 6 章のタブローにおける演繹は，以下の定義において $|\Delta| = 1$ とおいた場合に相当する．

定義 12.6 Γ, Δ は任意の論理式列とする．
$$\Gamma \Rightarrow \Delta \stackrel{def}{\equiv} \neg\Delta, \Gamma \Rightarrow$$

12.3 TAB における弱化と縮約

TAB は交換 (e) 以外の構造規則を持たないが，弱化 (w) と縮約 (c) については許容規則である．弱化が許容規則であること（定理 12.9）は，タブローにおいては枝上の論理式すべてに規則を適用する必要はないことに対応している．また，縮約が許容規則であること（定理 12.11）は，タブローにおいては同じ論理式に 2 回以上規則を適用してもよいことを意味している．この証明には，準備として次の定理が必要である．

> **定理 12.7**（**TAB** の代入補題）任意の項 τ, 変項 ξ について，任意のシーケント S を終式とする深さ d の **TAB** の証明図 $\mathcal{D}$ について，$S[\tau/\xi]$ を終式とする深さ d の **TAB** の証明図 $\mathscr{S}_{\tau/\xi}(\mathcal{D})$ への変換 $\mathscr{S}_{\tau/\xi}$ が存在する．

これは，**LK** における代入補題（補題 10.56）のタブロー版である．証明は補題 10.56 とほぼ同じなので，練習問題 12.8 とする．

練習問題 12.8 定理 12.7 を，証明図の深さに関する帰納法で証明せよ．

> **定理 12.9** 弱化規則は **TAB** における許容規則である．
> $$(w)\frac{\Gamma \Rightarrow}{\Gamma, \varphi \Rightarrow}$$

(w) が許容規則であることを証明するには，定理 9.28 より，最下段のみが (w) であるような **TAB**+(w) の証明図から，**TAB** の証明図への変換が存在することを示せば十分である．

証明．自然数 d に関する命題 $\mathfrak{P}(d)$ を「最下段のみが (w) であるような **TAB**+w の証明図：
$$\mathcal{D} \equiv (w)\frac{\overset{\mathcal{D}'}{\Gamma \Rightarrow}}{\Gamma, \varphi \Rightarrow}$$
（ただし $\mathcal{D}'$ は深さ d）から，**TAB** の証明図 $\mathscr{F}(\mathcal{D})$ への変換 $\mathscr{F}$ が存在する」と定義する．任意の自然数 d ($1 \leq d$) について $\mathfrak{P}(d)$ が成り立つことを，帰納法によって証明する．

12.3 **TAB** における弱化と縮約

$d=1$ の場合：$\mathcal{D}'$ の最下段の規則によって場合分けを行う．それぞれ $\mathscr{F}$ を以下のように定義すればよい．

$$\mathscr{F}\left((w)\dfrac{(BS)\overline{\neg\psi,\psi,\Gamma'\Rightarrow}}{\neg\psi,\psi,\Gamma',\varphi\Rightarrow}\right) \stackrel{def}{\equiv} (BS)\overline{\neg\psi,\psi,\Gamma',\varphi\Rightarrow}$$

$$\mathscr{F}\left((w)\dfrac{(\bot)\overline{\bot,\Gamma'\Rightarrow}}{\bot,\Gamma',\varphi\Rightarrow}\right) \stackrel{def}{\equiv} (\bot)\overline{\bot,\Gamma',\varphi\Rightarrow}$$

$1<d$ の場合：$\mathfrak{P}(d-1)$ が成り立つと仮定する（帰納法の仮説：IH）．以下，$\mathfrak{P}(d)$ が成り立つことを示す．$\mathcal{D}'$ の最下段の規則によって場合分けを行う．それぞれ $\mathscr{F}$ を以下のように定義すればよい．

$$\mathscr{F}\left((w)\dfrac{(\neg\neg)\dfrac{\mathcal{D}'}{\psi,\neg\neg\psi,\Gamma'\Rightarrow}}{\neg\neg\psi,\Gamma',\varphi\Rightarrow}\right) \stackrel{def}{\equiv} (\neg\neg)\dfrac{\mathscr{F}\left((w)\dfrac{\mathcal{D}'}{\psi,\neg\neg\psi,\Gamma'\Rightarrow}\right)}{\neg\neg\psi,\Gamma',\varphi\Rightarrow}$$

$$\mathscr{F}\left((w)\dfrac{(\vee)\dfrac{\mathcal{D}'\quad\mathcal{D}''}{\psi,\psi\vee\chi,\Gamma'\Rightarrow\quad\chi,\psi\vee\chi,\Gamma'\Rightarrow}}{\psi\vee\chi,\Gamma',\varphi\Rightarrow}\right)$$

$$\stackrel{def}{\equiv} (\vee)\dfrac{\mathscr{F}\left((w)\dfrac{\mathcal{D}'}{\psi,\psi\vee\chi,\Gamma'\Rightarrow}\right)\quad \mathscr{F}\left((w)\dfrac{\mathcal{D}''}{\chi,\psi\vee\chi,\Gamma'\Rightarrow}\right)}{\psi\vee\chi,\Gamma',\varphi\Rightarrow}$$

$(\wedge)(\neg\wedge)(\neg\vee)(\rightarrow)(\neg\rightarrow)(\forall)(\neg\exists)$ についても同様である（練習問題 12.10 とする）．一方，

$$\mathcal{D} \equiv (w)\dfrac{(\neg\forall)\dfrac{\mathcal{D}'}{\neg\psi[\zeta/\xi],\neg\forall\xi\psi,\Gamma'\Rightarrow}}{\neg\forall\xi\psi,\Gamma',\varphi\Rightarrow}$$

のとき（ただし $\zeta\notin fv(\Gamma')\cup fv(\neg\forall\xi\psi)$ —($\star$)）は，変項 ζ によって以下の場合に分かれる．

⊞ $\zeta \notin fv(\varphi)$ のとき:

$$\mathscr{F}(\mathcal{D}) \stackrel{def}{\equiv} {}_{(\neg\forall)}\dfrac{(w)\dfrac{\mathcal{D}'}{\neg\psi[\zeta/\xi], \neg\forall\xi\psi, \Gamma' \Rightarrow}}{\neg\psi[\zeta/\xi], \neg\forall\xi\psi, \Gamma', \varphi \Rightarrow}$$

⊞ $\zeta \in fv(\varphi)$ のとき: $v \notin fv(\varphi) \cup fv(\Gamma') \cup fv(\neg\forall\xi\psi)$ —($\star\star$) を満たす変項 v を適当に選ぶと, $\mathcal{D}'$ と定理 12.7 より, $\mathcal{D}'$ と同じ深さの証明図 $\mathscr{S}_{v/\zeta}(\mathcal{D}')$ が存在するので, $\mathscr{F}$ は以下のように定義すればよい.

$$\mathscr{F}(\mathcal{D}) \stackrel{def}{\equiv} {}_{(\neg\forall)}\dfrac{(w)\dfrac{\begin{array}{c}\mathscr{S}(\mathcal{D}')\\(\neg\psi[\zeta/\xi])[v/\zeta], (\neg\forall\xi\psi)[v/\zeta], \Gamma'[v/\zeta] \Rightarrow\\ \equiv \neg\psi[v/\xi], \neg\forall\xi\psi, \Gamma' \Rightarrow -(\dagger)\end{array}}{\neg\psi[v/\xi], \neg\forall\xi\psi, \Gamma', \varphi \Rightarrow}}{\neg\forall\xi\psi, \Gamma', \varphi \Rightarrow}$$

($\dagger$) は以下による.

$\neg\psi[\zeta/\xi][v/\zeta] \equiv \neg\psi[v/\xi]$ ($\zeta \notin fv(\psi)$ および定理 5.42 (3) より)
$(\neg\forall\xi\psi)[v/\zeta] \equiv \neg\forall\xi\psi$ ($\zeta \notin fv(\neg\forall\xi\psi)$ および定理 5.42 (2) より)
$\Gamma'[v/\zeta] \equiv \Gamma'$ ($\zeta \notin fv(\Gamma')$ および定理 5.42 (2) より)

($\exists$) の場合は練習問題 12.10 とする. □

練習問題 12.10 定理 12.9 の証明を補完せよ.

弱化が許容規則であることの証明は, 証明図の最下段にある弱化規則を一段階上に押し上げる変換と, それが深さ 1 の証明図に到達したときに, その深さ 1 の証明図の中に吸収する変換から成り立っている. 弱化によって増える論理式が, 最初から深さ 1 の証明図に含まれていたことにする, というのがこの証明の本質である.

定理 12.11 縮約規則は **TAB** における許容規則である.

$${}_{(c)}\dfrac{\Gamma, \varphi, \varphi, \Delta \Rightarrow}{\Gamma, \varphi, \Delta \Rightarrow}$$

証明. 定理 12.9 同様, 自然数 d に関する命題 $\mathfrak{P}(d)$ を「最下段のみが (c) であるような **TAB+c** の証明図:

12.3 **TAB** における弱化と縮約

$$\mathcal{D} \equiv (w)\frac{\overset{\mathcal{D}'}{\Gamma,\varphi,\varphi,\Delta \Rightarrow}}{\Gamma,\varphi,\Delta \Rightarrow}$$

(ただし $\mathcal{D}'$ は深さ d) から，**TAB** の証明図 $\mathscr{F}(\mathcal{D})$ への変換 $\mathscr{F}$ が存在する」と定義する．任意の自然数 d $(1 \leq d)$ について $\mathfrak{P}(d)$ が成り立つことを，帰納法によって証明する．

$\underline{d = 1 \text{ の場合}}$：$\mathcal{D}'$ の最下段の規則によって場合分けを行う．それぞれ $\mathscr{F}$ を以下のように定義すればよい．

$$\mathscr{F}\left((c)\frac{(BS)\overline{\neg\varphi,\varphi,\varphi,\Gamma \Rightarrow}}{\neg\varphi,\varphi,\Gamma \Rightarrow}\right) \overset{def}{\equiv} (BS)\overline{\neg\varphi,\varphi,\Gamma \Rightarrow}$$

$$\mathscr{F}\left((c)\frac{(BS)\overline{\neg\varphi,\varphi,\Delta',\psi,\psi,\Gamma \Rightarrow}}{\neg\varphi,\varphi,\Delta',\psi,\Gamma \Rightarrow}\right) \overset{def}{\equiv} (BS)\overline{\neg\varphi,\varphi,\Delta',\psi,\Gamma \Rightarrow}$$

$$\mathscr{F}\left((c)\frac{(\bot)\overline{\bot,\bot,\Gamma \Rightarrow}}{\bot,\Gamma \Rightarrow}\right) \overset{def}{\equiv} (\bot)\overline{\bot,\Gamma \Rightarrow}$$

$$\mathscr{F}\left((c)\frac{(\bot)\overline{\bot,\Delta',\varphi,\varphi,\Gamma \Rightarrow}}{\bot,\Delta',\varphi,\Gamma \Rightarrow}\right) \overset{def}{\equiv} (\bot)\overline{\bot,\Delta',\varphi,\Gamma \Rightarrow}$$

$\underline{1 < d \text{ の場合}}$：$\mathfrak{P}(d-1)$ が成り立つと仮定する（帰納法の仮説：IH）．以下，$\mathfrak{P}(d)$ が成り立つことを示す．$\mathcal{D}'$ の最下段の規則によって場合分けを行う．それぞれ $\mathscr{F}$ を以下のように定義すればよい．

$$\mathscr{F}\left((\neg\neg)\frac{\overset{\mathcal{D}'}{\psi,\neg\neg\psi,\neg\neg\psi,\Gamma \Rightarrow}}{\neg\neg\psi,\neg\neg\psi,\Gamma \Rightarrow}\right) \overset{def}{\equiv} (\neg\neg)\frac{\mathscr{F}\left((c)\frac{\psi,\neg\neg\psi,\neg\neg\psi,\Gamma \Rightarrow}{\psi,\neg\neg\psi,\Gamma \Rightarrow}\right)}{\neg\neg\psi,\Gamma \Rightarrow}$$

$$\mathscr{F}\left((\neg\neg)\frac{\overset{\mathcal{D}'}{\psi,\neg\neg\psi,\Delta',\varphi,\varphi,\Gamma \Rightarrow}}{\neg\neg\psi,\Delta',\varphi,\varphi,\Gamma \Rightarrow}\right) \overset{def}{\equiv} (\neg\neg)\frac{\mathscr{F}\left((c)\frac{\overset{\mathcal{D}'}{\psi,\neg\neg\psi,\Delta',\varphi,\varphi,\Gamma \Rightarrow}}{\psi,\neg\neg\psi,\Delta',\varphi,\Gamma \Rightarrow}\right)}{\neg\neg\psi,\Delta',\varphi,\Gamma \Rightarrow}$$

$(\wedge)(\neg\wedge)(\vee)(\neg\vee)(\to)(\neg\to)(\forall)(\neg\forall)(\exists)(\neg\exists)$ についても同様（練習問題 12.12 とする）． □

練習問題 12.12 定理 12.11 の証明を補完せよ．

　縮約が許容規則であることの証明は，証明図の最下段にある縮約規則を一段階上に押し上げる変換と，それが深さ 1 の証明図に到達したときに，その深さ 1 の証明図の中に吸収する変換から成り立っている，という点は弱化の場合と同じである．**TAB** の推論規則では，下段に存在する論理式はいずれも上段にも存在するため，縮約規則を押し上げることによって，証明図の下の方から上がってくる論理式は，最初から最上段にも存在していることと，そして $(BS)(\perp)$ はシーケントに含まれる論理式が増えても成立することが，この証明の本質である．

12.4　**TAB** と **LK−CUT** の等価性

　以下，**TAB** と **LK−CUT** が等価であることを証明する．以下の証明は，**TAB** と **LK−CUT** の規則が対応していることを示唆している．

> **定理 12.13**　　　**TAB** $\subseteq$ **LK−CUT**

　定理 9.49 より，**TAB** の公理が **LK−CUT** の定理であり，**TAB** の推論規則が **LK−CUT** の許容規則であることを示せばよい．

証明．
(BS)：
$$
(w\Rightarrow)*(e\Rightarrow)* \cfrac{(\neg\Rightarrow)\cfrac{(ID)\ \overline{\varphi \Rightarrow \varphi}}{\neg\varphi, \varphi \Rightarrow}}{\neg\varphi, \varphi, \Gamma \Rightarrow}
$$

(e)：**LJ** の $(e\Rightarrow)$ と同じ．

$(\neg\neg)$：
$$
(c\Rightarrow)\cfrac{(\neg\Rightarrow)\cfrac{(\Rightarrow\neg)\cfrac{\varphi, \neg\neg\varphi, \Gamma \Rightarrow}{\neg\neg\varphi, \Gamma \Rightarrow \neg\varphi}}{\neg\neg\varphi, \neg\neg\varphi, \Gamma \Rightarrow}}{\neg\neg\varphi, \Gamma \Rightarrow}
$$

12.4 TAB と LK–CUT の等価性

($\bot$)：
$$(w\Rightarrow)* \frac{(\bot\Rightarrow)\overline{\quad\bot\Rightarrow\quad}}{\bot,\Gamma\Rightarrow}$$

($\land$)：
$$(c\Rightarrow)\frac{(*\Rightarrow)\dfrac{\varphi,\psi,\varphi\land\psi,\Gamma\Rightarrow}{\varphi\land\psi,\varphi\land\psi,\Gamma\Rightarrow}}{\varphi\land\psi,\Gamma\Rightarrow}$$

($\neg\land$)：
$$(c\Rightarrow)\cfrac{(\neg\Rightarrow)\cfrac{(\Rightarrow\land)\cfrac{(w\Rightarrow)*\cfrac{(-\neg\Rightarrow)\cfrac{\neg\varphi,\neg(\varphi\land\psi),\Gamma\Rightarrow}{\neg(\varphi\land\psi),\Gamma-\{\neg\varphi\}\Rightarrow\varphi}}{\neg(\varphi\land\psi),\Gamma\Rightarrow\varphi} \quad (w\Rightarrow)*\cfrac{(-\neg\Rightarrow)\cfrac{\neg\psi,\neg(\varphi\land\psi),\Gamma\Rightarrow}{\neg(\varphi\land\psi),\Gamma-\{\neg\varphi\}\Rightarrow\psi}}{\neg(\varphi\land\psi),\Gamma\Rightarrow\psi}}{\neg(\varphi\land\psi),\Gamma\Rightarrow\varphi\land\psi}}{\neg(\varphi\land\psi),\neg(\varphi\land\psi),\Gamma\Rightarrow}}{\neg(\varphi\land\psi),\Gamma\Rightarrow}$$

($\lor$)($\neg\lor$)($\to$)($\neg\to$)：練習問題 12.14 とする．

($\forall$)：
$$(c\Rightarrow)\cfrac{(\Rightarrow\forall)\cfrac{\varphi[\tau/\xi],\forall\xi\varphi,\Gamma\Rightarrow}{\forall\xi\varphi,\forall\xi\varphi,\Gamma\Rightarrow}}{\forall\xi\varphi,\Gamma\Rightarrow}$$

($\neg\forall$)：
$$(c\Rightarrow)\cfrac{(\neg\Rightarrow)\cfrac{(\Rightarrow\forall)\cfrac{(w\Rightarrow)*\cfrac{(-\neg\Rightarrow)\cfrac{\neg\varphi[\zeta/\xi],\neg\forall\xi\varphi,\Gamma\Rightarrow}{\neg\forall\xi\varphi,\Gamma-\{\neg\varphi[\zeta/\xi]\}\Rightarrow\varphi[\zeta/\xi]}}{\neg\forall\xi\varphi,\Gamma\Rightarrow\varphi[\zeta/\xi]}}{\neg\forall\xi\varphi,\Gamma\Rightarrow\forall\xi\varphi}}{\neg\forall\xi\varphi,\neg\forall\xi\varphi,\Gamma\Rightarrow}}{\forall\xi\varphi,\Gamma\Rightarrow}$$

ζ は変項．ただし，$\zeta\notin fv(\Gamma)\cup fv(\neg\forall\xi\varphi)$．

($\exists$)($\neg\exists$)：練習問題 12.14 とする． □

練習問題 12.14 定理 12.13 の証明を補完せよ．

定理 12.15　　LK–CUT $\subseteq$ TAB

証明．LK–CUT の公理が TAB の定理であり，LK–CUT の推論規則が TAB の許容規則であることを示せばよい．

(ID)：

$$(def\Rightarrow)\cfrac{(BS)\overline{\neg\varphi,\varphi\Rightarrow}}{\varphi\Rightarrow\varphi}$$

$(\bot\Rightarrow)$：

$$(\bot)\overline{\bot\Rightarrow}$$

$(w\Rightarrow)$：

$$(def\Rightarrow)(e)*\cfrac{(w)\cfrac{(def\Rightarrow)\cfrac{\Gamma\Rightarrow\Delta}{\neg\Delta,\Gamma\Rightarrow}}{\neg\Delta,\Gamma,\varphi\Rightarrow}}{\varphi,\Gamma\Rightarrow\Delta}$$

$(\Rightarrow w)$：

$$(def\Rightarrow)\cfrac{(e)\cfrac{(w)\cfrac{\Gamma\Rightarrow\Delta}{\Gamma,\neg\varphi\Rightarrow\Delta}}{\neg\varphi,\Gamma\Rightarrow\Delta}}{\Gamma\Rightarrow\Delta,\varphi}$$

$(\rightarrow\Rightarrow)$：

$$\begin{array}{c}(e)*\\(def\Rightarrow)\end{array}\cfrac{(\rightarrow)\cfrac{\begin{array}{c}(w)*\\(e)*\end{array}\cfrac{(def\Rightarrow)\cfrac{\Gamma\Rightarrow\Pi,\varphi}{\neg\varphi,\neg\Pi,\Gamma\Rightarrow}}{\neg\varphi,\varphi\rightarrow\psi,\neg\Pi,\neg\Delta,\Gamma,\Sigma\Rightarrow}\quad\begin{array}{c}(w)*\\(e*)\end{array}\cfrac{(def\Rightarrow)\cfrac{\psi,\Sigma\Rightarrow\Delta}{\neg\Delta,\psi,\Sigma\Rightarrow}}{\psi,\varphi\rightarrow\psi,\neg\Pi,\neg\Delta,\Gamma,\Sigma\Rightarrow}}{\varphi\rightarrow\psi,\neg\Pi,\neg\Delta,\Gamma,\Sigma\Rightarrow}}{\Gamma,\varphi\rightarrow\psi,\Sigma\Rightarrow\Pi,\Delta}$$

$(\Rightarrow\forall)$：

$$(def\Rightarrow)\cfrac{(\neg\forall)\cfrac{(w)(e)*\cfrac{(def\Rightarrow)\cfrac{\Gamma\Rightarrow\Delta,\varphi[\zeta/\xi]}{\neg\varphi[\zeta/\xi],\neg\Delta,\Gamma\Rightarrow}}{\varphi[\zeta/\xi],\neg\forall\xi\varphi,\neg\Delta,\Gamma\Rightarrow}}{\neg\forall\xi\varphi,\neg\Delta,\Gamma\Rightarrow}}{\Gamma\Rightarrow\Delta,\forall\xi\varphi}$$

$\zeta\notin fv(\Gamma)\cup fv(\forall\xi\varphi)$ より，$\zeta\notin fv(\Gamma)\cup fv(\neg\forall\xi\varphi)$ も成立する．

$(e\Rightarrow)(\Rightarrow e)(c\Rightarrow)(\Rightarrow c)(\Rightarrow\rightarrow)(\wedge\Rightarrow)(\Rightarrow\wedge)(\vee\Rightarrow)(\Rightarrow\vee)(\forall\Rightarrow)(\Rightarrow\forall)(\exists\Rightarrow)(\Rightarrow\exists)$：
練習問題 12.16 とする． □

練習問題 12.16 定理 12.15 の証明を補完せよ．

第13章

健全性と完全性

解説 10.55 の結果と前章の結果を合わせると，以下の関係が得られる．

$$\Gamma \vdash_{\mathrm{LK}} \varphi \iff \Gamma \vdash_{\mathrm{LK-CUT}} \varphi \iff \Gamma \vdash_{\mathrm{TAB}} \varphi$$
$$\Updownarrow$$
$$\Gamma \vdash_{\mathrm{NK}} \varphi$$
$$\Updownarrow$$
$$\Gamma \vdash_{\mathrm{HK}} \varphi$$

しかし，これらの古典論理の証明体系自体の妥当性については，まだ保証されていない．すなわち，$\mathcal{K}$ を上のいずれかの証明体系とすると，演繹可能な推論 $\Gamma \vdash_{\mathcal{K}} \varphi$ が，意味論的に妥当な推論 $\Gamma \models \varphi$ と一致するか，という問題である．推論の意味論的妥当性は，我々が経験的に正しいとみなす推論として導入した概念であった．したがって，ある証明体系 $\mathcal{K}$ において以下のような事態が起こる場合，証明体系 $\mathcal{K}$ 自体の経験的な妥当性が疑われることになる．

- 証明体系 $\mathcal{K}$ で証明される推論であるにもかかわらず，意味論的には妥当ではないものが存在する．
- 意味論的には妥当な推論であるにもかかわらず，証明体系 $\mathcal{K}$ で証明できないものが存在する．

逆にいえば，上のような事態がいずれも起こらないことが保証されたとき，証明体系 $\mathcal{K}$ は（第 5 章の意味論に照らし合わせて）妥当である，ということができる．もしくは，もう少し控えめにいうならば，第 5 章の意味論と等価である，ということができる．

第 13 章 健全性と完全性

そのためには，以下の二つの性質が成り立てばよい．これらの性質は，証明体系の**健全性** (soundness)，および**完全性** (completeness) と呼ばれている．

> **定義 13.1**（証明体系の健全性） 任意の論理式の列 Γ, Δ について以下が成り立つとき，証明体系 $\mathcal{K}$ は**健全** (sound) である，という．
> $$\Gamma \vdash_{\mathcal{K}} \Delta \implies \Gamma \vDash \Delta$$

> **定義 13.2**（証明体系の完全性） 任意の論理式の列 Γ, Δ について以下が成り立つとき，証明体系 $\mathcal{K}$ は**完全** (complete) である，という．
> $$\Gamma \vDash \Delta \implies \Gamma \vdash_{\mathcal{K}} \Delta$$

言い換えれば，証明できる推論は意味論的に妥当であり，妥当ではない推論が証明されることはない，というのが健全性である．また，意味論的に妥当な推論は証明することができ，妥当であるのに証明できないような推論はない，というのが完全性である．

解説 13.3 健全性・完全性を議論する際には，Γ, Δ に含まれる論理式の数が有限ではない場合も考慮するのが一般的である．無限個の前提や無限個の帰結を含む演繹は，以下のように，有限個の前提から有限個の帰結への演繹に帰着するように定義する．

> **定義 13.4** Γ, Δ が無限個の論理式を含む場合，$\Gamma \vdash_{\mathcal{K}} \Delta$ を「$\Gamma' \subseteq \Gamma, \Delta' \subseteq \Delta$（ただし $|\Gamma'|, |\Delta'|$ は有限）を満たす Γ', Δ' が存在して，$\Gamma' \vdash_{\mathcal{K}} \Delta'$ が成り立つ」と定義する．

定義 13.4 によって，無限個の論理式が含まれる推論も，定義 7.6 に始まるこれまでの議論と矛盾なく扱うことができる．

解説 13.5 また，$\Gamma \vDash \Delta$ という形式についても，定義 3.48 および定義 5.66 では $|\Delta|$ の長さが高々 1 の場合しか定義されていないため，これを Δ が任意の論理式列である場合に拡張する．

> **定義 13.6** （推論の意味論的妥当性：一般の場合） Γ, Δ を論理式列とする．
> $$\Gamma \vDash \Delta \overset{def}{\equiv} \neg\Delta, \Gamma \text{が充足不能である．}$$

定義 13.6 は，定義 3.48 および定義 5.66 の自然な拡張となっている．

本章では TAB の健全性と完全性の証明を行う．冒頭で述べた証明体系間の等価性により，TAB の健全性と完全性の証明を行えば，古典論理の証明体系すべてについて，健全性と完全性が成り立つことが保証される．

13.1 TAB の健全性

TAB の健全性に必要な議論の大部分は，実は 6.4 節において既に述べている．次の補題の証明が，健全性の証明の中心である．

> **補題 13.7**（TAB の健全性補題） TAB の公理・推論規則においては，もし下段のシーケント $\Gamma \Rightarrow$ について $\langle M, g \rangle \vDash \Gamma$ を満たす解釈 $\langle M, g \rangle$ が存在するならば，上段のいずれかのシーケント $\Gamma' \Rightarrow$ において $\langle M, g' \rangle \vDash \Gamma'$ を満たすような g の変異 g' が存在する．

証明. (BS)：$\neg\varphi, \varphi, \Gamma$ は充足不能である．
$(\bot)$：$\bot, \Gamma$ は充足不能である．
$(\wedge)$：$\varphi \wedge \psi, \Gamma$ を同時に充足する解釈 $\langle M, g \rangle$ が存在すると仮定する．$[\![\varphi \wedge \psi]\!]_{M,g} = 1$ が成り立つのは $[\![\varphi]\!]_{M,g} = 1$ かつ $[\![\psi]\!]_{M,g} = 1$ のときのみであるから，$\langle M, g \rangle$ は $\varphi, \psi, \varphi \wedge \psi, \Gamma$ も同時に充足する．
$(\neg\wedge)$：$\neg(\varphi \wedge \psi), \Gamma$ を同時に充足する解釈 $\langle M, g \rangle$ が存在すると仮定する．$[\![\neg(\varphi \wedge \psi)]\!]_{M,g} = 1$ より $[\![\varphi \wedge \psi]\!]_{M,g} = 0$ であるが，これが成り立つのは $[\![\varphi]\!]_{M,g} = 0$ もしくは $[\![\psi]\!]_{M,g} = 0$ のときのみである．すなわち，$[\![\neg\varphi]\!]_{M,g} = 1$ もしくは $[\![\neg\psi]\!]_{M,g} = 1$ であるから，$\langle M, g \rangle$ は $\neg\varphi, \neg(\varphi \wedge \psi), \Gamma$ か $\neg\psi, \neg(\varphi \wedge \psi), \Gamma$ のいずれかを同時に充足する．
$(e)(\neg\neg)(\vee)(\neg\vee)(\to)(\neg\to)$：練習問題 13.8 とする．
$(\forall)(\neg\forall)(\exists)(\neg\exists)$：それぞれ，解説 6.13（すなわち定理 5.77），解説 6.14（すなわち補題 6.16），解説 6.19，解説 6.20（すなわち補題 6.21）により明らか． □

練習問題 13.8 補題 13.7 の証明を補完せよ．

> **補題 13.9** Γ が充足可能ならば，$\Gamma \not\vdash_{\mathbf{TAB}}$ である．

証明．以下のように仮定する．

1. 解釈 $\langle M, g \rangle$ が Γ を同時に充足する．
2. $\Gamma \vdash_{\mathbf{TAB}}$ の証明図 $\mathcal{D}$ が存在する．

1. と補題 13.7 より，$\mathcal{D}$ のいずれかの経路においては，$\langle M, g' \rangle$ が最上段のシーケントの左辺を同時に充足するような，g の変異 g' が存在する．ところが，最上段のシーケントの形式は以下のいずれかである．

$$1) \quad \neg\varphi, \varphi, \Gamma' \Rightarrow \qquad 2) \quad \bot, \Gamma' \Rightarrow$$

1) の場合は，$[\![\neg\varphi]\!]_{M,g'}=1$ かつ $[\![\varphi]\!]_{M,g'}=1$ となり，これは矛盾である．また 2) の場合は $[\![\bot]\!]_{M,g'} = 1$ となり，これも矛盾である． $\square$

> **定理 13.10** （**TAB** の健全性） 任意の論理式列 Γ, Δ について，以下が成り立つ．
> $$\Gamma \vdash_{\mathbf{TAB}} \Delta \quad \Longrightarrow \quad \Gamma \models \Delta$$

証明．$\Gamma \not\models \Delta$ と仮定すると，$\neg\Delta, \Gamma$ は充足可能である．したがって補題 13.9 より，$\neg\Delta, \Gamma \not\vdash_{\mathbf{TAB}}$，すなわち $\Gamma \not\vdash_{\mathbf{TAB}} \Delta$ である． $\square$

解説 13.11 タブローの健全性から生じる興味深い帰結の一つに，タブロー規則適用の順番がある．健全性定理はタブローの閉じ方については何も指定していない．したがって，規則をどのような順序で適用したとしても，タブローが閉じる限りは推論が妥当であることが保証される．

13.2 **TAB** の完全性

完全性定理の証明には，**ヘンキンの定理** (Henkin's theorem) と呼ばれる以下の定理を経由する．

13.2 TAB の完全性

定理 13.12 （ヘンキンの定理） 任意の論理式列 Γ について，以下が成り立つ．

$$\Gamma \not\vdash_{\mathbf{TAB}} \implies \Gamma\text{は可算領域で充足可能}$$

ただし，Γ が**可算領域** (countable domain) で充足可能とは，高々可算の領域 D_M が存在して，Γ を同時に充足するような解釈 $M = \langle D_M, F_M \rangle$ が存在する，ということである．

さて，完全性定理には二つの形式がある．定理 13.13 は，**完全性定理** (completeness theorem)[*1]と呼ばれ，定理 13.14 は，**強い完全性定理** (strong completeness theorem) と呼ばれる．

定理 13.13 （完全性定理） 任意の論理式 φ について，以下が成り立つ．

$$\vDash \varphi \implies \vdash_{\mathbf{TAB}} \varphi$$

定理 13.14 （強い完全性定理） 任意の論理式列 Γ, Δ について，以下が成り立つ．

$$\Gamma \vDash \Delta \implies \Gamma \vdash_{\mathbf{TAB}} \Delta$$

定理 13.14 は，ヘンキンの定理が成立するならば，ただちに証明される．

証明．対偶を示す．$\Gamma \not\vdash_{\mathbf{TAB}} \Delta$ と仮定する．すなわち，$\neg\Delta, \Gamma \not\vdash_{\mathbf{TAB}}$ である．ヘンキンの定理により，$\neg\Delta, \Gamma$ は可算領域で充足可能である．したがって，$\Gamma \not\vDash \Delta$ である． □

また，強い完全性定理は完全性定理を包含する．したがって，ヘンキンの定理の証明が，完全性定理の証明の中心となる．

練習問題 13.15 $\mathcal{K}$ が **TAB** もしくは **LK** のいずれかとすると，以下の条件は等価であることを証明せよ．

    1) $\Gamma \vdash_{\mathcal{K}}$ 2) $\Gamma \vdash_{\mathcal{K}} \bot$ 3) $\Gamma \vdash_{\mathcal{K}} \varphi$ かつ $\Gamma \vdash_{\mathcal{K}} \neg\varphi$

[*1] 定理 13.13 と **TAB** の健全性より，**ゲーデルの完全性定理** (Gödel's theorem) と呼ばれる以下の定理が得られる．

$$\vDash \varphi \iff \vdash_{\mathbf{TAB}} \varphi$$

練習問題 13.16 ヘンキンの定理が **LK** について成り立つと仮定し，それぞれの証明体系の強い完全性を証明せよ．

13.3 ヘンキンの定理の証明

ヘンキンの定理の証明において重要な役割を果たすのは「**TAB** のすべての規則を適用し終えて，なお始式に到達しない（推論図の）経路」という概念である．$\Gamma \not\vdash_{\mathbf{TAB}}$ と仮定すると，「閉じていない」タブローが存在するはずであり，その開いた枝にどのような規則を適用しても，枝は閉じないはずである．まず，そのような枝に相当する列を**充満** (full) した列，という概念として定義する．

定義 13.17（充満した列） 充満した列 Γ とは，Γ に含まれる任意の論理式について，もしその式が **TAB** の規則の主論理式のいずれかの形式ならば，対応する要請を Γ が満たすような列である．

規則	主論理式	要請
$(\neg\neg)$	$\neg\neg\varphi$	$\varphi \in \Gamma$
$(\wedge)$	$\varphi \wedge \psi$	$\varphi \in \Gamma$ かつ $\psi \in \Gamma$
$(\neg\wedge)$	$\neg(\varphi \wedge \psi)$	$\neg\varphi \in \Gamma$ または $\neg\psi \in \Gamma$
$(\vee)$	$\varphi \vee \psi$	$\varphi \in \Gamma$ または $\psi \in \Gamma$
$(\neg\vee)$	$\neg(\varphi \vee \psi)$	$\neg\varphi \in \Gamma$ かつ $\neg\psi \in \Gamma$
$(\rightarrow)$	$\varphi \rightarrow \psi$	$\neg\varphi \in \Gamma$ または $\psi \in \Gamma$
$(\neg\rightarrow)$	$\neg(\varphi \rightarrow \psi)$	$\varphi \in \Gamma$ かつ $\neg\psi \in \Gamma$
$(\forall)$	$\forall \xi \varphi$	任意の項 τ について $\varphi[\tau/\xi] \in \Gamma$
$(\neg\forall)$	$\neg\forall \xi \varphi$	ある変項 ζ について $\neg\varphi[\zeta/\xi] \in \Gamma$
$(\exists)$	$\exists \xi \varphi$	ある変項 ζ について $\varphi[\zeta/\xi] \in \Gamma$
$(\neg\exists)$	$\neg\exists \xi \varphi$	任意の項 τ について $\neg\varphi[\tau/\xi] \in \Gamma$

以下の補題は，第 6 章の用語でいえば，「$\Gamma \not\vdash_{\mathbf{TAB}}$ ならば，Γ を根とする完了したタブローが存在する」ということである[*2]．

[*2] **TAB** 以外の証明体系の完全性を証明するためにヘンキンの定理が用いられる場合は，一般に**リンデンバウムの補題** (Lindenbaum's lemma) を経由して証明される．しかし **TAB** においては，補題 13.18 によってリンデンバウムの補題を代替することができ，い

13.3 ヘンキンの定理の証明

補題 13.18 $\Gamma \not\vdash_{\mathbf{TAB}}$ ならば，$\Gamma \subseteq \widehat{\Gamma}$, $\widehat{\Gamma} \not\vdash_{\mathbf{TAB}}$ を満たす充満した列 $\widehat{\Gamma}$ が存在する．

証明． 名前，変項，演算子，述語を，Γ に含まれるもののみに制限して得られる記号を $\mathcal{A}_1$ とする．$\mathcal{A}_1$ に含まれない可算無限個の変項を $\mathcal{A}_1$ に加えて得られる記号を $\widehat{\mathcal{A}}$ とする．$\widehat{\mathcal{A}}$ が与えられたときの論理式の集合の要素をゲーデル数順に n 個並べた列を $\mathcal{L}_n$ とし，$\mathcal{L}^+$ を列 $\mathcal{L}_1, \mathcal{L}_2, \ldots, \mathcal{L}_n, \ldots$ を連接して得られる列とすると，$\mathcal{L}^+$ には各論理式がそれぞれ可算無限回現れる．$\mathcal{L}^+$ の i 番目の論理式を φ_i とする．$i := 1, j := 1, \Gamma_1 := \Gamma$ とする（i, j は自然数）．

1) $\Gamma_i \not\vdash_{\mathbf{TAB}}$ が成立している．
2) $\varphi_i \notin \Gamma_i$ の場合：$\Gamma_{i+1} := \Gamma_i$, $i := i + 1$ として 1) に戻る．
3) $\varphi_i \in \Gamma$ の場合：φ_i を主式とする **TAB** の規則を R とする．1) より，R は $(BS)(\bot)$ ではない．

   a) $R \equiv (\forall)$ の場合：φ_i は $\forall \xi \psi$ という形式である．Γ_i に，$\mathcal{A}_j$ のすべての項 τ について $\psi[\tau/\xi]$ を加えた論理式列を Γ_{i+1} とする．このとき，$\Gamma_{i+1} \vdash_{\mathbf{TAB}}$ と仮定すると，$(\forall)$ 規則によって $\Gamma_i \Rightarrow$ が証明可能であり，1) に反する．したがって $\Gamma_{i+1} \not\vdash_{\mathbf{TAB}}$ である．$i := i + 1$ として 1) に戻る．$R \equiv (\neg \exists)$ の場合も同様である．

   b) $R \equiv (\exists)$ の場合：φ_i は $\exists \xi \psi$ という形式である．$\widehat{\mathcal{A}}$ には含まれているが $\mathcal{A}_j$ には含まれていない変項 ζ を一つ選び，$\mathcal{A}_j$ に加えて得られる記号を $\mathcal{A}_{j+1}$ とし，$j := j + 1$ とする．Γ_i に $\psi[\zeta/\xi]$ を加えた論理式列を Γ_{i+1} とする．このとき，$\Gamma_{i+1} \vdash_{\mathbf{TAB}}$ と仮定すると，$(\exists)$ 規則によって $\Gamma_i \Rightarrow$ が証明可能であり，1) に反する．したがって $\Gamma_{i+1} \not\vdash_{\mathbf{TAB}}$ である．$i := i + 1$ として 1) に戻る．$R \equiv (\neg \forall)$ の場合も同様である．

   c) それ以外の場合：R を $(R) \dfrac{\Delta_1 \Rightarrow \quad \cdots \quad \Delta_m \Rightarrow}{\Gamma_i \Rightarrow}$ とする．ここで，$\Delta_1 \vdash_{\mathbf{TAB}}, \ldots, \Delta_m \vdash_{\mathbf{TAB}}$ がすべて成立すると仮定すると（この証明の構成より）$\Gamma \Rightarrow$ を終式とする **TAB** の証明図が存在することになり，$\Gamma \not\vdash_{\mathbf{TAB}}$ に反する．したがって $\Delta_1 \not\vdash_{\mathbf{TAB}}, \ldots, \Delta_m \not\vdash_{\mathbf{TAB}}$ のいずれかは成り立つので，そのような Δ_k ($1 \leq k \leq m$) を一つ選び，$\Gamma_{i+1} := \Delta_k$

くぶん簡単に証明することができる．リンデンバウムの補題を用いた証明については，清水 (1984) の第 4.4 節などを参考にされたい．

とする．$i := i+1$ として 1) に戻る．

この手続きによって，論理式列 Γ_i の無限列 $(\Gamma_i)_{i \in \mathbb{N}}$ が得られる[*3]．いま，$\widehat{\Gamma}$ を，$\widehat{\Gamma} \stackrel{def}{\equiv} \bigcup_{i \in \mathbb{N}} \Gamma_i$ と定義すると，以下が成立する．

  1) $\Gamma \subseteq \widehat{\Gamma}$ 2) $\widehat{\Gamma} \nvdash_{\mathbf{TAB}}$ 3) $\widehat{\Gamma}$ は充満している．

1),3) が成立するのは **TAB** の推論規則の形式と $\widehat{\Gamma}$ の構成手順による．

2) について，$\widehat{\Gamma} \vdash_{\mathbf{TAB}}$ と仮定すると，定義 13.4 より $\Gamma' \subseteq \widehat{\Gamma}$（ただし $|\Gamma'|$ は有限）を満たす Γ' が存在して，$\Gamma' \vdash_{\mathbf{TAB}}$ が成り立つ．

一方，$(\Gamma_i)_{i \in \mathbb{N}}$ のうち Γ' の全要素を含む最小の論理式列を Γ_k とすると，$(\Gamma_i)_{i \in \mathbb{N}}$ の各 Γ_i について $\Gamma_i \nvdash_{\mathbf{TAB}}$ であることから，$\Gamma_k \nvdash_{\mathbf{TAB}}$ である．しかし $\Gamma' \subseteq \Gamma_k$ であるから，$\Gamma' \nvdash_{\mathbf{TAB}}$ である．

これは矛盾であり，したがって 2) が成立する． □

次に，充満した列から，**列 Γ から導出された解釈**（the interpretation induced by Γ）と呼ばれるエルブラン解釈を構成する方法を述べる．

定義 13.19（導出された解釈） 列 Γ から導出された解釈とは，以下のようなエルブラン解釈 $\langle M, g \rangle$ である．
$$F_M(\theta) \stackrel{def}{\equiv} \begin{bmatrix} \langle \tau_1, \ldots, \tau_n \rangle \mapsto 1 & (\theta(\tau_1, \ldots, \tau_n) \in \Gamma \text{ の場合}) \\ \langle \tau_1, \ldots, \tau_n \rangle \mapsto 0 & (\theta(\tau_1, \ldots, \tau_n) \notin \Gamma \text{ の場合}) \end{bmatrix}$$

列から導出された解釈のもとでは，論理式のうち基本述語については，列に含まれていれば真，含まれていなければ偽，となる．ところが，このように定義された解釈のもとでは，基本述語に限らず任意の論理式について，列に含まれていれば真となるのである．このことは以下の補題によって示される．

補題 13.20（**TAB** の完全性補題） Γ を充満した列とする．$\langle M, g \rangle$ が Γ から導出された解釈とすると，任意の論理式 φ について以下が成り立つ．
$$\varphi \in \Gamma \implies [\![\varphi]\!]_{M,g} = 1$$

[*3] 厳密には，このような無限列が存在することを保証するには**弱ケーニヒの補題**（weak König's lemma）（分岐数が有限の無限木には，無限の長さを持つ枝が存在する）が必要である．

13.3 ヘンキンの定理の証明

証明. 自然数 d に関する命題 $\mathfrak{P}(d)$ を「$\langle M, g \rangle$ が充満した列 Γ から導出された解釈とすると，深さ d の任意の論理式 φ について $\varphi \in \Gamma \implies [\![\varphi]\!]_{M,g} = 1$ が成り立つ」と定義する．任意の自然数 d $(1 \leq d)$ について $\mathfrak{P}(d)$ が成り立つことを，帰納法によって証明する．

$\underline{d = 1 \text{ の場合}}$：$\varphi$ は基本述語であり，$\theta(\tau_1, \ldots, \tau_n)$ という形式である．

$$
\begin{aligned}
& \theta(\tau_1, \ldots, \tau_n) \in \Gamma \\
\iff & F_M(\theta)(\tau_1, \ldots, \tau_n) = 1 && (\text{定義 13.19 より}) \\
\iff & F_M(\theta)([\![\tau_1]\!]_{M,g}, \ldots, [\![\tau_n]\!]_{M,g}) = 1 && (\text{補題 5.102 より}) \\
\iff & [\![\theta]\!]_{M,g}([\![\tau_1]\!]_{M,g}, \ldots, [\![\tau_n]\!]_{M,g}) = 1 \\
\iff & [\![\theta(\tau_1, \ldots, \tau_n)]\!]_{M,g} = 1
\end{aligned}
$$

$\underline{1 < d \text{ の場合}}$：$\mathfrak{P}(d-1)$ が成り立つと仮定する（帰納法の仮説：IH）．以下，$\mathfrak{P}(d)$ が成り立つことを示す．φ の形式によって場合分けを行う．

⊞ $\varphi \wedge \psi$ の場合：

$$
\begin{aligned}
\varphi \wedge \psi \in \Gamma & \implies \varphi \in \Gamma \text{ かつ } \psi \in \Gamma && (\Gamma \text{ 充満より}) \\
& \implies [\![\varphi]\!]_{M,g} = 1 \text{ かつ } [\![\psi]\!]_{M,g} = 1 && (IH \text{ より}) \\
& \iff [\![\varphi \wedge \psi]\!]_{M,g} = 1
\end{aligned}
$$

⊞ $\neg(\varphi \wedge \psi)$ の場合：

$$
\begin{aligned}
\neg(\varphi \wedge \psi) \in \Gamma & \implies \neg\varphi \in \Gamma \text{ または } \neg\psi \in \Gamma && (\Gamma \text{ 充満より}) \\
& \implies [\![\neg\varphi]\!]_{M,g} = 1 \text{ または } [\![\neg\psi]\!]_{M,g} = 1 && (IH \text{ より}) \\
& \iff [\![\varphi]\!]_{M,g} = 0 \text{ または } [\![\psi]\!]_{M,g} = 0 \\
& \iff [\![\varphi \wedge \psi]\!]_{M,g} = 0 \\
& \iff [\![\neg(\varphi \wedge \psi)]\!]_{M,g} = 1
\end{aligned}
$$

その他の複合論理式については練習問題 13.21 とする．

⊞ $\forall \xi \varphi$ の場合：

$$
\begin{aligned}
& \forall \xi \varphi \in \Gamma \\
\implies & \text{任意の項 } \tau \text{ について } \varphi[\tau/\xi] \in \Gamma && (\Gamma \text{ 充満より}) \\
\implies & \text{任意の項 } \tau \text{ について } [\![\varphi[\tau/\xi]]\!]_{M,g} = 1 && (IH \text{ より}) \\
\iff & \text{任意の項 } \tau \text{ について } [\![\varphi]\!]_{M,g[\xi \mapsto [\![\tau]\!]_{M,g}]} = 1 && (\text{補題 5.61 (2) より}) \\
\iff & \text{任意の項 } \tau \text{ について } [\![\varphi]\!]_{M,g[\xi \mapsto \tau]} = 1 && (\text{補題 5.102 より}) \\
\iff & \text{任意の } a \in D_M \text{ について } [\![\varphi]\!]_{M,g[\xi \mapsto a]} = 1 && (\text{定義 5.101 より}) \\
\iff & [\![\forall \xi \varphi]\!]_{M,g} = 1
\end{aligned}
$$

⊞ $\neg\forall\xi\varphi$ の場合：

$\quad\quad\quad \neg\forall\xi\varphi \in \Gamma$
$\implies$ ある変項 ζ について $\neg\varphi[\zeta/\xi] \in \Gamma$ (Γ 充満より)
$\implies$ ある変項 ζ について $[\![\neg\varphi[\zeta/\xi]]\!]_{M,g} = 1$ (IH より)
$\iff$ ある変項 ζ について $[\![\varphi[\zeta/\xi]]\!]_{M,g} = 0$
$\iff$ ある変項 ζ について $[\![\varphi]\!]_{M,g[\xi \mapsto [\![\zeta]\!]_{M,g}]} = 0$ (補題 5.61 (2) より)
$\iff$ ある変項 ζ について $[\![\varphi]\!]_{M,g[\xi \mapsto \zeta]} = 0$ (補題 5.102 より)
$\implies$ すべての $a \in D_M$ について $[\![\varphi]\!]_{M,g[\xi \mapsto a]} = 1$
というわけではない (定義 5.101 より)
$\iff$ $[\![\forall\xi\varphi]\!]_{M,g} = 0$
$\iff$ $[\![\neg\forall\xi\varphi]\!]_{M,g} = 1$

$\exists\xi\varphi$, $\neg\exists\xi\varphi$ については練習問題 13.21 とする. □

練習問題 13.21 補題 13.20 の証明を補完せよ．

解説 13.22 解説 5.67 でも触れたように，$\Gamma \vDash \Delta$ の定義において「$\neg\Delta, \Gamma$ を同時に充足する解釈」を考えるとき，D_M を固定していないことに注意する．つまり，およそどのような D_M を持つ解釈であれ，$\neg\Delta, \Gamma$ を同時に充足するならば $\Gamma \vDash \Delta$ の反例となる．したがって，強い完全性定理の対偶を示す際にも，そのような解釈を一つでも見つけられれば良い．

補題 13.18 と補題 13.20 を合わせて，**TAB** におけるヘンキンの定理を証明する．

定理 13.12 （ヘンキンの定理：再掲）

$$\Gamma \not\vdash_{\mathbf{TAB}} \implies \Gamma \text{は可算領域で充足可能}$$

証明.

1. $\Gamma \not\vdash_{\mathbf{TAB}}$ ならば，補題 13.18 より，$\Gamma \subseteq \widehat{\Gamma}, \widehat{\Gamma} \not\vdash_{\mathbf{TAB}}$ を満たす充満した論理式列 $\widehat{\Gamma}$ が存在する．
2. $\widehat{\Gamma}$ から導出された解釈 $\langle M, g \rangle$ について，完全性補題（補題 13.20）より $\varphi \in \widehat{\Gamma} \implies [\![\varphi]\!]_{M,g} = 1$ が成り立つ．
3. よって，$\varphi \in \Gamma \implies \varphi \in \widehat{\Gamma} \implies [\![\varphi]\!]_{M,g} = 1$ が成り立つ．

4. また，$\widehat{\Gamma}$ から導出された解釈 $\langle M, g \rangle$ はエルブラン解釈であるから，補題 5.103 より，D_M は高々可算である．すなわち，D_M は可算領域である．したがって，Γ は可算領域で充足可能である． □

13.4　レーベンハイム・スコーレムの定理

ヘンキンの定理から導かれる定理に，**レーベンハイム・スコーレムの定理** (Löwenheim-Skolem's theorem: LST) がある．

> **定理 13.23**　（レーベンハイム・スコーレムの定理）
>
> Γ が充足可能 $\implies$ Γ は可算領域で充足可能

証明．ヘンキンの定理と補題 13.9 より明らか． □

LST は，一階の理論においては可算ではない無限集合を扱う理論であっても，可算領域で解釈可能であることを意味している．このことは**スコーレムのパラドックス** (Skolem's paradox) として知られている[*4].

13.5　コンパクト定理

5.5.3 項においてエルブランの定理（定理 5.110）を証明するのに用いたコンパクト定理もまた，ヘンキンの定理からただちに導かれる．

> **定理 5.109**　（コンパクト定理：再掲）　すべての $\Gamma' \subseteq \Gamma$（ただし $|\Gamma'|$ は有限）について，Γ' が充足可能である．$\implies$ Γ は充足可能である．

証明．以下のように仮定する．

1) 任意の $\Gamma' \subseteq \Gamma$（$|\Gamma'|$ は有限）について，Γ' が充足可能である．
2) Γ は充足不能である．

　2) とヘンキンの定理の対偶より，$\Gamma \vdash_{\mathbf{TAB}}$ である．このとき定義 13.4 より，$\Gamma' \subseteq \Gamma$（ただし $|\Gamma'|$ は有限）となる Γ' が存在して，$\Gamma' \vdash_{\mathbf{TAB}}$ である．

[*4] 詳しくは Manzano (2006) の 4.6 節などを参照のこと．

ところが，この Γ' は 1) により充足可能である．したがって補題 13.9 より，$\Gamma' \not\vdash_{\mathbf{TAB}}$ であるが，これは矛盾である． □

13.6 カット除去の意味論的証明

TAB の完全性定理の応用例として，**LK** のカット除去定理の意味論的証明（鹿島 (1999)）を紹介する．この方法によれば，**LK** のカット除去定理に対して，極めて単純な証明を与えることができる．

まず，準備として **LK** の健全性を示す．

定理 13.24 （**LK** の健全性） 任意の論理式列 Γ, Δ について，以下が成り立つ．
$$\Gamma \vdash_{\mathbf{LK}} \Delta \implies \Gamma \vDash \Delta$$

LK の健全性は，本書では **LK** と **TAB** の等価性と，**TAB** の健全性（定理 13.10）によって証明されているが，**LK** と **TAB** の等価性は，**LK**–**CUT** と **TAB** の等価性（定理 12.13，定理 12.15）と，**LK** = **LK**–**CUT**，すなわち **LK** のカット除去定理によって証明されたものであるから，これを **LK** のカット除去定理の証明に用いることはできない．

しかし **LK** の健全性は，**TAB** の健全性とほぼ同様の手順で証明することができる．まず，補題 13.7 と同様の健全性補題が，**LK** についても成立することを示す．

補題 13.25 （**LK** の健全性補題） **LK** の公理・推論規則においては，もし下段のシーケント $\Gamma \Rightarrow \Delta$ について $\langle M, g \rangle \vDash \neg\Delta, \Gamma$ を満たす解釈 $\langle M, g \rangle$ が存在するならば，上段のいずれかのシーケント $\Gamma' \Rightarrow \Delta'$ において $\langle M, g' \rangle \vDash \neg\Delta', \Gamma'$ を満たすような g の変異 g' が存在する．

証明．(CUT) 規則についてのみ示す．$\langle M, g \rangle \vDash \neg\Delta, \neg\Pi, \Gamma, \Sigma$ を満たす解釈 $\langle M, g \rangle$ が存在すると仮定する．$[\![\varphi]\!]_{M,g} = 0$ の場合は，$\langle M, g \rangle \vDash \neg\varphi, \neg\Pi, \Gamma$ である．一方，$[\![\varphi]\!]_{M,g} = 1$ の場合は，$\langle M, g \rangle \vDash \neg\Delta, \varphi, \Sigma$ である． □

練習問題 13.26 補題 13.7 と同様に，補題 13.25 を証明を完成せよ．

あとは，補題 13.9 を次のように述べ直せばよい．

> **補題 13.27** $\neg\Delta, \Gamma$ が充足可能ならば，$\Gamma \not\vdash_{\mathbf{LK}} \Delta$ である．

練習問題 13.28 補題 13.9 の証明を参考に，補題 13.27 を証明せよ．

練習問題 13.29 定理 13.24 を証明せよ．

さて，**LK** のカット除去定理の意味論的証明とは以下のようなものである．

$$
\begin{aligned}
\Gamma \vdash_{\mathbf{LK}} \Delta &\implies \Gamma \models \Delta && (\mathbf{LK} \text{ の健全性})\\
&\implies \Gamma \vdash_{\mathbf{TAB}} \Delta && (\mathbf{TAB} \text{ の完全性})\\
&\implies \Gamma \vdash_{\mathbf{LK-CUT}} \Delta && (\mathbf{TAB} \text{ と } \mathbf{LK-CUT} \text{ の等価性})
\end{aligned}
$$

したがって，任意のシーケント S について，S を終式とする **LK** の証明図 $\mathcal{D}$ が存在するならば，S を終式とする **LK-CUT** の証明図が存在することが保証される．この証明は，具体的に **LK** の証明図 $\mathcal{D}$ が与えられたときに，それを **LK-CUT** の証明図に変換する手続きについては述べていないものの，第 11 章で解説した証明とまったく異なる（意味論を介した）経路を辿っており，完全性定理の帰結の一つとして興味深い．

13.7 証明論的意味論

TAB の健全性定理と完全性定理により，

$$\Gamma \models \Delta \iff \Gamma \vdash_{\mathbf{TAB}} \Delta$$

であることが示された．つまり，タブロー式シーケント計算によって証明可能なシーケント（したがって第 6 章のタブローによって証明可能な推論）は，第 5 章の意味論において妥当な推論と一致することが保証されたのである．

一方，これまでの議論により，

$$\Gamma \vdash_{\mathbf{TAB}} \varphi \iff \Gamma \vdash_{\mathbf{LK}} \varphi \iff \Gamma \vdash_{\mathbf{NK}} \varphi \iff \Gamma \vdash_{\mathbf{HK}} \varphi$$

という関係も示されているので，ヒルベルト流，自然演繹，ゲンツェン流の古典論理証明体系において証明可能なシーケントも，意味論において妥当な推論と一致することになる．

この事実に対して，いくつかの見方があり得る．一つは，本章の冒頭で述べたように，意味論が「正しい論理式」「妥当な推論」という概念を定めており，

それに対して証明の観点から作られた個々の証明体系については，果たしてまともなものであるかどうかを改めて示さなければならない，という立場である．この立場では，**HK・NK・LK・TAB** は健全性定理・完全性定理を介してはじめて「まともな証明体系」というお墨付きがもらえることになる．

もう一つの見方は，証明体系が論理体系（たとえば一階命題論理や一階述語論理）の意味論に取って代わることができる，すなわち証明体系が，意味論とは異なるやり方で，別の意味論を独立に与えている，という立場である．この場合，意味論と証明体系の間には質的な違いはないことになる．いずれも各々のやり方で，論理の「意味」を定めていると考えることができる．

このような考え方を**証明論的意味論** (proof-theoretic semantics) という．たとえば $\wedge$ の意味は，意味論では $[\![\wedge]\!]$ として表されていたが，証明論的意味論では，たとえばタブローでは $(\wedge)$ と $(\neg\wedge)$ という二つの規則によって，証明図における振る舞いが規定されていると考えるのである．

ここに至って，解説 3.41 の脚注*9，および 7.1 節で述べた「循環論法」に対する危惧から脱却するための，一つの手がかりが見いだせる．意味論においては，論理式の正しさ，推論の妥当性という概念の定義を，当該の論理とは別の体系に移しかえて，移しかえた先の体系における正しさ，妥当性に帰着させるのであるから，移しかえた先の体系において同様の問題が生じることになる．つまり，どこまで移しかえても元の体系の正しさ，妥当性が最終的に保証されることがないのではないか，という疑問が生じたわけである．

しかし証明論的意味論においては，妥当性の定義はその体系の内部で完結しており，他のシステムの妥当性に依存することはない．その代わり，証明体系の妥当性自体についても，絶対的な拠り所を持つことはないが，それは他の証明体系との等価性や包含関係によって，相対的に担保されるのである．

健全性・完全性定理からの示唆として，もう一つ注目すべき点は，論理式の意味を，必ずしもその値によって定義する必要はない，ということが明らかになった点である．証明論的意味論では，真理関数や量化子の意味を，証明における振る舞いを規定することによって定義しているにもかかわらず，論理式の意味を 1 か 0 かの値であるとする意味論とまったく等価な「意味」を与える（それも見た目や証明に対するコンセプトが一見したところかなり異なる）体系を複数与えることができる，という事実は，我々の真理直観，第 2 章で述べた理性に対する自覚そのものを更新しうるものである．

おわりに

まず，本書の執筆にあたって参考にした文献を挙げる．

第 3 章，第 4 章，第 5 章については，主に清水 (1984)，Bostock (1997) を参考にした．特に，清水 (1984) は筆者が学部生時代に清水先生のご講義を履修したときに使用した，思い入れの深い教科書である．また，Bostock (1997) は筆者の座右の書であり，証明論について Bostock (1997) のように詳しく，かつ日本語で読める解説書が欲しい，と思ったことは本書執筆の動機の一つでもあった．以下に，各章において特に参考にした文献を挙げる．

第 5 章： 清水 (1984)，Bostock (1997)，小野 (1994)
第 6 章・第 12 章： ジェフリー (1995)，Bostock (1997)，Priest (2008)
第 7 章： 清水 (1984)，Bostock (1997)，Troelstra and Schwichtenberg (2000)，Ariola et al. (2007)
第 8 章： Prawitz (1965)，Bostock (1997)，Troelstra and Schwichtenberg (2000)，鹿島 (2009)
第 9 章・第 10 章： Prawitz (1965)，小野 (1994)，Bostock (1997)，Buss (1998)，Troelstra and Schwichtenberg (2000)，鹿島 (2009)
第 11 章： Kleene (1952)，竹内・八杉 (1988)，小野 (1994)，鹿島 (2009)，古森・小野 (2010)
第 13 章： 清水 (1984)，Bostock (1997)，Hodges (2001)，Priest (2008)，Ebbinghaus et al. (1994)，Manzano (2006)

日本語で読める数理論理学の入門書としては，理科系・文科系の学生にとってそれぞれ標準的な教科書である小野 (1994)，戸田山 (2000) に加えて，松本 (1969)，前原 (1973)，清水 (1984)，森田 (1999) などが知られている．また，特にここ数年は，田中 (2006a)，田中 (2006b)，田中 (2006c)，田中 (2006d)，萩谷・西崎 (2007)，鹿島 (2009)，金子 (2010)，古森・小野 (2010)，新井 (2011) など，数理論理学の優れた教科書が相次いで出版された．第 11 章における

LJ のカット除去定理からグリベンコの定理を介して **LK** のカット除去定理を証明する手法は古森・小野 (2010) によって紹介されている．また，証明論の名著として知られる竹内・八杉 (1988) が復刊され，入手しやすくなっている．

情報科学系の入門書には，有川・原口 (1988)，内井 (1989)，山崎 (2000) などがある．有川・原口 (1988) は筆者の大学院時代に多くの学生が学んでいた名著である．また，哲学系の入門書には，レモン (1965)，サモン (1967)，神野・内井 (1976)，近藤・好並 (1978)，金子 (1994)，仲本 (2001) などがある．

英語で書かれた入門書としては，古典であるが現在もなお標準的な教科書といわれる Kleene (1952) や Shoenfield (1967) がある．*Handbook of Philosophical Logic* の冒頭にある Hodges (2001) も定評がある．また，ラッセルとホワイトヘッドによる Russell (1903)，タルスキによる Tarski (1941) などに遡るのも良い．かのスマリヤンによる Smullyan (1968) も興味深い．

本書では，入門書としての配慮から，限られた内容しか扱うことができなかった．本書を読み終えたのちは上に挙げたような教科書に進み，さらに数理論理学を本格的に学んで頂きたい．

・ ・ ● ・ ・

ところで，本書で導入した **LK**・**LJ** は，厳密にはゲンツェンの LK・LJ とは異なる．ゲンツェンの LK は，公理 ($\bot\Rightarrow$) を持たず，代わりに ($\neg\Rightarrow$)($\Rightarrow\neg$) を論理規則として持つ．LJ は，LK の右辺の長さを高々 1 に制限したもの，という位置づけは同じである．

本書のように $\neg\varphi \stackrel{def}{\equiv} \varphi \to \bot$ と定義すれば，($\neg\Rightarrow$) と ($\neg\Rightarrow$) は **LJ** の派生規則である．逆に，ゲンツェンの LJ のように $\bot$ を（したがって ($\bot\Rightarrow$) も）持たない体系において，$\bot \stackrel{def}{\equiv} \neg\varphi \land \varphi$ と定義すれば，以下に示すように ($\bot\Rightarrow$) は LJ の定理である．

$$(\star\Rightarrow)\frac{(\neg\Rightarrow)\dfrac{(ID)\overline{\varphi \Rightarrow \varphi}}{\neg\varphi, \varphi \Rightarrow}}{\neg\varphi \land \varphi \Rightarrow}$$

($\neg\Rightarrow$)($\Rightarrow\neg$) の代わりに ($\bot\Rightarrow$) を用いて体系を構築するメリットは，最小論理 **LM** を，単に ($\bot\Rightarrow$) を持たない体系として定義できる点にある．この考え方は，Troelstra and Schwichtenberg (2000) におけるゲンツェン流の体系 **G1m**・**G1i**・**G1c** によるものである．**G1c** と本書の **LM**・**LJ**・**LK** の違いは，**G1c** では ($\to\Rightarrow$) を以下のような構造共有形で定義している点にある．

$$(\to\Rightarrow)\frac{\Gamma \Rightarrow \Delta, \varphi \quad \psi, \Gamma \Rightarrow \Delta}{\varphi \to \psi, \Gamma \Rightarrow \Delta}$$

この規則は，構造規則のもとでは本書の $(\to\Rightarrow)$ と等価である．しかし，**LJ** を定義する際に，上の規則で単純に右辺の長さを高々 1 に制限すると，Δ は空列に限られてしまう．

$$(\to\Rightarrow)\frac{\Gamma \Rightarrow \varphi \quad \psi, \Gamma \Rightarrow}{\varphi \to \psi, \Gamma \Rightarrow}$$

この規則は，右辺が空のシーケントが含まれているため，最小論理では使えない（系 10.37 より）．そのため，Troelstra and Schwichtenberg (2000) では **G1i**・**G1m** において，本書の $(\to\Rightarrow)$ に替えて以下のような規則を用いている．

$$(\to\Rightarrow)\frac{\Gamma \Rightarrow \varphi \quad \psi, \Gamma \Rightarrow \chi}{\varphi \to \psi, \Gamma \Rightarrow \chi}$$

この規則は LK の派生規則ではあるが，**LJ** の $(\to\Rightarrow)$ が LK の $(\to\Rightarrow)$ の特殊な場合であるのに対し，この規則自体は LK の規則ではないので，定理 10.26 のような「**G1i** の証明は **G1c** の証明でもある」という論法がそのままでは使えないという不便がある．

本書で構造独立形の $(\to\Rightarrow)$ を採用しているのはそのような理由からであるが，一方で **LK** の他の論理規則はすべて構造共有形である．$(\to\Rightarrow)$ においてのみ，構造独立形の論理規則を採用するのは，他との整合性を欠く面もある．

なお，前原 (1973) によると，証明体系の名称は Gentzen (1935) が用いた以下のドイツ語に由来する．

LK　　logistischer klassischer Kalkül
NK　　natürlicher klassischer Kalkül
LJ　　logistischer intuitionistischer Kalkül
NJ　　natürlicher intuitionistischer Kalkül

最小論理については，Johansson (1937) における "Minimalkalkül" の名称に由来するが，本書における **HM, NM, LM** の略称は一般的なものではない．Troelstra and Schwichtenberg (2000) では **Hm, Nm, G1m** の名称で呼ばれている．

・・●・・

冒頭において本書執筆の目的が，数理論理学の学際的な普及と関連諸科学の有機的な連動・発展にあると述べたが，本書のもう一つの目的は，筆者の専門である数理言語学，特に形式意味論の研究に必要な，数理論理学の基礎を解説することにあることも最後に触れておきたい．

ただし，形式意味論の研究を始めるためには本書の内容は十分ではなく，形式意味論の出発点である**モンタギュー文法** (Montague grammar) (Montague (1973)) を理解するうえでは，様相論理と型付きラムダ計算の知識が必須である．様相論理については，Hughes and Cresswell (1996) と Priest (2008) が良い教科書である．型付きラムダ計算については，Barendregt (1992)，Hindley and Seldin (2008) が良い教科書である．

特に，型付きラムダ計算と論理学の間には，**カリー・ハワード対応** (Curry-Howard correspondence) と呼ばれる興味深い関係が成り立つことが知られている．詳しい解説は別の機会に譲るが，カリー・ハワード対応の帰結の一つとして，カット除去定理の証明を，自然演繹の正規化定理に帰着させる方法がある (Prawitz (1965)，Zucker (1974)，Pottinger (1977) などを参照のこと)．本書で解説したカット除去定理の証明は比較的古典的なものであるが，正規化定理による方法はより現代的なアプローチであるともいえ，その後様々に発展を遂げている．分かりやすい解説には Barendregt and Ghilezan (2000)，古森・小野 (2010) などがある．

また，モンタギュー文法における**時制** (tense) や**内包性** (intensionality) といった概念を正しく理解するには，様相論理の知識が前提となる．また，様相論理の**クリプキ意味論** (Kripke semantics) は，本書では解説することができなかった直観主義論理以下の証明体系のための意味論の一つとしても有名である．さらに，1990 年代以降注目されている**動的論理** (dynamic logic) も様相論理の一種であるなど，様相論理は現代の形式意味論の礎石の一つをなす体系である．

謝辞

まずは筆者の所属するお茶の水女子大学大学院人間文化創成科学研究科・理学専攻情報科学コースの教員・職員の皆様に，本書の執筆期間中の研究環境を与えて下さったことに加え，さまざまなご支援を頂いたことに感謝を申し上げたい．特に，金子晃先生には本書出版の機会を与えて頂き，また数多くのご助言を頂いた．浅井健一先生には，本書の内容についての数多くの貴重なコメントとともに，多大な励ましを頂いた．

本書の草稿は，同コースの講義「数理科学特論」および，お茶の水女子大学理学部情報科学科の1年生向け講義「数理基礎論」，3年生向け講義「形式言語論」において用いられた講義ノートである．2008年から2011年にわたって，同講義に参加し，多大なフィードバックを与えてくれた学生諸氏に感謝したい．特に，戸次研究室の尾崎有梨氏，石下裕里氏，尾崎博子氏，中野悠紀氏，山本華子氏には，本書の完成を大いに支援して頂いた．また，浅井研究室の増子萌氏には，本書の草稿に含まれていた膨大な数の誤りを包括的に修正して頂いた．この場をお借りして，御礼申し上げたい．

産業技術総合研究所の矢田部俊介氏には，幾度も議論にお付き合い頂き，本書の内容に限らず数理論理学の様々な側面についてご教示頂いた．北陸先端科学技術大学院大学の佐野勝彦氏には，本書の草稿に対して大変貴重なコメントを数多く頂いた．13.6節の内容と補題13.18の証明技法は，佐野氏に教えて頂いたものである．東京大学出版会の丹内利香氏には，本書の完成を辛抱強く待って頂き，また，本書の内容について数多くのアドバイスを頂いた．筆者の休日に素晴らしい珈琲を提供して下さった東京・下北沢の珈琲専門店「COFFEA EXLIBRIS」にも感謝の意をお伝えしたい．

もちろん，本書に含まれるすべての誤謬は，筆者の責任に帰するものである．せっかく頂いたご助言に応えきれなかった点も残るが，今はひとまず筆を置くことにする．

最後に，本書の執筆を長きにわたって支援してくれた，妻・川添愛，母・戸次静子に感謝を捧げたい．執筆に費やした時間は本書を残して消えたが，その空白は忘れがたい記憶となった．

2012年1月　戸次大介

参考文献

Ariola, Z. M., H. Herbelin, and A. Sabry. (2007) "A proof-theoretic foundation of abortive continuations", *Higher-Order Symbolic Computation* **20**, pp.403–429.

Barendregt, H. P. (1992) "Lambda Calculi with Types", In: S. Abramsky, D. M. Gabbay, and T. Maibaum (eds.): *Handbook of Logic in Computer Science*, Vol. 2. Oxford Science Publications, pp.117–309.

Barendregt, H. P. and S. Ghilezan. (2000) "Lambda terms for natural deduction, sequent calculus and cut elimination", *Journal of Functional Programming* **10**(1), pp.121–134.

Beth, E. W. (1955) "Semantic entailment and formal derivability", *Mededelingen van de Koninklijke Nederlandse Academie van Wetenschappen, Afdeling Letterkunde, NS 18,* pp.309–342.

Bostock, D. (1997) *Intermediate Logic.* Oxford University Press.

Buss, S. R. (ed.) (1998) *Handbook of Proof Theory*, Vol. 137 of *Studies in Logic and The Foundations of Mathematics.* Elsevier.

Ebbinghaus, H.-D., J. Flum, and W. Thomas. (1994) *Mathematical Logic (Second Edition)*, Undergraduate Texts in Mathematics. New York, Springer-Verlag.

Gentzen, G. (1935) "Untersuchungen über das logische Schliessen I,II", *Mathematische Zeitschrift* **39**, pp.176–210, 405–431.

Hindley, J. R. and J. P. Seldin. (2008) *Lambda-Calculus and Combinators: an Introduction.* Cambridge, Cambridge University Press.

Hodges, W. (2001) "Elementary predicate logic", In: D. Gabbay and F. Guenthner (eds.): *Handbook of Philosophical Logic, Second Edition, Volume 1.* Dordrecht/Boston/London, Kluwer Academic Publishers.

Hughes, G. E. and M. J. Cresswell. (1996) *A New Introduction to Modal Logic.* London, Routledge.

Jaśkowski, S. (1934) "On the rules of suppositions in formal logic", *Studia Logica* **1**, pp.5–32.

Jeffrey, R. C. (1981) *Formal Logic: Its Scope and Limits.* New York, McGraw-Hill.

Johansson, I. (1937) "Der Minimalkalkul, ein reduzierter intuitionistischer Formalismus", *Compositio Mathematica* **4**, pp.119–136.

Kleene, S. C. (1952) *Introduction to Metamathematics*, Vol. 1 of *Bibliotheca Mathematica*. Amsterdam, North-Holland Publishing Company.

Kolmogorov, A. (1925) "On the principle of the excluded middle (Russian)", *Matematicheskij Sbornik, Akademiya Nauk SSSR i Moskovskoe Matematicheskoe Obshchestvo* **32**, pp.646–667. Translaton in van Heijennoort (1967), pp. 414–437.

Manzano, M. (2006) *Model Theory*. New York, Oxford Science Publications.

Montague, R. (1973) "The proper treatment of quantification in ordinary English", In: J. Hintikka, J. Moravcsic, and P. Suppes (eds.): *Approaches to Natural Language*. Dordrecht, Reidel, pp.221–242.

Pottinger, G. (1977) "Normalization as a homomorphic image of cut-elimination", *Annals of Mathematical Logic* **12**, pp.323–357.

Prawitz, D. (1965) *Natural Deduction: A Proof-Theoretic Study*. Mineola, New York, Dover Publications.

Priest, G. (2008) *An Introduction to Non-Classical Logic*. Cambridge, Cambridge Uniersity Press.

Russell, B. (1903) *The Principle of Mathematics*. first edition, W.W.Norton.

Shoenfield, J. R. (1967) *Mathematical Logic*. Addison-Wesley Educational Publishers Inc.

Smullyan, R. M. (1968) *First-Order Logic*, Vol. 43 of *Ergebnisse der Mathematik und ihrer Grenzgebiete*. New York, Sprinber-Verlag.

Tarski, A. (1941) *Introduction to Logic and to the Methodology of Deductive Science*. New York, Oxford University Press.

Troelstra, A. S. and H. Schwichtenberg. (2000) *Basic Proof Theory Second Edition*, Cambridge Tracts in Theoretical Computer Science 43. Cambridge, Cambridge University Press.

Zucker, J. (1974) "Cut-elimination and normalization", *Annals of Mathematical Logic* **7**, pp.1–112.

新井敏康. (2011) 『数学基礎論』, 岩波書店.

有川節夫, 原口誠. (1988) 『述語論理と論理プログラミング』, オーム社.

内井惣七. (1989) 『真理・証明・計算 — 論理と機械 — 』, ミネルヴァ書房.

小野寛晰. (1994) 『情報科学における論理』, 日本評論社.

鹿島亮. (2009) 『数理論理学』, 朝倉書店.

鹿島亮. (1999) 『非古典論理のシーケント計算 — 完全性定理のシーケント計算による証明』, 日本数学会数学基礎論分科会, 1999年度年会特別講演（アブストラクト集 pp.49-67）.

金子洋之. (1994) 『記号論理入門』, 産業図書.

金子晃. (2010)『数理基礎論講義 — 論理・集合・位相 —』, サイエンス社.

神野慧一郎, 内井惣七. (1976)『論理学 — モデル理論と歴史的背景 —』, ミネルヴァ書房.

古森雄一, 小野寛晰. (2010)『現代数理論理学序説』, 日本評論社.

近藤洋逸, 好並英司. (1978)『論理学入門』, 岩波全書.

沢田允茂. (1962)『現代論理学入門』, 岩波新書.

清水義夫. (1984)『記号論理学』, 東京大学出版会.

竹内外史, 八杉満利子. (1988)『証明論入門』, 共立出版.

田中一之（編）. (2006a)『ゲーデルと20世紀の論理学 (1) ゲーデルの20世紀』, 東京大学出版会.

田中一之（編）. (2006b)『ゲーデルと20世紀の論理学 (2) 完全性定理とモデル理論』, 東京大学出版会.

田中一之（編）. (2006c)『ゲーデルと20世紀の論理学 (3) 不完全性定理と算術の体系』, 東京大学出版会.

田中一之（編）. (2006d)『ゲーデルと20世紀の論理学 (4) 集合論とプラトニズム』, 東京大学出版会.

田中尚夫. (1987)『選択公理と数学 — 発生と論争, そして確立への道』, 遊星社.

戸田山和久. (2000)『論理学をつくる』, 名古屋大学出版会.

仲本章夫. (2001)『論理学入門』, 創風社.

萩谷昌己, 西崎真也. (2007)『論理と計算のしくみ』, 岩波書店.

前原昭二. (1973)『数理論理学 — 数学的理論の論理的構造 —』, (数理科学シリーズ⟨6⟩), 培風館.

松本和夫. (1969)『数理論理学』, 共立出版.

森田茂行. (1999)『意味とモデルの理論 論理学』, 東京電機大学出版局.

山崎進. (2000)『計算論理に基づく推論ソフトウェア論』, コロナ社.

ウェスリー・サモン. (1967)『論理学』, 山下正男 訳, 培風館.

クワイン, W.V.O. (1953)『論理的観点から — 論理と哲学をめぐる9章 —』, 飯田隆 訳, 勁草書房.

リチャード・ジェフリー. (1995)『形式論理学 その展望と限界』, 戸田山和久 訳, 産業図書.

レイモンド・スマリヤン. (1990)『決定不能の論理パズル — ゲーデルの定理と様相論理 —』, 長尾確・田中朋之 訳, 白揚社.

レモン, E.J. (1965)『論理学初歩』, 竹尾治一郎・浅野楢英 訳, 世界思想社.

索引

記号

$\vdash_{\mathcal{K}}$ 153, 202
$*$ 10
$-$ 7
$<$ 11
$=$ 6, 10, 166
$>$ 11
$\cap$ 7
$\cup$ 7
$\Longrightarrow$ 18
$\&$ 22
$\{\ \}$ 4
$\stackrel{def}{\equiv}$ 4
$\equiv$ 10, 22
$\exists$ 80
$\forall$ 80
Γ^* 231
$\geq$ 11
$\in$ 3
$\leftrightarrow$ 23, 80
$\leq$ 11
$\leftharpoonup$ 62
false 23, 80
true 23, 80
$\neg\Delta$ 43
$\neg$ 23, 80
$\subset$ 6, 166
$\subseteq$ 5, 166, 251
$\supset$ 22
$\times$ 9
$\rightarrow$ 23, 80
ϱ 124
$\vDash$ 107, 283
$\vee$ 23, 80
$\wedge$ 23, 80

A

absorptive law → 吸収律
admissible → 許容可能
admissible rule → 許容規則
alphabet → 記号
analytic tableaux → 分析タブロー
assignment → 割り当て
associative law → 結合律
assumption → 仮定
at most countable → 高々可算
atomic predicate → 基本述語
atomic proposition → 原子命題
auxiliary formula → 副論理式
axiom → 公理
axiom of choice → 選択公理
axiomatic schema → 公理図式
axiomatic set theory → 公理的集合論

B

basic formula → 基本式
basic sequent → 基本式
Boolean algebra and logic gates → ブール代数と論理回路
bound variable → 束縛変項
branch → 枝

C

canonical product of sums → 和積標準形
canonical sum of products → 積和標準形
cardinality, cardinal number → 基数
Cartesian product → 直積
classical logic → 古典論理
closed branch → 閉じた枝
closed formula → 閉じた論理式
closed tableau → 閉じたタブロー
codomain → 値域
commutative law → 交換律
complement set → 補集合
complete → 完全
complete tableau → 完了したタブロー
completeness → 完全性
completeness theorem → 完全性定理
compound formula → 複合論理式

conjunction → 連言
conjunctive normal form: CNF → 連言標準形
consequence → 帰結
consistent formula → 整合式
context → 文脈
contraction → 縮約
contradictory formula → 矛盾式
contraposition → 対偶律
countable domain → 可算領域
countably infinite → 可算無限
Curry-Howard correspondence → カリー・ハワード対応
cut → カット
cut elimination theorem → カット除去定理

D
De Morgan's law → ドゥ・モルガンの法則
decidability → 決定可能性
deducible → 演繹可能
deduction → 演繹
deduction diagram → 推論図
deduction theorem → 演繹定理
denotation → 指示対象
denote → 指示
derivable → 派生可能
derivable rule → 派生規則
detachment → 分離規則
discharge → 打ち消し
disjunction → 選言
disjunctive normal form: DNF → 選言標準形
distributive law → 分配律
domain → 定義域，領域
double negation elimination → 二重否定除去律
double negation introduction → 二重否定導入律
DT+MP 175
dynamic logic → 動的論理

E
eigenvariable → 固有変項
element → 要素
elimination rule → 除去規則
empty set → 空集合
end sequent → 終式
entity → 存在物
equivalence → 同値
equivalence relation → 同値関係
exchange → 交換

existential formula → 存在冠頭論理式
existential generalization → 存在汎化律
existential quantification → 存在量化
expressive adequacy → 表現の適格性
expressively adequate → 表現的に適格
extentionality → 外延性

F
false → 偽
finite set → 有限集合
first-order predicate logic → 一階述語論理
first-order propositional logic → 一階命題論理
formal semantics → 形式意味論
fragment → 断片
free variable → 自由変項
full → 充満
full-adder → 全加算機
function → 関数
functionally complete universal → 関数完全系
fundamental theorem → 基本定理
fuzzy logic → ファジィ論理

G
Gödel's theorem → ゲーデルの完全性定理
generalization → 汎化
generalized law of excluded middle → 一般化排中律
Gentzen sequent calculus → ゲンツェン流シーケント計算
Glivenko's theorem → グリベンコの定理
Gödel number → ゲーデル数
Gödel numbering → ゲーデル数付け
grammar → 文法

H
half-adder → 半加算機
Henkin's theorem → ヘンキンの定理
Herbrand interpretation → エルブラン解釈
Herbrand structure → エルブラン構造
Herbrand universe → エルブラン領域
Hilbert system → ヒルベルト流証明論
HJ 164, 207
HK 165, 207
HM 159, 206

I
idempotent law → 冪等律
implication → 含意

indefinite name → 不確定名
inference → 推論
inference rule → 推論規則
inference schema → 推論図式
infinite set → 無限集合
infix notation → 中置記法
initial sequent → 始式
intensionality → 内包性
interpretation → 解釈
intersection → 共通集合
introduction rule → 導入規則
intuitionistic logic → 直観主義論理

J
juxtaposition → 並置

K
Karnaugh map → カルノー図
Kripke semantics → クリプキ意味論
Kuroda's negative transformation → 黒田否定変換

L
lambda calculi → ラムダ計算
Lambek calculi → ランベック計算
law of addition → 拡大律
law of constructive dilemma → 構成的両刃論法
law of contraposition → 対偶律
law of disjunctive syllogism → 選言的三段論法
law of double negation → 二重否定律
law of excluded middle → 排中律
law of exportation → 移出律
law of identity → 同一律
law of importation → 移入律
law of non-contradiction → 矛盾律
law of simplification → 縮小律
Leibniz's law → ライプニッツの法則
lemma of interpretation → 解釈の補題
Lindenbaum's lemma → リンデンバウムの補題
linear logic → 線形論理
LJ 221
LK 214, 215
LM 224
logic gate → 論理回路
logical formula → 論理式
logical rule → 論理規則
Löwenheim-Skolem's theorem: LST → レーベンハイム・スコーレムの定理

M
map → 写像
mathematical foundation → 数学基礎論
mathematical logic → 数理論理学
member → 元
meta language → メタ言語
meta logic → メタ論理
minimal classical logic → 弱古典論理
minimal logic → 最小論理
mixture → ミックス規則
modal logic → 様相論理
modus ponendo ponens → 肯定によって肯定する様式
modus ponendo tollens → 肯定によって否定する様式
modus ponens → 前件肯定式, → モーダス・ポーネンス
modus tollendo ponens → 否定によって肯定する様式
modus tollendo tollens → 否定によって否定する様式
Montague grammar → モンタギュー文法

N
n-place operator → n 項演算子
n-place relation → n 項関係
n-tuple → n 個組
naïve set theory → 素朴集合論
name → 名前
NAND 63
natural deduction → 自然演繹
negation → 否定
NJ 186, 199
NK 187, 199
NM 180, 197
non-classical logic → 非古典論理
non-explosive logic → 非爆発性論理
NOR 63

O
object language → オブジェクト言語
one-place truth-function → 一項真理関数
ontology → 存在論
open branch → 開いた枝
open tableau → 開いたタブロー
operator → 演算子

P
paraconsistent logic → 矛盾許容型論理
partial-order relation → 半順序関係
path → 経路
Peirce's law → パースの法則
potency → 濃度

power set → 冪集合
predicate → 述語
premise → 前提
prenex normal form: PNF → 冠頭標準形
principal formula → 主論理式
projection → 射影
proof → 証明
proof diagram → 証明図
proof system → 証明体系
proof tableaux → 証明タブロー
proof theory → 証明論
proof-theoretic semantics → 証明論的意味論
proof-theoretic validity → 証明論的妥当性
proper subformula → 真部分論理式
proper subset → 真部分集合
proposition → 命題
propositional letter → 命題記号
provable → 証明可能

Q

quantification → 量化
quantified proposition → 量化論理式
Quine-McClusky method → クワイン＝マクラスキー法

R

rank → 階数
reason → 理性
reductio ad absurdum → 背理法
relative complement → 相対補集合
relevant/relevance logic → 適切性論理
replacement → 置き換え
root → 根

S

satisfiable → 充足可能
satisfy → 充足する
schema → 図式
semantic entailment → 意味論的含意
semantic equivalence → 意味論的同値性
semantic tableaux → 意味論タブロー
semantic validity → 意味論的妥当性
semantic value → 意味論的値
semantically equivalent → 意味論的に同値
semantics → 意味論
sequence → 列
sequent → シーケント
sequent calculi → シーケント計算
set → 集合
set difference → 差集合

set theory and logic → 集合と論理
Sheffer stroke → シェファの縦棒
simultaneously satisfy → 同時に充足する
singleton set/unit set → 単一集合
situation → 状況
SK 150
Skolem constant → スコーレム定数
Skolem function → スコーレム関数
Skolem normal form: SNF → スコーレム標準形
Skolem's paradox → スコーレムのパラドックス
sound → 健全
soundness → 健全性
stroke → 縦棒
strong completeness theorem → 強い完全性定理
structural rule → 構造規則
structure → 構造
structure independent form → 構造独立形
structure sharing form → 構造共有形
subformula → 部分論理式
subset → 部分集合
substitution → 代入
substitution lemma → 代入補題
substructural logic → 部分構造論理
subterm → 部分項
syllogism → 三段論法
symbolic logic → 記号論理学
syntactic equivalence → 構文の同値関係
syntactic validity → 構文論の妥当性
syntax → 統語論

T

TAB 271
tableaux → タブロー
Tarski, A. → タルスキ
Tarskian interpretation → タルスキ流解釈
tautology → トートロジー
tense → 時制
term → 項
the binary system → 二進法
the decimal system → 十進法
the interpretation induced by Γ → 列Γから導出された解釈
theorem → 定理
theoretical linguistics → 理論言語学
transfinite induction → 超限帰納法
transitive law → 推移律
true → 真
truth → 真偽

索引　307

truth value → 真偽値
truth value table → 真偽値表
tuple → 組
two-place truth-function → 二項真理関数

U

undecidability → 決定不能性
union → 和集合
universal formula → 全称冠頭論理式
universal instantiation → 全称例化律
universal quantification → 全称量化
unsatisfiable → 充足不能

V

valid → 妥当
value → 値
variable → 変項
variant → 変異

W

weak König's lemma → 弱ケーニヒの補題
weak minimal logic → 弱最小論理
weakening → 弱化
well-formed formula → 整論理式

Z

zero-place truth-function → 零項真理関数

あ

値　30, 96, 294
α 同値性　114
移出律　39
一階述語論理　76
一階命題論理　21
一般化排中律　171
移入律　39
意味論　19, 148
　　証明論的—　35
意味論タブロー　129
意味論的値　30
意味論的含意　41, 106
意味論的推論　19
意味論的妥当性　41
意味論的同値性　45
意味論的に同値　45
打ち消し　178
枝　131
n 項演算子　78, 80
n 項関係　10
n 項関数　23

n 項述語　80
n 個組　8
エルブラン解釈　122, 288
エルブラン構造　122
エルブランの定理　291
エルブラン領域　122
演繹　152, 198, 215
演繹可能　152, 202
演繹される　180
演繹定理　49, 154, 161, 208
演算子　78, 86, 90
置き換え　47
オブジェクト言語　24

か

外延性　106
解釈　29
解釈の補題　100
階数　254
拡大律　38
可算無限　5, 25, 90, 128, 287
可算領域　285, 290, 291
型付きラムダ計算　298
カット　52, 202
カット除去定理　247, 292
仮定　201
カリー・ハワード対応　298
カルノー図　73
含意　22
関数　12
関数完全系　60
完全　282
完全性　282
完全性定理　285
完了したタブロー　132
偽　22
帰結　18, 22
記号　21
記号論理学　iii, 15
基数　5
基本式　143, 271
基本述語　82, 91
基本定理　247
吸収律　38
共通集合　7
許容可能　202
許容規則　202
空集合　4
組　8
クリプキ意味論　298
グリベンコの定理　231
黒田否定変換　230
クワイン＝マクラスキー法　73

形式意味論　iii, 298
経路　254
ゲーデル数　90, 287
ゲーデル数付け　90
ゲーデルの完全性定理　285
結合律　38
決定可能性　44
決定不能性　116
元　3
原子命題　23
健全　282
健全性　282
ゲンツェン流シーケント計算　214
項　81
交換　197
交換律　38
恒偽式　38
恒真式　37
構成的両刃論法　39
構造　94
構造規則　197
構造共有形　206
構造独立形　206
構文的同値関係　10, 87, 201
構文論　19
構文論的妥当性　41
公理　150
公理図式　151
公理的集合論　14, 35, 80
古典論理　165
固有変項　161
コンパクト定理　124, 291

さ

最小論理　159
差集合　7
三段論法　76, 152
シーケント　194
シーケント計算　194
シェファの縦棒　63
指示　95
始式　201
指示対象　96
時制　298
自然演繹　176
射影　9
弱ケーニヒの補題　288
弱古典論理　172
弱最小論理　172
写像　11
弱化　181, 197
集合　3
集合と論理　iii

終式　200
充足可能　43
充足する　42, 107
充足不能　43
自由変項　84
充満　286
縮小律　38
縮約　197
述語　78
十進法　65
主論理式　216, 272
状況　28
証明　13, 153
証明可能　153, 180, 202
証明図　177, 200
証明体系　150
証明タブロー　129
証明論　148, 149
証明論的意味論　294
証明論的妥当性　41
除去規則　179
真　22
真偽　16, 27
真偽値　27, 94
真偽値表　35
シンタクス　19
真部分集合　6, 22
真部分論理式　25, 89
真理関数
　　一項—　23
　　零項—　23
　　二項—　23
推移律　10, 38
推論　18
推論規則　150
推論図　200
推論図式　152
数学基礎論　iii
数理言語学　298
数理論理学　iii
スコーレム関数　119
スコーレム定数　120
スコーレムのパラドックス　291
図式　39
整合式　38
整論理式　24
セマンティクス　20
全加算機　73
線形論理　197
選言　22
前件肯定式　39
選言的三段論法　39
全称冠頭論理式　119

全称量化　79
全称例化律　112
選択公理　14
前提　18, 22
相対補集合　7
束縛変項　84
素朴集合論　80
存在冠頭論理式　119
存在汎化律　112
存在物　94
存在量化　79
存在論　94

た
対応付け　94
対偶律　39, 159
対称律　10
代入　86
代入補題　235
高々可算　5, 123, 291
縦棒　63
妥当　14
タブロー　129
タルスキ　95
タルスキ流解釈　95
単一集合　4
断片　159
値域　11
中置記法　25
超限帰納法　256
直積　9
直観主義論理　164
強い完全性定理　285
定義域　11
定理　150, 153, 180, 202, 215
適切性論理　197
ドゥ・モルガンの法則　39, 48, 163
同一律　38, 197
統語論　19
同時に充足する　42, 107
統辞論　19
同値　22
同値関係　10
動的論理　298
導入規則　179
トートロジー　37
閉じた枝　131
閉じたタブロー　132
閉じた論理式　85

な
内包性　298
名前　78, 80, 86, 90

二重否定除去律　158
二重否定導入律　158
二重否定律　39
二進法　67
根　129
濃度　5

は
パースの法則　171
排中律　39, 169
背理法　54, 129, 158, 187
派生可能　202
派生規則　180, 202
汎化　160
半加算機　69
反射律　10
半順序関係　11
反対称律　11
非古典論理　165
否定　22
非爆発性論理　157
表現的適格性　60
表現的に適格　60
標準形
　　∀∃—　127
　　冠頭—　116
　　スコーレム—　120
　　積和—　57
　　選言—　57
　　連言—　58
　　和積—　58
開いた枝　132
開いたタブロー　132
ヒルベルト流証明論　150
ファジィ論理　197
ブール代数と論理回路　iii
不確定名　161
複合論理式　24, 82, 91
副論理式　216, 272
付値関数　95
部分項　88
部分構造論理　197
部分集合　5
部分論理式　24, 89
分析タブロー　129
分配律　38, 163
文法　21
文脈　28
分離規則　152
並置　66
冪集合　8
冪等律　38
変異　97

ヘンキンの定理　284
変項　78, 80, 86, 90
補集合　7

ま

ミックス規則　252
無限集合　3
矛盾許容型論理　157
矛盾式　38
矛盾律　39, 163
命題　16
命題記号　23
メタ言語　24
メタ論理　24
モーダス・ポーネンス　151
モンタギュー文法　298

や

有限集合　3, 5
様式
　　肯定によって肯定する—　152
　　肯定によって否定する—　152
　　否定によって肯定する—　152
　　否定によって否定する—　152
要素　3

様相論理　17, 298

ら

ライプニッツの法則　106
ラムダ計算　114
ランベック計算　197
理性　14
領域　27, 94
量化　79
量化子　80
量化論理式　82, 91
理論言語学　iii
リンデンバウムの補題　286
レーベンハイム・スコーレムの定理　291
列　95
列 Γ から導出された解釈　288
連言　22
論理回路　65
論理規則　197
論理式　21
論理式列　195, 197, 251

わ

和集合　7
割り当て　94

著者略歴

戸次大介（べっき・だいすけ）
- 1973 年　生まれる．
- 2000 年　東京大学大学院理学系研究科情報科学専攻
　　　　　博士課程修了．
- 現　　在　お茶の水女子大学基幹研究院自然科学系
　　　　　教授．
　　　　　理学博士．
- 主要著書　『日本語文法の形式理論－活用体系・統語
　　　　　構造・意味合成－』（くろしお出版，2010）

数理論理学

2012 年 3 月 9 日　初　版
2023 年 8 月 2 日　第 4 刷

[検印廃止]

著　者　戸次大介
発行所　一般財団法人 東京大学出版会
　　　　代表者 吉見俊哉
　　　　153-0041 東京都目黒区駒場 4-5-29
　　　　https://www.utp.or.jp/
　　　　電話 03-6407-1069　　Fax 03-6407-1991
　　　　振替 00160-6-59964
印刷所　三美印刷株式会社
製本所　牧製本印刷株式会社

©2012 Daisuke Bekki
ISBN 978-4-13-062915-7 Printed in Japan

[JCOPY]〈出版者著作権管理機構 委託出版物〉
本書の無断複写は著作権法上での例外を除き禁じられています．複写される場合は，そのつど事前に，出版者著作権管理機構（電話 03-5244-5088, FAX 03-5244-5089, e-mail: info@jcopy.or.jp）の許諾を得てください．

ゲーデルと 20 世紀の論理学(ロジック)[全 4 巻]　　田中一之編　　A5/各 3800 円

1　ゲーデルの 20 世紀

2　完全性定理とモデル理論

3　不完全性定理と算術の体系

4　集合論とプラトニズム

数学の基礎　集合・数・位相	齋藤正彦	A5/2800 円
集合と位相	斎藤　毅	A5/2800 円
論理学	野矢茂樹	A5/2600 円
圏論による論理学 高階論理とトポス	清水義夫	A5/2800 円
白と黒のとびら オートマトンと形式言語をめぐる冒険	川添　愛	A5/2800 円
精霊の箱　上・下 チューリングマシンをめぐる冒険	川添　愛	各 A5/2600 円
自動人形(オートマトン)の城 人工知能の意図理解をめぐる物語	川添　愛	A5/2200 円
ゲーデルに挑む 証明不可能なことの証明	田中一之	A5/2600 円
チューリングと超(メタ)パズル 解ける問題と解けない問題	田中一之	46/2500 円

ここに表示された価格は本体価格です．御購入の
際には消費税が加算されますので御了承下さい．